"十四五"普通高等教育本科部委级规划教材

中央高校基本科研业务费专项资金资助（项目编号：2021RC016,2022RC035）

环境与生态创新研究书库 丛书主编 / 李祥珍

# 环境系统可持续发展概论

主编：柴　利　　李祥珍

副主编：刘文丰　　陈昀暄

参编：郅　红　　刘　奥　　武翰非　　杨博闻

史盈轩　　李上红　　晏祥琳　　田　芳

郭贞杉　　侯翱宇　　刘　冰

中国纺织出版社有限公司

## 图书在版编目（CIP）数据

环境系统可持续发展概论 / 柴利，李祥珍主编. --
北京：中国纺织出版社有限公司，2022.10
（环境与生态创新研究书库 / 李祥珍主编）
ISBN 978-7-5180-9802-6

Ⅰ.①环… Ⅱ.①柴… ②李… Ⅲ.①环境保护—可
持续性发展—概论 Ⅳ.①X22

中国版本图书馆CIP数据核字（2022）第154481号

责任编辑：郭　婷　　责任校对：高　涵　　责任印制：储志伟

中国纺织出版社有限公司出版发行
地址：北京市朝阳区百子湾东里 A407 号楼　邮政编码：100124
销售电话：010—67004422　传真：010—87155801
http://www.c-textilep.com
中国纺织出版社天猫旗舰店
官方微博 http://weibo.com/2119887771
三河市宏盛印务有限公司印刷　　各地新华书店经销
2022 年 10 月第 1 版第 1 次印刷
开本：787×1092　1/16　印张：20.5
字数：350 千字　定价：58.00 元

# 前　言

人类文明就是一场人类与自然的对话。当第一把火在洞穴中燃起时，人类享受到了光和热，自此告别蛮荒走入了文明；当第一粒种子在土壤中萌发时，人类学会了如何从土壤中获取粮食，从此开启了农业文明；当第一块金属进入冶炼炉时，人类学会了如何使用金属制造器具，由此从石器时代跨入了青铜时代。随后，我们学会了使用煤炭、石油、电力等，人类进入了工业文明。工业文明中的人类是幸福的，收割机、播种机的发明让人类不再需要终日面朝黄土背朝天地劳作；汽车、铁路、飞机的诞生让一日千里变成了现实。工业革命后的一百年里，人类以前所未有的速度发展进步，享受着以环境为代价而得到的发展红利，经济高速增长，技术日新月异，高楼拔地而起。

与此同时，工业文明也给人类带来了诸多烦恼。1952 年，伦敦上空被浓厚的烟雾笼罩，仅 4 天时间就有 4000 多人因此丧命。我们开始意识到，人类在享受工业时代红利的同时，也不得不背负起环境破坏所带来的惨痛代价。1962 年，科普读物《寂静的春天》横空出世，我们开始意识到没有"鸟鸣"的寂静世界多么可怕，便开始思考人类到底应该如何与环境相处。1972 年，联合国在斯德哥尔摩召开了"人类环境大会"，多国签署了《人类环境宣言》，自此，环境保护才开始真正地被提上日程。

地球是坚强的，沧海桑田，地球仍是那个地球；但人类是脆弱的，只要全球平均气温再上升5℃，人类就将遭受灭顶之灾。我们一路从原始文明走过农业文明，跨入了工业文明，我们不断地从环境中获取尽可能多的资源来谋求快速发展。而今天的我们应该重新审视人类与环境的关系，谋求永续发展，实现与环境的和谐共存。因此，走向绿色文明和生态文明是我们当今的重要使命，我们需要留给后代一个适宜的生存环境。

本书正是基于以上紧迫的人类与环境共处问题进行探讨，详细阐述环境系统的可持续发展问题。时至今日，环境可持续发展已经渗透到了各个领域和行业，成为一个需要多学科、多行业共同努力完成的任务。实现环境的可持续发展不仅需要工程师和科学家的努力，也需要企业管理者、政府决策者，乃至艺术工作者的共同参与。培养具有环境可持续发展理念的高级专门人才是我们实现绿色文明和生态文明的基础。如今的环境可持续发展教育不仅局限于环境类专业，经济类、管理类、农林类以及理工类专业也纷纷开设了相关的选修和通识课程。

本书有三大创新之处：第一，在讲述基本概念时，引入了国内外的经典案例，让读者以全球视角深刻地理解环境可持续发展的核心问题；随着我国在国际上扮演着越来越重要的角色，我国培养的高级人才应该具备全球视野；第二，在每章精心设计了拓展阅读材料和前沿文献导读，重点讲述了虚拟水战略、微塑料、碳中和、雾霾、星球健康膳食等一些热点话题和前沿研究，引导读者对这些热点话题和前沿研究进行探讨，从而深刻理解环境可持续发展的内涵；第三，环境可持续发展理念归根结底是意识形态问题，所以本书的最后一章重点阐述了生态文明的有关内容，将思政教育融入专业课程中，以培育具有绿色文明观的公民。

本书避免了晦涩难懂的专业用语，以通俗易懂的语言全面地讲述了环境系统的基本概念以及环境可持续发展的相关问题。因此，本书不仅适用于环境类专业的学生在专业教育中作为辅助教材使用，也适用于其他类专业在有关环境可持续发展的通识类课程或选修课程中作为主要教材使用。

本书在编写时引用了许多国内外相关领域的最新成果，在此向成果引用涉及的专家和学者致以由衷的感谢。

由于编写时间及编者水平有限，书中不足之处和纰漏敬请读者指正。

柴利

2022 年 4 月 18 日

# 目　录

## 第一章

水资源系统与可持续发展

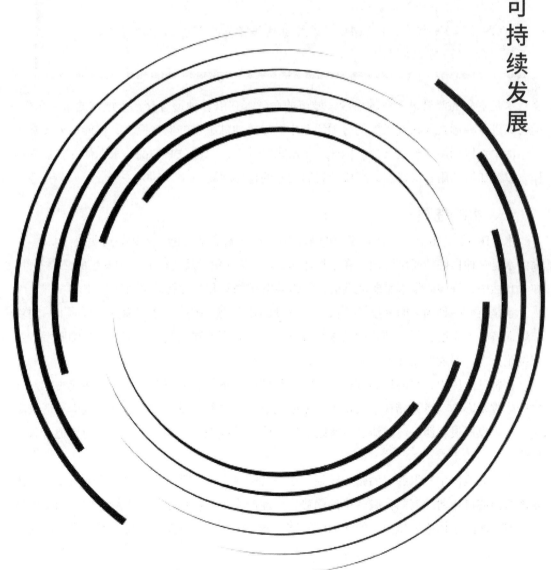

# 第一节　水资源及其开发与利用

## ★学习目标

- 了解水资源的特性及类型
- 了解水体在地球表层的循环过程及对生命的重要意义
- 了解地球上水资源的存在形式以及时空分布特征
- 辨识地表水、地下水及二者之间的联系
- 了解人类主要的淡水来源
- 了解虚拟水的概念，以及虚拟水战略在国际贸易市场中的应用与优劣
- 了解水足迹的基本概念

水是生命的源泉，工业的血液，城市的命脉。它以各种形态存在于地球的每个角落，同时又以各种形式参与到人类的每项活动中。尽管地球上水的储量巨大，但能被人类在生产生活中直接利用却少之又少。因此，了解水是什么，水的分布情况，水如何在自然界运作，以及如何利用好水资源，就成了我们关心的首要问题。

## 一、水的性质

水（$H_2O$）是由氢、氧元素组成的无机物，在常温下是无色、无味的透明液体。

水是一种良好的通用溶剂。在生物体内，水是各种化学反应的介质和发生的必要条件。在大自然中，许多矿泉水是弱酸性的，可以溶解矿物盐和碳酸钙等多种矿物质。

水是唯一一种固态时密度小于液态时密度的化合物，因此，冰能漂浮在水面上。对农作物而言，当温度过低，细胞中的水结成冰时，其体积的膨胀会破坏细胞膜与细胞壁，造成细胞死亡，引发作物冻害。

在常见液体中，水的比热容较大，吸收和储存热量的能力较强。水的蓄热能力能对气候产生重要影响。海洋储存了大量来自太阳的热量，这些热量可以转移到大气中，形成飓风，也可以通过墨西哥湾暖流、日本暖流等洋流给沿岸地区增温增湿，使该地更适合人类居住。

在常见液体中，水的表面张力较强。这一特性对许多物理和生物过程非常重要。液体表面张力使得弯曲的液面具有变平的趋势，由此产生了毛细现象：在毛细管中呈凹形的液面会对下面的液体施加拉力，使液面沿管壁上升。因此，植物茎内极细的纤维导管能将土

壤中的水分吸上来，而纸巾和毛巾表面众多的细孔能很快将水分吸干。

## 二、地球上的水

水是生命之源，是人类赖以生存和发展的重要物质资源。地球表面 71% 都被水覆盖，其中 96.5% 为海水，2.5% 为陆地上的淡水，1% 为陆地上的咸水。在所有淡水中，有68.7% 为冰盖和冰川，30.1% 为地下水，剩余 1.2% 为永久冻土、湖泊、湿地和河流等。

### （一）海洋中的水

#### 1. 海水

海水是所有已知生命的摇篮，地球上的第一个生命——单细胞生物蓝藻，就诞生于 35亿年前富含有机物的原始海洋中。如今，海水的成分已大不相同，数十亿年来周而复始的水循环和地质运动将陆地上和海底岩层中的矿物质不断释放到海水中，使今天海水中蕴含的化学元素高达 92 种，其中氯、钠、镁、硫、钙、钾、溴、锶、硼、碳、氟占 99.8%；同时使海水的盐浓度达到了约 3.5%，这意味着平均每升海水中含有 35 克盐。而由于人类肾脏的水排泄功能有限，能处理的盐浓度低于 2%，所以海水不可直接饮用。

但在人类活动中，海水却有着广泛的应用，通常可以概括为三个方面：海水的直接利用、海水的淡化，以及海水化学资源的利用。在直接利用时，海水可以替代部分淡水用作工业冷却水、部分生活和农业用水，以及海水热源泵。经过淡化后，海水就转化为了可以饮用的淡水。而海水的化学资源利用则是指人们直接从海水中提取各类化学元素，例如钾、溴、镁、锂、碘、铀等。

此外，海水受月球和太阳引力影响形成的潮汐还可以为人类提供清洁能源。在潮汐中，海水会相对于海岸进行周期性的涨落，于是人们在海岸边修建水库，通过涨潮和落潮使海水进出水库，带动水轮发电机运转，就可以将海水流动的动能或海水涨落的势能转化为电能。

#### 2. 海冰

海冰包括来自大陆冰川、河冰等的淡水冰和由海水直接冻结而成的咸水冰。咸水冰是由淡水冰晶、"卤水"和含有盐分的气泡组成的混合体。海冰覆盖了地球表面的 7% 和海洋的 12%。世界上大部分海冰都存在于极地地区。

海冰不仅能够促使海水上下对流，其在形成过程中还能把表层溶解氧含量高的海水向下输送，同时把底层富含营养盐类的海水输送到表层，十分利于海洋生物的繁殖。因此，在可以形成海冰的海域，特别是极地海区，往往有丰富的渔业资源。

海冰有着保持海水温度的功能，对海洋起着"皮袄"的作用。它能减少海水的蒸发量，减少海水与大气之间的热交换，进而有效保持海水的温度。同时，其明亮的白色表面能反射高达 80% 的入射阳光，减少地球对太阳热量的吸收，减轻温室效应。

海冰数量变化会对大气环流和地球气候产生重大影响，同时气候变化也影响着海冰的消长。随着全球气候变暖，极地海冰正呈减少趋势。海冰的减少会加强海水与大气间的热交换，使海水温度上升，不利于海洋动植物的生长繁殖；还会削弱地球表面对太阳辐射的反射，从而吸收更多热量，进一步增强温室效应。

### （二）陆地上的水

#### 1. 地表水

地表水是指陆地表面上的动态水和静态水的总称，包括各种液态和固态的水体，主要有河流、湖泊、湿地、冰川等，是人类生活用水的重要来源，也是各国水资源的主要组成部分。

（1）河流

河流的分布较广，且水量更新快，是人类开发利用的主要水源。一个地区的地表水资源量通常用河流径流量表示，径流量是指在一定时间内通过河流某一断面的水量。河流的径流量受降水和下垫面因素等多方面影响。中国大小河流的总长度约 42 万公里，径流总量达 27115 亿立方米，占全世界径流量的 5.8%。中国的河流数量虽多，但地域分布却相对不均，有"东多西少，南多北少"的特征。

河流分为外流河和内流河。外流河最终注入海洋，而内流河最终消失在内陆或注入内陆湖。虽然河水通常都是淡水，但是其中仍然存在着少量溶解的盐类物质。外流河流域内的湖泊往往是淡水湖，因为上游带来的盐分会随着外流河流出湖泊；而内流河流域内的湖泊往往是咸水湖，因为内流河将盐分源源不断地带入湖体，但是由于没有出湖河流，盐分就不断聚集，且随着湖水的蒸发，盐分浓度还会不断升高，甚至饱和析出。气候越炎热干燥的地区水分蒸发越快，越容易形成咸水湖。著名的死海和咸海就是咸水湖，里海则是世界上最大的咸水湖。

（2）湖泊、水库

湖泊、水库是蓄存和调节径流的水体，更新较慢。内陆湖多为咸水湖，难以满足农业灌溉的淡水需求，但蕴含着丰富的矿物资源。外流湖和人工水库与河流能相互补给，起到调节径流的作用。河流汛期时的水位高于湖泊，因此湖泊能蓄积一部分洪水来消减或延缓洪峰；河流枯水期时的水位低于湖泊，湖水则可以流入河流进行补给来维持河流流量。我国的长江、鄱阳湖和洞庭湖就存在这种相互补给的关系。此外，有些湖泊本身就是河流的源头，例如尼罗河干流发源于维多利亚湖，松花江发源于长白山天池。此外，外流湖和水库还有净化河水和蓄水的作用，能提高河流径流的综合利用程度。

（3）湿地

湿地是地表过湿，季节性或永久性积水的地区，是由含水土壤和水生植物组成的群落。湿地如同一块天然的"海绵"，在储存水分、调节河川径流和维持区域水平衡等方面发挥着重要作用。滨海湿地可以使内陆地区免受风暴和巨浪的侵袭，而位于河流上游的湿地则可以储存水分，减轻下游的洪涝灾害。许多淡水湿地在补给地下水方面起着重要作用，其中的水分可以通过土壤渗透进入地下水含水层，为地下水提供补给。湿地也是天然的"过滤器"，它可以减缓水流的速度，并截留其中的有毒污染物和杂质。湿地中的植物也能帮助去除水中的污染物，有净化水质的作用。

湿地是有机碳的重要储存场所，湿地中的植物能通过光合作用将大气中无机的二氧化碳转化为有机碳并固存在土壤中，而覆盖土壤的积水则起到了封存的作用，使这一过程能持续地进行下去。

湿地的物质生产功能极其强大，是营养物质和化学物质在自然界循环的重要场所。因此，湿地也是最富有生物多样性的生态系统。复杂多样的植物群落为野生动物，尤其是一些濒危的野生物种提供了良好的栖息地，同时也是鱼类、贝类和鸟类等动物繁殖栖息的重要场所。

此外，许多湿地因环境优美，景色秀丽，具有较高的观赏价值，也是旅游胜地。

（4）冰川

冰川被称为固体水库，储存了大量的固态淡水，通常形成于年平均温度在0℃以下的地区。冰川主要分布在地球的两极，中、高纬度地区和高海拔地区。全球冰川面积约有1600多万平方公里，约占地球陆地总面积的11%。格陵兰冰川和南极大陆冰川是世界上最大的大陆冰川，占世界冰川总体积的99%。

极地冰川和冰盖难以大量开采利用，但中低纬度的高山冰川却是重要的水资源：分布于温带或高山气候区的冰川在较冷的季节将水以冰的形式储存，并在气温较高的夏季以融水的形式将水释放。冰川消融产生的水为山区的河流、湖泊提供了补给，并成为河川等地表径流的一部分，为植物、动物和人类提供水资源。此外，冰川融水因其纯度高、含氧量高，锶、锂等微量元素丰富，低氘、低钠和低矿化等特征，具有调节身体机能、提高人体免疫力等功效，有着"生命之水"的美誉。

由于冰川的面积和体积的变化受降水、平均温度和云量等长期气候的影响，因此该变化被认为是反应气候变化最敏感的指标之一。

我国有着丰富的冰川资源，主要分布在青海、新疆和西南海拔3500米以上的高寒山区，总储量约为5万亿立方米，其中西南流域约占33%，西北内陆流域约占64.1%，对中国西部的河流径流和湖泊的补给有着重要的作用。

2. 地下水

地下水是指存在于地面以下岩石空隙中或饱和含水层中的水。地下水的上表面称为潜水位或潜水面。地表水渗入地下的区域被称为地下水的补给区。而地下水向上流出甚至喷涌，在地表形成泉的区域，被称为排泄区。

地表水通过土壤和岩石中的空隙渗入地下，这一区域被称为包气带。包气带位于地面以下、潜水面以上，该带内土壤和岩石间的孔隙中并没有被水充满，其中还含空气，因此包气带属于非饱和层。当地表水继续往下渗，使土壤和岩石间所有的孔隙都充满了水，就形成了地下水系统中的饱和层。

含水层是一种地下地带或土壤物质体，水以一定的速率流入并储存于该区域从而形成地下水。良好的含水层通常含有松散的砾石和砂石、多孔隙裂缝沙砾岩层等结构，不仅有良好的连通性，可以使水流渗透并在其中流动，还能有效地把地下水聚集储存起来。含水层中的地下水通常以每天数厘米或数米的速度缓慢移动。一般情况下，人们通过打井获得的地下水都来自含水层。地下水的循环过程如图1-1所示。

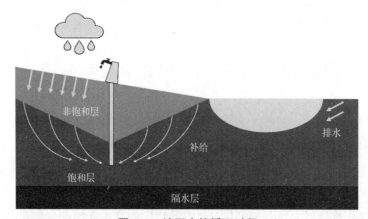

**图1-1　地下水的循环过程**

3. 地表水与地下水的关系及其相互影响

在讨论地表水与地下水的关系时，通常把河流分为出流河和入流河。出流河是指在干旱季节，由地下水渗入河道补给河水来维持的河流。终年流水的河流被称为常流河，而大多数常流河全年水流不断是因为地下水的供给。入流河位于潜水位之上，其水流的维持只依赖于降水，但入流河的水可以渗入地下来补给地下水。由于降雨的季节变化，部分入流河不能维持终年流水，因此也被称为季节性河流。一条大河可能既含有常流河河段又含有季节性河流河段，也有可能因为降水量的不同，在不同河段展现出入流河或出流河的特征。

地表水和地下水在许多方面相互作用。几乎所有入河流、湖泊的自然地表水环境和水库的人造水环境都与地下水有着很强的联系。当人们大量开采地下水时，地下水位会大幅下降，地表水就会下渗来补给地下水，从而造成湖泊、河流的水位下降；当地表水位下降时，地下水也会补给地表水。

## 三、自然界的水循环

### （一）什么是水循环？

水循环是指大自然中的水在太阳辐射、地球引力等作用下，通过蒸发、蒸腾、水汽输送、降水、地表径流、下渗和地下径流等环节，以气态、液态和固态的形式在水圈、大气圈、岩石圈和生物圈这四大圈层中不断转变、持续运动的过程。

### （二）水循环的分类、过程及作用

水循环以陆地内循环、海上内循环和海陆间循环这三种形式存在（图1-2）。

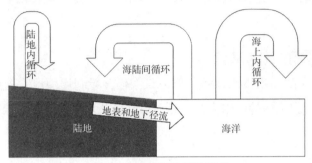

**图1-2　水循环的三种形式**

#### 1. 陆地内循环

陆地内循环是发生在陆地与陆地上空的水循环。大气中的水汽凝结后以液态水或固态水的形式降落到地表，其中一部分或全部都会通过陆地表面和地表径流蒸发，或通过植物的蒸腾作用形成水汽，上升至大气中，又通过冷却凝结成为雨、雪、雹等，然后落回至陆地表面。

陆地内循环携带的水量最小，补充陆地水的水量也很少，但它却可以影响全球的气候和生态，并不断塑造地表形态。

#### 2. 海上内循环

海上内循环指海洋表面的水通过蒸发形成水汽，在上升至大气后，在海洋上空凝结，形成降水，又回到海洋的过程。

海上内循环是携带水量最大的水循环，它对全球热量平衡有重要作用。

#### 3. 海陆间循环

海陆间循环又称为水的大循环，指海洋水和陆地水之间相互转换的过程。

在太阳辐射的作用下，海洋表面的水通过蒸发变成水蒸气，上升到大气中，并随气流运动至大陆上空，然后在一定热力条件下凝结为液态水，形成降水。降落至地面的水一部分通过蒸发、植物蒸腾等作用返回大气，一部分沿地面流动，形成地表径流，或渗入地下形成地下径流。地表径流和地下径流汇聚于江河，并流回海洋。

海陆间循环是最重要的水循环，它维持着全球水的动态平衡，使陆地上的水不断得到补充，使水资源得以再生。

### （三）水循环的意义

水循环是地球上最重要的物质循环之一，也是地球上最活跃的能量交换和物质转移过程之一，它构成了一个全球性的连续有序的动态系统。水循环是海陆间联系的主要纽带，实现了海陆之间的物质迁移和能量交换。它塑造着地表形态，维持着地球生态环境的平衡与协调，不断更新着陆地的淡水资源。因此，水循环对于地表结构的演变和人类可持续发展都有重大意义。

## 四、人类主要的淡水来源

虽然地球上 71% 的面积被水覆盖，但可供人们开采利用的淡水资源却非常稀少。地表径流和地下水是人类主要的淡水来源，还有少部分淡水来源于海水淡化、水的循环和再利用等。

### （一）地表径流

自然降水使大气中的水以雨、雪、露、霜等不同形式到达地面，一部分通过蒸发或蒸腾作用以水蒸气的形式返回大气；一部分通过土壤下渗，成为地下水；还有一部分会根据地形，在地表形成溪涧、河流，最终汇入海洋或被储存在湖泊、沼泽或湿地中，这些在地表汇聚流动的水流被称为地表径流。

地球上不同地区的降水由于各地所处的海陆位置、温度、地形和气候等因素不同而存在差异。因此，人们需根据各地区的年降水量和总地表径流量制定合理的方式来管理和利用来自地表径流的水资源。在平均降水量和径流相对较少的地区，例如美国西南部的干旱和半干旱地区以及大平原地区，地表径流的水资源供应存在潜在的短缺问题，因此这些地区必须采取严格的措施来确保充足的水供应。

### （二）地下水

地下水是地球上重要的水体，是农业灌溉、工业生产以及人们日常生活的重要水源。井水和泉水是我们使用最多的地下水。在一些地表水短缺的地区，地下水则成为当地用水的主要来源。

然而，地下水并非取之不尽，用之不竭。在很多国家和地区，由于人们过度开采地下水，当地的河流生态系统甚至是地形地貌已经遭到了严重的破坏。当人们不断从含水层抽取地下水时，井口周围的地下水位就会下降，形成一个巨大的地下水漏斗，导致地下水源枯竭、水井报废，还会造成地面沉降、塌陷、建筑物倾斜、开裂等严重问题。例如我国河北省水资源匮乏，人均水资源不足 300 立方米，是全国人均的 1/7，是世界人均的 1/24。根据国际标准，人均水资源小于 500 立方米被定义为极度缺水，而 300 立方米就是生存底线。河北省人口密集，生活、农业用水量巨大。每年春季，小麦发芽时的需水期正好赶上当地气候的干旱期，为保证农业生产，农民往往只能大量开采地下水来填补水资源缺口。新中国成立后河北省工农业发展迅速，需水量从 20 世纪 50 年代到现在增加了 5 倍。长期的过度开采使得河北省的地下水入不敷出，水位持续下降，逐渐形成了地下水漏斗。近三十年来，全省出现了 20 余个地下水漏斗，其中大小超过 1000 平方公里的就有 7 个，最深的能达到地下百余米。地下水位越来越低，井也越挖越深，即使是超过 600 米的深井也并不少见。

地下水的过度开采，甚至已经影响到了地球的重力场。人造卫星通过运行轨道的细微变化检测出我国华北地区的重力场出现了巨大的空缺，这些损失的质量便是被开采掉的地下水。失去地下水的填充，河北省出现了大面积的土地沉降，地下水过度开采最严重的沧州 40 年来沉降了 2.4 米，部分建筑的一层成了"地下室"。1997 年 8 月，特大风暴潮席卷了渤海沿岸。由于沧州的地面沉降现象严重，地势低洼，海水冲破堤坝倒灌进内陆十几公里，造成了严重的经济损失。

### （三）海水淡化

海水淡化是一种去除海水中盐分来生产淡水的技术，它对缓解水资源短缺问题具有深远的战略意义。目前，世界各地有一万多座工厂使用海水淡化技术生产淡水。一座大型海水淡化厂每天可以生产近百万吨淡水。虽然如今海水淡化技术的改进大大降低了淡水生产的成本，但是受其技术的复杂性以及地理位置、交通运输等因素的影响，淡化水的价格仍然高于传统淡水供应的价格。世界上只有少数国家将海水淡化作为获取淡水资源的主要方式。

#### 1. 海水淡化技术

全球有超过 20 种海水淡化技术，包括蒸馏法、冷冻法、反渗透膜法、电渗析法，以及利用核能、太阳能、风能等能源淡化海水的方法。其中蒸馏法和反渗透膜法是世界上最主要的海水淡化方法。

##### （1）蒸馏法

蒸馏法海水淡化也称为热法海水淡化，是通过加热海水使之沸腾汽化，再收集蒸汽，降低温度，使其冷凝成淡水的方法。目前应用最普遍的蒸馏技术是低温多效蒸馏淡化技术和多级闪蒸技术。

低温多效蒸馏淡化技术是指盐水的最高蒸发温度低于 70℃的蒸馏淡化技术。该技术是将多个水平管喷淋降膜蒸发器串联起来，将一定量的蒸汽输入首个效组，往后每一效组的蒸发温度依次降低，在经过数次蒸发和冷凝之后，就得到了净化后的蒸馏水。海水首先被引入蒸发器的后面几个效组中，经过多次喷淋和蒸发，部分蒸汽冷凝形成产品水，剩余料液进入温度较高的下一效蒸发器中，再次进行喷淋、蒸发和冷凝等过程。这一系列过程将不断重复，使每个效组都产生了相当数量的蒸馏水，最后在温度最高的效组中，剩余的料液以浓缩液的形式离开。各效组的冷凝液进入产品水罐并进行闪蒸，使水中含盐量再次降低，产生的热量则进入蒸发器；从第一效组流出的高盐度料液进入浓盐水闪蒸罐中，热量被回收，经过冷却的浓盐水最终被排回大海。该技术具有较高的热利用效率，操作弹性大，系统的动力消耗小，运行安全性高，且得到的淡水具有较好的水质，因此运用较为广泛。

多级闪蒸技术是将经过加热的海水依次在多个压力逐渐降低的闪蒸室中进行急速蒸发，将蒸汽冷凝从而得到淡水的技术。闪蒸室中的压力将控制在低于海水温度所对应的饱和蒸汽压，因此当经过加热的海水进入闪蒸室后，会出现部分急速气化的现象，即闪蒸现象。在全球海水淡化装置中，通过多级闪蒸技术得到的淡水产量最大，且安全性高，防垢性能好，主要应用于海湾国家。未来该技术将在装置单机造水能力、电力消耗、传热效率等方面进行改善，提高应用效率。

（2）反渗透膜法

反渗透膜法又称超过滤法，属于膜法海水淡化，是一种膜分离淡化法。该方法是利用只允许溶剂透过、不允许溶质透过的半透膜，将海水与淡水分隔开的。通常情况下，淡水会通过半透膜扩散到咸水一侧，当咸水侧的液位达到一定高度时，该压力抵消了自然的渗透趋势，从而达到了平衡。因此，当我们对海水一侧施加一个大于海水渗透压的外压时，海水中的淡水将通过半透膜进入淡水一侧，这一现象称为反渗透，或逆渗透。在反渗透的作用下，我们就可以从海水中得到淡水资源。

反渗透膜法最大的优点是节能。由于该淡化过程不需对海水进行加热，在常温条件下即可进行操作，因此耗能少，制水成本低。此外，反渗透膜法脱盐率高，性能稳定；且该技术的设备操作简单，只要提供电和海水，便可得到淡水，因此逐渐成为海水淡化的主流方式。

2. 降低淡化成本

海水淡化可以有效缓解世界水资源短缺的问题，因此在未来的发展中，如何降低淡化海水的成本是值得人们思考的。这里将介绍水电联产和热膜联产两种降低成本的方法。

（1）水电联产

水电联产是指海水淡化水和电力的联产联供，通过将发电系统和海水淡化系统相结合，使海水淡化设备充分利用发电厂产生的蒸汽余热和电力来为淡化装置提供动力，制备淡水。发电厂还可以利用海水淡化得到的淡水补给生产用水，实现了能源的高效利用，有效地降低了海水淡化的成本。该技术已成为世界大型海水淡化工程的主要建设模式。例如，我国的天津北疆发电厂就是集发电、海水淡化、浓海水制盐功能于一身的大型系统工程，是典型的循环经济模式项目。

（2）热膜联产

热膜联产是采用热法和膜法相联合的方式来降低海水淡化成本的方法。首钢京唐海水淡化项目是国内首个投产运行的大型热膜耦合海水淡化项目。其操作方式为：将经过低温多效蒸馏法处理的浓盐水作为水源，应用膜法海水淡化系统进行二次淡化。由于该项目所处的渤海湾在冬季时海水温度较低，若不进行海水预热，则需要增加高压泵的扬程来维持膜法产水量的恒定，这一过程将大幅增加电耗。因此，先以热法进行第一步将海水淡化，给海水提供一定温度，再进行膜法淡化海水就能够较好地解决因冬季海水温度低而影响膜法正常产水的问题。这种操作不仅减少了由热法淡化海水时产生的热量排放，还实现了能源的高效利用，减少了淡化成本。

### 3. 海水淡化后的淡水价格

海水淡化工程为人类提供了较为稳定的淡水资源。随着技术进步，生产淡水的成本在不断降低。截至 2020 年底，我国已建成日产淡化水百吨以上的海水淡化项目 176 个，产能达到 180.34 万吨 / 日，海水淡化的成本价也已降至 4 ~ 7 元 / 吨。同时，政府对水供给价格进行了巨额补贴，因此自来水的价格普遍偏低。《2019 年全国 75 个城市（地区）水价专题报告》显示，超过一半居民的第一阶梯基本水价为 1.5 ~ 2 元 / 吨，这个价格甚至低于海水淡化的成本价。

### 4. 海水淡化对环境的影响

海水淡化也会对环境造成影响。海水淡化过程会产生大量盐浓度高，且掺有杀菌剂、消泡剂、还原剂、混凝剂、缓蚀剂、阻垢剂、酸碱等化学药剂的浓盐废水。例如，当采用反渗透膜技术淡化海水时，平均会产生 42% 的淡水和 58% 的浓盐水。若处理不当，这些浓盐水将汇入河流、湖泊等水体或渗入地下，造成土地盐碱化等陆地生态问题。通常，这些浓盐水会在经过处理后被排放到海洋中，但根据不同的淡化技术，其中仍可能含有不同浓度的清洁化学品残留物和设备腐蚀产生的重金属，对海水造成不同程度的化学污染。此外，浓盐水因其密度大于海水，会沉到海底，其中的盐分会降低海水中的溶解氧含量，威胁到海底生物的生存。

### （四）水的循环和再利用

在淡水资源紧缺的地区，水的循环和再利用成为城市和农业用水的一个重要来源。美国加利福尼亚州南部近年来遭受了严重的干旱，传统水源价格逐渐提高，人们因此转而探索成本更加低廉的废水再利用。洛杉矶就试点了一个废水再利用项目：它首先将城市废水收集起来，通过微生物去除废水中的氨和氮的化合物，再过滤掉水中的颗粒杂质，之后将废水加压通过反渗透膜来去除水中的细菌、药物残留和盐分，最后使用紫外线照射和氧化剂消除水中残留的病毒和有毒的化学物质。经过处理的水会被注入地下蓄水层以补充地下水，直到最终被抽出，经过再次消毒处理后供给工厂和居民区使用。一个标准的废水回收厂可以为 50 万家庭提供生活用水。这样的废水再利用过程不仅填补了南加州开采地下水造成的地下水漏斗，还减少了南加州向海洋排放的污水量，保护了海洋生态环境。

## 五、水资源的利用

### （一）虚拟水

人们不仅在饮用和日常生活中需要水，在生产和消费的过程中也需要水。1993年，英国学者托尼·艾伦提出了"虚拟水"这一概念，它是指在生产商品或服务的过程中所需要的水资源的总量。

虚拟水以"无形"的形式存在于人们生产的商品和服务中。例如，生产一杯咖啡所需要的水资源远不止冲泡时所用的几百毫升水，其背后的生产过程还隐藏着巨量的水资源投入：据统计，从咖啡豆种植到咖啡生产、包装和运输等一系列过程，生产一杯咖啡需要消耗的水量大约相当于一个人一天的生活用水量。而在农业生产中，生产一吨甘蔗需要大约175吨水，一吨小麦需要1300吨水，一吨水稻需要3400吨水。普遍来讲，生产肉类所需要的虚拟水要高于植物，这是因为每生产一吨的肉类往往需要数吨乃至十几吨的植物（饲料）来换取。据统计，生产每吨鸡肉需要大约4300吨水，而每吨牛肉则需要约4600吨水。一些常见食物的虚拟水含量如图1-3所示。

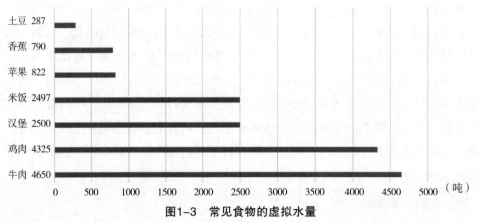

图1-3　常见食物的虚拟水量

虚拟水概念为我们提供了一个有效的水资源管理工具。通过将水资源量化，人们可以比较生产和消费不同商品所涉及的真实用水量，并以此来决定水资源的最佳利用方式。例如，一个气候干旱、水资源有限的国家更希望有效利用水资源，以应对不断增长的生活用水需求、保护生态环境或促进当地发展。从水资源丰富的国家进口虚拟水量大的产品就能更大限度地节约本国水资源。而水资源丰富的国家不仅可以实现水资源密集型产品的自给自足，还可以通过出口虚拟水含量大的作物来换取经济利润。

### （二）虚拟水贸易

虚拟水贸易的实质是国家以进口或出口水资源密集型商品的形式间接进口或出口水资源。在国际贸易中，一些极度缺水的国家可以基于虚拟水理论进行贸易决策以实现本国的水资源可持续发展，即虚拟水战略。水资源密集型产业包括种植业、畜牧业、纺织业、食品加工业以及耗水量较大的一些工业等。

虚拟水贸易为虚拟水进口国提供了额外的水资源供给，减轻了水资源安全问题和环境压力。在水资源有限甚至短缺的地区和国家，通过进口水资源密集型商品，当地的水资源可以更好地应用于日常生活和经济建设等方面。它还可以提高全球水资源的利用效率。当商品和服务出口国的用水效率高于进口国，全球对水资源开采的总量就会减少，有利于节约水资源。

当然，虚拟水贸易也可能对贸易双方产生负面影响。对虚拟水进口国而言，过度依赖粮食等基础商品的进口可能会在政治和经济上受制于别国，也会造成本国相关产业的失业问题。对虚拟水出口国而言，过量消耗水资源，如超采地下水，可能会对当地生态环境造成破坏。

### （三）水足迹

水足迹这一概念最早由荷兰学者阿尔杰恩·胡克斯特拉于 2002 年提出，它是指一个国家、一个地区或一个人，在一定时间内用于生产所有产品和服务的淡水总量。水足迹一般分为"蓝水足迹""绿水足迹"和"灰水足迹"三类。

蓝水足迹是指产品生产过程中消耗的地表水与地下水的总量。

绿水足迹是指经降水停留在土壤含水层中和被植物根系吸收的水资源量，也包括因植物蒸腾作用从地表损失的水资源量。绿水足迹与生态用水和农业用水有着紧密的联系。

灰水足迹是指以现有水环境中的水质标准为基准，为使排放的污水水质达到安全标准所用于稀释污染物的水量。灰水足迹越高，说明废水中的污染物数量越多。

## 六、本节总结

水是地球上最常见的物质之一，是生物体最重要的组成部分，有着独特的物理和化学性质。但地球上 99% 以上的水因含盐量高或处于极端的地理位置而不适合人类直接使用。

人类在农业灌溉、工业生产、城市用水等方面所需的淡水资源主要来源于地表径流和地下水，还有部分来自海水淡化和水的循环再利用等。

地表水与地下水是水资源的重要组成部分，二者都会受到自然降水和人类活动的影响，也会相互影响。

虚拟水是一个有效的水资源管理工具，它通过将水资源量化揭示了商品生产过程的真实耗水量，并成为国际贸易和平衡全球水资源的依据。

水足迹是指一个国家、一个地区或一个人，在一定时间内用于生产所有产品和服务时所需要的淡水总量。一般分为"蓝水足迹""绿水足迹"和"灰水足迹"三类。

## 课后思考题

● 简述我们关注与保护水资源的原因。

● 结合水的性质，简述水在生物圈的作用。

● 绘制一张地下水层结构图，并描述地表水和地下水是如何相互影响的。

● 简述海水淡化的原理、应用地区及意义。

● 辨析虚拟水和水足迹的概念，并讨论它们在水资源管理中的作用与意义。

● 你生活的社区该如何更好地管理水资源？提出你的建议。

# 第二节　水资源短缺及污染

★**学习目标**

- 认识到人类正面临着水资源短缺的问题，解释该问题与食物供应之间的联系
- 辨析地表水污染中的点源污染和非点源污染
- 了解常见的水体污染源
- 列举不同类型地表水体的常见污染种类
- 举例说明造成地下水污染的原因
- 知道什么是生化需氧量及其作用
- 认识水体污染的危害

在这个人口不断增加、经济飞速发展的时代，水资源越发脆弱，也越发弥足珍贵。世界淡水资源分布不均且供不应求，各类水体的污染也加剧了淡水资源的供需矛盾，水资源短缺已成为世界性的问题。目前，世界上有一百多个国家处于缺水状态，非洲部分地区的干旱更是持续了 20 年之久。人们必须要认识到世界水资源短缺和水污染问题的严重性，探明其因果，分析其利害，方可订计划，采取措施，防止该问题的加剧。

## 一、水资源的短缺

在气候、水资源分布地域性等自然因素和人类对水资源的不合理利用等人为因素的作用下，很多国家和地区都出现了不同程度的水资源短缺问题。这表现为地表水和地下水的减少：美国、中国、印度等国家的地下水被大量开采，其开采速度快于地下水的补给速度，使得地下水水位不断下降；地球上的大片水域，例如位于中亚的咸海正在干涸，美国的科罗拉多河、中国的黄河在某些季节和年份流入海洋的水量减少，中国第一大淡水湖鄱阳湖的水位也持续走低。

水资源的短缺严重威胁着世界粮食安全。随着过去半个世纪里人口的增加，人类对水资源的需求量也增加了两倍。预计在接下来的半个多世纪里，全球人口还会增加 20 亿～30 亿。一些学者担心到 2050 年地球上还是否有足够的水资源为 90 亿～100 亿人生产粮食。而为了增加水稻、玉米和大豆等粮食作物的产量，人们越来越多地使用地表水和地下水进行农业灌溉，造成了农业区水资源的短缺，也成为粮食安全的隐患：随着灌溉用水价格的上涨和粮食作物产量的下降，食物价格会上涨。这为一些落后的发展中国家居民的生活与健康增

添了沉重的负担，也对社会稳定造成了负面影响。2008年全球粮食危机期间，海地、墨西哥和印度的西孟加拉邦等30多个国家和地区就发生了由粮食危机引起的民众抗议和骚乱。

水资源的丰富程度受气候变化的影响。随着气候持续变暖，全球范围内的干旱程度也随之增加，这会进一步加速地下水和地表水水位的下降，造成更严重的世界水资源枯竭，从而危及粮食作物的生产，造成的粮食短缺。2021年，作为世界上糖和咖啡最大原产国的巴西遭遇了近百年来最严重的旱灾，随着巴西农作物的减产，世界市场上咖啡和糖的价格也大幅上涨。同年，美国西部90%以上的地区都经历了"极端"和"异常"级别的干旱，部分地区的气温创下历史新高，极度缺水的情况使得春小麦等许多作物枯萎死亡。此外，俄罗斯、加拿大等国也遭遇了不同程度的旱灾。这些主要粮食作物出口国的减产使得2021年的国际粮价飙升了40%，全球食品价格创下10年新高。

## 二、水污染

水污染是指排入水中的有害物质使水体的生物、物理或化学性质发生变化，超过水体的自净能力，使其自身的生态功能遭到破坏，导致使用价值降低或丧失的现象。城市、农村、工业和农业等人类活动的各个方面都可能导致水资源污染。

### （一）点源污染和面源污染

按污染物排放的空间分布规律，水污染可以分为点源污染和面源污染。

点源污染指由固定的排污通道或排放点集中排放污水造成的水体污染，例如工厂、发电厂、污水处理厂和地下煤矿等排放的污水。因其排放的集中性和持续性，这些污水更容易被识别、监测和管理。

非点源污染，也称面源污染。它指污染物在自然降水的冲刷作用下，从非特定的地点排放，通过地表径流、土壤侵蚀、农田排水等方式汇入江河湖海，造成水环境的污染，具有分散性和广泛性。例如从农田排出的灌溉水中，通常含有氮、磷等营养物质和农药等有害物质，在雨雪的冲刷下，形成径流并汇入江河中，造成水体污染。由于非点源污染的产生不依赖于固定的排污口，其排放量难以被量化，因此也难以被人们监测、防控和治理。

### （二）主要污染物

#### 1. 悬浮物

造成水体污染的悬浮物包括直径大于2毫米的沙石颗粒以及更小的砂、淤泥、黏土和胶体颗粒。这类悬浮物进入水体的主要原因是土壤侵蚀。当地面坡度大、降雨强等自然因素以及过度放牧、砍伐森林、不合理耕作和工业开采等人为因素使土壤受到严重侵蚀时，其中的沙石和黏土等颗粒物就会随着地表径流进入江河湖泊以及水库，不仅造成了土地资源的损失，还给水体带来了严重的泥沙污染，使其发生肉眼可见的性状变化。其中颗粒较大、质量较重的沙子和碎石会沉入水底，破坏底栖动物的栖息地，严重影响水生动物的生存与繁殖；而颗粒较小的黏土往往悬浮在水中，使得水质变得浑浊，减弱水体的透光性，降低水生植物光合作用的效率，破坏水下生态环境。

人类活动在很大程度上影响了地表径流、侵蚀和沉积的原本模式与强度。虽然对农田实行水土保持措施可以减少土壤流失，但是不能完全消除这种负面影响，而快速的城市化建设还会进一步加大泥沙的产出，造成更加严重的水体污染，这就要求人们从源头上控制并减少泥沙的产生和扩散，防治土壤侵蚀。

### 2. 营养物

水体中的营养物是指磷、氮等能促进藻类和水生植物生长繁殖的营养盐类物质，这些物质会使水中的生化需氧量上升，水体质量下降，造成水体富营养化。造成水污染的营养物主要来自农业种植和饲养家禽家畜产生的污水。在种植农作物时，人们通常使用富含氮、磷、钾等元素的化肥来增强土壤肥力，提高作物质量和单位面积产量；同时，家禽家畜的排泄物中也存在氮、磷等营养元素。在灌溉水流和自然降水冲刷的双重作用下，这些肥料和粪便中的营养物质会随着地表径流和其中携带的土壤颗粒流出农田、养殖场，并汇入河湖与海洋。此外，生活污水、工业废水和垃圾中也含有大量的营养物质，这些物质会被降水冲刷或直接排放到河湖等水体中，使水体富营养化。

在处于富营养化状态的湖泊中，大量藻类漂浮于水面，形成了稠密的藻被层，同时大量浮游生物的繁殖使得水质变得浑浊，水体的透明度大幅降低以至于阳光难以穿透。由于进入水中的阳光强度降低，水下植物的光合作用受到抑制，藻被层下的植物会大量死亡，而它们被微生物分解的过程则会消耗大量氧气，使水中的溶解氧含量降低，进一步造成鱼类等其他水生生物的大量死亡。这样的湖泊被称为富营养湖，而氮、磷等营养物质含量极低的湖泊则被称为贫营养湖。在贫营养湖中，浮游生物数量极低，湖水清澈见底，阳光可以从湖面照射到一定深度，甚至到达湖底，且水中的溶解氧浓度较高。

富营养化造成的水污染会严重破坏生态系统，墨西哥湾死亡区就是一个典型案例。每年夏天，在美国路易斯安那州南部，处于密西西比河与大西洋交汇地带的墨西哥湾都会出现一个造成大量海洋生物死亡的"死亡区"。调查发现，该区域内海水的氧气浓度已经低到了使海洋生物窒息的程度。通常情况下，当水中溶解氧浓度低于5毫克/升时，便已触及水体污染的红线；而在这个"死亡区"内，水底的溶解氧浓度甚至低于2毫克/升。虽然部分鱼虾可以逃离这个区域，但生活在海底的贝类和螃蟹等活动能力较差的生物却难以幸免。

墨西哥湾死亡区的形成源于人类活动排放到水中的过量的氮、磷营养物质。与其相连的密西西比河流域是美国主要的农牧业区，生产水平相对较高，因此氮肥、磷肥等化肥的使用量也非常大，且还在不断增加。在自然降水丰沛的夏季，存在于土壤中过剩的营养物质会随水流进入密西西比河，进而汇入墨西哥湾，造成海水富营养化，形成墨西哥湾死亡区。

其实，与墨西哥湾死亡区类似的现象在世界上并不罕见。目前已知全世界范围内的死亡区共有 150 个，分布于欧洲、东亚、南美洲、澳大利亚近海和美国东北部等海域。虽然其中大多数的面积都比墨西哥湾死亡区要小，但形成的原因却大同小异，基本都是含营养物质的工业废水、农业污水及生活废水的排放导致的。

### 3. 有机污染物

#### （1）可降解的有机污染物

可降解的有机污染物又称为耗氧有机污染物，其主要包括动植物残体以及生活污水、工业废水中的蛋白质、脂肪、碳水化合物等有机物。它们能被水中的微生物所分解和利用，最终转变为二氧化碳和水等无害物质。在这一过程中，对污染物进行分解的微生物会消耗水中的溶解氧，其需氧量与有机污染物的数量成正比，因此被用作衡量水体污染程度的指标：消耗的溶解氧的数值越高，就说明水中有机污染物越多，水体污染也越严重，这就是生化需氧量。

生化需氧量（Biochemical Oxygen Demand, BOD）定义为在一定条件下，微生物通过生物或化学反应分解存在于水中的可降解的有机物时所消耗的溶解氧量。生化需氧量是衡量水中有机污染物数量的重要指标。

测量水体的生化需氧量一般在气温条件为 20℃ 的环境中进行，测试时长为 5 天。记录五日生化需氧量时，以每升水样中微生物降解有机污染物所消耗的氧气毫克数为结果。一般情况下，清净河流的五日生化需氧量不超过 2 毫克 / 升，工业、农业用水的生化需氧量应小于 5 毫克 / 升，而生活饮用水应小于 1 毫克 / 升。

测量生化需氧量所需的水样本通常在工厂的污水排出口附近采集。当有未经处理的污水排出时，可根据水中的溶氧含量和生化需氧量将排污口附近水域划分为三个区域，如图 1-4 所示。

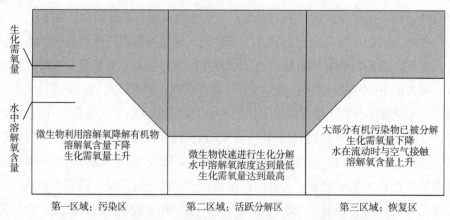

图1-4　污水排放时生化需氧量和水中溶解氧含量的变化关系

第一个区域为高生化需氧量的污染区。这一区域位于污水排出口，水中含有大量的有机污染物。微生物利用溶解氧对可降解的有机物进行降解。随着污水的排出，水中溶解氧含量逐渐降低，生化需氧量逐渐升高。

第二个区域为活跃分解区。有机污染物从污染区流入该区域，微生物快速对其进行生化分解，使水中溶解氧浓度达到最低值，生化需氧量达到最高值。

第三个区域为恢复区。这一区域中，由于大部分有机污染物质已被分解，生化需氧量下降。且因水在流动时与空气接触，氧气再次被溶解进水中，使溶解氧含量逐渐上升，最后回到受污染之前的水平。

每一个水生生态系统都有一定的降解有机污染物的能力，因此即使水体受到污染，其水质也能在一段时间后恢复到污染前的水平。但水体的自净能力是有限的，当水中含有的需要溶解氧降解的污染物超出水体能够降解的最大数量时，就会产生持续性的水污染。

（2）不可降解的有机污染物

不可降解的有机污染物又称为有毒有机污染物。其主要包括酚类、多环芳烃类、有机农药和各种人工合成的、具有积累性生物毒性的、无法被微生物降解的有机化合物。其中比较有代表性的是石油污染物。

石油泄漏会造成严重的水体污染。油类会在水面上形成油膜，阻碍大气与水体之间的气体交换，使水中的溶解氧含量降低，并阻隔阳光，抑制水中绿色植物的光合作用，使水生生物大量死亡，造成生态灾难。此外，石油中的致癌物质一旦被水中生物摄取，就可沿食物链进行传递，威胁位于食物链高层的生物，甚至是人类的食品安全。

海上石油污染物主要来自油轮泄漏与石油钻井平台事故。1989年3月24日，埃克森公司"瓦尔迪兹"号超级油轮在阿拉斯加州威廉王子湾撞上暗礁后搁浅，原油泄漏量高达1100万加仑，在海面上形成了一片面积约1300平方公里的油层。据估计，此次事故造成约28万只海鸟、2800只海獭、300只斑海豹、250只白头海雕以及22只虎鲸死亡，并严重打击了当地渔业——鲱鱼产业在1993年彻底崩溃，此后再未恢复。

近年来，全球也发生了多起海上石油钻井平台爆炸造成的大型石油漏油事故。2010年4月20日晚，美国南部路易斯安那州位于墨西哥湾的深水地平线石油钻井平台发生起火爆炸，大量的石油和天然气从海底受损的井口管道中源源不断地喷涌而出，漏油量高达每天5000桶左右。5月27日，灾难进一步升级，油井漏油量已上升到25000～30000桶，原油漂浮带长200公里，宽100公里，且还在墨西哥湾海域进一步扩散。随后由于用来控制漏油点的水下装置发生故障被拆下修理，泄漏情况再次恶化，原油重新喷涌而出。直到7月15日，漏油油井才被成功封堵。截至那时，估计已有319万桶石油泄漏到墨西哥湾，对该海域的生态系统造成了极大的破坏：被黑色石油包裹的牡蛎随处可见，搁浅的海豚在此后的4年中超过了1000头，多达167600只海龟死于原油泄漏，约有93种鸟类受此影响，100万只海鸟死亡。此外，沿岸的湿地和海滩被毁，多种濒危物种灭绝，渔业也损失惨重。

4. 无机污染物

水体中的无机污染物包括酸、碱、无机盐类和重金属等无法被微生物降解的无机物。

它们能抑制微生物生长，阻碍水体的自净作用，使水的 pH 值发生变化，并增加水的硬度。比较有代表性的无机污染物有食品加工厂废水中的氨氮、汽车尾气中的重金属，黏土矿物，以及酸性矿井水。

酸性矿井水主要来自于煤矿，是含有高浓度硫酸的水。酸性矿井水是由复杂微生物的化学反应产生的。在开采煤矿时，由于硫铁矿与空气和水的接触，在微生物的作用下极易发生化学反应，产生硫酸。其化学反应方程式为：

$$4FeS_2 + 15O_2 + 14H_2O = 4Fe(OH)_3 + 8H_2SO_4$$

当地表水或浅层地下水流经矿山时，该化学反应产生的酸性废水就会进入地下，并随地下水渗出或沿地表径流汇入河流、湖泊、海洋，影响水生生态系统中动植物的正常生长繁殖。对此，一种有效的处理方法是利用化学反应，将流出的酸性矿井水引入一个开放的石灰石通道，使其与石灰石进行中和反应，反应的化学原理为：

$$H_2SO_4 + CaCO_3 \longrightarrow CaSO_4 + H_2O + CO_2$$

另一种方法是将酸性水引入一个含有硫酸盐还原菌和细菌营养物的反应器中，使酸性水与反应器中的细菌发生生化反应，产生金属硫化物，以此来降低水中的硫酸含量。

### 5. 病原体

病原体是指能使人或动植物感染疾病的细菌、病毒等微生物和寄生虫。病原体进入水中会导致水体的病原体污染。病原体污染物主要来源于生活污水、医院污水、屠宰厂、未经处理的垃圾和人畜粪便等。由于病原体属于寄生性生物，一旦人或动植物接触甚至饮用被病原体污染的水，就极易被病原体感染，并成为疾病传播的媒介，将疾病传染给他人。霍乱就是一种通过水传播的疾病。2010 年，海地发生地震后，霍乱爆发，数十万人染病，近 8000 人死亡。据调查，疫情与当地卫生设施极度缺乏，地震后很多人得不到干净的饮用水有关。

### （三）地表水污染

地表水污染主要指河流、湖泊（水库）以及海洋这三类水体环境遭受的污染。农业、工业以及居民生活所排放的污染物都可能导致地表水污染。

### 1. 河流污染

河流作为生产生活用水的重要来源，其中的污染物会通过抽取饮用水、灌溉农作物等方式直接或间接进入人体，危害居民健康。河流的流动性强，有利于稀释污染物，因此有较强的自净能力，但其中的污染物也会迅速向下游扩散、转移，污染沿途河段。河流污染程度可能因径流量的季节性变化而产生时间上的差异，污染物总量相同的情况下，河流的径流量越大，污染程度就越低。我国的河流污染以有机污染为主，主要污染物是氨氮和挥发酚等，污染指标主要参考生化需氧量和高锰酸盐指数。

## 2. 湖泊（水库）污染

湖泊水流动性小、水面开阔，其在物质循环、生物作用等方面的水环境条件较为独特，因此，湖泊污染以富营养污染为主，污染指标主要参考总磷、总氮、化学需氧量和高锰酸盐指数。

湖泊污染源分为外源和内源。外源污染是指污染物通过工业农田废水、生活污水的排放以及地表径流、大气沉降、地表固体废物淋溶下渗等方式进入湖泊的过程。内源污染是指进入湖泊中的污染物沉降至湖泊底部后，不断向水体释放过量营养元素，造成湖泊富营养化的过程。

湖泊沉积物是内源污染发生的物质基础，也是整个湖泊生态系统物质能量循环的重要节点。人类排放到湖泊中的重金属、营养物质以及难降解的有机物等都可以经过吸附、络合沉淀进入湖底的沉积物中，在一定时间内降低了湖水中的污染物浓度，起到了净化湖水的作用。但当外源污染物的排放减少，或沉积物中的污染物富集到一定程度时，就会通过生物（细菌、水生植物和底栖动物消化排放）、物理（扩散作用、水流扰动）或化学反应的方式将氮、磷等污染物释放到水体中，对湖水造成二次污染。

## 3. 海洋污染

海洋污染具有污染源多、扩散范围广、难以控制和治理等特点，它通过改变海水的物理、化学性质和海洋生物种群的空间、数量等特征来破坏海洋生物资源和生态平衡，影响渔业、航运和海滨旅游等活动，并通过食物链危害人类健康。海洋污染物中的80%来自陆地，它们通过河流入海、大气扩散或直接排放倾倒的方式进入海洋。其余污染物则来自海岸工程建设、深海资源开采、船舶污染以及海上事故等。

（1）海洋垃圾污染

海洋垃圾是指漂浮在海面、沉入海底或停留在海滩上的具有持久性的固体废弃物。以北太平洋为例，受大洋环流影响，漂浮在海面上的垃圾形成了覆盖约160万平方公里海域的"太平洋垃圾带"，包括位于日本东海岸和美国西海岸附近海域的两个巨型垃圾漩涡，以及中间连接它们的垃圾漂流带（副热带辐合带）。这些海洋垃圾多数为塑料袋、渔网、塑料瓶身、瓶盖等塑料制品。由于塑料不可生物降解的特性，它们不会随时间和海浪的冲刷自然消失，只会破碎成更小的碎片，散布到更广的海域中去。当海洋中的塑料碎片通过光降解分解为浮游生物大小的微塑料时，便可以进入海洋食物链，并不断汇聚在食物链更高层的动物体内，甚至最终进入人体。此外，大量被遗弃或丢失的塑料尼龙渔网会长期漂浮在海中，它们可能缠绕住鱼、海龟、海豚、海鸟等生物并致其死亡。

（2）海洋重金属污染

海洋中的重金属污染物主要包括铅、汞、镉、铬、锌、铜等金属元素，它们可以通过燃烧煤和石油等矿物进入大气，然后转移进海洋，也可以富集在农药残留物和矿渣中，通过农田排水和矿山废水，经地表径流进入海洋。例如，铅曾经作为汽油抗爆剂被广泛运用于汽车燃料中，在 20 世纪汽车迅速普及后，大量汽车排放的尾气使得大气中的铅含量也大幅提高，于是大量的铅就以气溶胶的形式，经大气沉降进入了海洋。同样，大气沉降也是海洋中汞元素的最大来源。海洋中的汞可对人类健康造成严重的危害。20 世纪 50 年代，由于日本熊本县的工厂违规排放废水，其附近的水俣湾受到了严重的汞污染。当地许多居民由于捕捞食用了其中的鱼虾贝类，出现了视力丧失、手足变形、麻木抽搐、精神错乱等奇怪症状，超过 2000 人患上了"水俣病"。事后调查发现，含汞的化合物能被海水中和海底的微生物转化为极具神经毒性的甲基汞，并通过食物链进入人体，侵害神经系统，对脑部的神经细胞造成不可逆转的伤害。

（3）海水富营养化

富营养化污染在海洋中的主要表现为赤潮。赤潮又称有害藻华，是指海中过量的有机物和氮、磷等营养盐导致藻类或原生动物大规模聚集和爆发性增殖，造成海水变色的现象。赤潮不一定都是红色，根据赤潮生物种类、数量的不同，海水还可能呈绿、黄、褐色等不同颜色。赤潮会危害海洋生态、渔业和人类健康。赤潮生物的细胞呼吸和死亡后的分解过程会大量消耗水中的溶解氧，形成海水缺氧的"死亡区"。同时，赤潮生物也会聚集在鱼类鳃部，对鱼鳃组织造成机械损伤，使鱼类窒息死亡。一些赤潮藻类还会释放神经毒素，导致鱼类、海鸟、海洋哺乳动物等大量死亡，并可能通过鱼虾贝类等进入人体，引发人体中毒。

（4）海洋热污染

海洋热污染主要源于沿海工业区向海中排放的冷却水。由于海水具有成本低、水温低、冷效好等优点，沿海的工业设施通常会抽取海水作为冷却水来吸收生产过程中的废热，然后再将其排回海洋。水温的升高会影响到近岸海域中海洋生物的代谢、活动规律和生长繁殖，加速海洋生态的演替，破坏食物链。由于高水温环境下酶活性的增强，海洋生物可以在更短时间内消耗更多的食物，且由于水温升高，生物发育提前或推迟，许多海洋生物因得不到充足的食物而死亡。此外，海水升温还可能导致藻类大规模繁殖、海中溶解氧水平降低、细菌水平增加、有毒物质毒性增强、重金属溶解度与生物吸收度增加等一系列问题。

（5）海洋酸化

海洋酸化是指海洋吸收大气中过量的二氧化碳造成海水 pH 值下降，碱性变低的现象。工业革命以来，人类排放到大气中的二氧化碳有超过三分之一被海洋吸收。在 1751—2020 年，海洋表面的 pH 值从 8.25 下降到了 8.1，氢离子浓度增加了 30%。海洋酸化曾在 5500 万年前造成海洋底栖生物大灭绝的古新世—始新世极热事件中出现，而目前的海洋酸化速度是那次事件发生前的 10 倍。海洋酸化不仅会影响鱼类的嗅觉系统，使其更难避开捕食者，还会使甲壳类动物、软体动物和珊瑚等钙化生物获取碳酸盐离子，生成外骨骼或外壳的过程变得更加困难。

（6）海洋放射性污染

海洋中的放射性污染源于核废物、核污染物的排放和泄漏以及核武器的引爆。这些人类活动会将铯137、碘131等放射性同位素释放到海洋环境中，而这些放射性核素在被鱼类、软体动物、海洋哺乳动物、海藻等海洋生物摄入或吸收后，可能致其死亡，可能改变其遗传基因、干扰其繁殖，也可能通过食物链传递，危害人类健康。1946—1958年，美国在马绍尔群岛的比基尼环礁测试引爆了23枚核武器，包括数枚在水下引爆的核弹。这不仅对该片海域和其中的海洋生物造成了长期的放射性污染，也对就近安置的马绍尔群岛原住民造成了不可逆转的健康损害。2011年，地震和海啸导致日本福岛核电站放射性物质外泄，数千吨核污水流入海洋，使附近海域中放射性碘131的含量达到了正常值的500万倍。2013年，受核污染的核反应堆冷却水再次发生泄漏，约300吨核污水进入海洋，并很快随洋流将污染扩散到整个北太平洋海域。

#### 4. 地下水污染

地下水污染是指人为因素引发的地下水物理、化学性质变化以及水质下降的变化。由于地下水污染发生的过程缓慢，因此不易被发现并且难以治理。我国正面临着严重的地下水污染问题，2020年我国10242个地下水监测点位显示，地下水水质总体较差，水质较好的I（优良）—III（较好）类水仅占22.7%，IV（较差）类水占33.7%，不宜饮用的V（极差）类水则占43.6%。

地表固体废物淋溶下渗可能会污染地下水。露天堆放的矿渣尾矿、工业粉尘、冶炼废渣、生活垃圾、医疗废物等固体废弃物中的重金属、病原体等有害物质都可能随降水渗入地下。此外，危险废物填埋场和垃圾填埋场的渗滤液也可能直接渗入地下，污染含水层。据统计，在美国有约13万个废弃物处理场存有大量有毒物质，这其中就出现了危险致癌化学物质渗入地下水的现象。

农药化肥的过量使用可能造成地下水的面源污染。含有营养元素、重金属和杀虫剂等有毒药剂的农业废水容易大面积地渗入土壤，使浅层地下水出现大范围硝酸盐超标等污染。2013年山东潍坊违规使用农药"神龙丹"种植姜，农民每亩的使用量超过了规定用量的3～6倍，使大量"神龙丹"农药随灌溉溶解渗入土壤，严重污染了当地的地下水。

工厂排放的工业废水可能造成地下水的点源污染。河北沧县张官屯乡小朱庄村的化工厂20多年来违规排放含有苯胺的有毒废水，渗透进入地下水后，小朱庄村的井水变成了红色，苯胺含量超标70多倍，而当地养鸡场由于使用了浅层地下水，肉鸡大量死亡，村民也不得不使用桶装纯净水来饮水做饭。陕西西安户县的造纸企业曾一度多达68家，由于其中许多纸厂的排污设施不达标，其排放到河流中的废水通过地表水与地下水之间的相互作用进入地下含水层，污染了整片区域的地下水，使该县王寨村原本清澈的井水变成了绿色，以至于有了"河水"变"酱油"，"井水"成"茶水"的说法。

工业化学品泄漏、核电站废水泄漏等生产安全事故也可能污染地下水。2011年日本福岛核事故发生后，为冷却核燃料，福岛核电站使用了大量冷却水。2013年，110吨污水从该核电站一个千吨容量的储存罐中泄漏，随后当地从地下水中检测出了浓度为650贝克勒尔的放射性物质，这证明受到核污染的污水已经抵达地下水层。

城镇生活污水和化粪池、污水管的渗漏也可能污染城市地下水。我国有400多座城市开采地下水作为生产生活的重要水源，其中一半以上城市的地下水受到了不同程度的污染。受建筑材料和规划的限制，一些老旧的城市地下污水管线可能在压力和拉力的作用下出现变形、破损，其泄漏出的生活污水可将细菌、病毒、寄生虫等病原体带入地下水，对居民用水造成健康隐患。我国城市的地下水污染并不是近几十年才出现的，早在汉唐时期就已经出现了端倪。汉代时，长安城不发达的排水系统使得部分生活污水渗入地下，同时由于人口激增，城市污水处理能力超负荷，长安城内还出现了大量渗井直接将废水排入地下。几百年来污水的不断堆积使得长安城内的井水出现了污染，《隋书》记载："汉营此城，将八百岁，水皆咸卤，不甚宜人"，其劣质的地下水甚至迫使隋朝在汉长安城的东南方重建此城来获得干净的生活用水。

沿海地区地下水超采可能造成海（咸）水入侵，地下水咸化。全球60%的大城市分布在沿海地区，人口和经济活动的用水需求可能迫使这些地区大量抽取地下水，使地下水位大幅下降，多孔岩层塌陷，导致海水入侵沿海含水层，污染地下水。而受到海水入侵的地下水则可能进一步引发土壤盐渍化灾害，进而影响当地农业生产，同时还会对输水管线等设施设备造成严重腐蚀，并增加生产生活用水的处理成本。我国沿海地区经济较为发达，城镇化水平较高，人口高度密集，因此地下水超采导致的海水入侵问题也较为突出，其中黄海、渤海沿岸的山东、辽宁两省是海水入侵最严重的地区。

## 三、本节总结

由于气候、水资源分布不均等自然原因，以及人类对水资源不合理利用等人为原因，世界水资源短缺问题日益严峻，并对全球粮食安全构成了严重威胁。

水污染是指由任何生物、物理或化学物质导致的水质的退化，水的使用价值降低。水污染通常分为点源污染和非点源污染。其主要污染物包括悬浮物、营养物、可降解有机污染物（耗氧有机污染物）、不可降解有机污染物（有毒有机污染物）、无机污染物和病原体。

河流污染以有机污染为主，同时河流具有较强的自净能力。湖泊污染以富营养化污染为主，分为内源和外源污染。而海洋污染则包括海洋垃圾污染、重金属污染、富营养化、热污染、海洋酸化以及放射性污染等多种同时广泛存在的形式。

地下水污染指由于人为因素造成的地下水物理性质、化学成分等发生改变而使地下水质量下降的水体污染问题。地表固体废物淋溶下渗、农药化肥的过量使用、工厂排放的工业废水、生产安全事故、城镇生活污水管网和化粪池的渗漏以及沿海地区地下水超采都可能造成地下水污染。

## 课后思考题

● 水资源短缺如何影响我们的食物供应？

● 点源污染与非点源污染，哪一个更容易治理，为什么？

● 过量开采地下水可能导致哪些负面影响？

● 水体富营养化是如何产生的？有何危害？如何处理？

● 简述墨西哥湾死亡区的形成原因。

● 你认为通过水传播的疾病会蔓延成为大规模的疫情吗？这在未来更常见还是更不常见？为什么？

# 第三节　污水处理及水资源的可持续发展

★**学习目标**

- 熟悉两个涉水的联合国 2030 可持续发展目标，并了解其下的六项具体目标
- 了解减少地表水污染的两种技术——纳米技术和生物技术
- 了解节约用水的方式和其对水资源可持续发展的意义
- 了解两种传统的污水处理方法：化粪池处理系统和污水处理厂
- 了解化粪池处理系统的污水处理原理，并了解其对环境产生的负面影响
- 认识著名的大坝水库工程，简述修建水库对人类和自然环境产生的影响

　　水资源是维系人类生存和社会经济发展的物质基础。随着世界水资源短缺问题和水污染问题的日趋严重，人们有必要重新审视与规划自己的发展方式与目标，开辟可持续的发展道路，并将水资源的利用和管理纳入新的统一规划中来，以确保其同时满足人类当下与未来长远发展的需求。

## 一、水资源与联合国2030可持续发展目标

　　2015 年，第七十届联合国大会通过了 17 个可持续发展目标，旨在以综合方式指导2015—2030 年的全球发展工作，彻底解决社会、经济和环境三个层面的发展问题，使人类走上可持续的发展道路。其中，与水资源相关的有目标 6 和目标 11。

　　目标 6 指出，要为所有人提供清洁饮水和卫生设施并对其进行可持续管理。这对饮水安全、水污染治理、水资源利用效率、水资源综合管理和水相关生态系统的保护与恢复这五个方面提出了进一步的要求。

　　目标 11 指出，要建设包容、安全、有抵御灾害能力的可持续城市和人类居住区，这对涉水灾害管理方面提出了进一步的要求。

### （一）饮水安全目标

　　"到 2030 年时，人人都能公平获得安全和可负担的饮用水。"

　　获得安全的饮用水是一项基本人权，而目前世界人口中的十分之三无法获得安全饮用水。据联合国报告，缺水影响着超过 40% 的世界人口，且该比例预计还会增加，因为超过 17 亿人所生活区域河流的取水量超过补给量。此外，世界上四分之一的卫生保健设施缺乏基本的供水服务，每天都有近千名儿童死于由水和环境卫生问题引起的腹泻等疾病，

而这些疾病其实是可预防的。

21世纪以来，我国人口饮用水状况不断改善。据世卫组织统计，在我国使用安全饮用水的人口比例从2000年的81%上升到了2020年的95%，饮水安全问题主要出现在农村地区。目前，我国农村集中供水率和自来水普及率分别为89%和84%，下一步政府将主要围绕巩固脱贫攻坚成果，加大对脱贫地区农村饮水安全的监测力度，加快对农村供水工程的建设改造，进一步在农村普及自来水，保障农村人口饮水安全。

### （二）水污染治理目标

"到2030年，通过以下方式改善水质：减少污染，消除废物倾倒现象，把危险化学品和材料的排放降到最低限度，将未经处理排放的废水比例减半，大幅增加全球废物的回收和安全再利用。"

据联合国报告，人类活动产生的废水有超过80%未经任何处理就排放到河流或海洋中，其蕴含的各类污染物对生态系统造成的危害是广泛且长久的。

我国的污水处理能力尚有待进一步提升。据世卫组织统计，截至2020年，我国仅65%的污水得到了安全处理后排放，但污水处理率与日本（98%）、韩国（100%）、新加坡（100%）等周边发达国家相比仍有较大差距。其中，村、镇、乡级地区污水处理的任务最为艰巨，据住建部统计，2020年全国城市污水处理率达到了97%，县城为95.05%，而村镇为65.35%，乡仅为34.87%。因此，"十四五"期间，政府将继续新建和改造污水处理管网、设施，完善污水治理体系，提升污水治理能力现代化水平，目标是实现城镇污水全收集、全处理，并大幅提升乡村污水处理覆盖率。

### （三）水资源利用效率目标

"到2030年，所有行业大幅提高用水效率，确保淡水的可持续取用和供应以解决缺水问题，大幅减少缺水人数。"

国际上用于衡量水资源利用效率的指标为经济增长值（美元）与用水量（立方米）的比率。例如，2015年全球的水资源利用效率为17.3美元/立方米，这意味着消耗1立方米的水可以支持全球经济总量在2015年内增长17.3美元；而到2018年，全球水资源利用效率变为了18.9美元/立方米，效率较2015年提高了9%，意味着同样在消耗1立方米水的情况下，全球经济可以获得更多的增长。对各国而言，提高水资源利用效率的最终目标是使经济增长与用水脱钩，这意味着国家经济可以在不需要更多水的情况下持续增长。

21世纪以来，我国水资源利用效率持续提高，从2000年的5美元/立方米上升到了2018年的24美元/立方米，但与美国（52美元/立方米）、德国（112美元/立方米）等发达国家相比仍有较大差距；同时节水意识不强、用水粗放、浪费严重等问题仍普遍存在，水资源短缺已经成为制约生态文明建设和经济社会可持续发展的重要因素。农业方面，我国用水粗放，目前农田灌溉水有效利用系数仅为0.54，与世界先进水平0.7～0.8相比尚有较大差距；工业方面，全国万元工业增加值需用水 45.6 立方米，用水量是世界先进水平的两倍。因此，2022 年国家发改委提出了农业节水增效，工业节水减排，城镇节水降损，重点地区节水开源的工作部署，计划到 2035 年，将全国用水总量严格控制在 7000 亿立方米以内，使水资源节约和循环利用达到世界先进水平。

### （四）水资源综合管理目标

"到 2030 年，在各级进行水资源综合管理，包括酌情开展跨境合作。"

受人口经济增长、水污染以及气候变化等因素影响，全球正面临着水资源短缺不断加剧的挑战。当前，世界上有 32 亿人面临水资源短缺的问题，约三分之一的灌溉作物面临极高的用水压力，受此影响，粮食安全问题、饥饿问题频频出现，水资源综合管理迫在眉睫。

我国是水资源严重短缺的国家。虽然我国的水资源总量居世界第六位，但人均水资源仅为世界平均值的四分之一，人多水少、水资源分布不均是我国的基本水情。因此，我国需要建设南水北调等跨流域调水工程，实现区域间的丰枯互补，来弥补水资源空间分布不均衡以及水资源与耕地、人口、矿藏等社会经济要素的空间分布不匹配的现状。同时，我国需要建设大量的水库等调蓄工程，保证枯水季和枯水年的用水需求，来弥补我国水资源时间分布不均、夏季降水占全年的 47% 的局限性客观条件。宏观层面，我国需要通过建设节水型社会，集约节约、统筹利用，强化水资源储备与涵养，建立水资源督察机制，实施流域与调水工程统一调度等方面来提升水资源综合管理水平。

### （五）水相关生态系统保护目标

"到 2030 年，保护和恢复与水有关的生态系统，包括山地、森林、湿地、河流、地下含水层和湖泊。"

20 世纪以来，随着大量水生态空间被农田占用、水污染加剧等水资源的不合理开发利用，世界上许多国家都出现了水质下降，内陆水域面积萎缩，水土流失加剧，生物多样性减少等水相关生态问题。

我国高度重视水生态系统的保护和恢复。据联合国环境署报告，自 2005 年以来，我国内陆水域面积不断增加，如过去 50 多年来面积持续萎缩的青海湖已经连续 17 年不断增大。2015 年我国发布的《水污染防治行动计划》制订了到 2030 年时实现全国水环境质量总体改善，水生态系统功能初步恢复的近期目标，以及到本世纪中叶时实现水生态环境质量全面改善，生态系统实现良性循环的远期目标。后续我国采取了一系列措施来维护和修复受污染破坏的生态环境，如从 2020 年 1 月 1 日起在实施长江全域实施长达十年的禁渔措施。

### （六）涉水灾害管理目标

"到 2030 年时，大幅减少包括水灾在内的各种灾害造成的死亡人数和受影响人数，大幅减少灾害造成的直接经济损失，重点注意保护穷人与弱势群体。"

据联合国报告，洪水和其他与水相关的灾害导致的死亡人数占所有自然灾害致死人数的 70%。我国高度重视人民群众生命财产安全，因此积极推进防灾减灾工作，不断完善河流流域防洪体系。"十四五"期间，我国将不断推进长江中下游河势控制和蓄滞洪区建设、黄河下游防洪和滩区综合治理、淮河中游行蓄洪区调整建设、海河骨干河道整治等重大防洪工程建设，完善农村基层预警预报体系，提升洪涝灾害防御能力。水资源对于人类的生存与发展来说都至关重要。随着社会的快速发展，人类对水资源的需求也越来越多。然而地球上的水资源并不是取之不尽、用之不竭的，水资源的短缺和污染给世界水资源的供给带来了巨大压力。因此如何实现水资源的可持续发展就成为人们较为重视的问题。

## 二、水资源的可持续利用

### （一）减少地表水污染

地表水污染主要源于工业、农业和生活污水和废弃物的排放。目前，在处理和防治地表水污染上有两种比较先进的技术，分别是纳米技术和生物工程。

纳米技术是指人们利用纳米粒子具有巨大的表面积和体积比这一特点，使用纳米粒子捕获污水中的铅、汞和砷等重金属，或利用纳米材料的化学性质，来降解水中的污染物来净化水体的过程。

生物工程则利用植被和土壤减少水体污染。随着城市化进程的加快，原来的植被用地逐渐被房屋、停车场和街道等取代，这降低了地表水的下渗能力，增加了地表径流。同时，护理绿化区域的农药和化肥、来自城市的垃圾和汽油等污染物会直接随着自然降水的冲刷进入当地河流、湖泊并汇入海洋。生物工程技术可以在城市径流到达河流、湖泊和海洋之前发挥作用，通过将部分城市地表径流直接引向花园和草坪等绿化区域使水渗入土壤并被植物充分利用。这种方式减少了流向街道或停车场的水量，也减少了城市污染物随径流汇入天然水体的机会。

### （二）节约用水

节约用水是指通过科学合理的手段，调整人类的用水结构，提高水资源的利用效率，减少水资源浪费。节约用水可以在农业、生活、工业等人类活动的各个方面发挥作用。

#### 1. 农业用水

农业生产过程会消耗大量的水资源，因此在农业生产中采取一些措施来改善用水方式可以大大减少水资源的使用和浪费，提高水资源利用效率，从而达到节水的目的。

改善灌溉方式可以节约农业用水。可在自然降水量丰富或地表径流量充足时，多使用地表水进行灌溉，减少地下水的开采。也可选择在一天中水分蒸发量最小的时候进行灌溉，例如清晨或夜晚，以减少水的损失，提高灌溉效率。或可采用节水的灌溉方式，如微灌、滴灌和喷灌等，减少由于过度灌溉导致的水分流失。

使用覆盖物保持水分也可以节约灌溉用水。在作物间以薄膜或秸秆覆盖土壤，减少水分的蒸发，从而更有效地储存土壤中的水分。

此外，还可以鼓励种植需水少、抗旱或耐盐性强的作物。可出台并实施健全的农业水价政策，在保证农民基本用水需求的同时，根据农民用水量的不同程度收取不同的价格。例如，对用水少的部分进行补贴，而对过度用水采取高收费。

### 2. 生活用水

生活用水大多用于洗涤、冲厕和沐浴等日常活动。惜水、爱水、节水，人人有责。人们要树立正确的节水意识，在生活中采取科学合理的用水方式，以减少水资源的浪费。以下列举了一些生活中常用的节水方法：安装使用节水型水龙头、马桶和洗衣机等器具；缩短洗浴时间，避免过长时间冲淋；在刷牙、涂抹沐浴露或洗发水等不需要用水的时候，尽量关闭水龙头；及时修理漏水设备；清洗餐具时，先用吸油纸擦去餐具上的油污，再用清水冲洗干净；一水多用，用淘米水和煮面条的水来浇灌花草、洗菜或清洗碗筷；用洗衣服的水冲厕所等。

### 3. 工业用水

工业用水主要是在工业制造和生产过程中的生产用水。节约工业用水的途径主要有三个：第一是在必要的情况下增设净水设备，实现循环用水，提高水的重复利用率及回用率；第二是通过改善生产工艺，减少工业生产过程中对水的需求；第三是制定科学合理的用水方案，加强管理生产过程中的水资源使用，减少水的浪费与损失。

## （三）污水处理

污水处理是指在排放污水前，对其进行净化处理，使其达到合格的排放标准。比较传统的污水处理方式一般包括农村地区的化粪池处理系统和城市地区的污水处理厂。

### 1. 化粪池处理系统

化粪池的主要作用是收集生活污水，将其中的固体废物与液体进行分离并分别处理。一般情况下，生活污水通过房屋的下水管道进入地下化粪池，在化粪池中，固体废物被截留，沉淀于池底，并通过生化反应对有机物进行发酵分解。液体则在经过处理后排放或再利用。

化粪池处理系统存在一定的不足，这也会进一步加剧环境污染。第一是化粪池的溢流问题。在自然降水充沛时期，如果化粪池内沉积的污泥等固体未能及时清掏，就会使池内废物过满而发生溢流。大量池内未经过处理的污染物就会进入土壤或上升到地表，严重污染地下水和地表水，造成水环境的二次污染。第二是化粪池内沼气的处理问题。化粪池中的生化反应会对有机物等物质进行分解，该过程中会产生二氧化碳、甲烷、硫化氢等沼气，若不能及时处理，就很容易发生爆炸事故，或排入空气造成空气污染。第三是化粪池的堵塞问题。若不及时对化粪池进行清掏，就会影响污水的排放，也会影响人们的正常生活。第四是对污泥的处理问题。由于人们对粪便肥料的使用越来越少，化粪池内的污泥处理不当也会造成环境的二次污染。

### 2. 污水处理厂

污水处理厂是处理城市污水的重要地点。污水处理厂主要接收来自家庭、企业和工业的污水，并进行净化处理，降低生化需氧量。污水处理后将被排放至河流、湖泊和海洋等地表水环境中，或用于其他用途。城市污水处理厂对污水的处理流程一般会按照处理层度分为一级处理、二级处理和三级处理。

（1）一级处理

一级处理的主要目的是去除悬浮或漂浮在水面上的固体污染物质，一般采用物理方法完成。未经处理的污水通过城市污水管道流入污水处理厂后，先通过格栅和筛网去除体积较大的固体污染物。然后污水流入沉砂池，在重力的作用下，砂砾、小石子等颗粒物可以沉淀到池底从而与污水分离。此后污水进入初次沉淀池，在这里，污水中大部分可沉的悬浮固体，包括体积较小、较轻的淤泥等将会沉淀于池底而被除去。

经过一级处理的污水将减少30%～40%的生化需氧量，主要通过物理方式除去水中的悬浮固体和有机颗粒污染物。污水经一级处理后，将进入二级处理。

（2）二级处理

二级处理分为两个部分：污水和污泥的分别处理。污水从一级处理中的初次沉淀池进入曝气池。在曝气池中，最常见的处理方法是活性污泥法。这一技术将废水与含有好氧细菌的活性污泥混合搅拌在一起，并向曝气池中不断通入空气。好氧细菌利用氧气将污水中的有机污染物分解，降低污水的生化需氧量，使污水得到进一步净化。

此后，污水与污泥的混合物进入二次沉淀池，也称为最终沉淀池。在这里，污泥与污水再次分离。污水通常要经过氯化消毒来去除水中的致病微生物，然后排入河流、湖泊或海洋，或用于农业灌溉。大部分富含好氧细菌的活性污泥会被循环利用，从沉淀池底部排出并回流到曝气池中，与通入水中的氧气和流入的污水再次混合，分解有机物。部分污泥则排出活性污泥系统，进入污泥消化池。

从一级处理流程中的初次沉淀池底部排除的污泥会进入污泥消化池。在这里，污泥在兼性微生物和专性厌氧微生物的作用下被降解，并进行干燥处理。处理后的污泥会去往垃圾填埋场或用作肥料，以改善土壤或用于矿山复垦。若污泥中还含有未被去除的重金属元素，则需进行进一步处理。

一般情况下，二级处理可以去除污水中90%的生化需氧量。

（3）三级处理

污水三级处理又称污水的高级处理，其目的是处理污水中仍含有的磷酸盐、硝酸盐和难以生物降解的有机物、矿物质、病原体等污染物质，常见的处理方法有砂滤法、活性炭过滤法、蒸发法、生物脱氮法和冷冻法等。处理过的水可排至地表，或用于农业灌溉和生活用水。

### （四）建设海绵城市

海绵城市是新一代的城市雨洪管理概念，是指城市能够像海绵一样，在适应环境变化和应对雨水带来的自然灾害等方面有良好的弹性，也被称为"水弹性城市"。其核心是从生态系统服务出发，结合多类具体技术来建设水生态基础设施，国际通用术语为"低影响开发雨水系统构建"，主要指通过"渗、滞、蓄、净、用、排"等多种技术途径，实现城市良性水文循环，提高对径流雨水的渗透、调蓄、净化、利用和排放能力，维持或恢复城市的海绵功能。下雨时吸水、蓄水、渗水、净水，需要时将蓄存的水释放并加以利用，实现雨水在城市中的自由迁移。

传统城市的道路往往都是柏油路面，无法吸收雨水，每逢大雨便需要依靠下水道等灌渠设施来排水。这样的规划在遇到强降水天气时，往往会使城市排水系统出现瘫痪，且雨水无法利用，造成水资源的浪费。然而，海绵城市的建设强调优先利用植草沟、渗水砖、雨水花园和下沉式绿地等"绿色"措施来组织排水，以"慢排缓释"和"源头分散"控制为主要规划设计理念，既避免了洪涝，又有效地收集了雨水。

雨水花园是海绵城市建设中重要的一环，通常是指人工挖掘的低凹绿地，用于汇聚并吸收来自屋顶或地面的雨水，通过植物、沙土的综合作用净化雨水，并使之逐渐渗入土壤，涵养地下水，或补给景观用水、厕所用水等城市用水。这是一种生态可持续的雨洪控制与雨水利用设施。

雨水花园除了能够高效地进行雨水渗透之外，还能够有效去除径流中的悬浮颗粒、有机污染物以及重金属离子和病原体等有害物质；为昆虫和鸟类提供良好的栖息环境；通过植物的蒸腾作用可以调节环境中空气的湿度与温度，改善小气候环境。同时，与传统的草坪景观相比，雨水花园能够给人以新的景观感知与视觉感受。

## 三、本节总结

联合国 2030 可持续发展目标中涉及水资源的是目标 6 和目标 11，它们之下又包含 6 条具体目标，分别可以概括为饮水安全目标、水污染治理目标、水资源利用效率目标、综合管理目标、水相关生态系统保护目标和涉水灾害管理目标。

在处理和防治地表水污染上，两种比较先进的技术为纳米技术和生物工程。

在农业、工业等各方面实践节约用水可以提高水的利用效率，减少水资源的浪费。

化粪池和污水处理厂是两种传统的污水处理系统。城市污水处理厂一般通过一级处理、二级处理和三级处理这三个过程来净化污水。

建设海绵城市可以实现城市的良性水循环，减轻洪涝灾害，其中雨水花园的建设能改善局部生态、景观与气候。

---

### 课后思考题

● 结合联合国2030可持续发展目标6和目标11的具体内容，简述水资源的利用和管理如何与可持续发展相结合。

● 描述污水处理厂处理废水的主要步骤(一级、二级、三级)。

● 通过观察，找出你生活的社区中违背节约用水原则的行为，并提出可行性的建议。

# 拓展阅读：虚拟水

## 一、背景阅读：隐藏的全球水贸易

### （一）虚拟水提出的背景、虚拟水的概念和特征

虚拟水的概念是在水资源商品化和资源配置全球化的背景下所提出的，用以量化生产和服务中所需要的水资源含量，其主要包含四个特点：非真实性、社会交易性、便捷性和价值隐含性。非真实性指的是虚拟水并不是真正意义上的水，而是产品在生产过程中消耗的、概念性的总耗水量；社会交易性指的是虚拟水是依靠社会整体的商品贸易来实现的；便捷性指的是虚拟水相对于实体水更加方便运输，可以成为缓解水资源压力的有效途径；价值隐含性指的是虚拟水的存在形式较为无形，因此其价值往往会被人们忽略。

### （二）虚拟水贸易的概念

虚拟水贸易指的是国家之间通过进出口水资源密集型商品的形式来实现水资源的进出口交易。贸易是缓解水资源短缺的有效途径，缺水国家或地区可以从富水国家或地区进口水资源密集型商品来缓解水资源压力。全球粮食贸易是通过虚拟水贸易缓解水资源短缺问题的典型案例，在权衡水资源压力和粮食安全问题时，传统的战略决策习惯于在出现水资源和粮食危机问题的特定区域内寻找解决方案，而虚拟水战略则通过系统思考的方法在特定区域的范围之外寻求应对方案，积极鼓励各国发挥自身优势，协同合作，以贸易的形式实现水资源安全和粮食安全的协同发展，达到最大程度的互利共赢。目前，虚拟水这一概念已经被广泛地应用到了全球贸易政策的制定中，许多通过完善贸易政策、加强水资源管理等方式有效提高了水资源的利用效率，进而从虚拟水贸易中获利。

### （三）虚拟水贸易的优缺点

虚拟水贸易主要有三个优点：缓解水资源压力、节约全球水资源以及保障粮食安全。

首先，对于进口国来说，进口虚拟水相当于节省了本国的水资源消耗。一些较为贫穷和干旱的国家依赖生产低价和高灌溉量的粮食来获得利润，对于当地的水资源分配造成了巨大压力，加深水资源短缺。虚拟水贸易为这些水资源紧缺的国家提供了缓解水资源压力的新途径。不仅如此，在长期的国际粮食贸易过程中，贸易伙伴之间还建立起粮食安全的依赖关系，这有助于减少由水安全和粮食安全引起的意见冲突，更有利于国际关系的长期友好发展。当缺水国家生产粮食的成本高于其贸易伙伴时，从贸易伙伴处进口粮食更能凸显虚拟水贸易的经济和生态优势。

其次，虚拟水贸易可以节约全球水资源。在贸易的过程中，贸易双方的水资源稀缺程度和生产商品所耗水量的不同会引起贸易的节水效应，贸易双方的生产差异和贸易方向直

接决定了贸易是否节约了水资源。当商品的出口国为水资源利用效率较高的国家，进口国为水资源利用效率较低的国家时，出口国与进口国生产同一商品的耗水量之差就是虚拟水的节水量，从而在全球层面节约水资源。

最后，虚拟水贸易还可以保障粮食安全。粮食安全是一个国家未来发展的必要前提，食物的供给必须要得到严格保障。粮食安全不仅可以通过提高自给率来实现，还可以通过贸易来加强。粮食不仅是虚拟水含量较高的商品，同时也是当前世界上贸易量最大的商品，以粮食为贸易对象的虚拟水贸易能够为进口国居民提供充足且营养全面的食物供给。虚拟水贸易建立起了水资源安全和粮食安全的连接关系，成为实现粮食安全的新途径。缺水国家或地区可以通过虚拟水战略从富水国家进口粮食，保障粮食的充足供给，将稀缺的水资源用于其他能带来高经济回报的活动。

但与此同时，虚拟水贸易也存在着一定的负面影响。首先，通过虚拟水贸易实现粮食安全是不可靠的。如果粮食的来源过分依赖于外国，将可能导致本国失去经济和政治上的主导权。一旦本国粮食市场出现粮食垄断现象，那么出口国可能会以主权问题来进行要挟，换取粮食供给。此外，虚拟水贸易也会损害进口国国内农民的利益，目前国际市场上的低粮价与很多国家的高水平粮食补贴有关，例如美国政府每年为当地产棉农户提供大量经济补贴，导致全球棉花价格大幅下降，低成本的棉花迅速涌入中国市场，使得我国棉农损失惨重。虚拟水贸易还会造成一定程度的失业问题。粮食的大量进口会削弱进口国国内的粮食生产，导致农民就业减少，甚至失业。农民只能被迫选择种植其他作物或者转业。虚拟水贸易挤占了进口国的农业就业需求，而创造大量非农业就业岗位的难度却很大。除此之外，对虚拟水贸易最大的诟病就是其对出口国的环境影响，有些粮食出口大国通过贸易，以水资源的过度利用为代价换取利益。例如，美国有将近7%的水资源用来生产出口的粮食，泰国甚至因为粮食出口使得畜水层面临枯竭危机。综上所述，虚拟水贸易的政策制定需要进行多方面考量。

### （四）影响虚拟水贸易的因素

虚拟水贸易主要受到政治、经济、社会和生态四个方面的影响。在政治因素中，贸易双方的政治因素以及国际政治局势变化都会影响虚拟水贸易的顺利进行。如果贸易双方之间政治关系紧张，两国政治利益出现矛盾，两国之间的虚拟水贸易也会受到严重影响，甚至出口国会以虚拟水出口为由对进口国内政进行干涉，使得进口国的政治自由受到威胁。对于出口国来说，政治环境变化导致虚拟水贸易减少可能会影响出口，进而造成国内一部分企业失去市场，劳动力失业。对于进口国来说，进口食物背后是水资源依赖度的提高，也是对出口国依赖度的提高，政治动荡严重影响着农产品贸易，从而威胁着国内的粮食安全。除了贸易双方的政治因素会影响贸易的正常进行之外，国际政治环境也起到了关键作用。随着贸易自由化、全球一体化的不断发展，世界各国的联系也越来越紧密，这也导致各国之间的相互影响更加明显，任何国家或地区的政治动荡都有可能影响虚拟水贸易。因此，在政治因素不稳定的情况下，如何在适度可控的范围内进行虚拟水贸易，并将国际贸易缩减的风险降到最低是至关重要的。

虚拟水贸易也会受到经济的影响。首先是虚拟水出口国的经济条件，出口国在实施虚拟水战略时首先会考虑本国的经济现状，以印度为代表的一些国家虽然水资源较为紧缺，但是农产品出口又是其创收的主要途径，所以不得不以牺牲资源为代价换取实际利益。此外，外汇储备也会在一定程度上影响虚拟水贸易。进口商品会消耗大量的外汇，而迫切需要虚拟水贸易来缓解水资源压力的国家往往经济实力较弱，很难满足数量庞大的外汇需求，因此虚拟水贸易的进行较为困难。除此之外，虚拟水战略还会影响进口国的农业发展。由于自然资源和生产技术的限制，我国粮食价格高于国际市场价格，大量进口农产品会对我国农业造成冲击，加重农民经济压力。对于虚拟水贸易的主要出口国来说，面对全球市场对于农产品的巨大需求，出口国可以通过大量出口农产品换得稳定的外汇储备，建设本国经济。但是加大出口还意味着加大农业的行业规模，扩大生产和投入，这会在一定程度上改变出口国原本稳定的产业结构。

国际贸易环境也会影响全球的虚拟水贸易。在进行虚拟水贸易的情况下，本国的粮食价格会更容易受到波动。例如，当粮食供给国发生气候灾害时，可供出口的粮食供给减少，粮食价格也会受到一定的影响，这种影响会通过虚拟水贸易传导到进口国，从而影响进口国国内的粮食供应价格。虽然从水资源可持续发展角度来看，国际社会应该大力支持虚拟水贸易的开展，但是各国的政策制定者更偏向于考虑本国的政治、粮食、环境安全因素。对于进口国而言，政策制定者在制定贸易方案时会确保本国农业生产不受到严重影响，农民就业得到基本保障的情况下，从而通过设置进口关税和非关税壁垒等方式来限制外国农产品流入。但是近几十年来全球化进程发展迅速，许多国际组织也在呼吁降低关税、发展贸易。目前，非关税壁垒逐渐成为限制贸易的新手段。非关税壁垒相比于进口关税更有弹性且更加隐蔽，主要包括进口许可证、外汇管制和技术壁垒等方面。

国际组织设定的贸易协定也会影响全球的虚拟水贸易。世界贸易组织的根本任务就是提高其成员国的居民生活水平，保障就业、收入和有效需求的不断增长。扩大商品货物和服务的贸易，以最惠国待遇、国民待遇、自由贸易、透明度和公平竞争为原则，建立平等互惠的贸易环境，加强成员国之间的协同发展。在世贸组织的农产品协定中，有明确的规定用以促进农产品贸易的顺利进行，例如市场准入法律规则等。改善国际贸易环境可以促进各国之间友好平等的贸易往来。

国际虚拟水贸易通常是通过外汇进行交易的，因此国际汇率也会影响着虚拟水贸易。汇率的变动对贸易双方的意义不同，对进口国而言是商品相对价格的变化，对出口国而言是购买力的变化。当汇率升高时，出口国农产品价格上升，进口国货币贬值，购买力下降，进口压力增大,不利于进口国的商品进口。

社会稳定的必要条件之一便是食品安全。对于一个国家或地区而言,食品安全包含以下几个方面:人们有途径获取足够的食物,获取的食物足够健康、安全,获得的食物能保证积极健康的生活。这要求国家或地区有稳定的食物来源并且要保证其质量。因此,采用虚拟水战略首先要考虑食品安全。无论是出口国还是进口国,实施虚拟水战略都是一把"双刃剑"。一方面,水资源匮乏的国家进口虚拟水,可以向外转移用水压力,同时满足国内的粮食需求,节约下来的水资源也可以用于发展其他产业,从而便能创造更多的就业机会,带动经济增长;而对出口国来说,相关产业扩大有利于推动当地就业,促进产业结构变化。但在另一方面,当国际社会大力实施虚拟水战略时,进口国的农业生产一定会受到影响,造成农民的损失。同时,进口农产品的质量与安全并不能得到百分之百的保障,因此在确定国外进口农产品份额时需谨慎。

制定虚拟水战略时也要考虑本国的生态环境。在虚拟水进口国,依托某种耗水量大的作物生存的一些珍稀物种和微生物会因为该国在国际市场进口同样的农作物产品而从生态环境中消失,进而影响本国的生物多样性。因此,为维护生态环境,地理条件优越、物质资源丰富、土地生产力高的国家并不一定需要虚拟水战略。而在某些水资源短缺的国家,如果因进口农产品而大量缩减本国农作物种植后没有对空余土地进行合理利用,就会导致土壤沙漠化、水土流失等现象。虚拟水贸易会让出口国的土地资源、水资源和生态资源同时面临挑战。当出口国大量出口农产品时,其土地占用面积就会增加,可耕种土地会受到一定程度的负面影响,土地结构也会因此改变,进而影响生态环境。在我国的华北地区,由于大量抽取地下水进行农业灌溉,华北地下水已经面临枯竭,地下水空洞造成的地球重量缺失甚至影响了地球的自转。不仅如此,东北肥沃的黑土地也在经历土壤肥力下降的严重问题,黑土层逐年减少,严重影响了粮食耕种,破坏了生态系统的可持续发展。虚拟水战略的效果是相对的。进口国节约水资源的同时,出口国的水资源却在加剧消耗。如果出口的产品主要使用绿水资源,那整体水资源损失其实较小,因为绿水资源的机会成本小于蓝水资源;但如果出口的产品主要使用蓝水资源,那么出口国的水资源损失会更大。

## 二、前沿文献导读

1. 原文信息:Zhao D, Hubacek K, Feng K, Sun L, Liu J. Explaining virtual water trade: A spatial–temporal analysis of the comparative advantage of land, labor and water in China[J]. Water Research:2019, 153, 304–314.

论文导读:根据上文的虚拟水概念,水资源短缺地区可以从资源丰富地区进口水资源密集型产品从而缓解用水压力,即"虚拟水假设"。然而,中国现有的贸易格局并不支持这种假设。土地、劳动力和水资源是三种主要生产要素,通过核算它们在农业与非农业生产方式下的机会成本与比较优势,可以量化三种生产要素在中国的时空分布特征。在此基础上，可以利用空间计量经济学模型进一步追踪三种生产要素对区域虚拟水出口的响应机制。该研究横跨 1995 到 2015 年，核算了 30 个省份的生产要素。结果显示，驱动虚拟水流动的决定性因素为土地生产力的区域间差异，劳动力和水资源的影响有限。也就是说，资源密集型产品贸易的存在主要是因为各区域土地产量有差别。除此之外，当今贸易市场反映的主要是土地资源的稀缺性，而非水资源稀缺。因此，增加南方土地生产力将有效减少东北和华北平原的水资源短缺。

2. 原文信息：Zhao X, Liu J, Liu Q, et al. Physical and virtual water transfers for regional water stress alleviation in China[J]. Proc Natl Acad Sci USA, 2015: 112, 1031–1035.

论文导读：水资源可以通过调水项目进行再分配；从虚拟水的角度，水资源再分配可以体现在贸易货物生产过程中使用的水。该研究首次编制了省级市级调水的完整清单，并绘制了 2007 年至 2030 年中国各省之间的虚拟水流动，以此来探讨这种水资源再分配能否真正缓解中国的用水压力。2007 年，从我国整体层面看，主要调水工程产生的物理水流量占全国供水量的 4.5%，而虚拟水流量占全国供水量的 35%（省级为 11% ~ 65%）。此外，该研究通过分析指出，物理水流动和虚拟水流动并没有在减轻水输入区的用水压力方面起显著作用，相反，它们增大了中国水资源输出区的用水压力。此外，通过分析主要的社会经济和技术因素的历史轨迹以及用水和经济发展相关政策的全面实施，该研究认为未来主要水资源输出地区的用水压力会进一步加重。因此，缓解水资源短缺的关键在于提高水资源的利用效率。但是随着经济的持续发展，对水资源的需求也会进一步增加，这将抵消用水效率提高带来的正面效果。该研究认为目前中国应将注意力集中于用水需求的管理，而不是目前这种侧重于以供应为导向的管理。

3. 原文信息：Zhao X, Li Y P, Yang H, et al. Measuring scarce water saving from interregional virtual water flows in China[J]. Environmental Research Letters, 2018, 13(5): 054012.

论文导读：商品贸易可以导致贸易伙伴之间产生虚拟水流动。当商品从水资源生产率高的地区流向水资源生产率低的地区时，贸易就有可能节水。然而，这种节水核算并没有考虑到不同地区的缺水状况。这可能是因为这种贸易产生的节水是以出口地区日益严重的缺水为代价的，而对进口地区缓解水压力的作用有限。该研究提出了一种方法来测度虚拟水贸易产生的节水量（用水资源提取量与用水量的比值表示），将生产用水与水资源压力指数（WSI）相乘，对稀缺水进行量化。使用 2010 年的多地区投入产出表评估了中国省际贸易的稀缺水节水量与损失的比值。结果表明，在不考虑用水压力的情况下，省际贸易造成了 14.2 立方千米的水分流失，而在稀缺水概念下，缺水量仅为 0.4 立方千米。在全部 435 个虚拟水流动的连接中，254 个促进了节约 20.2 立方千米的稀缺水。这些连接中的大多数是从 WSI 较低的省份到 WSI 较高的省份的虚拟水流。相反，175 个连接点造成了 20.6 立方千米的稀缺水损失。新疆与其他省份之间的虚拟水流动产生了最多的稀缺水损失，占总缺水量的 66%。结果表明了在评估贸易节水量的过程中考虑各地区缺水状况和水资源生产力的重要性。确定稀缺水节约的关键连接有助于指导区域间经济结构调整，以缓解水压力，这也是中国可持续发展战略的一个主要目标。

4. 原文信息：Feng K, Hubacek K, Pfister S, et al. Virtual Scarce Water in China[J]. Environmental Science & Technology, 2014, 48(14):7704–7713.

论文导读：水足迹和虚拟水流量已被推广为表征人类引起的水消耗的重要指标。然而，在这些分析中，消费水资源产生的环境影响在很大程度上被忽略了。将缺水现象纳入水资源消费，可以更好地了解造成水资源短缺的原因以及哪些地区正遭受水资源短缺之苦。该研究将水资源短缺和生态系统影响纳入多区域投入产出分析，以评估中国 30 个省份的虚拟水流量及其相关影响。在经济快速增长的推动下，中国特别是缺水地区正面临严重的水危机。研究结果表明，当考虑到水资源短缺时，虚拟水的区域间流动揭示了更多的洞察力。高度发达的沿海省份的消费主要依赖于缺水的北方省份，如新疆、河北和内蒙古的水资源，从而大大加剧了这些地区的水资源短缺。此外，许多高度发达但缺水的地区，如上海、北京和天津，已经是净虚拟水的大型进口区域，代价便是水资源在其他缺水省份逐渐枯竭。因此，越来越多地从其他缺水地区进口水资源密集型产品可能只是将压力转移到其他地区，但总体水问题可能仍然存在。只有在考虑到水资源短缺并确定来自缺水地区的虚拟水流量的情况下，将水足迹作为缓解水资源短缺的政策工具才能奏效。

5. 原文信息：Guan D, Hubacek K. Assessment of regional trade and virtual water flows in China[J]. Ecological Economics, 2007, 61( 1):159–170.

论文导读：中国经济发展的成功对资源的存量和质量上造成了深刻的影响。中国有些地区水资源相对贫乏，经济增长加剧了这个问题：国内和国际贸易活动蓬勃发展，造成大量的水资源开采和水污染。因此，该研究通过"虚拟水流"来评估当前的区域间贸易结构及其对水消耗和污染的影响。虚拟水是嵌入产品中并用于整个生产链的水，是区域间交易或出口到其他国家的水。为了评估贸易流量和对水资源的影响，研究人员为中国的八个水经济区域建立了一个扩展的区域投入产出模型，以计算华北和华南之间的虚拟水流量。研究结果表明，中国目前的贸易结构在水资源配置和用水效率方面并不十分有利。华北作为一个缺水地区，出口了占其淡水资源总量 5% 的虚拟水，同时还负担了大量其他地区消费所产生的废水。相比之下，中国南方作为一个水资源丰富的地区，反而从其他地区进口了大量虚拟水，而进口产生的废水正在污染其他地区的水文生态系统。

6. 原文信息：Dalin C, Konar M, Hanasaki N, et al. Evolution of the global virtual water trade network[J]. Proceedings of the National Academy of Sciences, 2012,

109(16):5989–5994.

论文导读：经济发展、人口增长和气候变化对全球水资源造成的压力正在逐渐加剧。水资源密集型产品（如农产品）的国际贸易或虚拟水贸易被认为是全球节水的一种方式。这篇文章重点研究了利用年度贸易数据和年度虚拟水含量模型构建的与国际食物贸易相关的虚拟水贸易网络。该研究分析了 1986 年至 2007 年这一网络的演变，并将其与贸易政策、社会经济环境和农业效率联系起来。我们发现，贸易联系的数量和与全球食物贸易有关的水量在 22 年来翻了一倍多。然而，区域和国家虚拟水贸易格局都发生了重大变化。事实上，亚洲的虚拟水进口增加了 170% 以上，主要合作伙伴从北美洲转向了南美洲，而北美洲则更加重视日益增长的区域内贸易。中国虚拟水进口的大幅增长与 2000 年国内政策转变后大豆进口的增加有关。值得注意的是，这种转变导致全球大豆市场整体上节约了用水，但它也依赖于巴西扩大大豆产量，这导致了亚马孙地区的森林砍伐增加。我们发现，随着时间的推移，国际食物贸易促进了全球水资源的节约，表明了全球用水效率的不断提高。

7. 原文信息：Liu W, Yang H, Ciais P, et al. China's food supply sources under trade conflict with the United States and limited domestic land and water resources[J]. Earth's Future, 2020, 8(3): e2020EF001482.

论文导读：随着经济的快速发展、生活水平的提高以及人口增长，我国的粮食需求正大幅度增加。实际上，我国相当一部分的粮食供应依赖于进口，而美国作为世界上最大的食品与饲料出口国之一，在 2016 年，有大约 22% 的粮食出口直接供应给中国。因此，我国通过从美国进口大量的虚拟水和虚拟土地。但随着中美贸易冲突的爆发，我国从美国进口的大豆量骤降，随之从阿根廷与加拿大进口增加。该研究采用来自国家海关总署、联合国粮农组织的数据，核算了 2000 年至 2017 年我国粮食需求和供应的变化，并量化了我国粮食进口中体现的水土资源。该研究采用平均灌溉效率将蓝水足迹（每单位生产的蒸散发量）转化为蓝水供应量（灌溉水量）；将作物的土地足迹定义为作物产量的倒数；并采用了饲料转换系数来计算猪肉产品的水资源与土地足迹。结果显示，在过去二十年里，我国从玉米、大米和小麦的净出口国变为净进口国（但进出口所占国内生产比例仍然较小），大豆的国内产量下降，进口却大幅增长，95% 的进口来自美国、巴西和阿根廷；与之对应的，我国的农业总供水量几乎没有变化，但虚拟水进口量从 $2.5 \times 10^9$ 立方米增长到 $61 \times 10^9$ 立方米，进口大豆占这一虚拟水量的 87%，而从美国进口的虚拟土地和虚拟水就占总进口量的三分之一。随着大豆逐渐成为我国食品生产、食品贸易以及食品安全战略的核心，我国部分主要粮食产区却面临着水资源的枯竭，这使得我国很难用国内生产完全取代美国进口，因此减轻风险的最佳策略是使其食品贸易伙伴多样化，并寻求一条提升出口国增加粮食供应的潜能，同时又不对环境造成负面影响的可持续发展道路。

## 第二章

能源系统与可持续发展

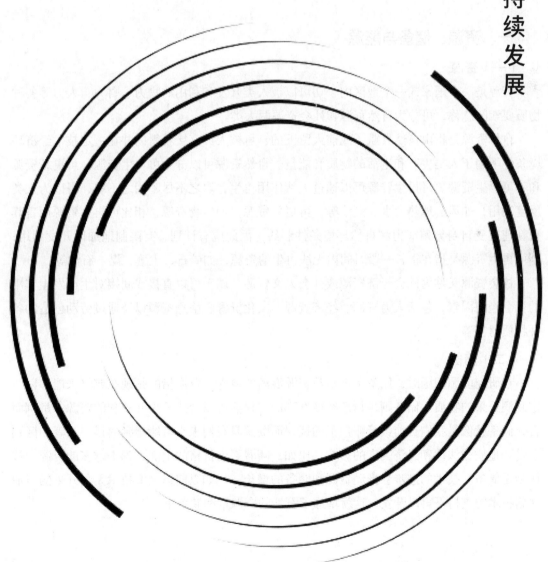

# 第一节　能源概况

**★学习目标**

● 了解资源与储备，资源与能源的区别

● 了解人类利用能源的历史变迁

● 了解能源对经济发展与社会民生的重要意义

● 了解未来世界能源供应的不确定性

## 一、资源、储备与能源

### （一）资源

资源是一个国家或一个地区内一切可以被人类开发和利用的物力、财力、人力等各种物质要素的总称，可分为自然资源和社会资源两大类。

自然资源是指由自然界赋予或前人留下的、可被人类直接获得的并在一定技术经济环境条件下用于人类生产和生活的物质和能量。自然资源可以分为可再生资源、可更新资源和不可再生资源。可再生资源可以通过天然作用再生，取之不尽、用之不竭，得以为人类反复利用，如风、地热、水、潮汐等；可更新资源，如生物资源，相比可再生资源而言其更新速度受自身繁殖能力和自然环境条件制约，因此应有计划、有限制地加以开发利用；不可再生资源是指在很长一段时间内无法再生的资源，如矿石、土壤、煤、石油等。

社会资源又称为社会经济资源或社会人文资源，属于可以直接或间接对生产发生作用的社会经济因素，包括人力资源、经济资源、文化资源、信息资源以及通过劳动创造的各种物质财富等。

### （二）储备

在研究能源问题时，储备是极易与资源混淆的概念。资源指的是现在或将来能够以一定利润开采的物质。储备则是指已经被发现的、目前可以合法开采并获利的资源。举例而言，储备就像是我们目前银行账户里的钱，而资源是我们未来可能赚到的钱。二者的区别会受到地质、法律和经济因素的影响。比如，随着石油价格的上涨，越来越多的资源会被认为是储备。技术的进步会推动资源和储备的增长，比如以前运用旧技术无法开采的石油在新技术的支持下得以开发，这就增加了石油的资源量和储备量。

### （三）能源

能源也称为能量资源或能源资源，指的是可生产能量或可以做功的物质，即煤炭、石油、天然气、生物质等能够直接取得或者通过加工、转换而取得有用能的各种资源。

能源可分为一次能源和二次能源。一次能源也称天然能源，是在自然界中以原有形式存在的而且未经加工转换的能源，如煤、石油、天然气、水能、太阳能等；二次能源是指由一次能源加工转换而成的能源产品，如电力、热力、煤气、沼气、汽油、柴油、重油等石油制品。一次能源又分为可再生能源和非再生能源。可再生能源包括太阳能、水能、风能、生物质能、潮汐能、地热能等，不需要人力参与，便可在自然界循环再生，且储量巨大，在人类时间尺度上是取之不尽、用之不竭的；非再生能源包括煤、石油、天然气、核能等，是需要在自然界中经过亿万年才能形成的能源，由于这种能源在短期内无法产生，随着人类大规模开采，其储量将越来越少。

能源属于资源，而资源的涵盖范围远大于能源。在资源的范畴中，自然资源并不全是能源。能够被称为自然资源必须满足以下两个条件：一是直接从自然界获得，二是能够用于生产和生活。而作为能源来说，其必备条件是可以提供某种形式的能量以供人类使用。一次能源属于自然资源，而二次能源由一次能源是经过加工转换得来，因此不属于自然资源。例如，太阳能是自然资源，也是能源；土地、铁矿石是自然资源，却不能直接提供能量，所以不是能源。

## 二、能源利用的历史变迁

能源的开发和利用为人类文明的发展做出了巨大的贡献，也是人类认识和征服自然的重要过程。人类历史上每一次能源技术的重大突破都标志着一次生产力的飞跃。随着社会的发展和科技的进步，人类利用能源的历史大致经历了三个时代：柴薪时代、煤炭时代和石油时代。

### （一）柴薪时代

火的使用标志着人类告别了茹毛饮血的时代，人类第一次利用自然界中的能量，这也就意味着人类超越了动物成为一种高级生物。此后，人类开始将树枝、杂草等作为燃料，用于烧烤食物、照明、防寒取暖、煅烧矿石、冶炼金属和制造工具。在这个时期，人类将柴薪作为主要的能量来源，所以被称为"柴薪时代"。

### （二）煤炭时代

随着社会的发展，木柴已不能满足人类的生产需求，煤的发现与使用标志着人类进入了煤炭时代，使社会生产力得以飞跃进步。中国是最早发现煤和使用煤的国家，关于煤的最早记载在成书于春秋末战国初的《山海经》中，因其呈黑色、状似石头，故而有"石涅""石炭""石墨"之称。西汉时期，我国开始开采煤炭，并将其用作冶铁的燃料。17世纪中叶，随着煤炭生产技术的成熟，煤炭逐渐代替木柴，成为人类使用的主要能源。18世纪60年代，工业革命在英国拉开帷幕，以煤炭作为燃料的蒸汽机的使用带动纺织、冶金、采矿等工业迅猛发展，同时使人类的生产力水平大幅提升，开辟了人类利用矿物能源作为燃料提供动力的新时代。

### （三）石油时代

虽然石油早已被人类应用于各种领域，但公认的石油时代始于19世纪。1846年，亚伯拉罕·皮诺·格斯纳将煤和石油变成照明燃料，发明了煤油，大大提高了石油的可用性，石油的需求由此开始上升。1859年，埃德温·德雷克发明了用于现代深水油井的钻井技术，使石油开采业蓬勃发展。从此，石油正式登上了历史的舞台。内燃机的发明与使用更使人类对石油的需求量大增，汽车、飞机、内燃机车等应用迅速发展，石油逐渐成为世界的主要能源，将人类飞速推进到现代文明时代。时至今日，石油依然是人类社会最重要的能源。

然而，随着人类文明的不断演进，社会对能源的需求仍在不断增加。大规模的开采使地球上的能源储量急剧减少，同时石油、煤炭等化石燃料的使用已经严重污染了生态环境。因此，人类必须对化石能源进行有计划的开发和更加清洁、高效的使用，在未来进一步发展新能源。

核能曾一度被视为是下一个能源时代的代表。在20世纪30年代，人们便开始了从原子核获得能量的研究。40年代，原子核反应堆建成，1942年12月2日，美国芝加哥大学成功启动了世界上第一座核反应堆，这是人类第一次释放并控制了原子能；50年代，人类开始开发和建设核电站，美国于1951年最先建成了世界上第一座实验性核电站，1954年苏联也建成发电功率为5000千瓦的实验性核电站，此后，核能开发技术日趋成熟。截至2019年底，全球共有442座正常运营的核反应堆，核能发电总量达到2657亿千瓦时，足以满足世界电力需求的10%。但是，由于核能发电会产生大量有放射性物质的废料，如果未经谨慎处理或因核泄漏事故被释放到外界环境，会对生态造成极大的污染与伤害，加之核能电厂投资成本较为高昂，因此人类对核能发展的态度非常谨慎。

如今，随着人类对能源需求与生态环境质量要求的日益提高，太阳能、水能、海洋能、风能等新能源的开发与利用也在如火如荼地进行，这些新能源的发展可以在满足人类巨大的能源需求同时，又很好地维护生态环境健康。

## 三、能源的消耗现状

虽然工业化国家的人口在世界总人口中所占的比例较小，但他们所消耗的能源在世界总能源消耗中的占比却非常大。通常来说，一个国家的国民生产总值（GDP）与能源消费呈正相关关系。目前，世界大多数国家主要依赖以石油为代表的化石能源，但化石能源的储量终究是有限的。如果人类未能及时开发出新的替代能源，那么无论是单个国家还是全体人类，未来都有可能面临严重的发展瓶颈。据估计，按照目前化石能源的消耗速度，石油产量有可能在 21 世纪末迅速下降。未来 30 年内，发达国家和发展中国家都需要找新的能源解决方案。在未来，一个国家的富裕程度将与其能否利用多种能源的能力密切相关。

## 四、本节总结

资源是一个国家或一个地区内一切可以被人类开发和利用的物力、财力、人力等各种物质要素的总称。储备是指已经被发现的、目前可以合法开采并获利的资源。

能源是人类赖以生存的基础，是现代经济社会发展的支柱。目前，世界大多数国家主要依赖化石能源。但由于化石能源的有限性与高污染性，人们面临着资源枯竭、环境恶化的危急局面。在未来，能源供应和能源成本会更加具有不确定性，能源的来源和能源的使用方式也会发生改变。因此，决策者需要从能源的来源、供应、消耗和环境影响等角度来审视能源的现状，以便制定更加绿色、高效、可持续的能源政策。

### 课后思考题

●我们为什么要区分"资源"与"储备"，这两个词语分别适用于什么样的语境？

●资源储备量受哪些因素影响？

●通过查找相关资料，了解目前世界上新兴的、正处于研究中的能源类型。

●查找相关数据，统计出世界能源消耗量排名前五的国家，分别绘制出它们的能源消耗结构图，比较异同并分析原因。

●查找相关数据，了解我国石油、天然气与煤炭等化石能源的资源储备与消耗情况。

# 第二节 化石能源

★学习目标
● 了解石油、天然气和煤炭的形成条件与地质分布
● 了解石油和天然气的分类及开采方式
● 了解石油、天然气和煤炭各自的能源优势
● 了解石油、天然气和煤炭在开采、精炼、运输、使用环节中产生的环境影响
● 了解我国的化石能源格局与能源安全

化石能源是有机物在长时间的复杂化学反应和地质循环下而形成的一次能源，其本质是以化石能源为载体、化学能的形式而储存的太阳能。化石能源主要蕴藏在沉积岩中，包括石油、天然气和煤炭。目前，以石油、天然气和煤炭为代表的化石能源是人类最主要的能量来源，全球约 87% 的能源消耗来自化石能源。我国的能源结构以化石能源为主，特别是煤炭长期占据着主导地位。这意味着我国尤其需要关注化石能源的储备情况、开采状况、利用程度与环境治理等问题，以便制定面向可持续发展的能源政策。

## 一、石油

### （一）石油概况

石油又被称为"工业的血液"，指的是气态、液态和固态的烃类混合物，主要位于板块边界的小型地质构造带或大型沉积盆地。根据不同的物质形式，石油通常被分为原油、天然气、天然气液及天然焦油等。大多数地质学家认为，原油和天然气来自于埋藏在沉积盆地或湖泊沉积物中的有机物（主要是植物）。这些有机物的被埋深度通常在 500 米以上，那里高热、高压。而高热、高压的环境会引发沉积有机质进行一系列化学反应，最终转化为原油和天然气。

从储量上看，石油是地壳上部最丰富的流体，仅次于水。然而，大多数已探明的石油储量高度集中在少数几个地区。其中，中东地区占 48%，中南美洲占 20%，北美占 13%，欧洲和欧亚大陆占 8.5%，非洲占 8%，亚太地区占 2.5%。

从资源总量看，常规石油的资源总量超过已知的储量，其中包括不能获利的石油和怀疑存在但未得到证实的石油。几十年前，学者估计人类最终可开采的石油总储量约为 1.6 万亿吨。时至今日，这个数字小幅增长至约 2 万亿吨。过去十几年已探明石油储量的增加

主要是由于在中东、委内瑞拉、巴西和哈萨克斯坦等地区发现了常规油，在美国等地区发现了非常规连续油。总体而言，世界石油储备相较于消耗并不乐观。

### （二）石油的聚集

根据石油的相对密度和黏度，石油可划分为常规石油和非常规石油。常规石油资源是相对密度 >22 和黏度 <100 的石油，用常规开采工艺就能开发生产，通常分散地位于地质年龄较年轻的砂岩和多孔灰岩中。砂岩和多孔灰岩颗粒较粗，孔隙大而多，有较高的储油空间比例，可达 30%。当烃源岩的温度升高，质轻的油气会向上运移，如果石油和天然气的向上流动没有受阻，它们就会逸散到大气中。这也就解释了为什么常规石油资源一般不会存在于地质年代久远的岩石中——因为在超过五亿年的岩石中，石油和天然气有足够长的时间迁移到地表，或被蒸发、或被侵蚀。我们提取的常规石油资源通常在背斜或断层处，这种结构有利于形成自然圈闭，从而阻止油气继续运移，并有助于石油资源在其中聚集。

圈闭是聚集油气的重要条件，但并不是每一种石油资源都有圈闭结构，非常规连续型石油资源就是一个例子。与常规石油资源相比，连续型石油资源无明显封堵或固定界限的圈闭，主要分布在广阔的盆地内，蕴藏在致密页岩、油页岩和焦油砂中，虽然资源量大，但采收率低，开采困难且昂贵。

### （三）石油的种类及来源

随着常规石油资源的大规模开采，传统油井中的石油日益稀缺，非常规石油资源在当今的能源结构中扮演越来越重要的角色。以石油的相对密度和黏度为标准，常规石油以外的石油种类统称为非常规石油，其中，焦油砂和油页岩是两种典型且重要的非常规石油资源。

#### 1. 焦油砂

焦油砂是富含天然沥青的沉积砂，是重要的石油来源。开采焦油砂中的石油需要经历一系列繁复的过程，首先要开采难以分离的砂，然后用热水把油洗掉。开采期间会产生大量的资源消耗，而且石油生产率并不高，约两吨焦油砂才能生产一桶石油。世界上约 75% 的焦油砂蕴藏在加拿大阿尔伯塔省的阿萨巴斯卡焦油砂地区，目前阿萨巴斯卡沥青的每日产量约为 160 万桶合成原油。但焦油砂的开采会造成严重的环境代价，对当地的空气、水和土壤产生持续性的危害。2010 年，加拿大向美国运送焦油砂的重油管道破裂，约 4000 立方米的石油泄漏到密歇根的卡拉马祖河，约 58 公里的河流受到严重污染。大量重油沉积到河床上，使得清理工作尤为困难且耗资昂贵。漏油最严重的时候该河流散发出大量有毒气体，附近居民被迫离开家园。最终，该河流不得不关闭两年，政府花费约 7500 万美元清理油污，但至今河流里仍有石油污染物存在。

#### 2. 油页岩

油页岩是石油的另一个重要来源，它是一种富含有机质的细粒沉积岩。在不加热状态下，油页岩蕴藏着丰富的石油资源。当油页岩被机械打碎并加热到500℃时，就可提炼出页岩油，每吨油页岩会产生近38～378升油，这些从页岩中提炼出的油是重要的合成燃料。根据美国《油气》公布的数据，目前已确定的世界页岩油储量大约为11万亿～13万亿吨，远超过世界其他石油资源总量。但是，人们还不能用当下的技术完全评价页岩油的原油品位和经济开采可行性。油页岩开发对环境的影响因所采用的采油技术不同而有所差异，露天开采会直接破坏土地和生态系统，环境代价较大；地下开采则一般对土地和生态系统的直接破坏相对小。但无论是地下开采还是地上开采，油页岩开采都面临着废物处理的难题。油页岩开采产生的废弃物体积将超过油页岩开采量体积的20%～30%，开采油页岩的矿井无法容纳所有的废弃物，多余废弃物的安置和处理就成了最棘手的难题。

### （四）石油的应用

石油不仅是可以提供能量的燃料，也是制作塑料等化学品的重要原料。石油在未来很长一段时间内仍将是人类社会的重要商品。因此，目前石油的资源总量、开采成本和环境代价一直备受关注。基于十年前已探明的石油储量数据计算，以目前的生产速度估计，石油和天然气只能维持未来几十年的能源供应。在石油经济学中有一个备受关注的话题是石油何时会达到产量峰值，因为在产量峰值之后石油供应量将减少，这将有可能导致石油资源短缺和能源价格冲击。目前大多学者认为石油产量的峰值会在2050年之前出现，最新的预测模型估计石油产量很可能将在2025年达峰。无论预测的准确性如何，人们都应在积极开发替代能源的同时调整生活生产方式、经济结构和能源结构，在有限的时间内做好适应"后石油时代"生活方式和经济形势潜在变化的准备。

## 二、天然气

### （一）天然气概况

天然气是烃类气体的混合物，除最常见的甲烷外，还包括丙烷和丁烷。天然气是优质燃料和化工原料，与燃烧石油或煤相比，燃烧天然气所产生的大气污染物更少，对环境的污染更小，所以被认为是一种清洁能源。因此，天然气作为传统化石能源与新能源之间的过渡能源，被寄予厚望。

### （二）天然气的种类及来源

与石油相似，天然气通常蕴藏在地下多孔隙岩层中，具有多种类型。最常见的天然气资源是与石油钻探有关的常规天然气田。除此之外，还有一些非常规连续型的天然气资源，主要包括气态的页岩气、致密气和煤层气，固态的甲烷水合物，分类及其特点如图2-1所示。

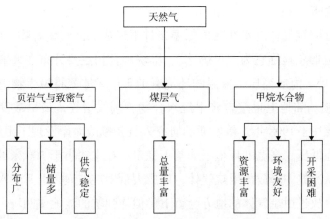

图2-1　天然气资源的分类及特点

### 1. 页岩气与致密气

页岩气与致密气具有一定的相似性，二者都是蕴藏在岩石中的天然气，以甲烷为主要成分，二者差别在于储层岩石的不同。页岩气是页岩微小孔隙里的天然气。页岩气具有分布广、储量多、供气相对稳定的特点，具有极高的经济价值。全球页岩气资源储量丰富，分布广泛，约占全球非常规天然气资源的50%。目前，人们对页岩气资源和储量的探索仍处于早期阶段，随着人们对地质情况的了解逐渐深入，对页岩气的利用和开发前景将十分广阔。

致密气是指从致密砂岩或石灰岩连续沉积层中开采出来的天然气。天然气最初产生于富含有机物质的沉积物中，随着地质时间的推移，这些气体迁移到储层岩石中，被牢牢地固定在岩石内，因此得名致密气。

开采时，页岩气藏和致密气藏都需要在一定深度下进行水平钻井，然后利用水或其他化学物质破坏岩石，释放天然气，这种开采方式被称为水力压裂。在进行水力压裂作业时，用于压裂岩石的化学液体必须在开始采集天然气之前就在井内得到有效回收和处理，否则稍有不慎，这些化学液体就可能从井中泄漏，污染水源，这是页岩气与致密气开发最大的污染隐患。

### 2. 煤层气

煤层气俗称瓦斯，是蕴藏在煤层内的天然气。在煤的形成过程中，沉积有机质经生物作用和热反应形成的天然气，主要成分为甲烷。由于煤的内部表面积较大，在一定体积的煤炭中，甲烷含量大约是与原油共生的天然气（石油气）储藏量的7倍。因此，煤层气被视为一种充满发展前景的能源。然而，煤层气的使用也可能带来严重的环境污染隐患，例如，处理和回收甲烷时可能会产生大量废水，甲烷可能会发生运移从而污染地下水以及附近居民区。

### 3. 甲烷水合物

甲烷水合物是甲烷气体与水在高压低温条件下形成的冰状化合物。由于其外观似冰，遇火即燃，人们也形象地称它为"可燃冰"。甲烷水合物主要分布在太平洋和大西洋的海床下深约 1000 米处，海底高压、低温的环境有助于形成冰笼将微生物消化海底沉积有机物形成的气体困锁。陆地上也蕴含着甲烷水合物，例如沼气，最早被发现于西伯利亚和北美的永久冻土层中。1998 年，俄罗斯的研究人员在挪威海岸发现了甲烷水合物的释放，但是甲烷水合物在低压、高温的环境下非常不稳定。在水深小于 500 米的地方，甲烷水合物会迅速分解，从冰笼中释放出甲烷气体，形成大量甲烷气泡，上升到水面上并逃逸到大气中。那些曾经释放过甲烷气体的地方会留下形似炸弹坑的洼地或凹坑。有时甲烷也会迅速喷发，形成火山口似的遗迹。

甲烷水合物是海洋中潜在的能源宝库。据估计，甲烷水合物的能量约为所有已知天然气、石油和煤炭能量总和的两倍。但是甲烷水合物的开采工作极具挑战：甲烷水合物通常分布在大陆斜坡较低的位置，水深超过 1000 米，且海洋沉积物延伸可达几百米，钻井平台在如此深而广的环境作业存在许多风险。不仅如此，将海洋中的天然气运输到陆地也是一项极具挑战的任务。因此，目前世界各国对甲烷水合物的大规模开发仍处于探索阶段中，尚未大规模的商业化开采，但这座丰厚的海洋能源宝库在未来将为人类带来新的能源希望。

## 三、石油与天然气的环境影响

尽管人们从石油和天然气中获利颇丰，但这种利润很大程度上是建立在牺牲生态环境与人体健康上的。历史上多次出现的漏油事件已经让人们对石油运输环节中的环境污染隐患有了一定的直观认识，但实际上环境污染与生态破坏贯穿于石油开采、精炼和使用的每一个环节，即便是相对清洁的天然气也在其开发过程中存在环境污染隐患。

### （一）开采环节

开采石油和天然气就意味着要在地面或海底钻井，建设井场、管线、储罐、道路网和其他生产设施都需要大量占用土地，尤其是当占用的土地是野生动植物栖息地的时候，会对生物多样性造成威胁。此外，石油开采可能会严重污染当地水资源，例如水力压裂产生的化学液体得不到有效的处理则会污染地下水，含油管道、储油罐发生破裂或其他油田化学品发生泄漏，石油类污染物会严重污染地表水与地下水。除了水资源污染，石油开采过程中还可能意外排放空气污染物，如碳氢化合物和硫化氢。在开采浅层常规油气田时也可能会造成地面沉降等问题。严重时，油气开采甚至可能破坏生态脆弱区（如湿地）的生态系统，威胁生物栖息。

海上石油开采也会给海洋生态环境造成负面影响，例如，海上开采可能导致石油渗漏入海；意外事故（如井喷或管道破裂）会导致大规模石油泄漏，严重污染海洋环境和破坏海洋生态；钻井时注入井眼并保持井眼通畅的重金属液体泄漏到海洋中会使海洋生物中毒；

海上建起的石油钻井平台也会对海滨城市景观的美观性造成影响。

### （二）精炼环节

原油开采后需要通过精炼将其转化为汽油、柴油等石化产品。精炼过程中，原油在炼油厂经过加热分馏，这一环节可能会发生原油或其他石油类产品的意外泄漏，特别是运行多年的炼油厂会有很大的污染物意外泄漏风险，导致当地的土壤和地下水被污染。所以，大型炼油厂经常需要配备大规模的地下水净化项目以最大程度地减少环境污染。精炼后得到的原油和其他分馏产品会被用以制造优质油、塑料和有机化学品等化工产品，生产这些产品的过程中也会有大量污染物释放到周边环境，影响当地的生态健康。

### （三）运输环节

在石油和天然气燃料的运输、消费过程中，非常容易产生严重的环境污染问题。原油和天然气的运输方式主要有两种：以管道为主的陆上运输和以油轮为代表的海洋运输。这两种运输方式都存在着潜在的漏油风险。2011 年，美国阿拉斯加的输油管道被一颗步枪子弹射穿，造成了一场极具破坏性的石油泄漏事件。另外，强烈的地震也可能造成油气管道的损坏从而导致石油泄漏。尽管石油泄漏对环境的直接影响周期大多只有几天到几年的时间，但它对生态造成的潜在破坏是深远的。几十年来，海洋上的石油泄漏已经使数千只海鸟丧命，大面积海滩被破坏，威胁海洋生物及海岸居民的生命健康，同时也造成了渔业和旅游业的巨大损失。

## 四、煤炭

### （一）煤炭概况

煤炭是腐烂的植被在地下高温、高压环境中经过漫长而复杂的化学反应形成的一种可燃的易碎黑色固体矿石，又被称为"黑色的金子"。煤炭从 18 世纪以来就是人类社会使用的主要能源之一，至今仍是世界储量最丰富的化石燃料。据估计，煤炭的总可采资源量约为 8600 亿吨。按照目前世界每年 40 亿吨的消耗量计算，世界上的煤炭还够人类使用约两百年的时间。我国的煤炭储量相当丰富，约占全球总储量的一半。虽然煤炭储量丰富而且开采成本低，但其造成的地下水污染、碳排放、大气污染等环境问题十分严重，在未来可持续的能源系统中，煤炭的占比将越来越低。

根据煤炭的能量和含硫量，煤炭可分为无烟煤、烟煤、次烟煤或褐煤。这其中，能量最大的是无烟煤，最低的是褐煤。煤的含硫量是评价煤炭品位的重要标准，含硫量低的煤在燃烧时会排放更少的二氧化硫（一种主要的大气污染物），更适合作为发电厂的燃料。对于含硫量过高的煤炭，需要经过清洗以降低硫分含量，这一过程被称作"洗煤"。整体而言，我国煤炭品位相对较高，但仍旧需要对煤进行脱硫处理，虽然这样做会提高煤炭成本，但是可以最大程度地减少硫污染，保护大气环境。

### （二）我国的煤炭分布和利用状况

据统计，我国煤炭已探明的可采储量约在 2000 亿吨以上，资源量可达 3 万亿吨。然而，虽然中国的煤炭资源丰富，但人均占有量和勘探程度却很低。我国煤炭资源的地理分布极不均衡，整体呈现北多南少、西多东少的特征，而我国主要的煤炭消费区在东部沿海地区，所以我国煤炭的资源禀赋和消费存在着地理分布上的不协调。各区域内部的煤炭资源也呈现出同样的情况，如华东地区煤炭资源储量的 87% 集中在安徽和山东，而工业主要分布在以上海为中心的长江三角洲地区；中南地区煤炭资源的 72% 集中在河南，而工业主要在武汉和珠江三角洲地区；西南煤炭资源的 67% 集中在贵州，而工业主要在四川；东北地区虽然情况较好，但也有 52% 的煤炭资源集中在北部黑龙江，而工业主要集中在辽宁。煤炭产销地的分离导致了我国煤炭的北煤南运、西煤东运的现状。

整体来讲，我国煤炭开采中最为突出的问题是煤炭资源开采方式粗放。此前，许多中小煤矿在以非常原始的手段开采煤炭，小型不成规模的煤炭企业大多管理粗放、产能效益低下，在开采的过程中不注意保护和综合治理矿区的环境，导致矿区出现严重的植被破坏、水土流失、地面沉降、空气污染和水污染等生态环境问题。但是，国家已经开始对许多小型煤矿进行了关停整顿、兼并重组等措施，并取得了阶段性成果。

目前，煤炭仍在我国能源消费中占主导地位。我国是"富煤、贫油、少气"的国家，这一特点决定了煤炭在我国一次性能源生产和消费中占据主导地位且未来的很长一段时间不会发生大的改变。

我国是当今世界上最大的煤炭生产国，也是最大的煤炭消费国。近年来，我国沿海省份的煤炭需求量一直很大。但我国约 90% 的煤炭资源和生产能力分布在西部和北部地区。从火电、钢铁行业的产能增量释放来看，需求仍旧非常旺盛，而煤变油、煤化工的发展，将对煤炭需求结构产生战略性的影响。未来，随着国民经济的发展，国内的煤炭需求量仍有一定的增长空间。

绿色开采煤炭资源，合理使用煤炭资源，是可持续发展的必然选择。我们必须从煤炭开采和使用的理念、技术和人手等方面进行创新，实现煤炭开采和使用的经济效益、资源效益、环境效益相统一。

### （三）煤炭的环境影响

除燃煤会产生大量温室气体和大气污染物以外，煤炭在开采与运输的过程中也会造成对环境的污染与破坏。

#### 1. 开采环节

煤矿主要有露天开采与地下开采两种类型。露天开采适用于煤层接近地表的情况，将煤层上方的土层和岩石移除后，就可以露出大面积的煤炭进行开采。露天开采煤矿可以覆盖数平方公里的面积，这意味着与地下开采相比，露天开采的煤量更大、成本更低。目前，全球约有 40% 的煤矿采用露天开采的方式。

但是，露天开采的方式并不适用于雨水充沛的地区。当地表水渗入矿区后会导致出现酸性矿，排出的水与硫化物矿物发生化学反应产生硫酸，进而污染河流和地下水。在煤和黄铁矿丰富的地区，酸性矿井废水也会从地下矿井和公路排出，在一定程度上会放大酸性矿井废水的不良影响。因此，采矿前应采取必要措施，使酸性矿井废水对地表径流和地下水的污染可能性和程度降到最低。

相比潮湿地区，露天采矿对干旱或半干旱地区的水环境影响没有那么明显，但是会严重影响当地的土壤健康。干旱地区的土地非常敏感，采矿遗留的建筑与交通痕迹会保持多年，再加上干旱地区土地资源贫瘠，水资源稀缺，矿区土地的复垦工作会面临巨大的困难。

山地地区还会采用一种名为山巅移除的露天采矿技术，顾名思义，这种技术会在采煤时将山顶削平。山巅移除最典型的例子就是阿巴拉契亚山脉的煤矿开采，阿巴拉契亚山脉近一半的煤矿都是利用这种方式开采的。山巅移除的采矿方式省力、直接，但它粗放的开发也会造成严重的环境破坏。山巅移除后，山顶被破坏，山谷被废石或其他矿业固体废物填满，有毒废水被储存在煤矸石泥坝后，整个山区的山脉、河流几近被毁。2000 年 10 月，在美国肯塔基州东南部的阿巴拉契亚山脉发生了一次严重的环境灾难，事情起因是储存矿业固体废物淤积的水库底部发生坍塌，污泥经过蓄水池下的废矿井流至道路、房屋和排水渠，造成约 100 公里的河流遭到严重污染，数十万条鱼和其他生物死亡。同时，山巅移除还会产生大量煤尘，污染大气、水源、土壤。当煤尘沉降在人类聚居区时，还会引起并加剧哮喘等肺部疾病，从而威胁人类健康。

为了避免采矿造成的严重危害，许多国家颁布政策、条例及法律，对采矿工作进行严格规范。例如，美国在 1977 年通过了地表采矿控制和复垦法案。该法案明确禁止在农业用地上进行采矿，避免农业土地遭到严重破坏和污染。对于已被开采的土地，法案要求进行复垦改造，包括废物处理、勾画土地轮廓和重新种植植被。但是，在现实实践中，复垦是一项艰巨的工作，往往很难取得明显成效。

地下开采这一方式主要适用于大部分煤层远离地表的矿区。目前，地下开采约占世界煤矿生产的 60%。地下开采煤炭时，矿工需要深入井下进行作业，其人身安全和健康都面临极高的风险。在井下作业的矿工不仅更易患上尘肺病等呼吸系统疾病，还面临着矿井坍塌、瓦斯爆炸、矿内火灾等致残甚至致死的事故风险。

同时，这种开采方式会对生态环境产生不可挽回的损失。首先，酸性矿井废水和废物会污染地表径流和地下径流。其次，当煤矿隧道上方发生坍塌时，矿井附近的地面就会发生垂直沉降，在地表留下深坑。地面沉降可能威胁附近居民及行人的生命安全、破坏建筑物、造成生命与经济损失。此外，若地下煤矿发生火灾，会产生大量的烟雾和有害气体。1961 年，宾夕法尼亚州森特罗利亚的一场大火点燃了附近的地下煤层，煤层燃烧至今，使得森特罗利亚俨然变成了一座"鬼城"。

## 2. 使用环节

煤炭在燃烧时所产生的污染物高于汽油、柴油，远高于天然气。按照每单位输出能源计算，煤炭所产生的氮氧化合物约为天然气的 5 倍，二氧化硫为 4000 倍，颗粒物为 390 倍。为了缓解燃煤造成的环境污染问题，现阶段主要采取以下措施：在燃烧前对煤进行化学和物理清洗，去除表面颗粒物，降低硫分含量；设计新的锅炉来实现更低的燃烧温度，以减少硝基的排放；在燃烧煤炭时加入富含碳酸钙的物质，减少二氧化硫排放；发展零排放燃煤电厂，即通过尾气处理等方式来消除燃煤过程中产生的颗粒物、汞、二氧化硫等污染物。

一些发达国家采取了一系列政策措施来减少燃煤污染，例如美国采取了配额交易的方式来减少二氧化硫等污染物的排放。美国环境保护署向公司发放可交易的污染配额，一份配额代表每年可以排放一吨二氧化硫。有污染配额剩余的公司可以与其他排放需求量大的公司交易多余的排放配额。通过这样的方式，政府可以借助市场的作用达到减少污染的目标。而在我国，火力发电所使用的燃煤必须经过洗煤等流程，使含硫量达标，从而降低火电站的硫污染排放。

燃煤电厂除了会造成大气污染问题，还会加剧水资源枯竭。火力发电站在工作时会产生过量的热能，需要大量的水进行冷却将废热转移，冷却的过程会消耗大量的水资源。在我国北方，水资源极度短缺，所以我国北方新建立的火电站基本上都配备了空冷设备，即使用空气而非淡水作为主要冷却剂，这大大缓解了北方因燃煤电厂而造成的水危机。

## 五、我国的化石能源安全

我国的化石能源储量较为丰富，其中煤储量占主导，石油和天然气储量则占比小。2010 年，中国煤炭资源已探明储量占世界煤炭资源已探明储量的 13.3%；而石油探明储量 20 亿吨，仅占世界的 1.1%；天然气探明储量 2.8 万亿立方米，仅占世界的 1.5%。为平衡能源结构和满足日益增长的经济发展需求，我国需要大量进口石油和天然气。而随着国际能源市场的波动和国际关系的变化，我国能源安全问题日益凸显。

### （一）战略储备

我国石油总储量并不乐观。截至 2019 年，我国石油储产比仅为 18.7，这意味着中国在已探明储量下只能以当前的生产速度开采 18.7 年。同时我国石油储量存在明显的地区差异。我国的陆上石油基础储量主要分布在东北和西北地区，分别占据全国储量的 34% 和 36%。我国经济发展重心和石油主要消费区位于中部和东南沿海地区，石油产地和消费地的不匹配导致我们不得不远距离运输石油。

### （二）进口通道

在国内石油资源不充沛的情况下我国不得不依赖石油进口。2020 年，我国的石油对外依存度高达近 70%，石油主要进口来自中东和非洲。一直以来中东都是世界上石油储量和产量最大的地区，而随着"一带一路"建设的推进，非洲的石油出口也逐渐崛起。为规避国际经济政治动荡带来的风险，我国采取多渠道的石油进口方式。目前我国已基本建成海上、东北、西北、西南四大能源战略通道。

### （三）海上能源战略通道

凭借其运输量大、成本低的优势，海运成为我国进口石油天然气的主要方式。由于地理位置的限制，马六甲海峡、霍尔木兹海峡、曼德海峡、苏伊士运河以及巴拿马运河成为我国海上石油运输的重要关口。其中我国进口的绝大部分石油都要通过马六甲海峡，这条航线因而得名，被称为"中国海上石油生命线"。但马六甲海峡地区政治局势复杂，不确定因素众多，一旦爆发冲突就将严重威胁我国能源安全。再加上我国海上能源进口部分船只来自海外油轮公司，这也为能源安全带来了隐患。

### （四）东北能源战略通道

因为海上运输潜在风险较大，我国积极拓展陆上能源进口渠道，计划于 2025 年基本形成"陆海并重"的通道格局。2011 年，中俄原油管道正式开通，该线路起始于俄罗斯的东西伯利亚，由漠河入境输送到大庆的炼油厂进行后续石油加工。截至 2021 年，中俄原油管道已经累计进口原油近 2 亿吨。

2019 年，中俄东线天然气管道正式投产通气，管道起自俄罗斯东西伯利亚，由布拉戈维申斯克进入我国黑龙江省黑河。其中，我国境内段新建管道 3371 公里，利用已建管道 1740 公里，途经黑龙江、吉林、内蒙古、辽宁、河北、天津、山东、江苏、上海 9 个省（区、市）。2020 年，该管道输气量约 50 亿立方米。

### （五）西北能源战略通道

伴随着"一带一路"建设，我国拓展了从中亚进口石油的中哈原油管道，该管道西起哈萨克斯坦阿特劳，途经肯基亚克、库姆克尔和阿塔苏，东至阿拉山口—独山子输油管道首站，全线总长 2800 多公里，被誉为"丝绸之路第一管道"。

中亚天然气管道投产于 2009 年，该管道西起土库曼斯坦和乌兹别克斯坦边境，穿越乌兹别克斯坦中部和哈萨克斯坦南部，经西气东输管网首站——新疆霍尔果斯口岸入境，进入西气东输管线之后一路向东，途经湖南、湖北，直达上海。中亚天然气进口使管道沿线 27 个省、自治区、直辖市和香港特别行政区中的 5 亿多人口受益。截至 2020 年，中亚天然气管道已累计向国内输送天然气超 3000 亿立方米。

### （六）西南能源战略通道

中缅油气管道建成于 2013 年，起点为若开邦皎漂，穿越缅甸境内经南坎进入中国瑞丽，全长 793 千米。中缅油气管道开辟了我国海运能源入境的新通道，运输船可以不经过马六甲航线，直接在缅甸靠岸卸载石油和天然气，再由油气管道经陆路将油气运抵国内。截至

2020 年，中缅天然气管道已累计安全地向中国输气 247 亿立方米，马德岛港靠泊大型油轮 104 艘，累计接卸原油 2613 万吨，向中国输油 2571 万吨。

## 六、本节总结

石油是气态、液态和固态的烃类混合物，主要存在于板块边界的小型地质构造带或大型沉积盆地，可分为常规石油与非常规石油。石油的资源总量较为丰富，但若是考虑巨大的需求量和日益增长的消费量，世界石油储备并不乐观。圈闭是石油与天然气聚集的重要条件，可以有效阻止油气的逸散。

天然气是烃类气体的混合物，是优质燃料和化工原料。与燃烧石油或煤相比，燃烧天然气所产生的大气污染物更少，对环境的污染更小，因此通常被认为是一种清洁能源。天然气通常蕴藏在地下多孔隙岩层中，分为多种类型。最常见的天然气资源是与石油钻探有关的常规天然气田。但是即便是相对清洁的天然气也会在开发环节加剧环境压力。

煤炭是腐烂的植被在地下高温高压环境，经过漫长而复杂的化学转化而形成的一种可燃的易碎黑色固体矿石，又被称为"黑色的金子"。煤炭在 18 世纪以来就是人类社会使用的主要能源之一，至今仍是世界储量最丰富的化石燃料。除燃煤会产生大量大气污染外，煤炭在开采的过程中也会造成对环境的污染与破坏。

总体而言，传统化石燃料储量大、开采技术相对成熟、发电量大。但以石油、天然气与煤炭为代表的传统化石燃料的资源总量有限，生态成本较高，容易在开采、精炼、运输及利用过程中产生较为严重的土壤污染、大气污染与水污染。因此，人们需要在能源危机到来之前，以可持续发展为导向，及时调整优化能源结构。

---

### 课后思考题

● 请从开采成本、环境影响及燃烧效率等方面对比石油、天然气和煤炭，找出它们各自的优势与劣势。

● 请查阅资料并说明各国都采取了哪些措施来降低化石能源的污染。

● 为了保证化石能源安全，我国还需要从哪些方面加强努力？

● 根据我国能源需求量，结合我国和世界化石能源分布，请为我国设计高效的能源运输网络。

# 第三节　新能源

★学习目标
● 了解多种新能源类型及其应用原理
● 了解我国相关新能源应用现状
● 设计高效利用新能源的方式

新能源指的是除传统化石能源以外的各种能源形式，包括太阳能、水能、海洋能、风能、生物燃料、地热能及核能等新兴能源形式。由于这些能源形式具有可再生、覆盖广、可持续、环境友好等优势，目前世界许多国家都在新技术和新材料的支持下积极研究、开发并推广新能源，以在维护生态环境的同时满足人类的巨大能源需求。

## 一、太阳能

太阳能指的是太阳光的辐射能量。在总量上，到达地表的太阳能是惊人的。在全球范围内，辐射时间为十周的太阳能就近乎等于所有地球上已知储量的煤、石油和天然气所储存的能量；在能量吸收功率上，地表吸收太阳能的平均速率是 90000 太瓦，约为全球能源总需求的 7000 倍。所以如果太阳能能够得到充分开发利用，完全可以满足人类的对能源的巨大需求。

然而，太阳能也具有一定的局限性。受地区差异及季节变化等因素影响，不同地区在不同时间的太阳能开发潜力存在差异。常年晴朗、日照时间长的地区一般适宜发展太阳能，而多雨雪、太阳直射少的地区发展太阳能会受到效率的限制。

太阳能的利用主要分为被动式太阳能系统和主动式太阳能系统两种方式。

### 1. 被动式太阳能系统

被动式太阳能系统指的是不使用机械泵或其他主动干预性技术的太阳能采集系统。被动式太阳能系统主要通过建筑设计或建筑材料来对太阳能进行利用。比如，远古居民喜欢居住在石灰石洞窟中，这是因为石灰石在吸收阳光和保温方面具有良好的性能。被动式太阳能系统的优势是它可以对温度进行逆向调节，实现建筑物暑日清凉、冷日保暖。我国人民偏爱房屋"坐北朝南"，这样的房屋充分发挥了被动式太阳能系统冬暖夏凉、采光充足的两大优势。

## 2. 主动式太阳能系统

主动式太阳能系统主要应用于集热与用热分离的场景下，太阳能集热器和太阳能光伏是最典型的主动式太阳能系统。

（1）太阳能集热器

太阳能集热器主要有真空管式太阳能集热器和平板式太阳能集热器两种形式，主要工作原理是利用黑色吸热层吸收太阳热量，并将热量传导于玻璃管中的吸热液体（例如水），通过加热液体实现加热保温的目的。真空管式太阳能集热器能更有效地减少热量散失，所以被广泛地应用于实践中，最典型的例子是太阳能热水器。自太阳能集热器被发明，它的市场在世界范围内不断扩大、迅速增长。2019 年，全球太阳集热器市场总值超过 300 亿元，而现在仍然以 2.3% 的年复合增长率增长。

（2）太阳能光伏

太阳能光伏装置可以将日光直接转化为电，是当前太阳能应用的重要发展方向。一些资金匮乏的地区，难以负担电网或大型中央发电厂的高昂建设成本，而光伏发电则为其提供了一个有效的解决方案。太阳能光伏所用的太阳能电池是由薄层半导体和固态电子元件组成的标准化模块。实际应用时，人们可以根据用途将太阳能电池模块组合成不同尺寸的系统，以输出与用途匹配的功率。光伏发电装置的主要结构如图 2-2 所示。如今，太阳能电池技术正在飞速发展，光电转化效率不断提高，太阳能电池组件生产线成本也在逐年降低。根据 2020 年中国光伏行业协会发布的《中国光伏产业发展路线图》，我国太阳能电池的光电转化效率已经达到 19.4% ~ 23.8%，太阳能电池组件生产线成本约为每兆瓦 6 万元；预计到 2030 年，我国太阳能电池的光电转化效率可达到 22.5% ~ 25.9%，太阳能电池组件生产线成本将降至每兆瓦 4.5 万元。

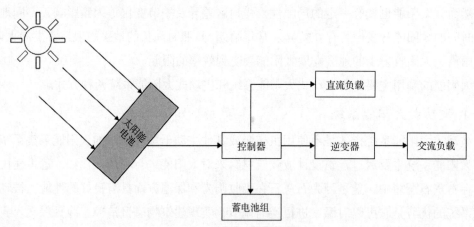

图2-2　光伏发电示意图

（3）太阳能热发电机

除了太阳能集热器和太阳能光伏，太阳能热发电机也是人类利用太阳能的重要方式。

太阳能热发电机的工作原理是：将阳光聚焦于盛水容器，利用阳光的能量加热使水沸腾，以产生大量蒸汽驱动蒸汽发电机进行发电。传统的太阳能热发电机利用发电塔来聚集阳光，而现在一些太阳能电站用镜子取代了发电塔，实现了更好的聚焦效果和更低的建造成本。

### 3. 太阳能的环境影响

太阳能在使用阶段几乎不对生态环境产生直接的负面影响，它对环境的危害主要集中于太阳能设备及其零部件的生产环节。因此，在大力发展太阳能时，设备生产方需要尤其要关注生产太阳能设备所需的金属、塑料、玻璃和液体零部件时产生的有毒物质，并对这些有毒物质科学地进行无害化处理。

### 4. 太阳能的实际利用案例：敦煌 100 兆瓦级熔盐塔式光热电站

敦煌建设了一座 100 兆瓦级熔盐塔式光热电站。这里占地 7.8 平方公里的场站上安装了 12000 面定日镜，它们可以主动追踪太阳光的方位并将光线反射到场站中心的吸热塔上。定日镜的总反射面积高达 140 万平方米，反射过程相当于把足以覆盖两个故宫面积的太阳辐射能量集中到几平米的区域内驱动发电机运转。

敦煌这座 100 兆瓦级熔盐塔式光热电站坐落于戈壁滩上，这里海拔高空气稀薄，太阳辐射强；再加上西北地区气候干旱、日照时间长，电站一年发电量可达 3.9 亿千瓦时，可满足 50 万人的用电需求。由于不消耗任何燃料，这座光热电站每年可以减排二氧化碳 35 万吨、粉尘 10 万吨、二氧化硫 1 万吨、氮氧化物 0.5 万吨，每年可节约标煤量 13 万吨。

## 二、水能

水能是利用水体的动能、势能和压力能等能量的清洁能源，比太阳能更易于储存。人类利用水能的历史悠久，早在 1900 多年前，我国就有利用水轮将水能转化为机械能的实践。西方对水能的利用则可以追溯到罗马帝国时期。

### （一）水能的利用

水力发电是目前人类利用水能的重要方式，也是电力生产的重要方式之一。目前世界约 20% 的电力由水力发电产生。除了直接产生电力，水力发电也可以应用于储存其他能量资源产生的能量。在电力需求低时，人们可以利用化石能源及核电站产生的过剩电量将水泵到更高的水位池，从而产生更高的势能。用电高峰时期，水电站大坝将储存在高水位池的水泄放到低水位池，就可以为人们提供大量水能。通过在不同时段的灵活调配提高了能源的利用效率。

我国是水利发电大国，水电技术在世界上处于领先水平。而从水利发电量占总发电量比例上看，挪威高达 96%。挪威凭借丰富的水电资源，不仅满足了国内的用电需求，还通过海底或陆上电缆将电力出口到其他国家，例如挪威建设了长达 724 公里的海底电缆通向英国，缓解了英国的电力短缺危机。

### （二）水能的优缺点

水能是一种高效清洁的可再生能源，它不会产生大气污染和放射性物质，但水能开发所依赖的水库和大坝对库区及水库上下游地区的环境有可能会产生一定的负面影响。这些影响包括：水库会占据大量土地，可能会淹没农田、生活区及文物建筑；水库会破坏当地水生态，阻碍水生物洄游，威胁当地物种；水库蓄水，会加剧蒸发，消耗水资源；大坝拦沙，会造成泥沙淤积、水质下降。为了减小水库和大坝造成的一系列环境影响，目前许多国家将目光转向了小型水库和水轮机的开发建设。水轮机与水电大坝的工作原理相似，但体积更小且可以水平固定于水体中，从而有效减小了涡轮对水体流动和水生生物活动的影响。

## 三、海洋能

海洋不仅蕴藏着丰富的物产资源，也蕴藏着巨大的能量，潮汐能、波浪能、温差能、盐差能和海流能等都是人类可利用的潜在清洁能源。然而，运用海洋的力量并非易事，海洋能的开发不仅需要得天独厚的海洋条件，还需要先进的科学技术。

### （一）潮汐能的利用

在众多海洋能量形式中，潮汐能是人类开发最成功的。凯撒时期，人类就已经成功借助水轮来利用潮汐能促进生产。但是，潮汐能的利用对自然条件的要求极高，以当前的技术水平来说，开发潮汐能最低的潮汐落差需要在 8 米以上。目前，全世界只有法国北部海岸、加拿大芬迪湾和美国东北部的潮汐强度可以满足商业用电的需求。在自然条件允许的情况下，人们要利用潮汐能，就需要在海湾或河口建造大坝，形成水库。涨潮时，大坝阻止水进入水库。当大坝的海洋一侧汇集了足够多的水来驱动涡轮机时，大坝就会打开。这时，海洋流向水库的大量海水就会转动涡轮机叶片，产生电力。当水库被填满，大坝就会蓄水，将大量海水保存在水库一侧。落潮时，水库水位高于海洋水位，大坝会再度开启。大量海水就会从水库流向海洋，再一次转动可逆的涡轮机叶片来发电。具体过程如图 2-3 所示。

图2-3　潮汐能发电的工作原理

### 1. 我国潮汐能的利用现状

中国大陆的海岸线曲折，全长约为 1.8 万公里，海域面积约为 470 多万平方公里，沿海有 6000 多个大小岛屿，组成 1.4 万公里的海岛岸线。漫长的海岸中蕴藏着丰富的潮汐能资源，据估算，我国渤海、黄海、东海、南海四大海域潮汐能的理论蕴藏大约为 1.1 亿千瓦，可开发总装机容量为 21796 兆瓦，年发电量约为 62.4 太瓦时。沿海潮差以东海为最大，平均潮差 4 ~ 5 米，最大潮差 7 ~ 8 米，黄海次之，渤海南部和南海最小。因此，中国的潮汐能资源主要集中在华东沿海，其中浙江、福建两省的蕴藏量最大，年发电量约为 55.1 太瓦时，约占全国的 88.3%。

我国拥有相当丰富的潮汐资源，对潮汐能的利用和潮汐发电站的建设可以追溯到 20 世纪 50 年代，第一座潮汐发电站于 1957 年建于山东，1958 年，全国就已经建成了 40 多座潮汐发电站，到 20 世纪 70 年代，又有十多座建成。但由于技术不足、运行不便等原因，大部分发电站在投入使用不久后就被废弃了。直到 20 世纪 80 年代，我国在沿海地区陆续兴建了一批中小型潮汐发电站并投入使用。1980 年，中国第一座"单库双向"式潮汐电站——浙江省温岭市江厦潮汐试验电站正式发电，其装机容量约为 3000 千瓦，可昼夜发电 14 ~ 15 小时，年平均发电约 1070 万千瓦时，是我国最大的潮汐电站。其如今的规模在世界上仅次于韩国的始华湖潮汐电站、法国的朗斯潮汐电站和加拿大的安纳波利斯潮汐电站。

### 2. 潮汐能的环境影响

虽然潮汐能是一种清洁能源，但不可否认的是，潮汐能开发所依赖的大坝和水库会对环境造成一些潜在的负面影响。比如，大坝改变了来海湾或河口的水文状况，对当地植被和野生动物产生不利影响；大坝堵塞了鱼类游动的通道，阻碍鱼类洄游；大坝随着潮汐涨落周期性地快速填充或排空海湾，迅速地改变了鸟类和其他生物的栖息地，不利于生物生存。

#### （二）其他海洋能的开发

除了潮汐能，人类也正在努力开发其他海洋能源。比如，日本东海大学海洋科学与技术学院的寺朗丰为远洋船设计增加了两个可以随波浪运动的水平鳍，利用波浪为远洋船提供航行动力。2008 年，寺朗丰成功驾驶"三多丽美人鱼Ⅰ号"由夏威夷檀香山到达日本西海岸，完成了 7000 公里的航程。"三多丽美人鱼Ⅰ号"的成功鼓励着全世界的研究者通过巧妙的工程设计来充分发掘海洋的巨大潜力，或许在不久的将来，人类会在其他形式的海洋能开发中取得更大的进步。

## 四、风能

风，是最常见的自然现象之一。太阳光照射地表，使地表温度升高，地表的空气受到热膨胀，进而变轻形成上升气流。热空气上升后，冷空气会水平流动补充气压，同时冷却上升的空气，引起上升空气变重降落；接近地表时，地表又会加热空气形成上升气流。如此循环往复，就形成了风。

### （一）风能的利用

人类很早就开始使用风能。过去，人们大多利用风提供机械能，比如靠风驱动船只，利用风车磨谷物、提水。在现代，风力发电成为人们利用风能的主要方式，风速、风向、风力强度和风的持续时间都会影响到风能潜力。一般来说，山谷地区和海岸地区温差大，容易产生大风，最适合建设风力涡轮机进行发电。

### （二）风能的优缺点

风能与太阳能光伏是目前最便宜的两种新能源。风能除了低成本，而且清洁高效、易于获得、用之不竭，所以备受人们青睐。此外，风能产业还可以提供大量就业岗位，风能的开发与利用具有良好的发展前景。

但风能的开发与利用也存在局限性。风能具有明显的区域性和不稳定性，在不同的地形和气温条件下，风速、风向、风力强度和持续时间都会有所不同，因而风力发电的效果也有所差异。这意味着风力发电并不是在各地区和各时段都普遍适用的。也正因如此，目前风力的发电贡献在各种能源中并不算高，提高风力发电率也是当前能源开发的重要发展方向。

风能对生态环境的危害相对较小，但也可能会产生一些负面影响，例如在某些地区风力涡轮机可能会威胁鸟类生存。

### （三）我国的风能资源

我国幅员辽阔，海岸线长，风能资源比较丰富。就区域分布来看，我国风能主要分布在东南沿海及其岛屿和西北地区。

东南沿海及其岛屿为我国最大的风能资源区。在这一地区，有效风能密度大，有效风力出现时间长。但从这一地区向内陆，途经地区丘陵连绵，冬半年的冷空气很难向南长驱直下，夏半年台风在离海岸50公里时风速便开始减小。所以，东南沿海仅在由海岸向内陆几十公里的地方有较大的风能，再向内陆则风能锐减。在沿海不到100公里的地带反而成为全国风能最小区。

内蒙古和甘肃北部为我国次大风能资源区，终年处在西风带控制之下，且是冷空气入侵首个经过的地方，风能密度较大，有效风时间较长。整体上从北向南逐渐减少，却不像东南沿海的变化梯度那么大。这一地区的风能密度，虽较东南沿海为小，但其分布范围较广，是我国连成一片的最大风能资源区。

大力发展内蒙古风力发电对解决我国国民经济发展中的电力短缺和环境问题有着重要作用。对于内蒙古交通不便的偏远山区，如地广人稀的草原牧场，作为解决生产和生活能源的一种可靠途径，风力发电更是有着重要意义。

虽然内蒙古自治区风力发电的发展能力相对较好，目前在全国电网范围内接纳风电上网和风电的占比领先，且取得了一定的成绩。然而当地人口稀少，消耗量少，且电力结构单一，同时受风力发电发展限制因素的影响，也存在一些制约内蒙古风能资源开发的问题，因此弃风限电现象较为严重。尽管近几年情况有所好转，但是没有根本消除。

此外，风力发电对草原区生态环境存在一定的影响。除风机安装破坏表土这一影响外，风力发电引起大气环流的扰动已成为共识。近年来随着风电场在内蒙古草原上的快速发展，其对生态环境的影响也引起了相关学者及民众的关注。截至目前，已有研究结果表明风力发电会对土壤理化性质产生一定的影响：土壤水分有机质含量较未建风电场的区域均有所降低，进而导致风电场内植被生物量的下降和群落物种组成的变化。

尽管风能资源的开发利用存在着一定的问题，但是相对于现有发电方式，风力发电仍可定义为清洁能源。在当前重拳治污的大背景下，我国政府对于风电发展的支持力度必将进一步加大。内蒙古拥有丰富的风能资源，同时具有辽阔的区域面积，其独特的风能资源开发优势必将得到大力发展。

## 五、生物燃料

### （一）生物燃料的种类

生物燃料指的是由生物质组成或制成的固体、液体或气体燃料，可以替代汽油、柴油、煤炭等传统化石燃料。目前，生物燃料主要有以下五种类型：①无人类管理的收获物，包括泥炭、木柴和草等；②可直接使用的有机废弃物，也包括细菌分解废物产生的甲烷和可作为柴油发动机燃料的食用油等；③农业燃料，即成熟后用作燃料的农作物；④藻类光合作用产生的乙醇；⑤细菌分解有机废物产生的乙醇。

### （二）生物燃料的利用

在五类生物燃料中，前三种是历史上人类曾长期使用的传统生物燃料，主要有木柴、废弃物和可作燃料的作物。这些传统生物燃料作为人类最早使用的燃料，在人类文明中一度扮演着最主要能源的角色。从更新世（约250万年前到约1万年前）的人类祖先在洞穴中燃烧木头取暖，到如今世界仍有约十亿人将木材作为加热及烹饪的主要能量来源，人类使用生物质作为燃料的历史悠久。

直到20世纪中期，伴随着煤炭、石油及天然气的大规模开发与利用，生物燃料经历了短暂的没落。20世纪90年代以来，随着其他能源的储量和产量渐趋极限，人们再一次将期待的目光投向了生物燃料。不过，这一次人们不再只是简单粗暴地燃烧自然中的生物质，而是更加注重开发并使用能量转换效率高且环境污染小的生物燃料。例如，2012年德国曾进口近两万吨产自加拿大东部的木质颗粒。木质颗粒是由压缩木屑、秸秆等农林业废弃物制成，是近年来热门的生物燃料。

巴西是世界上第一个使用乙醇汽油的国家，也是生物燃料乙醇的第二大生产消费国。

如今，巴西的可再生能源占能源消费总量的比例已高达45.3%。甘蔗是巴西生产可再生能源的主要来源之一。为了应对1973年的世界石油危机，减轻对进口石油的依赖，巴西利用本国丰富的甘蔗资源，于1975年开始实施以乙醇代替汽油的计划，极大促进了本国甘蔗产业的发展。

该计划实施以前，巴西种植的甘蔗几乎全部充当了生产食糖的原料。在新政策的推行下，巴西甘蔗种植行业迅速转型：从1980年到1985年，酒精产量由年产量37亿升提高到107亿升，在1985年到1992年，70%的甘蔗被用来生产酒精，尽管此后用于生产酒精的甘蔗略有减少，但酒精的产量仍在不断提高。在2000年至2001年，巴西将种植的2.6亿吨甘蔗生产了1000万吨酒精和1880万吨糖。目前，巴西全境的汽车都在使用纯乙醇燃料或乙醇与汽油的混合燃料。巴西利用其甘蔗资源丰厚的优势，不仅顺利度过了石油危机，实现了能源自给，还减少了汽车的尾气排放对生态环境的污染。

通过借鉴巴西用甘蔗来发展生物乙醇的成功经验，我国目前正在大力发展木薯乙醇产业。2007年9月，广西被定为我国第一个以木薯为原料的燃料乙醇生产和推广应用试点区；2008年，广西已基本实现以车用乙醇汽油替代常规汽油的目标。目前，我国的木薯产区主要集中在广西、广东、海南、云南等地，在2012年，全国木薯种植面积以达到655万平方公顷，鲜木薯年产量约为800万吨，木薯乙醇的年产量约60万吨，在广西已有20多家万吨以上的木薯酒精生产企业。木薯不仅是一种粮食资源，也是可以生产生物燃料的生物质能源；发展木薯产业不仅有利于保障国家的粮食安全，也符合国家发展可再生能源的趋势。因此，甘蔗、木薯等生物质能的开发与利用具有十分广阔的前景。

### （三）生物燃料的优缺点

虽然生物燃料属于可再生的清洁能源，但倘若得不到科学合理的使用，同样会造成环境问题。首先，在生物燃料作物的种植和生长环节，生物燃料作物会与其他农作物争夺水资源，加剧农业用水的紧张；生物燃料当作物种植阶段使用的肥料和农药会污染土壤和水资源。其次，生物燃料的燃烧可能会产生颗粒性污染物，污染大气，威胁人体健康；最后，一些地区盲目开发生物燃料，为种植经济效益更高的生物燃料作物破坏当地天然植被，这不仅加剧土地退化、破坏生物栖息地，而且降低了天然植被吸收二氧化碳的生态功能，使温室气体不降反升。更有甚者，纵容生物燃料作物侵占粮食用地，会引起粮食价格上升，威胁粮食安全。

即便目前生物燃料的开发和利用有许多不足，生物燃料的潜在优势对人们来说依然有着巨大的诱惑。一方面，某些生物燃料作物可以在不适合粮食作物生长的环境种植，为当地带来净能源效益；另一方面，燃烧生物燃料产生的有害物（如二氧化硫和氮氧化物）和颗粒污染物远远小于燃烧煤或汽油所产生的大气污染，一定程度上可以减轻环境压力。当下，生物燃料的局限性和潜力的相互矛盾引起了巨大争论，在生物燃料的开发及利用方面，我们仍有很长的道路要走。

## 六、地热能

地热能指的是存在于地壳内部的天然热能，它清洁、高效、可再生。但是，当开采速率大于自然补充速率时，深层地热能也面临着不可再生的风险。

### （一）地热能的种类

地热能有深层地热能和浅层地热能两种类型。

#### 1. 深层地热能

深层地热能利用的是地球深处的天然热能，能量强，主要用于为建筑供暖和发电。在深层地热能的开发方面，人们以直接发掘高热源为主，兼顾开发地下水所蕴含的低温地热能。常见的深层地热系统利用热液对流，即蒸汽或热水的循环将热量从深处传递到地表。世界上最大的地热发电工程——美国旧金山以北 145 公里的间歇泉地热田就是利用了这一系统。间歇泉通过将处理过的城市废水注入热岩石来维持热水的持续供应，并借这一热液对流系统生产约 1000 兆瓦的电能。

#### 2. 浅层地热能

浅层地热能实际利用的是地表的太阳能，即将太阳照射在土壤、岩石和水表层产生的热量逐步传导到地下所储存的能量。地下水是最能有效储藏浅层地热能的载体，从太阳传导至地表的热量可以使深度 100 米的地下水保持在约 13℃ 的温度，所以地下水是浅层地热能的主要来源，也是浅层地热系统的重要组成。浅层地热能最大的问题是温度不够高，远低于深层地热能，所以浅层地热能无法被应用于发电。但浅层地热能在加热建筑、水源和农田方面有着深层地热能无可比拟的优势。相比深层地热能，浅层地热能更易获得，成本也更低，所以开发潜力巨大，近年来备受人们青睐，在供暖、温泉疗养和农业方面得到了广泛的应用。

### （二）地热能的利用

早在一个世纪以前，人类就萌生了利用地球内部的天然热能作为能源的想法，并不断进行尝试。1904 年，意大利的皮耶罗·吉诺尼·康蒂王子成功地利用地热能发电。进入 21 世纪，美国、俄罗斯、日本、新西兰、冰岛、墨西哥、埃塞俄比亚、瓦尔萨多等 21 个国家已经实践了地热发电。目前，全球深层地热能总产量已达到将近 9000 兆瓦，约等于 9 个大型现代化煤炭发电站或 9 个大型核电站产生的能量。

在个别地区，地热能可以称得上是能源供应的中流砥柱，如瓦尔萨多的地热能供应着当地 25% 的电力。但是在世界范围内，地热能只占能源总供应量的 0.15%，这是因为地热能的分布具有区域性、分散性的特点，开发难度大。实际上，地球内部的热量分布并不均匀，平均热量非常低，仅为大约 0.06 瓦/平方米。这样的平均热量相较于地表 177 瓦/平方米的日照来说，可以算是微不足道，只有在板块构造边界、山脉抬升地区和火山岛形成区，地球内部热量流动高，才适宜开发地热能。

### （三）地热能的优缺点

地热能的优势是清洁，且对生态环境干扰性较小。开发地热能不需要像开发化石燃料那样大规模运输原材料或提炼化学物，也不会产生与燃烧化石燃料有关的大气污染物或与核能有关的放射性废物。生产同样规模的电力时，深层地热能发电产生的二氧化碳和二氧化硫比燃烧煤炭产生的少 90%。

但是，开发地热能对环境也不是绝对没有负面影响的。地热能在开发过程中会产生热废水，而且有一些废水可能是含盐且高腐蚀性的，这会造成热污染和化学污染。地热能开发还会产生现场噪声和气体排放，影响设施附近居民的生活。

## 七、核能

### （一）核能的原理

核能俗称原子能，是由于原子核内的质子或中子经过核反应释放出的能量。理论上，核能可以通过两种途径产生：一是质量较重的原子核分裂成两个质量较轻的原子核，即核裂变；二是两个质量较轻的原子核聚合成一个质量较重的原子核，即核聚变。而在实际应用中，由于核聚变所释放的能量更大且更不可控，所以核聚变核能的应用至今仍停留在理论层面，未能在实践上取得成功，目前世界上用于商业用途的核能都是通过核反应堆中的核裂变产生的。核裂变产生的能量远远超过生物燃料、化石能源等燃料通过燃烧所释放的能量。比如，产生 1 千克氧化铀经核裂变释放的热量需要燃烧 16 吨煤，核能的巨大威力可见一斑。

### （二）核能的利用

核能的巨大潜力使人们看到了未来能源的希望，也使核能成为 21 世纪能源研究的重点之一。1942 年，意大利物理学家恩里克·费米在芝加哥大学第一次成功实现了人类控制的核裂变，成功开启了人类借助核电站利用核能发电的新纪元。如今，核电站在世界能源生产中起着举足轻重的作用。根据世界核能协会（IAEA）的统计数据，截至 2019 年 12 月，全世界范围内共 444 座核电站供应了全球约 10.3% 的电力。国际能源署（IEA）的数据显示，2018 年核能占世界能源总供应量的 4.9%。但是，各国从核电站获得的能源量差别很大。根据 2019 年的数据，法国核份额为 70.6%，位居世界第一；我国核份额为 13.4%，位列世界第 24 名。

### （三）核能的优缺点

核能备受推崇不仅在于其高能，也在于它低耗、清洁、占地小、供能稳定。与传统火电站燃烧化石能源发电相比，核电站利用核裂变释放巨大能量，所消耗的核燃料铀远远少于被燃烧的化石燃料；且核能发电既不产生二氧化硫等有害气体，也不产生二氧化碳，既不会造成大气污染，也不会加剧温室效应。与太阳能、风能、水能等新能源发电相比，核电站的占地规模更小，而且核能发电受地形、气象等自然条件影响更小，能源供应稳定性更高。

核能优势突出，但缺点也极为鲜明。首先，放射性污染和核泄漏风险是核能最大的开发隐患。从铀的开采和加工开始，到放射性物质的再处理和核电站的退役结束，这其中的每一个环节都会产生一定的放射性物质。如果处置不当，这些放射性物质就会使周围环境暴露在核辐射下，从而导致附近的水源、土壤被污染，威胁生物健康。同时，核电站运行会产生大量热，对周边环境产生热污染。

尽管发生灾难性核事故的可能性较低，但随着投入使用的核反应堆数量增加，事故的发生风险逐渐升高。1986 年的切尔诺贝利事故和 2011 年的福岛核事故为人类敲响了核事故的警钟。据美国核管理委员会研究，单个反应堆每年发生大规模堆芯熔毁的概率不超过 0.01%。万分之一的概率看似小，可是一旦发生事故，这类小概率事件就将成为人类难以承受的灾难。更何况，核事故风险会随着核反应堆的增加而增加：假如全世界有 1500 个核反应堆（约为目前世界核反应堆总数的 3.4 倍），美国核管理委员预计每 7 年就会发生一次熔毁。除此之外，核电站建造选址难、建设难、退役难，建造和维护成本极高。总而言之，开发核能想要做到"善始善终"绝非易事，需要充分调度一国的人力、物力、财力，谨慎规划、谨慎开发、谨慎维护。

其次，核能的原料——铀并不是取之不尽、用之不竭的。据国际原子能机构估计，全球只有约 470 万吨的常规铀库存可以被经济开采；如果能源使用完全从化石燃料转向核能，铀将在 4 年后耗尽。即使最乐观地估计，铀矿石现有的数量也只能维持 29 年的供应。

### （四）核能的发展前景

核能的这些局限性和发展瓶颈也促进研究者们不断探索新的设计理念。建设更小型、更安全、更简单的核反应堆是近几十年来核工业备受关注的研究方向，这种小型反应堆可以凭借更低的建造成本、更安全的运行规模满足更大规模的能源需求；建设核聚变反应堆是目前核能研究的焦点，目前学界在建设核聚变反应堆的原理和条件等方面已经有了一些理论研究，只是还未在实际情境中试验成功。无论采用哪一种设计理念，核能开发的再突破都有很长的路要走。人们可以对核能开发保持乐观态度，但是同时也要清晰地认识到，人类未来的能源规划不能只依赖于核能。

## 八、本节总结

太阳能是太阳光的辐射能量，在能量吸收功率上，约为全球能源总需求的 7000 倍。这意味着如果太阳能能够得到充分开发利用，可以完全满足人类对能源的巨大需求。

水能是利用水体的动能、势能和压力能等能量的清洁能源，源自太阳能，同时更易被储存。水力发电是目前人类利用水能的重要方式，也是电力生产的重要方式之一。水能是一种高效清洁的可再生能源，不会产生大气污染和放射性物质，但水能开发所依赖的水库和大坝对库区及水库上下游地区的环境都有可能产生一定的负面影响。

海洋不仅蕴藏着丰富的物产资源，也蕴藏着巨大的能量，潮汐能、波浪能、温差能、盐差能和海流能等能量形式都是人类潜在的清洁能源。然而，人类想要充分地运用海洋的力量并非易事。海洋能的开发不仅需要得天独厚的海洋条件，还需要先进的科学技术。

风是最常见的自然现象之一。在现代，风力发电是人们利用风能的主要方式，而风速、风向、风力强度和风的持续时间都会影响风能的潜力。在当前的发展阶段，风能不仅是最便宜的新能源，而且清洁高效、易于获得、可持续，同时风能产业可以提供大量就业岗位，因此备受人们青睐，其开发和利用具有良好的发展前景。

生物燃料指的是由生物质组成或制成的固体、液体或气体燃料。生物燃料的优势与劣势之间的相互矛盾使得生物燃料饱受争议，在生物燃料的开发及利用方面人们仍有很长的道路需要探索。

地热能指的是存在于地壳内部的天然热能，它清洁、高效、可再生。可是当开采速率大于自然补充速率时，深层地热能也面临着不可再生的风险。地热能属于清洁能源，但是，地热能的开发过程会产生大量的热废水，而且一些废水可能是含盐且高腐蚀性的，如果处理不当会造成热污染和化学污染。

核能俗称原子能，是原子核内的质子或中子经过核反应释放出的能量。核能备受推崇不仅在于其高能，也在于它低耗、清洁、占地小、供能稳定。放射性污染和核泄漏风险是核能最大的开发隐患。同时，核电站运行会产生大量热量，对周边环境产生热污染。开发核能想要做到"善始善终"绝非易事，需要充分调度一国的人力、物力、财力，谨慎规划、谨慎开发、谨慎维护。

## 课后思考题

- 除提高能源利用率外，人类还可以在能源消耗方面做哪些改变以延缓能源危机的到来？
- 根据各能源的开发条件与分布特点，请举例说明太阳能、风能、水能、海洋能、地热能、核能等新能源分别适合在我国哪些地区发展？
- 请梳理并总结太阳能、风能、水能、海洋能、地热能、核能等新能源的优缺点。
- 结合各种能源的分布情况及优缺点，请为我国设计一个清洁、高效、可持续的能源布局网络。
- 在我国，还有哪些具体的方式可以提高能源使用效率？

# 第四节　提高效率　节约能源

★**学习目标**
- 了解提高效率、节约能源的核心思路
- 了解如何通过调整日常生活方式来节约能源
- 了解节约能源的益处
- 了解我国能源发展战略

　　开源与节流是满足人们日益增长的能源需求的核心思路。开源，意味着可以通过开发新的能量来源、提高能源生产效率来增加能源供给。相比于建设更多的发电厂，改进能源生产技术、提高能源生产效率可以更大地降低生态成本和经济成本。热电联产就是一个提高效率的实例。热电联产旨在捕捉和利用生产过程中产生的热量，避免了简单直接地将其释放到大气或水中，从而减少了污染和浪费。天然气联合循环发电站是热电联产的一个典型应用，主要由气体循环和蒸汽循环组成。在气体循环中，天然气在天然气涡轮中燃烧发电；在蒸汽循环中，天然气涡轮中产生的热废气被用于生产蒸汽，这些蒸汽随后被用于驱动蒸汽发电机来产生额外的电力。这样的设计可以将发电厂的发电量从30%左右提高50%~60%，有效提高电力的生产效率。

　　节流则要求人们降低能源转化损耗，在日常生活中节约使用能源。如在上节中所提到的，像早期希腊人、罗马人以及美洲土著悬崖居民那样，设计能够利用被动式太阳能系统的建筑。目前，悬挑结构也被广泛地应用于建筑设计，这样的结构可以在夏天遮挡室外阳光从而保持房子清凉，同时让冬天的阳光穿透窗户，温暖房屋。在工业生产方面，人们也竭尽所能节约能源损耗，发展和推广低能耗产品。自20世纪70年代以来，虽然工业商品生产飞速增长，但得益于工业节能，工业能源使用量的增加相对缓慢、趋于平稳。

　　在日常生活中，人们可以通过改变生活方式来尽可能节约能源，例如：①出行时尽量选择步行或乘坐公共交通工具；②购买混合动力或纯电动汽车；③离开房间时随手关灯；④尽可能地缩短淋浴时间；⑤购买节能电器和节能灯；⑥用冷水洗衣，用自然风晾衣；⑦安装太阳能热水器或集热器以替代传统能源。

　　节约能源不仅是为了保护生态，更是为了世代子孙的福祉，人人应行；节约资源实践于生活中随手可为的小事，人人可行；节约能源应当成为一种生活习惯，充分地融入日常点滴，时时谨记，时时力行。

## 课后思考题

● 我们为什么要节约能源？

● 举例说明如何从开源角度来满足日益增长的能源需求。

● 作为一名公民，在日常生活中可以通过哪些方式尽可能地节约能源？

# 拓展阅读：能源战略

## 一、背景阅读

### （一）能源战略的意义

随着世界各国环保意识的逐渐加强，清洁能源的开发利用慢慢走进了人们的视野。能源战略是其中的一个衍生品，指的是通过开发新型能源来代替原本以化石能源为主的能源开采和消费。

### （二）能源战略的发展进程及其未来走向

早在 20 世纪 70 年代，能源战略就已经初现雏形，其主要目标就是节能。到了 20 世纪末，其主要目标变为了减排。过去的二十年间又先后出现了低碳概念和低碳经济。发达国家经历了一系列完整的能源变革，而发展中国家主要呈现出跳跃式的发展进程，并将这四个阶段结合在一起共同驱动，因此推行难度更大。发展中国家将新能源的产业改革看作是一次弯道超车的完美时机，希望通过及时恰当的管理和可行高效的措施在能源革命中占据一席之地，成为能与发达国家抗衡的竞争对手和战略伙伴。

2010 年美国率先提出要进行气候和新能源的立法，可是总统奥巴马并没有选择优先解决能源问题，而是将医疗法案放在了第一位，这意味着美国本质上对气候变化问题仍旧存疑。这种消极的态度不仅影响了美国对新能源产业的投资规模，也让那些期待美国牵头解决气候变化的国家丧失了信心。美国的能源情况相对特殊，拥有较为丰富的传统能源，对新能源的发展并不迫切，所以新能源产业主要停留在研发阶段，并未投入生产。尽管美国在能源问题上的不坚定立场让一些渴求发展新能源的国家产生了犹豫，但是有些国家的能源转型迫在眉睫，例如西欧国家。西欧与美国相比，能源存在严重短缺，因此只能将希望寄托于发展新能源产业。在未来，各国的能源战略还会进一步影响国际能源安全的整体局势。

值得肯定的是，目前各国已经对能源战略的发展目标达成了共识，其主要目的就是应对气候挑战，开源节流，实现安全、经济、清洁的能源可持续发展，构建国际能源安全的稳定构架。但是各国国情不同，导致其战略基础、发展条件、所遇瓶颈、战略效果，乃至未来的战略重点和实现方式都存在差异。

### （三）国外能源战略的发展动向

欧盟早在 2000 年就已经发布了《欧洲能源供应安全战略》绿皮书，并在同年 3 月通过了旨在将环境挑战与能源挑战转变为可持续发展的动力，完美结合环境保护、能源发展和经济竞争的《里斯本战略》。随后一年，《欧盟可持续发展战略》通过，该战略将应对气候变化作为主要目标之一。2006年欧盟发布《欧盟能源政策绿皮书》，2007年通过《欧洲能源政策》，进一步将能源政策同经济政策和气候政策相结合，建立起以减少排放为核心目标、以经济发展为最终目标的能源新政，催生了一场全球的能源革命。与此同时，欧盟制定了世界上第一个国际性排放交易制度，并成为全球最大的排放权交易市场。欧盟不断提高节能技术，开发新能源，已经将其自身能源短缺的劣势转变为了低碳排放的优势，在国际上占领了新能源开发的领先地位。从2008年起，欧盟就进入了能源战略的调整期，不仅提出节能减排的新立法，还公布了名为《确保欧洲未来能源供应安全》的能源战略评估报告。2009年继《里斯本条约》生效后，欧盟的一体化进程迈入了新的篇章，能源被看作是经济发展的战略重点，成为欧盟的主要关注对象。2010年欧盟委员会能源总局的成立更是表明了其突破发展瓶颈的决心和一体化发展的信心。同年3月，欧盟委员会发布了《欧洲2020战略》，重点强调了欧洲未来发展智能经济和绿色经济的发展方向，渴求在10年内建立基于知识、低碳经济和高就业水平的经济模式。总体来看，欧盟的能源政策一直致力于将能源安全、经济安全和环境安全相结合，并把新能源战略作为实现依据，从"能源绿皮书"到"2020战略目标"，都充分展现了其在能源技术领域和低碳经济发展中的"领头羊"作用。

日本能源战略分为三个发展阶段，首先是推动节能政策，其次是全面发展新能源，最后是发展能源技术创新。日本的传统能源含量并不丰富，且国土面积较小、地理位置受限，因此要实现可持续发展，就必须节约能源。日本拥有目前世界上最先进的节能技术，同时能源利用效率也位于前列。能源利用的快速发展可以归因于20世纪70年代的石油危机，这场危机在日本敲响了节约能源的警钟，政府迅速开始起草节能法案，《合理使用能源法》于1979年正式生效。为了尽快推动该法案的有效实施，日本建立了一套完备的运行机制，一方面完善节能管理和服务机构，另一方面完善工作制度。这一系列努力促使日本提早迈入了绿色能源新战略的规划中。21世纪以来，日本又推出了新能源国家战略，调整了以往高度依赖石油的能源结构，摆脱了石油依赖型的能源经济，成为一个能源多样化国家。在2006年5月，日本出台了《国家能源战略》报告，重新部署，将开发和利用新能源作为国家首要的能源战略。随后，日本的能源战略再次实现突破，跨入了能源技术革新阶段。日本的可再生能源技术已经日渐成熟，因此他们逐渐将关注重心转变为降低生产成本，提高绿色能源效率。在日本，无论是政府、高校还是企业都同心协力支持能源的技术创新。而随着清洁能源技术不断获得突破，日本将从传统能源的进口大国转变为清洁能源的出口大国。为了早日实现这一目标，日本制定了新的能源技术战略，充分利用尖端技术和专业经验，加强新能源的开发与利用。

## （四）能源战略对我国的启示

首先，我国未来的能源战略新部署应吸取他国经验，大力发展清洁能源。新能源产业的重要性在于其制约着一个国家的竞争力，未来经济制高点之争就是新能源产业之争。能源的产业改革有助于利用清洁能源降低二氧化碳的排放量，从而提高能源的生产效率。美国等发达国家拥有领先的技术和丰富的资源，因此掌控世界的资源分布，使大量廉价资源流入本国，同时高价出售能源和技术，通过低碳经济的方式限制发展中国家的碳排放。对于新兴国家来说，仅仅保障低碳排放和低碳经济不足以维持国家的竞争优势，因此需要结合新能源发展和产业结构转型才能实现多维度的可持续发展。低碳经济应该立足于可持续发展，而不应该陷入所谓的低碳阴谋。

其次，发展新能源有利于加快我国的能源结构转型，减轻对传统能源的依赖。在我国2011年的能源消费中，煤炭消费占比约为70%，石油和天然气占比为22%，可再生的清洁能源例如核能和水电等只占比7%。相比于美国清洁能源占比13%，我国的可再生能源使用比例仍有待提高。新能源产业不仅可以通过平衡传统能源消费和新能源消费的比重来优化能源消费结构，还能在一定程度上减轻我国的排放压力。一直以来我国能源的对外依存度较高，同时经济对外部能源的依赖度也较高，而新能源产业的兴起可以降低这种依赖程度，有利于未来的能源安全和经济安全。

最后，新能源产业的发展有利于我国的经济结构转型。全球正在迈入低碳经济的时代，我国的服务业和高科技产业将成为经济新热点，促进我国企业的创新发展。随着新能源产业的发展，节能技术得以应用到机动车领域，亚洲和欧洲等地区已经调整了汽车能源政策，致力于书写汽车减排的新篇章。近几年我国电动车行业的迅猛发展也得益于新能源产业的不断壮大，电动车的成功不仅证明倡导低碳经济的时代已经到来，更重要的是它象征着产业转型的竞争已经在不知不觉间拉开帷幕。传统行业逐渐低迷，新兴产业发展正盛，产业转型已经成为各行各业的首要挑战。为了能在能源革命中扎稳脚跟，我国需要加快新能源产业的研发进程，在技术方面多创新，在管理方面多上心。只有清晰洞察未来的国际发展局势，看清当前所处的位置，才能在这场没有硝烟的竞争中拔得头筹。

我国目前需要加快健全碳交易机制和节能减排法规。在我国，要想实现经济和环境的协同发展，不仅要依靠市场力量，还要加快各种制度的完善和改革，例如环境税、资源税和碳税等。因此政府的适当干预成了关键一环，政府应当发挥主导作用，制定各项法律法规，实现能源消费机构和产业结构的双重优化。除此之外，国际协定的签署也有利于各国国内的环境保护，助力达成国内环境和国际气候问题的双赢局面。

### （五）我国能源发展策略的建议及问题

能源发展战略指的是特定时期和特定区域范围内，为了达成社会经济发展目标而制定的具有全局性、长远性和综合性的能源发展方针、原则、目标以及根本性的重大措施。我国能源发展战略实施首先要注重培养公民的节能意识，杜绝浪费行为。现阶段，我国仍旧存在较为严重的能源浪费现象，且尚未得到足够的关注和重视，因此需要倡导全社会一起进行节能行动，从小事做起，从点滴做起，"不以善小而不为，不以恶小而为之"，任何一个看似无关紧要的行为都有可能会对我国的能源发展起到举足轻重的作用。其次，要加强对可再生能源的认识。我国当前的能源结构尚未完善，对可再生新能源的认识还不够充分，现阶段不合理的能源结构正威胁着环境的可持续性。为了更好地保护环境，我国应该加强相关知识的普及，同时积极主动地学习国外的先进技术，推动我国能源结构的稳步转型，早日实现能源的可持续发展。此外，制定和推动能源政策有助于促进能源产业的发展，我国应充分发挥能源政策对能源战略实施的保障功能和服务功能，加强对新能源创新研究的投入，及时跟进国际前沿的研究技术，并结合我国的能源发展现状和科技水平，制定出适合具体国情的科学、合理的能源政策。最后，我国应适当地采取法律和经济手段来促进能源政策的落实和执行，以保障能源战略的顺利进行。例如利用能源税，通过征收税款来控制能源的消耗，引导能源生产和能源消耗朝着减少碳排放的方向不断进步。

尽管我国能源产业迅速发展，但是能源使用的长期和短期矛盾交织，同时还要应对国际能源形式的新变化对我国能源发展的影响。我国人均能源储备量不高，其中煤炭、石油和天然气的人均占有量仅为世界平均水平的2/3、1/20和3/40。随着我国经济的快速发展和城镇化的迅速拓展，能源消费总量也在不断增长，无限的发展与有限的资源之间相互矛盾。而且化石能源的开采和利用会对环境造成严重的负面影响，大量耕地被占用，水资源被严重污染，氧化物、有害金属和细颗粒物污染逐渐累积，这让我国的环境承载力面临巨大挑战。但是未来的很长一段时间内，我国将继续依赖于化石能源的使用，因此如何平衡能源推动的经济发展和随之而来的环境破坏将成为难题。我国能源利用效率不高，第二产业消耗了过量的能源，其中仅钢铁、有色金属、化工和建材四个行业就占据能源消费总量的50%。如果单纯依靠能源供应很难满足不断增长的消费需求。近年来，我国石油生产和消费之间的差距逐渐增大，已经超过了2亿吨，石油的对外依存度也从32%上升到了57%，这意味着我国的发展很大程度上依赖于国外的能源进口。由于国际关系日趋复杂，加剧了能源进口的不稳定性，我国亟须降低对外依存度。目前，我国油气进口的主要来源地受限于军事活动，而我国远洋运输能力还不够完备，能源储备规模也较小，因此整体上呈现出能源需求量大、石油供给量不足的格局。随着能源体制机制矛盾的不断激化，煤电矛盾也将愈演愈烈，进而导致了天然气等企业发生政策性亏损。与此同时，新能源的价格机制尚不完善，民间资本进入能源产业存在瓶颈，市场垄断和无序竞争等严重问题。所以，我国应当尽快完善体制机制建设，促进能源的可持续发展。

## 二、前沿文献导读

1. 原文信息：Carter E, Yan L, Fu Y , et al. Household transitions to clean energy in a multiprovincial cohort study in China[J]. Nature Sustainability, 2020,3( 1 )：42-50.

论文导读：随着绿色经济转型的概念被提出和推广，我国工业与交通行业污染物排放量不断减少，但是许多家庭仍然集中使用固体燃料。固体燃料燃烧产生的空气污染物严重危害着人体健康以及空气质量，因此，各家庭弃用固体燃料有助于降低相关疾病的发病率、实现可持续发展。目前已经有很多研究集中探讨了家庭因素、环境因素和外部因素如何影响清洁炉具和燃料的使用情况，下一阶段仍需更加具体地探究固体燃料的弃用情况，从而找出促进家庭能源转型的积极因素。该研究收集了中国多省份753名成年人的家庭、社会、经济状况，以及燃料和能源的使用习惯，采用双栏模型评估对于不同研究的对象来说，家庭和社区因素怎样影响着固体燃料的弃用、清洁燃料的使用，以及个体做出决定的时间。结果显示，弃用固体燃料和使用清洁燃料的决定因素不完全相同，影响做出决策时间的因素也各不相同：年龄小与寡居显著阻碍了个体弃用固体燃料，而教育程度越高、身体状况越差，则越早停用固体燃料；年龄小、收入高、家庭小和退休状况阻碍了清洁燃料的使用，但收入水平高会促进个体较早地采用清洁燃料。

2.原文信息：Kan S, Chen B, Chen G. Worldwide energy use across global supply chains: Decoupled from economic growth?[J]. Applied Energy, 2019, 250:1235–1245.

论文导读：衡量经济发展程度的一个重要指标便是能源消耗。一般研究使用脱钩指数来表示经济发展与能源消耗之间的关系，但传统的脱钩分析只考虑国内能源消耗，而忽略了全球供应链其他环节中的能源消耗。由于在全球供应链中，能源的生产地与消费地分离，因此一个国家对能源的最终需求容易被低估或者高估。发达国家倾向于向其他国家转移能源消耗，通过进口其他国家生产的产品来满足国内总需求，易造成脱钩的假象，而向外出口高能耗产品的国家则会显示为挂钩状态。传统脱钩分析的另一个缺点是只能反映能源的消耗量，而不能反映能源结构。这意味着当一个国家减少清洁能源的消耗并增加化石能源的需求时，虽然数据显示经济发展与能源脱钩，但实际上其能源结构变得更加不可持续、不清洁。考虑到以上的问题，该研究基于全球供应链，对2000年至2011年主要经济体的GDP和总能源消耗以及不同种类能源消耗之间的脱钩指数进行了核算，并对比了传统的基于国内能源消耗、开采的脱钩指数。结果显示，全球GDP和总能源消耗在大部分年份属于弱脱钩状态，大部分经济体的GDP和总能源消耗一开始处于脱钩状态，但在2007年或2008年后开始挂钩；全球经济与石油能源基本实现脱钩，但仍然与煤炭挂钩，同时与天然气、可再生能源接近挂钩。

3.原文信息：Tu W, Santi P, Zhao T , et al. Acceptability, energy consumption, and costs of electric vehicle for ride–hailing drivers in Beijing [J]. Applied Energy, 2019, 250:147–160.

论文导读：随着清洁能源的开发以及汽车制造技术的进步，电动汽车逐渐在传统机动车市场中占有一席之地。电动汽车的优势主要在于其可接受性高、能耗低以及环境效益好，有利于城市的可持续发展。同时这三个因素与驾驶模式密切相关，因此电动汽车能否真正满足驾驶员的需求成为一个值得探讨的问题。该研究收集了北京市 144867 名驾驶员的 GPS 轨迹数据，以量化居民乘坐电动车出行的潜在接受程度、能源消耗以及成本，总轨迹超过 1.04 亿公里。结果显示，网约车驾驶员的日均行驶距离和行驶时间分别为 129.4 公里和 5.7 小时，而家庭驾驶员的对应数值为 40 公里和 1.5 小时，远小于网约车驾驶员的数值。为了讨论增加网约电动车的合理性，该研究进一步讨论了增加供电的边际效益，充电基础设施的分配以及投资回收期等问题。结果显示，如果所有家庭停车场都有慢速充电系统，那么高达 47% 的网约车驾驶员可以使用全电动汽车，同时覆盖总驾驶距离的 20%；如果所有家庭都有中速充电系统，那么 78% 的网约车驾驶员都可以使用纯电动汽车，并覆盖总驾驶距离的 55%。乘坐纯电动汽车或混合动力汽车的投资回收期为 4.3 ~ 12.8 年。

4. 原文信息：Tao S，Ru M Y，Du W，et al. Quantifying the rural residential energy transition in China from 1992 to 2012 through a representative national survey[J]. Nature Energy, 2018.

论文导读：传统能源燃烧所产生的污染物对人体健康以及气候都有着严重的负面影响。在中国农村，居民烹饪取暖过程中产生的排放物是空气污染的重要来源。2010 年我国约有 32% 的人口因为空气污染导致的相关疾病而过早地死亡。目前我国正处于经济飞速发展与转型的时期，因而农村家庭的能源消费结构相较以前有非常大的转变，现有的统计数据并未完全体现出农村居民能源消费的总量与结构，因此相关的环境评估也不够准确。该研究团队对全国 34498 户农村家庭的能源消费结构进行了调查，对其中 1670 户农村家庭的固体燃料进行称重，并将最终数据整理为自下而上的全国农村烹饪取暖能耗数据库。研究结果显示，1992 年至 2012 年农村家庭的木柴消耗减少了 63%，作物残余消耗减少了 51%。该数据库更加准确地反映了我国农村能源转型的情况，探讨了经济因素对清洁能源使用的影响，同时还对我国相关政策进行了梳理，为未来的研究提供了数据支持。清洁能源转型不仅影响着产业结构，更影响着我国居民的身体健康状况以及整体的气候变化情况。

5. 原文信息：Jaiswal D，De Souza A P, Larsen S，et al. Brazilian sugarcane ethanol as an expandable green alternative to crude oil use[J]. Nature Climate Change, 2017，7( 11 )：788–792.

通过从化石燃料过渡到替代能源来减少二氧化碳排放是当前的一种减排方式。巴西甘蔗乙醇的使用为减少全球运输部门的二氧化碳排放提供了一个可行的解决方案。与玉米乙醇相比，甘蔗乙醇可以抵消 86% 因使用化石能源而产生的二氧化碳排放。但是，考虑到食物和动物饲料需求的不断增加、气候变化的影响和对自然生态系统的保护，进一步扩大甘蔗乙醇使用的可能性尚不明确。该研究表明，在当前气候变化趋势下，到 2045 年，巴西的甘蔗乙醇可以提供相当于 363 万 ~ 1277 万桶 / 天的原油，同时还能保护森林。相对于 2014 年的数据来看，这将取代全球 3.8% ~ 13.7% 的原油消费和 1.5% ~ 5.6% 的二氧化碳净排放量。

**6. 原文信息：** PM A, Dh B . Can renewable energy power the future?[J]. Energy Policy, 2016, 93:3–7.

论文导读：化石燃料的使用带来了资源枯竭、供应安全和气候变化等问题。为了保证人类的可持续发展，各国正在积极推动新型可再生能源的使用和推广，促进能源结构的调整，用可再生能源替代传统的不可再生能源，保障长期发展。然而，与化石燃料不同，可再生能源是流动的能源，而非可储存的物质燃料，因此使用可再生能源可能会带来一系列新的问题。例如，某些地区可再生资源不足，某些可再生能源的使用成本太过高昂，一些国家之间的可再生能源进出口因能源安全而受限，破坏生态系统，以及目前没有足够的数据表明相关技术可以支持人类未来巨大的能源需求。该研究表明，未来的可再生能源输出将是电力输出，因此为了充分地利用可再生能源，各国需要重新配置现有的发电网。

**7. 原文信息：** Lin B , Wang M . What drives energy intensity fall in China? Evidence from a meta–frontier approach[J]. Applied Energy, 2021: 281.

论文导读：该研究提出了一种测量共同边界的新方法，并基于这个方法探究了产业结构重组、区域均衡发展以及管理效率对能源强度变化的影响。2000 年至 2016 年，中国能源强度大幅下降，其潜在原因是能源技术的进步。除此之外，该研究还探讨了其他六个因素对能源强度的影响。第一，产出导向型产业技术差距促进了能源强度的下降，而能源导向型产业技术差距阻碍了能源强度的下降。第二，区域技术差距阻碍了能源强度的下降，这说明促进区域均衡发展的同时，区域间节能技术的差距没有缩小。第三，能源导向型纯技术效率降低了能源强度，而产出导向型纯技术效率提高了能源强度。这意味着能源市场的管理效率得到了优化，而产出市场却存在着管理效率低下的问题。在多个空间尺度上，不同因素的效果差异显著，因此地方政府应根据自身特点制定和实施相应的政策。

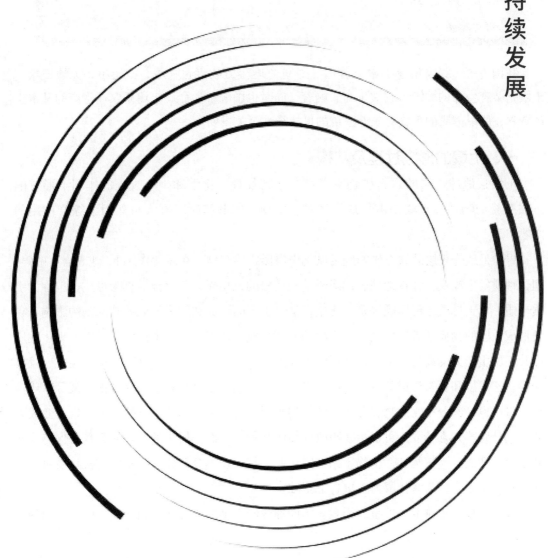

第三章

农业系统与可持续发展

# 第一节　土壤

我国古书《说文解字》中记载："土，地之吐生万物者也；壤，柔土也，无块曰壤。"土壤是孕育生命的关键，它被生命影响着，同时也影响着生命。土壤是农业生产的基本生产资料，所以健康的土壤对农业系统的可持续性至关重要。

## 一、土壤的形成过程及结构

土壤是地球表层的岩石矿物在经过一系列物理、化学和生物过程的作用下形成的一层疏松的物质。土壤是由母质、气候、生物、地形和时间五大自然因素综合作用的产物。

母质是地壳表层的岩石矿物经过风化作用形成的产物。在风化作用下，地表岩石破碎，理化性质发生改变，并在地球表面形成结构疏松的风化壳，其上部被称为母质，也称为土壤母质、成土母质。母质既区别于土壤，又对土壤的形成和肥力发展有着深刻的影响。它是形成土壤的物质基础，直接影响土壤的矿物组成，在很大程度上决定着土壤的理化性质以及土壤生产力的高低。例如，花岗岩形成的土壤所含石英多，质地粗，透水性好，且富含钾；玄武岩和页岩形成的土壤含石英少，质地较细，透水性较差，富含铁、镁等矿质养分。母质也是部分植物矿物养分元素的最初来源：在风化作用下，坚硬的大块岩石变成碎屑，部分营养元素转变为可供植物吸收的易溶盐状态，而碎屑中的空隙使其具备保持养分和水分的性能。当植物和微生物不断新陈代谢，将矿物养分转化为丰富的有机物质时，母质便具备了肥力，为演化成为土壤打下基础。

气候是影响土壤形成的重要因素。不同地区的土壤形成过程会因气候不同（例如降水量和温度）而具有一定差异性。例如在温暖湿润的地区，土壤的风化程度、有机质含量、硅酸盐类等矿物的水解程度和淋溶作用均高于寒冷干旱地区，因此热带和寒带的成土速率差异极大。

生物活动也会影响土壤形成。影响土壤形成的生物因素包括植物、土壤动物和土壤微生物，它们都是土壤中有机物质的来源，也是土壤形成过程中最活跃的因素。绿色植物有选择地吸收母质、水体和大气中的养分元素，利用光合作用制造有机质，然后以枯枝落叶和残体的形式将有机养分归还给地表。不同的植被类型会改变土壤有机质的含量和分布。例如，森林里树木的根系较深，植物向土壤归还有机质的主要途径是落叶，这使得浅层土壤的有机质含量较低；而在草原，草类根系茂密且集中在近地表的土壤中，从而为土壤表层提供了大量的有机质。除了植物，动物的粪便、分泌物和残体也是土壤有机质的来源。蜣螂、蚯蚓、蚂蚁等土壤动物是土壤中的分解者，它们以树叶、树枝等动植物遗骸和动物的排遗物为食，将其分解成更容易被细菌和真菌处理的小碎片，而它们在土壤中的活动则可以起到疏松土壤、改变土壤结构的作用。土壤微生物通过分解动植物残体、将土壤有机物碎片中的有机物质分解为简单的无机物来释放各种养分，并通过合成土壤腐殖质促进土壤的形成。

地形（陡峭或平缓）也是导致土壤形成过程产生差异化的因素之一。在不同的地形下，土壤及母质所接受的光、热、水具有显著差异。例如，在陡峭的山坡上，地表的水分以及疏松物质往往因为重力作用而流失，因此很难形成深厚肥沃的土壤；而在较为平坦的地区情况恰恰相反，母质可以在较稳定的地形条件下逐渐发育成深厚肥沃的土壤。在山地地区，阳坡相较于阴坡能获得更多的太阳辐射，温度更高的同时水分流失较快，植被的覆盖会和阴坡有显著差异，进而造成两地土壤理化性质的差异。

土壤的形成过程非常缓慢。在酷热、严寒、干旱和洪涝等极端环境中，土壤发生层的形成可能需要数千年，但在比较温和的环境中，以及在利于成土过程进行的疏松成土母质上，土壤的发育要快得多。

## 二、土壤剖面

土层是指土壤剖面中从上到下出现的分层。主要土层包括：O 层——残落物层，A 层——淋溶层，E 层——灰化漂白层，B 层——淀积层，C 层——母质层，R 层——母岩层，如下图所示。但需要注意的是，上述的土层分类只是一般情况，并不是每一块土壤一定具有所有的土层。

O 层（残落物层）位于土壤最顶端，一般为棕色或黑色，多为有机物，由已分解或正在分解的树叶和树枝堆积形成。A 层（淋溶层）位于 O 层之下，通常为浅棕色，由矿物质和有机物质组成，主要发生淋溶作用，故称淋溶层。淋溶作用是指部分土壤物质如有机质、碳酸盐等在地下水渗透作用下从土壤由上到下迁移的过程。E层（灰化漂白层）位于A层之下，颜色较浅，由黏土、钙、镁、铁的淋溶作用形成。A层与E层共同构成淋溶带。下雨时，呈弱酸性的雨水下渗入土壤，通过淋溶作用将存在于靠近地表的A层与E层中的铁、钙、镁和其他重要的营养元素输送至深层土壤中。B层（淀积层）位于淋溶带之下，富含黏土、氧化铁、二氧化硅、碳酸盐等由于淋溶作用从上层迁移至此的土壤物质。C层（母质层）位于B层之下，为部分风化的母质。R层（母岩层）是最下面未风化的母岩层。

土壤剖面组成

土壤的剖面可以从一定程度上反映出当地地理环境的历史演变。罗布泊地区的土壤的剖面从下到上呈现出淤泥层—盐泥混合层—盐壳层的结构特征。最下层的淤泥层表明罗布泊地区起初是淡水湖，这层淤泥便是湖床沉积所形成的；中间层是泥盐混合层，这说明此时的罗布泊湖水的蒸发量已经大于补给量，湖水盐分浓度升高析出与淤泥混合沉积；最上层坚硬的盐壳层则是在极端干旱条件下卤水不断蒸发浓缩并与沙尘胶结的混合物。从土壤剖面结构可以看出罗布泊地区的气候经历了从湿润到干燥的历史过程，湖泊由淡水湖蒸发为盐湖，最终干旱形成如今的干盐湖。

## 三、土壤组成成分和土壤类型

岩石在自然风化的作用下被分解成大小不同的矿物颗粒，例如黏土、沙和碎石等，即土壤矿物质。矿物颗粒在土壤中的含量和比例决定着土壤的性能。沙和碎石的体积较大，其间的空隙也相对较大，所以具有很好的渗水和通风能力；而黏土颗粒较小，之间的空隙也较小，因此可以阻碍水分与空气的流动，帮助土壤更好地留住水分与营养。

土壤肥力指的是土壤为植物生长提供必需的养分、水分和氧气的综合能力，是土壤物理、化学和生物学性质的综合反映。土壤肥力会受到环境的显著影响。例如，在气候潮湿的热带雨林地区，高强度的降水会加剧土壤的淋溶作用，冲刷掉土壤中的养分，容易造成土壤贫瘠。而河流中下游的两岸往往土壤较肥沃，这是因为河流会侵蚀上游的土壤并输送到下游，在涨水时将土壤及其养分堆积于河岸，从而提高了河流两岸土壤的肥力。例如，尼罗河每年 6 ~ 10 月泛滥，当河水退去，大量的有机沉积物滞留在河流两岸，这些有机质为当地的土壤提供了丰富的营养。我国长江中下游地区也是典型的冲积平原，河流沉积形成的土壤深厚肥沃，所以我国长江中下游地区被称为"鱼米之乡"。

土壤质地（即土壤中各颗粒级别占土壤重量的百分比组合）也会显著影响土壤肥力。例如，含沙量过多的土壤中土壤颗粒之间的空隙大，不易储存水分与营养；而黏土含量过多的土壤中土壤颗粒之间的空隙小，阻碍着土壤中的空气流通和植物根系呼吸，二者都不利于植物生长。有机质具有特殊的物理性质，能将土壤颗粒之间的空隙维持在相对平衡的状态。因此，由黏土和沙混合且有机物质含量高的土壤既可以很好地保持水分与营养，也利于空气的流通，便于植物的细胞呼吸，利于植物生长，适合于农业耕种。

依据土壤成分不同，土壤可以分为不同的类型。在我国，具有代表性的土壤类型有红壤、黄土、紫壤、黑土和水稻土等。

### （一）红壤

红壤是在高温多雨环境下发育而成的一种土壤，在我国主要分布于长江以南的广大丘陵地区，含铁、铝成分较多，有机质少、酸性强、土质黏重，因此是一种低产土壤，需要通过增施有机肥料、施用石灰中和、种植绿肥作物、在土壤中掺入沙子等方法加以改良。红壤适宜种植茶树、杉木、马尾松等耐酸植物。

### （二）黄土

我国是世界上黄土分布最广、厚度最大的国家。我国黄土分布范围北起阴山，东北至松辽平原和大小兴安岭山前，西北至天山、昆仑山麓，南达长江中下游流域，面积约 60 多万平方公里，其中以黄土高原最为集中。黄土是干旱条件下的特殊沉积物。它土层深厚，有直立性，富含矿物养分，但有机质含量不高，缺磷少氮，还有不少盐碱地和沙地，所以需要增施有机肥，补充磷和氮。黄土高原的土壤治理所面临的最大难题是如何有效防止水土流失以及如何高效开展旱、涝、碱、沙综合治理。

### （三）紫壤

我国紫壤主要集中在四川盆地，形成及特点为：深受母岩影响，成土年龄较短，母岩是中、新生代沉积的紫色页岩或砂页岩，岩石松软，极易风化破碎，自然肥力高，富含各种盐类及多种微量元素，酸碱条件适中，因而可在风化母岩上直接刨耕引种。

### （四）黑土

我国黑土多分布于松嫩平原东部、北部及三江平原西部。黑土是寒冷气候条件下，地表植被经过长时间腐蚀形成腐殖质后演化而成的。受温带季风气候影响，东北地区夏季高温多雨，草甸草本植物生长繁茂，地上和地下积累大量有机物质，在漫长寒冷的冬季，土壤冻结，微生物活动微弱，有机质缓慢分解，逐步形成一层 60 ~ 100 厘米的腐殖质层土壤，这种土壤以其有机质含量高、土壤肥沃、土质疏松、最适农耕而闻名于世。寒地黑土因其土沃地肥而宝贵。"黑土地油汪汪，不上肥也长粮""随意插柳柳成荫，手抓一把攥出油"是寒地黑土土质精良的生动写照。黑土的土壤肥力、理化性质和土质结构居于各类土壤之首，具有保肥性优势、越冬性优势、保种性优势、生态性优势以及昼夜温差大优势，腐殖质含量是黄土和红壤的 5 ~ 10 倍。这块土地上孕育而出的农产品，以品质优良、安全营养著称，玉米淀粉含量、大豆蛋白含量、亚麻纤维含量、甜菜原糖含量、万寿菊色素含量均高于全国平均水平。

### （五）水稻土

我国是世界上最大的水稻作物种植区，遍及全国，面积约占全国耕地总面积的 1/5 以上。水稻土是人类长期栽培水稻这一耕作活动的产物，是经过人工水耕熟化而形成的一种特殊的农业土壤。它可以发育在各种自然土壤上。人们年复一年地在土壤上进行泡水耕耘，排水烤田，精整田面，轮作施肥，使大土块散碎，在土粒之间以及微团聚体之间还闭蓄着一部分气体，使土壤耕作层具有一种特殊的软糊度，有利于水稻须根的发展。另外，人们还通过增施河泥和建造黏重的土壤质地，来蓄水种稻。土壤中有机质含量丰富，较肥沃，多呈灰青色。

## 四、土壤侵蚀

犁地是种植农作物之前的一个重要环节。通过犁地可以让土壤变得松软，增大土壤颗粒间的空隙，有利于空气和水分的流通与储存，促进农作物生长。但是，在被翻过的土地上，土壤暴露在空气中，受到风力侵蚀、水力侵蚀等自然侵蚀，其物理结构遭到破坏，容易导致土壤中颗粒物、有机物质和多种化学元素流失。

20 世纪 30 年代，过度的耕作与严重的旱灾导致了美国南部大平原的土壤严重侵蚀，发生了一系列沙尘暴侵袭灾害，历史上称为"黑色风暴事件"（Dust Bowl），也称"肮脏的三十年代"（Dirty Thirties）。在当时，沙尘暴席卷大平原，汽车和房屋被沙土掩埋，许多农场被摧毁，在这里生活的农民被迫从西部内陆各州搬迁到沿海的加利福尼亚州。约翰·斯坦贝克的小说《愤怒的葡萄》描述了美国南部平原大尘暴下生态难民颠沛流离的故事。由于对大平原不合理的开垦，被翻犁过的土壤变得疏松，直接暴露在阳光、雨水和风中，在干旱和风暴等恶劣天气条件下，土壤颗粒被随风卷走，土地的耕种条件恶化，严重影响作物正常生长。人类农业活动造成土壤侵蚀的速度远快于土壤自然生成的速度，久而久之甚至能将肥沃的大平原变为荒漠，这一过程被称为荒漠化。

荒漠化是指土地在干旱少雨、植被破坏、过度放牧、大风吹蚀、流水侵蚀、土壤盐渍化等人为和自然因素的综合作用下，大片土壤中的水分和养分流失，造成其生产力下降或丧失，而导致原来非沙漠的干旱、半干旱甚至半湿润地区出现了类似沙漠环境变化的现象。

全球有大约 40% 的土地是干旱土地。非洲干旱土地的比例占到总面积的 70%；虽然拉丁美洲和加勒比地区有大片的雨林，但同时也有约 1/4 的土地是干旱土地；亚洲有 4 亿人生活在干旱土地上，且干旱土地面积每年增加约 2500 平方公里。据统计，世界上约有 21 亿人口居住在沙漠或者干旱地区之中，约占世界总人口的 40%。

随着人类农业活动的加剧，荒漠化变得越来越普遍，除南极洲外，几乎所有的大洲或多或少都正在经历荒漠化。据联合国环境规划署估计，全球有 110 多个国家存在土地荒漠化现象，影响着约 2.5 亿人的生活。全球约 16% 的农业土地受荒漠化影响，中美洲 75%、非洲 20% 和亚洲 11% 的农业用地严重退化。联合国环境规划署在 1992 年的报告里指出全球荒漠化造成的直接经济损失高达 420 亿美元。2019 年据联合国估计，土地劣化（包括森林火灾、干旱、沙漠化等形式的土地劣化）可能造成了世界经济 10% ~ 17% 的直接和间接损失，按此估算，土地劣化的总经济损失高达 15 万亿美元。

常见的荒漠化类型为沙质荒漠化、盐渍荒漠化、石质荒漠化、冻融荒漠化等。

### 1. 沙质荒漠化

沙质荒漠化也称为土地沙漠化或风蚀荒漠化，是狭义的荒漠化，指极端干旱、干旱与半干旱和部分半湿润，具有疏松沙质地表的地区，由于自然因素或人为活动，其脆弱的生态系统平衡受到破坏，出现了以风沙活动为主要标志，并逐步形成风蚀、风积地貌等结构景观的土地退化过程。虽然沙漠化和荒漠化的差别不大，但荒漠化严重程度要更高，且荒漠化最终结果大多是沙漠化。

土地沙漠化的形成是在脆弱生态环境和人类不合理活动的共同作用下产生的结果。极端的自然环境和气候的变异为沙漠化的形成与发展创造了条件，人类活动则加速了沙漠化的进程。在极度干旱或半干旱的地区，干燥的气候极易造成植被覆盖条件的恶化，加速风蚀作用；全球变暖、北半球日益严重的干旱和半干旱化趋势等气候上的变化亦可导致沙漠化。而人类不合理的活动更加剧了这一过程：过度放牧、过度开垦、森林砍伐等活动使植物种群的覆盖度迅速下降，大面积的土壤裸露于空气中，极易受到大风的侵蚀，地表径流的形成也导致了水土与营养的流失，更加不利于植物的生长；同时，裸露的地表更多地反射来自太阳的热量，使土壤表层的含水量逐渐降低，加剧了气候的干燥，从而加速了沙漠的形成。

中国荒漠化土地中，以大风造成的风蚀荒漠化面积最大，占地约为 160.7 万平方公里。据统计，20 世纪 70 年代以来我国每年有 2460 平方公里的土地沙化。中国的风蚀荒漠化土地主要分布在干旱、半干旱地区，其中，干旱地区约有 87.6 万平方公里，分布在内蒙古狼山以西，腾格里沙漠，龙首山以北包括河西走廊以北、柴达木盆地及其以北、以西到西藏北部；半干旱地区约有 49.2 万平方公里，大体分布在内蒙古狼山以东向南，穿杭锦后旗、橙口县、乌海市，然后向西纵贯河西走廊的中—东部直到肃北蒙古族自治县，呈连续大片分布。

### 2. 盐渍荒漠化

盐渍荒漠化也称盐漠化。在极端干旱、干旱、半干旱地区和干旱亚湿润地区，由于气温高、降水量少、气候干燥，土壤水分的蒸发作用强烈，减弱了土壤中的淋溶作用和脱盐作用，使土壤成土母质和地下水中的可溶性盐分积聚于地表，形成大面积盐碱化土地。同时，由于大水漫灌等不合理的灌溉方式，地下水位上升，将大量地下盐分带到地表附近，在干燥的条件下，水分快速蒸发，水中的盐分则被留在地表附近的土壤中，导致土壤盐渍化，加速了盐渍荒漠化。

我国盐渍化土地总面积为 23.3 万平方公里，占荒漠化总面积的 8.9%，主要集中在柴达木盆地、塔里木盆地周边绿洲以及天山北麓山前冲积平原地带、河套平原、银川平原、华北平原及黄河三角洲。

松嫩平原是世界三大苏打盐碱地分布区之一，也是我国最大的苏打盐碱地。在世界三大苏打盐碱地分布区中，松嫩平原生态退化速度最快，其中平原中部土地碱化率已接近100%。气候是松嫩平原苏打盐碱地形成的关键性因素：松嫩平原地处半湿润半干旱中温带大陆性季风气候区，冬季寒冷干燥，夏季高温多雨，降水的季节性变化造成了土壤雨季脱盐和旱季积盐交替变化，加快了土壤盐分在地表的积累；近 50 年来，全球的气候变暖使松嫩平原的降水量减少了 17.91%，使得该地区径流量减少，进一步促进了盐碱化的发展。同时，盲目开荒、过度樵采、过度放牧、工程建筑不合理等人为因素也加剧了松嫩平原的盐渍荒漠化。

### 3. 石质荒漠化

石质荒漠化也称石漠化，是指因水土流失而导致地表土壤损失，基岩裸露，土地丧失农业利用价值和生态环境退化的现象。

石漠化多发生在石灰岩地区，丰富的碳酸盐岩具有易淋溶、成土慢的特点，是形成石漠化的物质基础。山高坡陡，气候温暖、雨水丰沛而集中等自然因素为石漠化的形成提供了侵蚀动力和溶蚀条件。然而，人类活动则是造成石漠化的主要原因。过度开垦、过度放牧、过度樵采、森林砍伐等活动严重破坏了当地的林草植被，失去植被保护的土壤在充沛的降水条件下极易被冲蚀，造成严重的水土流失，岩石裸露，加速了石漠化的发展。

喀斯特地貌是具有溶蚀力的水对可溶性岩石进行溶蚀等作用所形成的地表和地下形态的总称。我国云贵高原就是喀斯特地貌最为典型的分布区域。虽然喀斯特地貌赋予了当地溶洞、暗河、峰林、天坑、天生桥和石林等景观，但由于云贵高原具有降水丰沛集中、地形崎岖和土层较薄等自然特点，加上人类不合理樵采、放牧、在坡度较陡的地区开垦土地等活动，更加剧了当地的水土流失，其可溶性的石灰岩底层裸露，被流水溶蚀，最终酿成土地"石漠化灾变"。

### 4. 冻融荒漠化

冻融荒漠化通常发生在昼夜或季节性温差较大的地区，是由于岩体或土壤剧烈的热胀冷缩而造成土地结构的破坏或质量的退化。在温度较高时，水分以液体的形式存在于冻土层的土壤颗粒间隙和岩石的裂隙中，当温度降低后，水结成冰，体积增大，从而使缝隙增大，当温度再次升高，冰便融化，缝隙间的压力骤减，其两壁遂向中央推回。在反覆的冻结和融化过程中，岩石裂隙和土壤颗粒间隙便会越来越大，最终导致土地开裂，岩石分裂成碎片，使多年冻土发生退化，形成冻融荒漠化土地。

中国冻融荒漠化地的面积共 36.6 万平方公里，占荒漠化土地总面积的 13.8%，主要分布在青藏高原的高海拔地区。据估计，藏西—藏北地区冻融荒漠化面积已达到 44303.73 平方公里。区域气候的变异、高原鼠兔的活动和人类活动是导致高海拔地区多年冻土发生退化、造成冻融荒漠化的主要原因。近 40 年来，青藏高原的平均气温以每十年 0.26℃ 的增长率上升，使冻土中的地下冰融化，冰融水的径流量随之增大，导致多年冻土融冻界面上的热流交换与热融作用得到加强，从而使冻土变薄、融化而引起冻融荒漠化；高原鼠兔的猖獗是加速冻融荒漠化的一个重要因素，鼠兔大量啃食牧草，挖掘密集的洞道破坏了致密的草根层和土壤结构，使浅层地温提高，多年冻土上限继续下移而加速了冻融荒漠化；同时，过度放牧、毁林开荒、兴建各类工程等人类的开发活动也破坏了冻土层的平衡状态，导致植被覆盖率大大下降，使多年冻土缺乏有效的保护，从而加速冻土退化，造成冻融荒漠化。

## 五、本节总结

从地质学上讲，土壤是由地球表层的岩石矿物经过一系列物理、化学和生物过程的作用，形成的一层疏松的物质。

土层是在土壤剖面中与地面大致平行的土壤层。每一个土层都有不同的功能与作用，在淋溶作用等条件下，展现出不同的颜色、结构、质地，其中的物理化学成分等也都有明显的差异。

土壤肥力是土壤为植物生长提供必需的养分、水分和空气的综合能力，它可以反映土壤的肥沃性。土壤肥力的高低由土壤的养分组成、物理化学性质和生物因素决定。

土壤侵蚀与土壤流失严重影响了农业耕种等活动，需要人们严格采取措施，予以防治。

### 课后思考题

● 比较处于不同气候环境下的土壤在颜色、结构上的不同，体会自然因素与人为因素对土壤造成的影响。

● 思考最能满足植物生长需求的土壤环境是怎样的？

● 什么是土壤肥力？养分含量高的土壤是否意味着其土壤肥力高？

● 人们可以采取什么方法来提高土壤肥力？

● 查找相关资料，了解中国面临怎样的土壤侵蚀与流失？其主要原因是什么？我们可以采取什么样的措施来缓解这一问题？

# 第二节 土地资源

农业系统的可持续发展离不开土地资源的高效合理利用。我国土地资源丰富，但总体呈现人多地少的特征，因此了解并合理利用土地资源显得十分重要。

## 一、森林

我国森林资源并不丰富，但近年来在不断努力下，我国森林面积持续增加。截至 2020年底，全国森林覆盖率达到 23%，森林蓄积量超过 175 亿立方米。由于气候和地形的原因，我国森林主要分布于东北大兴安岭、小兴安岭和长白山地区，西南横断山脉和云贵高原地区，以及东南丘陵山地地区。除此之外，在西北的干旱半干旱地区、绿洲境内及沿河流以及一定高度的山地也有森林分布，如新疆塔里木河流域的胡杨林，天山、祁连山中山地段的云杉林等。目前我国的国土绿化计划仍在继续，预计 2025 年全国森林覆盖率将达到 24.1%，森林蓄积量达到 190 亿立方米。

1978 年，中国政府开始在我国风沙危害和水土流失严重的西北、华北、东北地区建设三北防护林体系。三北地区是中国重大生态系统保护和修复的攻坚区，维护国土生态安全的前沿区，防治沙化和荒漠化的重点区和建设生态文明和美丽中国的关键区。截至 2020年底，三北工程累计完成造林保存面积 3014 万公顷，工程区森林覆盖率由 1977 年的 5.05%提高到现在的 13.57%。

## 二、草原

草原是维系国家生态安全重要的生态系统，也是草原地区经济社会发展和农牧民增收的重要资源。我国草地总面积近 60 亿亩，约占国土面积的 41%。约 80% 的天然草原集中分布在北方干旱、半干旱地区和青藏高原地区。全国天然草原鲜草总产量超过 10 亿万吨，折合干草超过 3 亿吨，载畜量约 2.5 亿个羊单位。

## 三、湿地

中国湿地面积约 5360 万公顷，占国土面积的 5.58%，占全球湿地面积的 4%，位居亚洲第一位，世界第四位。中国已建立 57 处国际重要湿地、600 多处湿地自然保护区、1000 多处湿地公园。在 2018 年召开的《湿地公约》第 13 届缔约方大会上，全球 7 个国家的 18 个城市首批获得"国际湿地城市"称号，其中有 6 个来自中国。

党的十八大以来，我国就湿地保护做出了一系列决策部署，将重要湿地纳入生态保护红线严格保护，把"湿地面积不低于 8 亿亩"列为 2020 年生态文明建设的主要目标之一，把湿地保护率纳入中央对地方的绿色发展评价指标体系，并于 2016 年出台了《湿地保护修复制度方案》。

## 四、耕地

尽管土地辽阔，我国的耕地资源仍十分有限。由于人口众多，我国的人均耕地面积仅达到世界平均水平的 40%，我国用世界 9.5% 的耕地养活了 20% 的人口。受限于水热条件和不断增长的人口和经济对于土地的需要，我国的后备耕地资源数量少、质量低、开发难度大。

我国耕地资源的空间分配不均，90% 的耕地主要集中在季风气候区，东部平原丘陵地区集中了 70% 以上的耕地资源。同时这些地区也是经济发展速度较快的地区，人地矛盾较为严重。

我国耕地的水土资源配置不佳，优质耕地少。我国北方土地资源丰富，耕地平坦成片，但水热条件差，不具备高产优等地的条件。水热条件优越的南方地区以水田为主，集中了全国 90% 以上的优等地和高等地，但崎岖的地形和密集的水系限制了耕地扩张和机械化生产。再加上南方地区经济发达，城镇化与工业化占用优质耕地现象严重。因此在全国范围内具备水热条件的优质土地少之又少。

## 五、耕地红线

在一定技术条件下，耕地的数量和质量决定粮食综合生产能力。为了保证"中国人把饭碗牢牢端在自己手里"，确保我国的耕地数量和生产能力尤为重要。为此，我国实行严格的耕地保护政策，划定了具有法律效力的耕地红线，确保我国耕地保有量在 18 亿亩以上，确保基本农田不低于 15.6 亿亩。

守住耕地红线首先要做到已经确定的耕地红线决不能突破，已经划定的城市周边永久基本农田决不能随便占用。其次要做到建设占用多少基本农田，就要补充多少数量和质量相当的基本农田，做到占补平衡。耕地红线既要求耕地数量也要求质量，为了保护与改善耕地质量和可持续利用能力，实现以质换量、藏粮于地，我国实施了高标准农田建设以及耕地质量保护与提升、耕地重金属污染治理、水土保持与坡耕地改造、高效节水等一系列水土资源的保护项目，以实现高产田的稳产保育和中、低产田的地力提升，增加粮食单位面积产量，减小人口和经济增长对于耕地数量的压力。

## 课后思考题

● 说明我国各类土地资源的空间分布状况。

● 分析近几十年我国森林、草地及湿地面积发生变化的原因。

● 耕地红线的划定有何意义？

● 我们应如何保证划定的最低耕地、湿地面积不减反增？

# 第三节　农业的可持续发展

**★学习目标**

● 了解人类的主要食物来源，理解农业生产的发展与全球化

● 认识世界的粮食安全问题

● 认识到发展可持续农业的重要性

● 了解农作物生长的基本条件

● 了解畜牧业在农业中的重要性及其对生态环境的影响

● 了解防控虫害的三种方法

● 了解可持续农业在农业生产过程中的具体表现

● 了解转基因食品的优缺点

● 了解水产养殖在农业中的作用及其对生态环境的影响

"民以食为天"，农业为人类的生存提供了粮食、肉类、蔬果等食物。然而，随着世界人口数量的不断增长，粮食供给的压力也在不断加重，粮食安全成为世界关注的问题。我们如何以可持续的方式种植作物、养殖家禽家畜来满足人们日益增长的需求，与此同时，又不会破坏生态环境？

## 一、人类的食物来源

### （一）农作物

在地球上的 50 多万种植物中，只有大约 3000 种被用作农业作物，其中只有大约 150 种被大规模种植。水稻、小麦、玉米、土豆等主粮作物是人类主要的卡路里来源，蔬菜水果等作物为人类提供了丰富的膳食纤维、维生素等营养素，大豆、花生、油茶子等油料作物是人类饮食中重要的植物油脂来源。全球农作物总产量在过去半个多世纪里快速增长，从 1961 年的 26.8 亿吨增长至 2020 年的 98.2 亿吨。

在全球化的大趋势下，各国之间的粮食贸易也越来越普遍。美国是世界上最大的小麦出口国，提供了全球约 41% 的小麦出口。加拿大、阿根廷、中国、印度和澳大利亚的小麦出口量紧跟其后。阿根廷、巴西和中国则是主要的玉米出口国。

### （二）家禽和家畜

人们的食物来源还包括养殖的家禽如鸡、鸭、鹅，家畜如猪、牛、羊、兔等，它们为

人们提供了肉、蛋、奶等富含蛋白质等营养的食物。

21世纪初期与20世纪末期相比，牛的养殖数量增长了9%，从2001年至2009年，牛肉的生产量增长了19%。同期，鸡肉的生产量增长了16%，达到6400万吨；猪肉的生产量增长了21%，达到了1.06亿吨。

## 二、世界粮食安全问题

据估计，2050年全球人口将接近100亿，庞大的人口带来的是巨大的食物需求，我们如何生产足够的食物、提供足够多的营养是摆在我们面前的一大挑战。地球的自然资源是有限的，我们无法无限地扩张作物种植面积、扩增畜禽的养殖数量。同时，气候变化、社会动荡等自然和人为的因素也在影响着农业活动和全球的食物供给。这些不稳定的因素让粮食安全变得更加复杂和充满不确定性。

亚洲和撒哈拉以南的非洲是饥饿、营养不良最严重的地区。营养不良具体表现为两个层面：一是人们不能从食物中获得足够的卡路里，补充人体需要的能量；二是由于食物中缺乏人体必要的例如蛋白质、维生素等营养成分，虽然营养不良可能不会造成人类立即死亡，但是由于缺乏蛋白质等营养成分，人们会逐渐消瘦，身体机能受到影响，可能会对身体造成永久性损伤。因此，食物的充足供给不仅要满足能量（卡路里）上的充足，更要保障各类营养素的充足。

一份来自联合国粮农组织、国际农业开发基金会、联合国儿童基金会、世界粮食计划署和世界卫生组织关于2020年世界粮食安全和营养状况的报告显示，在2019年，全世界有近20亿人无法正常获得充足、安全、富有营养的食物，其中，约有1.44亿的5岁以下儿童长期营养不良，发育迟缓，仅一年时间，这个数字已增至1.51亿。在这20亿人中，有10.3亿人在亚洲，有6.75亿人在非洲，2.05亿人在拉丁美洲和加勒比地区，8800万人在北美和欧洲，590万人在大洋洲。

2020年，全球有近6.9亿人处于饥饿状态，占世界人口的8.9%，一年内增加了近1000万人，五年内增加了近6000万人。如果按该趋势继续下去，到2030年，受饥饿威胁的人数将超过8.4亿。由于新冠肺炎在全世界的流行，全世界营养不良的总人数将增加8300万，达到1.32亿人。

世界四分之一人口的粮食安全受到中度或重度的威胁，而且受威胁人数仍在不断增加。目前，非洲有一半以上的人口、拉丁美洲和加勒比地区近三分之一的人口以及亚洲超过五分之一的人口得不到稳定的粮食保障。非洲的粮食不安全程度最为严重，但是拉丁美洲和加勒比地区的粮食安全问题同样令人担忧，其恶化速度居全球首位。从2014年到2019年，拉丁美洲和加勒比地区处于粮食不安全状况的人口从22.9%上升到31.7%。在亚洲，尽管面临中度或严重粮食不安全状况的人口比例在2014年到2016年间保持稳定，但从2017年开始增加，2019年已达到亚洲总人口的22.9%，其中增长主要集中在南亚地区。

人们无法避免因自然原因造成的粮食短缺，但国家间的粮食援助可以短暂解决饥荒问题。然而，像粮食援助这样简单的措施并不能真正地解决粮食安全问题，"授人以鱼，不如授之以渔，授人以鱼只救一时之急，授人以渔则可解一生之需"。所以，人们需要发展长期的、可持续的农业来应对世界粮食短缺的问题。

## 三、可持续农业

为实现可持续发展，农业活动需要在食物产出和环境成本之间做出平衡，以满足人们对农产品数量和质量的长期需求。农业生产既要做到食物的可持续生产，又要保证生态系统的可持续性。在实现这一目标的过程中，科技发挥着重要作用。

### （一）促进作物生长的元素

在种植业领域，为农作物维持合适的土壤条件是保证农田高产、稳产的重要因素。农作物的生长需要大约20种化学元素，这些元素必须以适当的数量和适当的比例，在适当的时间提供给作物，以供作物生长。农作物生长所需的化学元素分为大量营养素和微量营养素。大量营养素包括硫、磷、镁、钙、钾、氮、氧、碳、氢等。相比于大量元素，微量元素则是生物维持生命所需的少量的化学元素，通常包括稀有金属元素，如钼、铜、锌、锰和铁等。虽然作物生长所需的微量元素量极少，但是它是必不可缺的。富含微量元素的土壤不仅是作物生长的必需品，还可以帮助土壤保持水分，促进空气流通，促进作物生长。

在自然环境下，土壤自然肥力所提供的养分很难与植物所需的营养素完美契合，此时就需要人工向土壤投入肥料。在实践中，农民往往使用如动物粪便等有机肥料和含有氮、磷、钾等化学元素的工业肥料来弥补贫瘠的土壤不能为作物生长提供的营养物质。

#### 1. 有机肥料

有机肥料利用生物排泄物或植物残体作为营养素来源。有机肥料中的有机物被微生物分解后，剩余的无机盐进入土壤并被植物吸收。由于有机肥料与环境的相对良好的相容性，对环境的污染相对较轻。化肥往往是高纯度的无机盐，溶解到土壤中并被植物吸收。但是，化肥中无机盐的浓度过大，容易造成水体富营养化和打破土壤酸碱平衡，引发环境问题。

#### 2. 有机肥和化肥的区别

有机肥料主要来自植物或动物，含有多种营养成分，可以为植物提供充分平衡的营养。此外，有机肥料中的大量有机质可以明显改善土壤结构，维持土壤水分和空气比例的平衡，形成肥沃的土壤，长期施用有机肥料可以提高农产品质量。不过，有机肥料也有缺点，其养分含量低，所以需要大量施用才能达到补充养分的目的。

化学肥料由人工合成，通过化学或物理方法制成，需要一种或几种含有不同营养素的化肥共同施用才能支持作物生长。化学肥料缺乏有机质，仅提供成分单一的无机营养，长期施用会导致作物营养不良和土壤肥力退化。但相较于有机肥料，化学肥料养分含量高，少量施用就能产生明显效果。

### 3. 生态茶园的土壤培肥技术

在有机质含量较少，以红壤为主的生态茶园中，农民会实行茶叶与绿肥套种的方式培养地力。绿肥是一种投入少、见效快、产量高、用途广、肥效好的优良有机肥源，茶树是消耗地力作物，而大多数绿肥属于豆科作物，可以固定空气中的游离氮素，属于养地作物。二者实行间作套种可达到用地与养地相结合，提高土壤有机质含量和土壤中的含氮量，还可减少地表径流，防止水土流失。

### 4. 秸秆还田与化肥配施技术

农作物的秸秆既含有相当数量的作物所必需的碳、氮、磷、钾等营养元素，又能够改善土壤的理化性状和生物学性状作用，是重要的有机肥源之一。我国是农作物秸秆资源十分丰富的国家，可就地取材、直接还田，省工省本，简便易行。利用秸秆还田，既可充分利用秸秆资源，减轻焚烧秸秆对生态环境的负面影响，又是发展有机可持续农业不可替代的有效途径。据实验显示，秸秆直接还田与化肥配施对提高土壤有机质积累、改善土壤结构、减缓地力衰竭、培肥土壤有极显著的效果。长期秸秆直接还田与化肥配施对提高土壤各项养分指标明显优于单施秸秆或单施化肥。秸秆还田与化肥配施还提高了土壤中脲酶的活性，对在长期不施任何钾肥的条件下，秸秆还田与氮磷肥的配施对提高土壤速效性钾的效果显著。秸秆还田与化肥搭配使用比单施秸秆或化肥的增产效应显著。

### （二）畜牧业对生态环境的影响

畜牧业为人们提供肉、奶、蛋类等食品，也为工业提供羊毛、山羊绒等原料。牧场和草场是人们饲牧牲畜、饲养家禽的主要场地。天然草地直接为放牧提供食物，而不需要种植额外的牧草；人工草地则是通过人工栽培而成的草地，人们种植牧草为动物提供饲料。

地球上大约30%的土地是干旱牧场，周围生态环境脆弱，土地很容易被放牧破坏，宝贵的水源也极易受到污染。牛群羊群若在河边吃草，它们的排泄物便会流入水中，对环境造成巨大的污染。因此，若想保持良好的河流环境，必须对牛群羊群的活动范围进行合理限制，增设围栏，减少其对附近水环境的污染。密苏里河的上游以美丽壮观的"白色悬崖"闻名，但由于大量的牛群来到密苏里河饮水，破坏了沿河的土地，排泄物也流入河中，破坏了密苏里河的景观。近年来，人们沿着密苏里河上游增设围栏，缩小了牛群的活动范围。围栏放牧保护了牧草，使其免遭牛群羊群的过度采食，从而使草场得以休养生息，提高了草地的载畜量，缓解了草场牧场的退化；围栏放牧对动物的活动范围进行了合理限制，减少了家畜疾病的发生和传播，减少了动物排泄物对水环境的污染，也减少了狼群等野生动物对牛羊的威胁。

然而，围栏放牧对草原生态环境的不利影响也日益显现。在草原牧场建设的围栏一般高度为 1.2 ~ 1.5 米，由铁丝编织而成。随着人类放牧范围的扩大，围栏的建设数量也会逐渐增加，这将大大限制野生动物的活动空间，阻碍其正常的季节性迁徙线路，进而减少野生动物的多样性，破坏草原的生态平衡。围栏建设虽然限制了放牧范围，减少牲畜破坏草场的面积，但高度集中的放牧模式同时也增加了牲畜对围栏内草场牧场的践踏；若放牧过度，草场的牧草也会被大量啃食，甚至引起草原的荒漠化。

当然，通过饲养牲畜和家禽来获得食物也存在不少好处。例如，有一些地区，如在陡峭的山坡上，土壤过于贫瘠，降水量较少，人们不能在这里获得高产量、高质量农作物，却可以将其变成牧场。人们可以通过合理规划在不同质量的土地上进行的农业活动，来发展可持续的农业，实现长期收益的最大化。

### （三）虫害及其防控

#### 1. 农业害虫的含义

农业害虫是对农林作物造成为害或有损害的生物统称。需要注意区分植食性昆虫和农业害虫这两个易混淆的概念。通常来说，植食性昆虫是以植物为食物的昆虫，它们约占昆虫总数的48.2%，通过咀嚼植物固体或吮吸植物汁液的方式来取食植物。然而，农业害虫的概念着重强调"为害"或"损害"植物，其方式不一定是直接"取食"。

并非所有的农业害虫都是绝对有害的，还有一些"益害兼有"的种类。这些生物虽然危害农作物，但如果得到合理利用，会产生较高的经济价值。例如紫胶虫、白蜡虫、红蚧、洋红蚧、珠蚧等，它们寄生于林木或植物上，但其虫体、分泌物或提炼物却可作为重要的工业原料，或具医用价值，或作为化妆品、装饰品而具有重要的经济意义。

#### 2. 农业害虫的类别

农业害虫可分为不同的类别。

按作物的类别，可以分为粮食作物害虫、经济作物害虫、果树害虫、蔬菜害虫等小类，还可进一步细分为水稻害虫、大豆害虫、甘蔗害虫、荔枝害虫、黄瓜害虫等。在按作物的类别进行分类的同时，有些特殊的害虫往往将其单独归类，例如植物检疫害虫、仓库害虫、地下害虫、杂食性害虫等。

按害虫为害方式，可以分为"取食性为害"的害虫和"非取食性为害"的害虫。"取食性为害"的害虫威胁植物的根、茎、叶、芽、花、果和种子等部位。"非取食性为害"的害虫主要通过"产卵伤害"和"土壤中穿行为害"的方式威胁植物。例如，黑蚱蝉在柑橘枝条内产卵，造成枯枝、落叶和落果；一些成瘿昆虫的产卵刺激可以造成植物组织增生、畸形，如一些植物组织在遭受昆虫产卵刺激后，细胞加速分裂和异常分化长成畸形瘤状或突起，称为"虫瘿"。而"土壤中穿行为害"的一个例子是，蝼蛄用其特别发达的前足在土壤中开掘潜行并形成隧道时，伤害幼苗根部，或使植物根土分离而失水枯死。

按害虫发生范围和频率分为常发性害虫、间歇性害虫和潜在性害虫。常发性害虫依其为害范围又可分为普发性害虫（指发生广泛、为害普遍的害虫，如稻纵卷叶螟等）和局部性害虫（指发生范围较窄，仅在局部为害的害虫，如白翅小叶蝉等）；间歇性害虫指间隔若干年大发生为害的害虫，如黏虫等；潜在性害虫指虫口密度常年处于经济允许水平以下波动的害虫，如稻螟蛉等。

按害虫为害性可分为：灾害性害虫、主要害虫和次要害虫。灾害性害虫指害虫常年发生并造成经济上重大损失的害虫，如褐稻虱等；主要害虫指常年发生且危害严重，并常造成不同程度的经济损失，如柑橘潜叶蛾等；次要害虫指常年虽有发生，但发生量偏低，或虽然发生量较大，但发生面积不大，在总体上仅造成轻的经济损失，如荔枝小灰蝶和黄尾球跳甲等。

按害虫为害特点可分为：嗜食性害虫、为害性害虫和偶然为害性害虫。嗜食性害虫指对某种农林植物嗜食，即在一定的时间内能大量取食的害虫，如荔枝蝽、爻纹细、龙眼亥麦蛾等，相当于灾害性和主要害虫；为害性害虫，指一般能发生为害，但并不严重，如龙眼鸡等，相当于次要害虫和潜在性害虫；偶然为害性害虫，对某种植物而言一般不为害，只在特殊条件下才会取食的害虫，如东亚飞蝗主要取食禾本科和莎草科植物，嗜食芦苇、稗草和红草，但在饥饿或被迫的情况下，能取食和为害大豆、木圣麻、白菜、向日葵等作物，也可取食少量棉叶。

---

**案例：2020年沙漠蝗灾**

沙漠蝗虫是世界上最具破坏性的迁徙性害虫。在环境刺激下，它们会形成高度密集和快速移动的沙漠蝗虫群。它们是贪婪的食客，每天消耗着自己的体重并不断寻找粮食作物和饲料。沙漠蝗虫白天顺风飞行，一天内可飞行150公里。仅一平方公里的虫群就可容纳多达8000万只成虫，一天消耗的食物量相当于3.5万人的口粮。沙漠蝗虫的生命周期为3个月，成虫至少需要一个月才能成熟并准备产卵。沙漠蝗喜欢半干旱至干旱地区，在潮湿的沙土中产卵，降雨有利于沙漠蝗的生存和繁殖。每繁殖一代新的蝗虫，其数量就会成倍增加：3个月后其数量增加20倍，6个月后增加400倍，9个月后增加8000倍。大型蝗虫群会对粮食安全和农村生计构成重大威胁。

2018年，由于5月和10月的两次热带气旋给阿拉伯半岛空区带来了强降雨，非洲之角（非洲东北部，亚丁湾南岸的半岛地区）、阿拉伯半岛和西南亚地区逐渐形成了大规模的沙漠蝗灾：在人们无法到达或监测的极度偏远地区，出现了前所未有的沙漠蝗虫三代繁殖而未被发现。在9个多月的时间里，蝗虫数量增加了8000倍。虽然联合国世界粮农组织从2018年12月开始发出了数次警告，但由于天气条件异常有利于虫害的蔓延，2019年12月初"帕万"气旋登陆后，形势在2020年1月迅速恶化：大面积的沙漠蝗虫灾害在东非和红海周边地区爆发，并向东蔓延直至西南亚的伊朗、巴基斯坦和印度。2020年蝗灾规模与破坏程度之大，数十年罕见，并造成多国受灾地区共约4200万人处于粮食严重不安全困境。这告诉我们，虫害防控关乎地区和国家的粮食安全以及许多个人的基本生计。

### 3. 农药和杀虫剂

在工业革命以前，农民几乎对害虫无计可施，唯一的应对措施就是通过采用一定的耕作方法来降低害虫密度，尽可能降低由于害虫而导致的农作物大量减产甚至绝产的风险。随着时代的发展、科技的进步，人们有了越来越多、越来越有效的方法来治理病虫害，避免农作物的大量减产。

传统的农药利用特定化学物质的毒性杀灭害虫，砷是最早被人类大规模应用于农业生产的农药。它的毒性强，对害虫有较强的杀灭效果，但同时也会杀死对作物生长有益的生物，甚至对人体健康造成严重危害。

后来人们发现，许多植物可以通过自身释放某种化学物质来抵御疾病和昆虫及其他食草动物的侵害。由此，人们通过从植物中提取这种化学物质，对杀虫剂做了改良。最为典型的例子就是从烟草植物中提取的尼古丁，在很多地区至今仍被广泛使用。然而，虽然改良后的杀虫剂相对安全，但其效果却仍达不到人们的预期。

此后，人们又通过人工合成一些有机化合物加入杀虫剂中来改良杀虫效果，DDT 就是最具代表性的一种。虽然此类农药和杀虫剂在抗虫方面取得了较大的成果，但却又引起了其他问题。DDT 杀虫剂的长期使用导致害虫数量急剧减少，同时却破坏了不同种群间的捕食和竞争关系。一种害虫数量的减少，极有可能使另一种害虫的数量急剧增加。此外，DDT 杀虫剂难以杀灭害虫种群中的所有个体，存活下来的个体将耐药基因遗传给下一代，增加整个害虫种群的抗药性。杀虫剂的使用效果越来越差，直至引发二次虫害。

农药和杀虫剂的过度使用还影响着生态环境。通常，农药和杀虫剂中含有的化学物质或被土壤中的分解者就地分解，或在土壤中保存数年。这些有毒的化学物质或通过地表水流向各地，或渗入地下水，造成严重的生态环境污染。

### 4. 有害生物综合治理

有害生物综合治理是应对害虫的新思路。它综合运用多种方法控制害虫数量，以达到在减少杀虫剂使用的同时减少虫害的目的。有害生物综合治理不要求将害虫彻底消灭，而是要将其数量控制在经济受损允许的水平之下。

例如，有害生物综合治理改变了传统的以固定的行距进行单一栽培的方式。由于一种害虫对某种特定作物的偏爱，农民可以将几种作物以复杂的排列方式进行耕作，由此一来，此类害虫就难以找到它们的猎物，其数量自然也会下降。这种方式虽然不能完全杀灭害虫，但可以在不投入额外农药的基础上遏制害虫数量增长。

### 5. 生物防治

生物防治是利用不同物种之间的相互关系来抑制某种生物生长繁殖的方式。在生物防治的诸多方法中，培育种植抗虫转基因植物是其中较为有效的一种。BT 毒蛋白基因是从苏云金芽孢杆菌中分离出来的抗虫基因。当害虫食用含有此基因的植物时，BT 基因编码的蛋白质会进入害虫肠道并引起疾病，使害虫死亡。BT毒蛋白只会使特定的昆虫致病，对人类和其他哺乳动物无害，对环境也不会造成过多污染，安全有效的特点使其广泛用于抗虫转基因植物中。

人们还可以通过引入害虫的天敌来防治害虫。例如，农民可以在农田引入寄生蜂，使雌蜂在毛虫体内产卵，从而让其幼虫以毛虫为食，来达到减少害虫数量的目的。

另一种方法是利用成年昆虫释放的性信息素来应对虫害。昆虫之间会通过释放性信息素来吸引异性进行交配，人们在捕虫器上添加此类信息素物质，吸引昆虫并将其杀死。

### （四）新作物和杂交作物

饥饿是我们人类仍未解决的一个全球性问题。大千世界，只有少部分植物可作为人类的农作物大规模种植，相对而言，粮食来源仍然是短缺的。我们不断尝试培育一些新的植物作为人类的食物来源。"绿色革命"是"二战"后全球普遍流行的一个重要议程。在"绿色革命"过程中，现代农业领域开发出了产量更高、抗病性更好、在恶劣条件下生长能力更强的新作物品种。这些作物包括超级水稻品种和抗病性增强的玉米品种。

#### 1. 超级水稻

水稻是世界上一半以上人口、中国60%以上人口的主食。提高水稻产量是解决粮食短缺问题、确保粮食安全和减少贫困的关键。在中国人口众多、人均耕地有限的情况下，利用先进的科学技术提高单位面积产量来满足粮食需求是唯一的选择。我国目前已经采取了一些提高作物产量的措施，如建设水利设施、增加施肥量、改善土壤质地、形成相互关联的栽培技术、更有效地控制病虫害、使用优良品种等。实践证明，在这些替代措施中，采用优良品种，特别是推广超级杂交水稻，是最经济有效的选择。

中国于1964年启动杂交水稻研究，1973年取得初步成功后，1976年开始大规模生产。从此以后杂交水稻的种植面积不断扩大，近年来达到 $1.67 \times 10^7$ 公顷左右，占全国水稻种植面积的57%，全国水稻总产量的65%。近年来，我国水稻平均单产约为6.45吨/公顷，其中杂交稻平均单产约为7.5吨/公顷，常规稻平均单产约为6.15吨/公顷。每年杂交水稻的增产，可为7000多万人提供粮食。

20世纪80年代，日本和国际水稻研究所均提出了水稻超高产育种计划，但由于难度大，至今仍没有实现生产应用。而在此前国内杂交水稻研究和国际相关研究的基础上，我国农业部于1996年正式立项中国超级稻育种计划，并设置了4期育种目标，分别为百亩连片平均单产10.5吨/公顷、12.0吨/公顷、13.5吨/公顷和15.0吨/公顷。1997年，我国首届国家最高科学技术奖得主、杂交水稻之父袁隆平院士提出"形态改良与杂种优势利用相结合"的超高产育种技术路线，助推超级杂交稻育种发展。其中，先锋品种两优培九于2000年实现第1期超级稻育种目标，累计推广超过700万公顷；第2期超级稻育种目标于2004年实现，其代表品种Y两优1号自2010年以来成为我国年推广面积最大的杂交水稻品种，累计推广 400 万公顷；2011 年，Y 两优 2 号百亩连片均产 13.9 吨 / 公顷，实现了第 3 期超级稻育种目标；2014 年，第 4 期超级稻代表品种 Y 两优 900 创造百亩连片均产 15.4 吨 / 公顷的高产新纪录，是中国水稻大面积平均产量的两倍。迄今为止，我国农业部已认定了 125 个超级稻品种，累计推广面积达 7000 万公顷。

袁隆平院士说："发展杂交水稻，造福世界人民，是我毕生的目标和追求。"目前，世界上已有 40 多个国家引进和推广杂交水稻，其中印度、孟加拉国、印度尼西亚、越南、菲律宾、美国等国已广泛种植杂交水稻。2012 年，全球杂交水稻种植面积达到 $5.2 \times 10^6$ 公顷，平均每公顷增产 2 吨，超过当地优良品种。中国的目标是在世界一半以上的稻田推广杂交水稻，其增产幅度（假设每公顷平均增产 2 吨）将足以满足 4 亿 ~ 5 亿人的需求。我国的杂交水稻为粮食安全和世界和平做出了巨大贡献。

### 2. 抗病玉米

玉米是我国主要的粮食作物之一，其种植面积占全国粮田总面积的六分之一，总产量仅次于水稻和小麦，而病害的发生和流行一直是影响玉米生产的重要因素。近年来，玉米杂交种的大面积单一种植给玉米病害流行创造了有利条件。为保障玉米粮食生产安全，我国需要通过抗病育种，选育出具有水平抗病性的玉米杂交种。抗病育种是一项经济有效的措施，与药剂防治相比，它既不用增加生产投资，又没有农药残留，不会污染环境，在防治发生范围广、流行速度快的病害时也更为有效。

抗病育种是利用种质资源的天然抗病性，寻找出抗病基因，通过现代育种方法将其抗病基因导入目标自交系中，然后选育出高产抗病的杂交种。抗病育种最重要的就是寻找抗源，也就是要选育有相关抗性的自交系。世界上存在着大量的野生玉米和各种各样的杂交种和自交系，这其中有着复杂多样的遗传基础，也就意味着这其中可能存在着抗某种病害的玉米群体。例如，针对 20 世纪 70 年代末到 80 年代初的玉米大斑病、丝黑穗病，科学家在"佐治亚 440"和爆裂种"妇人脂"两种玉米上发现玉米单基因抗性 Htl 基因。把这种基因导入常用的自交系中并组配杂交种，对玉米大斑病起到了良好的抗性作用。

### （五）合理灌溉

农作物能高产稳产，充足持续的水资源是必不可少的。然而，自然条件下的降水往往是不足的或分布不均的。为了保证农作物丰收，人们必须对农田进行人为灌溉。发展合理的灌溉技术来弥补自然的水分供应对作物的生长及产量至关重要。

现如今，已有多种灌溉方法在农业种植中应用。例如，滴灌大大减少了水分蒸发损失，能够在尽可能少消耗水资源的基础上有效地提高产量。然而，滴灌的成本过高，目前只被广泛用于发达国家或比较富裕的国家。

灌溉的方法可大致分为地面灌溉、喷洒灌溉、微水灌溉和地下灌溉四大类。

### 1. 地面灌溉

地面灌溉是指水在重力作用下，以洪水的形式或通过自然或人工的渠道（如盆地、细沟、垄沟/犁沟、灌水沟等）流过土壤表面。地面灌溉囊括了畦灌、沟灌、淹灌、湿润灌、漫灌等具体灌溉方法。

畦灌：用临时土埂将农田分隔成长条形畦田，水流从畦首引入，在重力作用下沿田面坡度以薄水层向前推进，同时渗入土壤。适用于小麦、谷子、蔬菜等窄行密植作物。

沟灌：在作物行间开沟，水流在沟中顺坡流动，同时向下及两侧入渗。沟灌可保持垄背土壤疏松，减少灌水定额，适用于棉花、甘蔗等宽行作物。

淹灌：又称格田灌。用田埂将灌溉土地分成许多方格形田块，灌水时格田内保持一定深度的水层，使水在重力作用下渗入土壤。格田灌主要用于水稻灌溉。

湿润灌：水稻灌溉的另一种形式，即在秧苗反青扎根后小定额灌水，每次灌水后田面短时间有一浅水层，长时间呈泥泞状态，至耕层土壤含水率接近田间最大持水量的85%时再灌下一次水，直到黄熟。湿润灌要求田面更平整或格田面积较小。这种灌溉方法更能适应深耕、密植、高产、节水的要求，对地下水位较高的低洼易涝田、下湿冷浸田、土质较黏和泥层较厚的稻田有显著的增产效果。

漫灌：当没有或只有简陋的田间灌水工具时，水引入田面及顺坡漫流，渗入土壤。此法灌水质量差，浪费水量大，一般用于灌溉草场或引洪淤灌。

### 2. 喷洒灌溉（喷灌）

喷灌是借助水泵和管道系统或利用自然水源的落差，使水通过喷头（或喷嘴）射至空中，散成小水滴或形成弥雾降落到植物上和地面上的灌溉方式。喷灌的优点是较为省水、省工，对不同地形的适应性较好，便于严格控制土壤水分，使土壤湿度维持在作物生长最适宜的范围，且不会对土壤产生冲刷等破坏作用，从而保持土壤的团粒结构，使土壤疏松多孔，通气性好。其局限是建设喷灌系统投资较大，受风速和气候的影响大。当风速大于5.5米/秒（相当于4级风）时，就能吹散水滴，降低喷灌均匀性，不宜进行喷灌。此外，在气候十分干燥时，蒸发损失增大，也会降低喷灌效果。

### 3. 微水灌溉（微灌）

微灌是按照作物需求，通过由小直径地面或埋地管道系统提供的低压、低容量排放装置（即滴水喷头、线源喷头、微喷头、涌水器），将水和作物生长所需的养分以较小的流量，均匀、准确地直接输送到作物根部附近土壤的一种灌水方法。微灌有节水省工、节能增产的优点，但是，微灌系统投资一般要远高于地面灌溉；喷头出水口小，易被水中的矿物质或有机物质堵塞，如果使用维护不当，会使整个系统无法正常工作，甚至报废。

### 4. 地下灌溉（渗灌）

渗灌借设在地下管道的接缝或管壁孔隙流出的灌溉水引入田面以下一定深度，通过土壤毛细管作用，湿润根区土壤，以供作物生长需要。这种灌溉方式适用于上层土壤具有良好毛细管特性，而下层土壤透水性弱的地区，但不适用于土壤盐碱化的地区。地下灌溉不破坏土壤结构，上层能保持良好的通气状态，水、热、气三因素的比例协调，并能自动调节，能均匀输送水分和养分，为植物提供稳定的生长环境，不占用耕地，便于管理，输水基本无损失，蒸发很少，水的利用率高，但土表湿润不足，不利于苗期生长。

### （六）有机农业

有机农业遵循自然规律，以更接近自然生态系统的方式生产农产品，而非采取专业化大规模的单一栽培。有机农业生产基本不使用人工合成的肥料、农药和饲料等农业投入品，而是在作物种植中使用有机肥料，或以有机饲料来饲养家禽家畜，满足其营养需求。有机农业大大降低了化肥和农药的过度使用对环境造成的污染，提高了资源的利用率，其生产的食品不含农药化肥，更加安全健康。因此，有机农业具有巨大的发展潜力。

### （七）转基因食品

1953 年，美国的沃森和英国的克里克提出了 DNA 双螺旋结构的分子模型，将生命的本质还原到了分子水平。如今，人类虽然还不能创造生命，但已经可以通过改造生物的DNA 来改变其遗传信息，由此改造生命。如今，转基因成果令人叹为观止，转基因食品在我们的生活中也越来越普遍。在美国，种植转基因作物的土地面积从 1996 年的第一次种植到现在持续增长，转基因玉米、转基因棉花、转基因大豆的种植面积分别占其种植总面积的 85%、94% 和 93%。

基因工程给农业生产带来了不可忽视的优势。一方面，培育转基因作物不需要投入大量的化肥、农药和水，便能达到高产量、高品质的目的，不仅节约了资源，还减少了环境的污染。例如，根瘤菌可以将氮气转化成含氮化合物，满足豆科植物的生长对氮元素的需求，由此，人们正在尝试将这种能力转移到其他作物上，减少含氮化肥的投入。另一方面，杂交育种让我们得到了将不同个体的优良性状组合在一起的作物或家禽家畜，或更加高产，或更加营养。

但是，人们通过转基因方法得到的杂交生物可能会产生"超级杂交体"。由于人们赋予了转基因生物一些特殊性状，或使它们非常多产，或使它们能够在极端环境下生长繁殖，增强它们与当地其他物种的竞争力，或使它们对人工农药等药剂产生极强的抗性而难以控制其数量。一旦这些转基因生物与其他生物例如杂草进行杂交，后代将携带亲本的形状，从生物基因层面污染生态系统。

同时，人们对转基因生物安全性的关心和对培育转基因生物对生态环境影响的关注也与日俱增。在转基因食物普及的最初阶段这就引起了巨大的争议，尤其是在欧洲国家。例如，欧盟对转基因食物有极其严格的规定，要求在转基因成分超过 0.9% 的食品上必须贴上转基因标签，这一行为赋予了消费者选择是否购买转基因食品的权利。相比之下，美国的相关规定则比较宽松。如今，转基因食物的普及使得消费者挑选非转基因食品变得越来越困难。在我国，我们逐渐构建并完善了一套转基因食物的安全性评价制度、法律法规和监管体系。对于转基因食物，我们需要以谨慎、客观、理性、科学的态度去对待和认识。

### （八）水产养殖

鱼、虾、蟹等水生生物可以为人类提供优质的动物蛋白，是人类非常重要的食物来源之一。由于地球上野生鱼群的自然恢复速度有限，而人类对动物性蛋白质的需要量却随着人口和经济的增长而日益增加，规模逐渐扩大的海洋捕捞终究会达到饱和。为了满足世界水产品的供给需求，在海洋和淡水等水域大力发展水产养殖至关重要。

我国是世界上淡水养殖发展最早的国家之一，其历史可追溯到 3000 多年前的殷商时期。在公元前 475 年的春秋战国时期，我国的养鱼学始祖范蠡著有《养鱼经》，它是我国第一部养鱼著作，主要记载了鲤鱼养殖的条件、方法、养鱼密度以及捕鱼时间等生产技术环节，是中国养鱼史上的珍贵文献。

如今，水产养殖已在世界各地都有不同程度的发展。虽然在地球上，能够支持淡水养殖的面积很小，且海水养殖业也只占海洋鱼类总捕捞量的一小部分，但预计这些养殖规模将会增加，并成为更重要的蛋白质来源。

水产养殖充分利用了地球上的各种资源。例如，在美国的爱达荷州，人们利用其得天独厚的地热资源进行水产养殖，大大缩短了多种水生生物的生长周期，提高了养殖效率；在英国，人们利用发电站产生的废热废气进行水产养殖。

虽然水产养殖有很多好处，但它也会导致一些环境问题。比如，在养殖过程中投入的大量水产饲料与含有氮、磷等化学元素的营养物质以及鱼类的代谢物都会污染水体，造成当地环境污染。水产养殖还有可能会破坏生物多样性。在西北太平洋地区，人们大规模进行鲑鱼养殖。然而，由于其养殖的鲑鱼基因与野生鲑鱼存在差异，野生鲑鱼的基因受到养殖鱼类逃逸的影响，从而使生物多样性遭到破坏。

### （九）可持续农业模式

#### 1. 都市农业

（1）基本概念

早在 1989 年，英国社会活动家霍华德就提出了田园城市的理论，在城市化发展到一定阶段时，在都市圈中开展农地作业，力求将城市的优点与乡村的福利结合起来，滋养区域经济。而都市农业的概念最早出现在 1930 年的《大阪府农会报》杂志上，随后于 1935 年作为学术名词发表在《农业经济地理》一书中。至 20 世纪五六十年代，美国农业经济学家约翰斯顿·布鲁斯、经济学家艾伦·尼斯等人也陆续提出了"都市农业生产方式""都市农业的模式"等概念。

都市农业指的是地处都市及其延伸地带，紧密依托并服务于都市的农业。作为现代农业的一种，都市农业在地域上以城市为核心，融合了生产性、生活性和生态性，致力于提高生产效率，供给高质量的农产品，同时促进农业的可持续发展。

（2）功能效用

首先是生产功能，也称经济功能，即生产新鲜、安全、卫生的农产品，充分满足都市中居民的消费需求。通过利用家庭阳台、屋顶、地下室、社区空地等城市空间来拓展耕地面积，同时采用垂直农业相关科技将产量提高至原来的数十倍甚至是上千倍，综合地增加食物产能。此外，通过将农业从远离城市的田野转移至城市内部闲置的空间中，极大地缩短运输距离，实现就近产销，降低运输成本。此外，促进生产侧和销售侧精准对接，避免因长途运输及相关风险造成的食物损耗浪费，从而提高城市食物供应系统抵御风险的能力和弹性。

其次是生态功能，也称保护功能，作为城市生态系统中的重要组成部分，都市农业增加了城市中的绿地面积，形成了屋顶绿化、景观绿化和环城绿化，能够起到涵养水源、调节微气候、吸收二氧化碳、减少碳足迹和防治污染等效用。在构建起农业生态系统、促进生态平衡的同时，又提高了城市的宜居性，促进可持续发展。

最后是生活功能，也称社会功能，即通过在城市中开展农业活动来促进居民的社会交往，从而进一步丰富精神城市文化、社会生活和精神文化生活。在都市农业这个天然的平台上，居民们将农事活动作为休闲娱乐的一种重要方式，既培育了身心健康，又在田园意趣中建立起更加深厚的人与自然的有机联系。

（3）主要分类

第一类是位于城市内部核心圈层的都市农业。该区域的都市农业生产功能相对较弱，主要侧重于生态和生活服务功能，包括家庭园艺、社区农场、绿化农业和植物工厂等。其中家庭园艺集中在居民自家的阳台、楼顶、地下室，社区农场分布在社区、学校、医院或写字楼中的公共闲置空间，绿化农业主要利用市政的规划用地，植物工厂则与地下建筑、防空洞等空间有机结合。

第二类是位于城市周边的城郊型都市农业，兼具生产和生态服务功能，同时拥有生产优势。其中高效设施农业的科技含量较高，能够进行工厂化、规模化生产，不仅为市区提供新鲜的农副产品，还通过深加工提高其附加值，进而增加农业的整体产出和收益。此外，休闲观光农业占据了紧靠市区、交通便利的地缘优势，有利于将农业与休闲旅游结合起来，发展休闲观光、采摘体验和科普教育等活动，延长产业链，进一步促进第一产业和第三产业相互融合，促进产业升级。

第三类是位于城市辐射圈外围的都市农业，助力融合传统农业和现代农业。其主要形式为休闲农场类的综合性休闲农业区、民俗观光园和民宿农庄等。

（4）典型案例

随着 2019 年新冠肺炎疫情爆发，物流受限和卫生情况都使得食物价格高升，供需严重不匹配。因此联合国粮农组织与美国国际开发署合作帮助巴基斯坦的某些地区，通过在废弃隧道中种植来解决粮食短缺问题。隧道菜园由不到一米宽的温室组成，覆盖着塑料和内衬灌溉软管的钢管，能够种植秋葵、葫芦、甜瓜和番茄等作物。据统计，其中番茄植株的产量是露天种植的 5 ~ 10 倍。由此不仅提高了作物的产量，延长了种植季节，还缩短了食物供应链。巴基斯坦的案例充分证明了都市农业兼具生态价值、经济价值和社会价值，在极端和偏远的条件下更加具有特殊意义，有利于确保粮食系统能够应对自然灾害、冲突或随气候变化而加剧的长期压力。

## 2. 数字农业

（1）基本概念

预计至 2050 年，全球人口将接近 100 亿，粮食需求也将随之大幅增长，而数字农业将成为一个有效的解决方案。第四次工业革命正是意味着将移动技术、远程遥感服务和分布式计算等运用在农业与粮食部门，进而使得数字农业驱动粮食系统变革。

数字农业充分运用了地理学、农学、生态学、植物生理学、土壤学等基础学科，有机融汇了遥感、地理信息系统、全球定位系统、计算机技术、通信和网络技术、自动化技术等，将信息作为农业生产要素，渗透农业各个环节中。

相比传统农业，数字农业实现了在农业生产过程中在宏观和微观两个角度实时监测农作物和土壤，定期获取农作物的生长状况、发育状况、病虫害分布、水肥状况以及整体环境等相关信息，进而生成动态空间信息系统，通过拟合数据的方式来预测农业生产过程。因此，农户能够更加合理地利用农业资源，降低生产成本，提高农作物的产品和质量，以及保护生态环境。除了生产环节之外，信息技术和数字化手段在流通和运营环节也起到重要的作用，既有助于提升农产品的附加值和品牌影响力，又运用营销手段增加了溢价能力，大幅度增加了农业产品的市场竞争力。

（2）组成部分

数字农业主要由三个部分组成。这三个部分之间并无严格的界限，彼此融合、相互协助，最终推动农业实现专业化和规模化，从而进一步完善农业生产体系。

第一个组成部分是农业物联网，即数控系统。在一个封闭系统内，农业互联网能够利用探头、传感器、摄像头等设备使得作物与作物相互关联，建立起相应的参数和模型进行测算，进而开展下一步的自动化调控和操作。该部分需要设备、联网等硬件设施作为基础，主要用于管理和操作设施农业的生产过程，以及农产品后续的加工、仓储和物流管理。

第二个组成部分是农业大数据。通过构建一个开放的数据系统来收集、鉴别并标识数据，在建立数据库的基础上，利用参数、模型和算法来评估数据，进而为生产操作和经营决策提供经过组合的多维数据，进而优化生产过程，并部分实现自动化控制。基于其具有开放的系统和海量的数据等特性，农业大数据库主要应用于大田作物种植和全产业链经营。

第三个组成部分是精准操作系统，特指应用于农机等硬件设施上的执行和操作系统。在单机硬件的基础上，精准操作系统将硬件和软件紧密结合在一起，为农机配备了探测设备和智能化的控制软件，进而实现精准操作，如变量控制（包括变量播种、变量施肥、变量喷药）、无人驾驶和最佳场景适配等。

（3）典型案例

MY CROP 作为数字农业中的典型管理系统，基于现有技术，为农场与农民不断提供信息、专业知识和资源，进而提高生产率。该合作平台融合了大数据、人工智能等各种前沿技术，以农业服务平台作为全新的商业模式，有针对性地提供农业相关的信息、产品及服务。通过评估实时的天气、土壤、病虫害和作物相关的数据，MY CROP 为农场和农民进行独具特色的地理制图，形成作物计划、个体农场计划及农场自动化方案，生成最佳决策，优化整体生产过程。作为农业系统，MY CROP 具有可持续、数据驱动、可拓展等特点，主要用作提供预测性分析的监测工具、决策支持系统和农业电子商务平台。

**（十）农业可持续理论**

**1. 理论形成背景**

自 1962 年美国生物学家卡逊出版了《寂静的春天》一书，现代农业可持续发展的思想自此起源。1972 年，联合国明确指出将经济发展与环境保护相结合的重要性，并强调人类必须保护自然环境。随后，国际自然及自然资源保护联盟于 1980 年提出合理协调环境保护与经济发展之间的关系，作为可持续发展概念形成的基础，使得自然环境和生物圈既能够满足当代人的需求，又能够持续为后代提供裨益。

农业可持续发展理论正是可持续发展理论在农业理论内的体现，1989 年联合国粮农组织（FAO）通过了有关发展可持续农业的正式决议。而 1991 年《丹博斯宣言》在荷兰发表，将可持续农业定义为采取某种使用和维护自然资源的基础方式，通过实行技术性变革和机制性变革来同时满足当代人及其后代对于农产品的需求。这种农业能够同时保护土地、水和动植物遗传资源，进而使得经济得以发展、环境免于退化。之后在 2002 年可持续发展峰会于约翰内斯堡举办，自此农业可持续发展问题得到了世界各国政府的广泛支持。

**2. 相关研究评述**

随着农业可持续发展问题得到了各国政府的关注，相关研究也逐渐深入。

首先是支持可持续农业发展的技术要素、政策引导与政策设计。舒伊茨等科学家研究了农业可持续发展的内涵和技术要求，强调协调经济、社会和环境利益，明确价值取向。而格利斯曼、斯蒂芬森等科学家则认为农业可持续发展的重点在于提高农业技术含量，进而减少化肥和农药的使用量。格伦纳、尤索姆则着重关注了生物技术与农业可持续发展的共通性，提倡大力在农业种植过程中发展生物技术。另一位科学家桑德斯重视土地要素，提出要合理优化产权制度，进而提高土地的集约使用水平，通过节约农业资源来实现农业可持续发展。

其次是可持续农业实现模式问题。由于现阶段各国拥有的发展条件、所处的发展阶段各不相同，因此应该采取个性化的农业可持续发展模式。尽管其坚持的根本思想一致，但是在具体操作层面上，可持续农业可以衍生为绿色农业、有机农业和基因农业等不同模式。

最后是农业可持续发展的指标设立与实证研究，即通过设立指标及相关评价体系，有效监控数据，进一步指导经济主体发展可持续农业。1992年，里斯和瓦克纳格尔创立了生态足迹法。瓦克纳格尔等科学家于1996年进一步完善了生态足迹法，并建立起相关模型。两年后，凯瑟琳又在前番研究的基础上，引入了投入产出分析，使得测算更加精确。1992年，经济合作组织（OECD）建立起涵盖16个维度的农业可持续发展指标体系，旨在进一步加强对农业生产活动的监测和管理。至1996年，联合国粮农组织已经基于DSR模型和《21世纪议程》，进一步完善了整体的指标体系，同时将应对荒漠化、干旱和生物多样性缺失的相关指标列为一级指标，农业可持续发展由此进入了全新的阶段。

## 四、本节总结

"民以食为天；农业稳，天下稳；农民安，天下安。"农业是立国之本，强国之基，无农不稳，无粮则乱。农业对人类社会发展的重要性不言而喻。

水稻、小麦、玉米等粮食作物和鸡、鸭、猪、牛等家禽家畜是农业生产的主要产物。

在人口不断增长、社会发展不稳定的状态下，人类社会能否生产足够的食物来养活地球上的所有人口？世界粮食安全问题逐渐成为焦点。如今，世界上仍有很多国家面临严重的饥饿问题。

发展可持续农业至关重要。以可持续的方式种植作物、养殖家禽家畜来满足人们日益增长的需求，与此同时又不会破坏生态环境是我们的目标。

过度放牧严重破坏了土地。适度放牧，选择合适的区域放牧，妥善管理牲畜的活动，保持牲畜的可持续密度等需要人类慎重考虑。

在科技的发展下，新式的肥料、灌溉方法和杂交育种等大大提高了单位作物种植面积的产量。各种各样的杀虫剂被研制并投入使用，这些杀虫剂减少了农作物因杂草、疾病和食草动物而造成的损失，但也产生了不良的环境影响。今后，病虫害防治将以病虫害综合治理为主。

有机农业由于生产过程给生态环境带来的负面影响较小，生产的食物健康，因此具有极大的发展前景。

转基因食品越来越普遍，其在生产过程中减少了化肥等投入，可使作物高产，或更具营养，却也可能对生态环境造成不利影响。

水产养殖为人类提供了鱼、虾、蟹等优质的动物蛋白，但不合理的养殖也会破坏生态环境，影响生物的多样性。

## 课后思考题

- 如今，世界上仍有许多国家面临严重的饥饿问题。你认为国际粮食援助是否应该被取消？
- 有人建议将城市中的某处垃圾填埋场改建为农业种植用地。请你分析利弊。
- 什么是可持续农业？农业可持续发展的意义是什么？
- 你如何看待通过转基因技术培育出的食物？对于生物安全问题，你的观点是什么？你认为转基因生物会不会对环境造成污染？会不会危害人类的健康？
- 有人提出，人类应更多地食用处于食物链低端的谷物、蔬菜等食物，而非鸡、鸭、猪、牛等家禽家畜。查阅资料，针对这一观点谈谈你的看法。

# 拓展阅读：星球健康膳食

## 一、背景阅读

### （一）星球健康膳食的介绍

2015 年，"星球健康"概念的出现将食物系统研究提升到新层次。这个概念的出现标志着人们重视起自然系统在人类健康和长期生存中的作用，并且开始关注食物系统对环境和健康的双重影响。星球健康膳食将饮食与人类健康和地球环境的可持续性联系在一起，其主要目的是为可持续的食物系统探明发展方向，为未来食物的顺利转型奠定基础。

星球健康膳食是由 Eat-Lancet 委员会提出的，该委员会聚集了来自 16 个国家的 37 名多领域专家，他们带来农业、环境和公共卫生等学科的知识和观点，为星球健康膳食的制订助力。该委员会致力于打造一套既能满足食物生产可持续性又能促进人类健康的饮食标准，实现人类健康和星球健康的双重保障。星球健康膳食的目标主要包含：到 2050 年满足全球 100 亿人口的饮食需求、大幅度减少全球因饮食不良造成的死亡以及努力实现环境系统的可持续发展，防止自然压力过大导致生态系统崩溃。

星球健康膳食对肉类、奶制品和含淀粉蔬菜的消费有着较为严格的限制，尤其是红肉的摄入。相比于其他植物性食物，食用红肉更有可能引发癌症，对人的健康产生影响。同时，红肉在生产过程中往往具有比植物性食物更高的温室气体排放量，对环境的负面影响也相对更加明显。即便是粮食生产也对自然资源有着巨大的需求，当前全球农业已经成为森林砍伐、物种灭绝和淡水枯竭的主要原因，这些问题都亟待解决。

星球健康膳食的每日参考如下：对于蛋白质的摄入，每日应食用坚果 50 ~ 70 克，豆类 75 ~ 100 克，鱼肉 28 ~ 100 克，鸡蛋 13 ~ 25 克，红肉 14 ~ 28 克，家禽 29 ~ 58 克以及乳制品 250 ~ 500 克。碳水化合物的摄入尽量保证每日大麦、大米、小麦和燕麦共 232 克，淀粉类蔬菜 50 ~ 100 克，蔬菜 300 克，水果 200 克，糖分 31 克。脂肪的摄入分为饱和脂肪和不饱和脂肪，其中饱和脂肪 11.8 克，不饱和脂肪 40 ~ 80 克。这个膳食搭配主要建议人们减少饱和脂肪和糖分的摄入，增加植物性食物的摄入，倡导人们在饮食过程中尽量以植物性食物为主，可以尝试摄入不同颜色的蔬菜和水果，鱼、肉类和奶制品的摄入要适量，减少不饱和脂肪酸的摄入，限制精制谷物、深加工食品以及糖分、淀粉类蔬菜的摄入，并且合理满足卡路里需求，不要过量摄入，但可根据年龄、性别和活动水平进行适当调整。

星球健康膳食在评估饮食带来的健康风险时，主要分析了饮食变化对疾病的发病率和死亡率的影响，并且通过估算发现，如果全球都采用这套健康饮食标准，每年可以减少超过 1100 万人的死亡。目前已经有大量文献证明了食物中增加植物性食物可以带来很多健康益处，其中植物纤维有助于肠道消化，并且能够在一定程度上降低饮食导致慢性病的发病率和死亡率。同时，较低水平糖分和精制碳水的摄入可以降低 Ⅱ 型糖尿病和心脏病等慢性疾病的发病率。

### （二）食物系统的可持续发展

自 20 世纪 50 年代以来，环境变化的规模出现了指数性增长。粮食生产成为环境退化的主要原因之一。为了实现食物系统的可持续发展，粮食生产有必要在星球边界的范围内进行，以便应对气候变化、生物多样性丧失、土地和水资源不足以及氮磷污染带来的挑战。与此同时，为了满足不断增长的粮食需求，还需要不断提高粮食产量，努力消除饥饿和营养不良等问题。此外，我们还需要注重保护生物多样性，减少耕地扩张，大幅提高肥料和水资源的利用效率。

如果我们要在 2050 年之前为 100 亿人口提供健康食品，那么温室气体的大量排放是不可避免的。研究人员发现，到 2050 年，甲烷和一氧化二氮等非二氧化碳的温室气体排放量将保持在 47 亿 ~ 54 亿吨。在这种情形下，世界能源系统的脱碳进程必须比预期的进展更快，以便在不进一步损害地球生态系统的情况下为人类提供充足且健康的食物。生物多样性的丧失也要减少，平均每年每百万物种就有 100 种面临灭绝危机，这一数字要减少到 80 种以下。当前全球的氮、土地和水资源使用量仍在 2050 年的预测范围内，氮从 2010 年的 131.8 太克到 2050 年的 65 ~ 140 太克，土地减少到 11 ~ 15 平方千米，水从 1.8 兆立方千米变为 1 兆 ~ 4 兆立方千米，为了保持这一良好的趋势，还需要进一步的努力。而且边界的估计存在不确定性，需要不断更新和完善。

### （三）健康饮食的科学目标

尽管在过去的 50 年中，粮食产量的增加有助于改善人们的预期寿命，减少饥饿以及婴儿和儿童的死亡率，并减轻全球贫困问题，但这些好处现在已经被全球范围内不健康的膳食所抵消。人们对高热量食品、糖、精制淀粉、动物性食品的摄入严重超标，水果、蔬菜、全谷类、豆类、坚果以及鱼类的摄入偏低，缺乏健康膳食阻碍了食物系统未来的顺利转型。根据现有的证据，Eat-Lancet 委员会提出了一种满足营养需求、促进健康并且能够在世界范围内推广的饮食模式。与目前的饮食习惯相比，到 2050 年全球采用星球健康膳食要将红肉和糖等食品的消费量减少 50% 以上，坚果、水果、蔬菜和豆类的消费量必须增加两倍以上。全球目标要与本地膳食指南进行比较，而目前北美国家食用的红肉量几乎是建议量的 6.5 倍，而南亚国家食用的红肉量仅为建议量的一半。所有国家或地区食用的淀粉类蔬菜（马铃薯和木薯）都超过了建议摄入量。为了保持健康，饮食还必须摄取适当的卡路里，并包括多种植物性食品、少量动物性食品、不饱和脂肪、少量精制谷物、高度加工的食品和糖。星球健康膳食建议的食物摄入范围允许灵活地根据食物类型、农业系统、文化传统和个人饮食习惯进行调整。

### （四）星球健康膳食存在的争议

有些行业专家认为星球健康膳食提出了不切实际的动物源性可选蛋白质，这会构成营养不良的风险，而且目前膳食中的维生素 $B_{12}$、视黄醇、维生素 D 和钙的含量都不足。作为回应，Eat-Lancet 委员会称星球健康膳食是一种杂食性饮食，每天大约需要食用两份动物源性蛋白质，同时，他们承认维生素 $B_{12}$ 的摄入不足可能需要保健品或强化食品来补充。

健康饮食的另一个重要方面是必需脂肪酸的摄入。星球健康膳食中较高的植物油含量和较低的鱼类含量可能会导致不健康的 omega-6 与 omega-3 比率。针对这些批评，委员会认为他们使用了有关饮食和人类健康的最佳证据，得出的结论也是基于大量研究的一致结果。这些包括随机对照喂养研究、评估体重的随机试验、评估特定疾病风险的随机试验，以及数十年来十多万人参与的长期流行病学研究。但是，他们指出，在某些情况下，研究结果是有限的，例如用于研究特定疾病风险的随机试验。这是因为在营养研究中，通常无法进行有关饮食和人体健康的临床试验，因为它们需要人们长期坚持特定的饮食，这在伦理上可能是行不通的。

值得一提的是，委员会强调推荐膳食并不意味着所有人都应该吃同样的食物，也没有规定固定的饮食搭配。星球健康膳食只是提供了食物类别和食物摄入量的范围，并将它们与饮食相结合。委员会建议各国应该根据当前的饮食情况，结合特定饮食习惯进行适当调整，并鼓励政府引导公民进行更加科学合理的膳食。

### （五）星球健康膳食的成本问题

阿德索干及其同事在 2020 年研究发现，以可持续发展目标为导向的饮食（例如星球健康膳食）不能解决目前贫困人口无法定期吃肉和蛋奶制品的问题，而且这些人口的健康与动物源性食品的摄入息息相关。根据国际粮食政策研究所和塔夫茨大学的研究，将近 16 亿人支付不起星球健康膳食建议的饮食，他们大多分布在撒哈拉以南非洲和南亚的发展中国家。但 2020 年的一项研究发现，星球健康膳食比澳大利亚典型饮食更实惠。

### （六）星球健康膳食与不同膳食标准的对比

2020 年的一项比较研究发现，星球健康膳食与《2015—2020 年美国人饮食指南》之间存在一定的协同性。不同之处主要在于水果、坚果、红肉、淀粉类蔬菜和粗粮的推荐含量。由于谷物、蛋白质、水果和蔬菜的摄入不足以及精致谷物和加工食品的消费过量，印度的平均饮食被认为是不健康的。

### （七）五种改变方式

Eat-Lancet 委员会提出了四项策略来调整人们的饮食结构和生产方式。首先，是通过改善健康食品的可获得性来增加人们对健康食品的选择。这可能会增加消费者的食物成本，因此需要专门为弱势群体提供社会保障，避免低收入群体持续的营养不良。其次，要将农业的重点从生产大量作物改变为生产营养丰富的作物。全球农业政策应激励生产者种植营养丰富的植物性食品，制订支持多元化生产的计划，并增加研究资金来增加营养和食物系统的可持续性。在考虑当地条件的情况下，实行可持续的集约化农业，采用适当的农业方法生产可持续的高质量农作物。再次，要科学保护自然生态系统并确保稳定、持续的粮食供应。可以通过保护陆地上完整的自然区域、恢复退化土地、取消有害的捕鱼补贴以及关闭至少10%的海洋捕鱼区域来实现。碧翠斯是瑞典皇家科学院GEDB计划的合著者、中心研究员和执行董事，他认为加强捕捞渔业治理和减少水产养殖将是决定未来是否能成功维持海产品作为健康饮食组成部分的关键。最后，我们要减少至少一半的食物损失。大多数粮食损失发生在低收入和中等收入国家的粮食生产过程中，这是由于收成不佳、有些作物无法进入市场而出现的滞销，最终导致浪费。想要改变这种现状需要加强对农民的技术和教育投资。除了中低收入国家外，食物浪费在高收入国家也是一个严重问题。这种情况可以通过改善购物习惯、帮助理解"最佳使用日期"和"使用期限"以及改善食物存储等方式来改善。《柳叶刀》主编理查德·霍顿认为，委员会要求的转变不是表面的或简单的改变，而是复杂食物系统的转型，通过激励措施和法规，在各级社区和政府重新定义健康的饮食方式。人类与自然的联系为我们提供了答案，如果我们能够以一种保障自身健康又保障星球健康的方式进食，那么星球资源的自然平衡将得到恢复。

### （八）星球健康膳食的主要启示

不健康和不可持续的饮食会对人类健康和星球健康同时造成威胁。全球超过820万人没有足够的食物。而大量不健康的食物摄取又会导致过早死亡和一些疾病的发生。另外，全球粮食生产成为地球可持续发展的最大人为阻碍，严重威胁到了各地生态系统的稳定性。

按照目前的饮食结构，2050年100亿人口的食物需求将严重加剧人类和地球的风险。全球非传染性疾病将更加严重，食物生产导致的温室气体排放、氮磷污染、生物多样性损失和水土利用的负面影响将降低地球系统的稳定性。

从可持续的膳食结构转变为健康的膳食结构是实现联合国可持续发展目标和巴黎协定的重要方式，以健康膳食和可持续粮食生产为科学目标来指导饮食转型。

健康的饮食方式应该保障充足的热量摄入和饮食多样性，可以少量摄入动物源食物、不饱和脂肪、精制谷物和高度加工的食物。

2050年的饮食转型需要减少全球50%不健康食品的摄入，例如红肉和糖，增加超过100%健康食品的摄入，例如坚果、水果、蔬菜和豆类。但是，由于饮食的地域性特点，各区域要以星球健康膳食为基本准则，针对不同区域进行适当调整。

当前饮食到星球健康膳食的饮食转型非常有益于人类健康，每年可避免1100万～1800万人的死亡，相当于降低了全球19%～23.6%的死亡率。

随着粮食生产造成的环境风险逐年加剧，可持续的粮食生产需要在地球的安全操作空间内进行，避免对地球的生态系统造成进一步的伤害。因此，可持续的粮食生产需要控制土地的扩张、保障现有的生物多样性、减少水资源消耗、提高用水效率、降低氮磷污染、实现二氧化碳零排放，并控制甲烷等温室气体的进一步排放。

2050年可持续的食物生产系统需要减少75%的亩产差距，重新分配全球氮磷肥料的使用，实现磷的再循环。同时要提高肥料和水资源的利用效率，实施农业休耕制度，减少温室气体排放，采用科学的土地管理办法，合理利用各种自然资源。

星球健康膳食建立的可持续食物生产系统满足了所有联合国可持续发展目标。这些目标的实现将取决于高质量的医疗服务，以及计划生育制度和针对健康饮食的国民教育。这些目标同时考虑了淡水、气候、土地、海洋和生物多样性的可持续性，并将通过全球伙伴交流及合作来实现。

可持续食物系统的实现需要每个人贡献自己的力量，从现有的饮食模式转向健康的饮食模式，并将粮食损失和食物浪费减少到最小，推动食物系统的顺利转型。作为地球村的一员，每个人应该怀揣同样的愿景，承担一份责任，为早日实现地球系统的可持续发展助力。

## 二、前沿文献导读

1.原文信息：Clark M A, Springmann M, Hill J, et al. Multiple health and environmental impacts of foods[J]. Proceedings of the National Academy of Sciences, 2019, 116(46): 23357-23362.

论文导读：目前在全球范围内，人们的饮食习惯正在发生转变，但这种转变却对人类健康与环境造成了负面影响。该研究选取了15种食物，探究了额外摄取每一种食物对成年人的五种健康状况的影响，以及额外摄取对农业造成的环境退化的影响。结果显示，虽然不同食物对健康的影响有很大差异，但一类在某种健康状况中能降低疾病风险的食物通常在其他健康状况中也能降低疾病风险。同样，对某种环境指标负面影响较小的食品对其他指标的负面影响也较小。此外，在与改善健康相关的食物（全谷类、水果、蔬菜、豆类、坚果、橄榄油和鱼）中，除鱼类外，其他所有食物对环境的影响都最低，鱼类的影响明显低于红肉和加工肉类。与最大的负面环境影响相关的食品——未加工和加工的红肉始终与将疾病风险提升至最高相关。因此，消费更多更健康的食物通常会促进环境可持续发展，同时，尽管高糖分加工食品会损害健康，但其环境影响相对较低。这些发现可以帮助消费者、政策制定者和食品公司更好地理解食品选择对健康和环境的多重影响。

2.**原文信息**：Kim B F, Santo R E, Scatterday A P, et al. Country-specific dietary shifts to mitigate climate and water crises[J]. Global environmental change, 2020, 62: 101926.

论文导读：营养不良、肥胖症、气候变化和淡水枯竭共同构成了粮食和农业系统的潜在驱动力。涵盖营养不良与营养过剩的国家范围的数据可以更好地服务于将饮食模式与可持续性发展和健康目标紧密结合起来。该研究根据 140 个国家的健康饮食标准，量化了 9 种植物性饮食的温室气体和水足迹。结果因国家不同而有很大差异，这是由于以下方面的差异：营养调整、模拟饮食所采用的基准消费模式、进口模式以及出口国食品的温室气体排放和水足迹强度。相对于纯素食饮食，由植物性食物和适量低食物链动物（即饲料鱼、双壳类软体动物、昆虫）组成的饮食具有相对较小的温室气体和水足迹。在 95% 的国家，每天只吃一顿动物产品的饮食比乳蛋素食（完全排除了陆生和水生肉类）的温室气体强度低，部分原因是乳制品的温室气体强度高。在不同的国家，饮食模式的相对最佳选择也各不相同，部分原因是毁林（例如用于饲料生产和牧场）和淡水密集型水产养殖。在全球范围内，营养不良人群中蛋白质和热量摄入的增加在一定程度上抵消了向植物性饮食倾斜的效益（例如低红肉饮食），导致温室气体和水足迹的净增加。这些发现强调了贸易、文化和营养在饮食足迹分析中的重要性。这里介绍的具体国家的结果可以为高肉类消费国以及可能采用西方饮食模式的饮食模式转型国家提供营养上可行的途径。

**3. 原文信息：** Feart C, Barberger-Gateau P. Mediterranean diet and cognitive health[J]. Diet and Nutrition in Dementia and Cognitive Decline, 2015: 265-283.

论文导读：地中海传统饮食被联合国教科文组织认证为人类非物质文化遗产，其特点是大量食用植物性食物，大量摄入橄榄油作为脂肪的主要来源，适量摄入鱼类，少量至适量摄入乳制品，少食肉禽，进餐时饮用少量到适量葡萄酒。除了地中海饮食与低死亡率之间众所周知的联系外，来自大型流行病学研究的新数据表明，地中海饮食的遵守程度与认知能力下降或痴呆风险之间存在关系，但结果并不一致。用于评估地中海饮食依从性和坚持地中海饮食的人更健康生活方式的可能性的方法存在差异性，这个现象可能从某种程度上解释了研究结果的差异。因此，在将地中海饮食作为预防认知能力下降或痴呆症的最佳饮食策略之前，需要对不同人群进行大规模的研究。

**4. 原文信息：** Myers S S，Willett W，Herrero M，et al. India has natural resource capacity to achieve nutrition security, reduce health risks and improve environmental sustainability[J]. Nature Food, 2020, 1:631.

论文导读：从 19 世纪 60 年代绿色革命以来，印度国内食物供给稳步上升。1961 年，4.4 亿人人均摄入为 2000 千卡；而到现在，13 亿人的人均摄入为 2450 千卡。当前，印度食品生产占用了全国 57% 的土地，消耗了总淡水量的 87%，并产生了全国 16% 的温室气体排放。随着印度人口的不断增加，农业种植过程中产生了土地退化、地下水过度开采以及过量使用农业化肥等问题，印度目前面临着严峻的食物供给形势以及环境退化的问题。印度食品的可持续发展意味着要在人口不断增长的情况下，最大程度地减少营养不良以及食品生产对环境的负面作用。该研究量化了土地、淡水等自然资源的使用情况和温室气体的排放量；对国家层面营养供应的充足性进行了评估；并通过综合性环境和营养优化方法来探究可能影响国家粮食实现自给自足的资源限制。研究结果显示，印度目前营养供应充足，提供的维生素和矿物质远远超过需求。在保证营养供给充足的前提下，提高自然资源使用效率后，区域耕地的使用最多可减少 50%，用水需求最多可减少 65%，综合资源投入最多可减少 40%。节约自然资源的使用可以减少 26% ~ 34% 的温室气体排放量；相应的饮食结构的转变可能使与饮食有关的早亡人数减少 14% ~ 30%。为了实现这些潜在的环境与健康效益，目前的生产与消费模式需要更多地向传统营养膳食模式转变。

## 第四章

空气污染与可持续发展

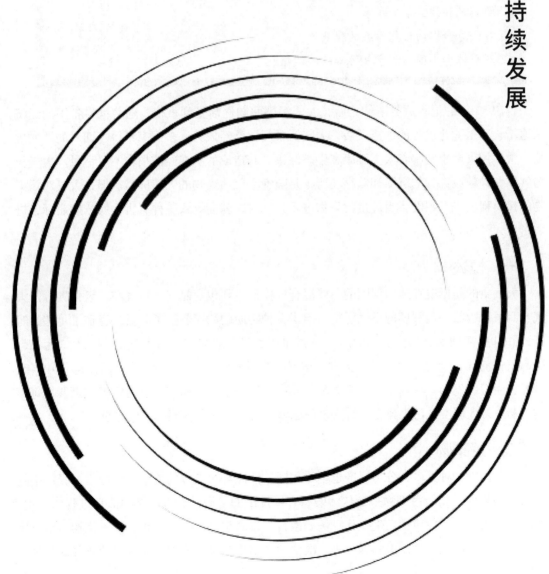

# 第一节 低层大气中的空气污染

★**学习目标**

● 了解常见的大气污染物

● 了解空气污染的主要危害

● 了解酸雨的形成、危害以及防治措施

● 了解臭氧层空洞的形成原因及现状

● 了解雾霾和沙尘暴的危害

● 了解全球和中国大气污染的现状

● 了解全球和中国对于空气污染的防治措施

自 1952 年的伦敦烟雾事件之后，大气污染问题逐渐受到重视。随着世界各国的经济快速增长和工业化进程的加速发展，大气污染问题已经成为许多国家不得不面对的严峻挑战。大气污染严重威胁着人类健康和生态健康，其造成的潜在经济损失不可估量。大气作为气体和颗粒废弃物的沉淀和储存场所，是隔绝空气污染物的天然屏障。但是大气对污染物的接受程度是有限的，当过量污染物进入大气时，就会导致某种有害物质浓度超标，进而形成大气污染。

## 一、概述

大气指的是围绕在地球周围的一层混合气体，主要包含氮气、氧气和二氧化碳等。大气自身可以吸收一定程度的空气污染，但当某种物质的浓度超过了限量，存在了足够的时间，并且危害到人类的舒适、健康、福利和环境时，就被定义为大气污染。大气污染会引起气候的异常变化，但由于大多发生缓慢、难以察觉，最终会造成严重后果。2019 年，世界卫生组织发布了全球十大健康威胁，其中空气污染位居榜首。世卫组织还强调，每年约有 700 万人因空气污染死亡，解决该问题将成为人类未来发展的重中之重。

## 二、污染物

大气污染物种繁多，分类标准也不尽相同。按照与污染源的关系，可分为初级污染物和次生污染物。初级污染物是指从污染源直接排出的物质，通常在某种活动过程中产生，并且在进入大气后性质不发生变化。例如微粒、二氧化硫、一氧化碳、氮氧化物、碳氢化合物以及火山爆发后喷发出的烟灰等。次生污染物是初级污染物与大气中的成分或几种一次污染物在发生一系列化学变化或光化学反应后，形成了新污染物，例如，地面臭氧层的形成。有些污染物既属于初级污染物，同时是次生污染物。除此之外，大气污染物还可依照污染物的存在形态进行分类，主要包括气溶胶状态污染物和气态污染物。

气溶胶是悬浮在气体中的固态或液态颗粒所组成的气态分散系统。天空中的云、雾，火山喷发时产生的烟尘，海水蒸发形成的盐粒，植物的花粉，化石燃烧过程中产生的粉尘、烟尘等都属于气溶胶。气溶胶颗粒具有胶体的特性，大气中的气溶胶颗粒通过光的散射使天空呈现蓝色，使云、雾呈现白色。在大气中，固体和液体微粒的布朗运动非常剧烈，当气溶胶颗粒相碰并发生聚结时，形成的大颗粒可在空中发生重力沉降，较小的微粒则会通过扩散的方式悬浮在大气中长达数月，甚至数年之久。

由于气溶胶微粒的来源和成因不同，其化学组成也有很大的区别，同时它们对人体健康和大气带来的危害也各不相同。例如化石燃烧过程中会释放二氧化硫，二氧化硫在发生气相氧化后会生成硫酸盐气溶胶，而硫酸盐气溶胶又会在大气中发生迁移，并随自然降水抵达地面，这会造成土壤、水体的酸化，影响动植物的正常生长。美国东北部五大湖地区的酸雨就是由硫酸盐气溶胶造成的。此外，污染物在大气中形成的光化学烟雾还会造成光化学污染。这种烟雾的气溶胶颗粒一般多在 0.3 ~ 1.0 微米，由于本身体积较小，所以不易因重力作用而发生沉降，能较长时间悬浮在空气中并进行长距离的迁移，这就会极大地降低大气的能见度，同时会损害人体健康。

不同气溶胶微粒的体积差异较大，其粒径通常在 0.01 ~ 10 微米，花粉等植物气溶胶的粒径通常较大，为 5 ~ 100 微米。木材燃烧产生的气溶胶粒径为 0.01 ~ 1000 微米。

颗粒物，又称尘，是指气溶胶体系中均匀分散的固体或液体微粒。颗粒物可分为一次颗粒物和二次颗粒物。一次颗粒物是通过自然污染源和人为污染源释放到大气中的，它们会直接造成大气污染，例如风扬起的灰尘、煤燃烧排放的烟尘以及工业废气中的粉尘等。二次颗粒物则是在某些化学过程中所产生的微粒，如二氧化硫生成硫酸盐等。

总悬浮颗粒物是分散在大气中各种粒子的总称。其粒径大多在 100 微米以内，甚至小于 10 微米。总悬浮颗粒物是大气中的主要污染物，同时是大气质量监测中的重要污染指标。

可吸入颗粒物通常是指粒径在 10 微米以下的颗粒物，又称 PM10。可吸入颗粒物能在大气中长时间飘浮，且易扩散。在光的散射作用下还会对大气的能见度造成很大影响。可吸入颗粒物为大气中的化学反应提供了反应床，目前已被定为空气质量监测的一个重要指标。可吸入颗粒物主要来自人为污染源，如化石燃料的燃烧、机动车尾气的排放、工业生产产生的烟尘、粉尘等。PM10 的粒径相对较大，会在空气中发生重力沉降，这就导致近地面处 PM10 浓度最高，随着高度的增加，PM10 浓度会减小。此外，燃烧过程中产生的可吸入颗粒物含有大量对人体有害的成分，且颗粒物的粒径越小，其化学成分越复杂、毒性越大。PM10 可以经呼吸道进入人体，也有一小部分可以通过消化道或皮肤进入人体。这些可吸入颗粒物在被人体吸入后会沉积在呼吸道、肺泡等部位，引发多种疾病，对人体健康造成严重危害。

细颗粒物，又称细粒、PM2.5，是粒径≤2.5微米的颗粒物，能较长时间悬浮在空气中。PM2.5在空气中的浓度越高就代表空气污染越严重，因此它也是空气质量监测的重要指标。PM2.5的主要来源是日常发电、工业生产和汽车尾气排放等，这些过程产生的残留物大多含有重金属等有毒物质。由PM2.5造成的雾霾天气会对人体健康产生极大危害，甚至高于沙尘暴天气。这是因为粒径在2.5微米以下的细颗粒物不易被鼻腔的内部结构阻挡，更易吸入人体，然后直接进入支气管，干扰肺部的气体交换，引发哮喘、支气管炎和心血管疾病等。这些颗粒还会通过支气管和肺泡进入到人的血液中，让有害气体、重金属等在血液中溶解，从而危害人体健康。

### （一）二氧化硫

二氧化硫是一种以低浓度形式存在于地球表面、无色无味的气体，主要来自火山活动中的自然排放，煤炭和石油产品的燃烧，以及各种工业生产活动中的排放，例如石油炼制、造纸、水泥和铝的生产等。二氧化硫可以与空气中的水蒸气结合，形成酸性物质，造成酸雨。酸雨落地后会对植物、建筑物造成直接伤害，引发动植物的死亡、油漆和金属物质的腐蚀。同时，酸雨还会沉降下渗到土壤和水源中，造成二次污染。对于植物而言，二氧化硫浓度过高会对植物产生急性危害，使植物叶表产生伤斑，或者使叶片枯萎脱落；当二氧化硫浓度较低时，则会对植物造成慢性危害，使叶片褪绿，虽然植物表面没有明显变化，但其生理机能已经受到了严重影响，使得植物产量下降、品质变坏。对于人类而言，二氧化硫被人体吸入呼吸道后，因其易溶于水，所以大部分会吸附在呼吸道上，伤害人体的肺部组织。而且还会影响人体的新陈代谢，伤害肝脏，同时还有可能诱发癌症的发生。

### （二）氮氧化物

大气污染过程中的氮氧化合物主要来自工业污染、生活污染和交通污染三个方面。以一氧化氮和二氧化氮为主的氮氧化物对人类的影响是多方面的。它的危害主要体现在以下三个方面：一是使人体产生病变；二是对植物的生长产生负面影响；三是形成光化学烟雾。氮氧化物对人的呼吸器官有较大的刺激作用，容易引起气管炎、肺炎和肺气肿等疾病。而且氮氧化物还可与水作用，形成硝酸盐和亚硝酸盐，这些物质进入人体后会导致人体缺氧甚至诱发癌症。对于植物来说，氮氧化物虽然毒性较弱，不会造成急性伤害，但是当其浓度过高时，会严重伤害叶脉和叶缘，形成不规则的水渍状损伤，最终导致植物坏死；或是使植物产生白色或褐色的斑点，导致植物枯死。除此之外，氮氧化物和碳氢化合物等一次污染物在阳光的照射下还会发生一系列光化学反应，最终形成光化学烟雾。这些光化学烟雾可随气流飘散数百公里，即便远离城市的乡村也会深受其害。人和动物在接触光化学烟雾后，眼睛和呼吸道黏膜会受到强烈刺激，引起眼睛红肿、视觉敏感度和视力降低、喉炎、头痛和呼吸困难等症状，严重时还会诱发淋巴细胞的染色体畸变，加速人体的衰老。

### （三）一氧化碳

一氧化碳是含碳物质不完全燃烧而产生的一种有毒气体，其无色、无臭也无刺激性。但是对人类和动物来说，极低浓度的一氧化碳也会有极强的毒性。大气中90%的一氧化碳来自大自然，另外的10%主要来自汽车发动机、炼钢炼铁炉、采暖锅炉、炉灶和固体废弃物的不完全焚烧。正是因为排放源较为常见，一氧化碳是排放量最大的大气污染物。一氧化碳在吸入人体后，会进入肺泡并参与全身的血液循环，并与血液中的血红蛋白、肌肉中的肌红蛋白等结合。一氧化碳和血红蛋白结合生成的碳氧血红蛋白更易与氧气结合，这就意味着其减弱了红细胞的携氧能力，这种情况容易引起人体血液缺氧，影响呼吸以及心脏和大脑的功能。一氧化碳对患有心脏病、贫血或呼吸系统疾病的人尤其危险，此外，它还可能导致出生缺陷，使得胎儿智力迟钝或患有生长障碍。由于高海拔地区氧气含量较低，一氧化碳对人们的影响也会更加严重。但得益于清洁燃烧引擎的应用，2010年的一氧化碳排放量相比于20世纪70年代的2亿吨下降了约70%。

### （四）臭氧

臭氧是一种有鱼腥味的淡蓝色气体，具有强氧化性，可以在低温条件下和多种物质发生氧化反应。全球约有90%的臭氧分布在平流层，另外10%则位于对流层。臭氧是平流层大气中关键的组成部分，平流层中的臭氧可以吸收短波紫外辐射，减少对人类和动植物的伤害，是众多生物的保护伞。在可控范围内，臭氧不具有伤害性，但当其浓度超过一定限度时，臭氧就会对人类健康造成伤害。根据国际环境空气质量标准，人类一小时能接受的臭氧浓度最大为260微克/立方米，超过此浓度就会引起咳嗽、呼吸困难等症状，严重时还会导致肺气肿或肺水肿。如果长时间直接暴露在高浓度臭氧中，则会出现疲乏、胸闷、咳嗽、恶心、皮肤褶皱、脉搏加快、思维能力下降和视力下降等症状。臭氧在进入人体后会转化为自由基，使不饱和脂肪酸氧化，造成细胞损伤。对于植物来说，臭氧会使植物叶片枯黄并造成农林植物减产。

### （五）微粒

颗粒物PM2.5和PM10常以烟雾的形式存在于空气中。PM2.5一般来自日常发电、工业运作和汽车尾气排放等，产生的主要原因是化学物质的不完全燃烧，而且PM2.5通常含有重金属等有毒物质。PM2.5由于微粒较小，可长时间悬浮在空气中，并且对空气质量和能见度有严重影响。PM10作为较大的空气微粒，通常来自直接排放，比如工厂的废气和车辆的尾气。当机动车行驶在未铺沥青的水泥路面时，材料在破碎碾磨处理时，甚至尘土飞扬时都会增加空气中PM10的浓度。这些微粒污染物造成的影响是多方面的，同时各有利弊。具体影响如下：

1.对人体健康造成危害

PM2.5会造成雾霾天气，相比于沙尘暴，雾对人体的伤害更大。由于人体鼻腔的内部结构无法阻挡粒径在 2.5 微米以下的细颗粒物，所以 PM2.5 被吸入人体后会直接进入支气管，干扰肺部的气体交换，从而引发支气管和心血管等方面的疾病。PM10 由于粒子直径相对较大，因此更容易发生沉降，这就导致近地面的 PM10 浓度最高。虽然 PM10 也会被人体直接吸入呼吸道，但部分可通过痰等排出体外，有时候也会被鼻腔内部的绒毛阻挡。所以和 PM2.5 相比，PM10 对人体健康危害相对较小。

### 2. 减少到达地面的太阳辐射

工厂、汽车、家庭取暖设备在运作过程中会向大气中排放大量的烟尘微粒，这些微粒会使空气变混浊，从而遮挡阳光，使到达地面的太阳辐射大幅减少。大型工业城市往往伴随着严重的大气污染问题，如雾霾和光化学烟雾。据统计，在大气严重污染期间，太阳光直接照射到地面的量减少了近 40%。太阳光对生物的健康生长具有重要的作用，植物依靠光合作用产生淀粉增加生物量，人体需要足够的阳光照射来促进体内维生素 D 等营养物质的合成，而长期缺乏太阳光照射，人类和动植物就会面临生长发育不良等问题。

### 3. 增加大气降水量

悬浮微粒具有水汽凝结的作用，对于水汽含量较大的积雨云，微粒可以增加其降雨的频率。大型工业城市由于制造业发达，往往会排放大量的废气，废气中的微粒会增加大气中的微粒含量，从而使得这些城市的下风地区降水量更多。

## （六）铅

铅是一种青灰色的重金属物质，在高温下会形成铅烟并进入到大气中。在日常生活里，铅的排放主要来自汽车燃料的燃烧。为了防止汽油在发动机中爆炸，人们在汽车燃料中添加了一种铅的有机化合物，这种化合物会通过汽车尾气排放到空气中，增加大气中的铅含量。近十年来，超过 430 万吨的铅扩散到大气中，比汽车出现前的原始状态增加了 1 万倍，这也导致现代人体内的含铅量比原始人高出 100 倍。

铅具有毒性，一直以来都被列为强污染物。与大多数化学品不同，铅无法在环境中降解，一旦进入环境便会长期存在。当大气中的铅含量达到一定浓度时，就会对人体健康造成严重危害。通常情况下，急性铅中毒会引起胃痛、颤抖和情绪烦躁等症状，严重时还会造成意识不清醒甚至死亡。但是大多数铅中毒都是慢性的，主要影响人体的大脑和神经系统。人体在长期接触铅及其化合物后会产生心悸等症状，同时还会出现失眠、记忆力衰退、易疲惫和失明等情况。长期来看，铅还会危害人体的心血管、肾脏和内分泌系统，干扰红血球运送氧气的功能，破坏人的造血功能，引起严重贫血。但是这些临床症状通常在血铅浓度达到 2.16 微摩尔 / 升时才会有所体现，轻度的铅中毒并不会有任何症状，因此这也使得铅中毒成了人体健康的隐形杀手。

## 三、主要的空气污染源

空气污染源主要分为两大类，分别是固定污染源和移动污染源。固定污染源具有相对固定的位置，主要包括点源污染、面源污染和无法定位的污染源。点源污染是指有固定排放点的污染源，例如发电厂的烟囱、炼油厂的污水等。面源污染指的是没有固定排污口的污染，例如农药、大气颗粒物等通过地表径流、土壤侵蚀等方式进入水体或大气。小型城市社区、城市的密集工业化地区以及喷洒除草剂和杀虫剂的农业地区等都属于面源污染。无法定位的污染源是暴露在风中的开阔地区，例如以农业为目的的燃烧地区、土路、建筑工地、农田和露天矿场等。移动空气污染源包括汽车、飞机、轮船、火车等任何在运输过程中产生污染的设备。

空气污染源还可以分为自然污染源和人为污染源。自然污染源也被称为天然污染源，是指向环境中排放有害物质或对环境造成负面影响的自然物质。例如浮尘、扬沙、火山爆发产生的硫酸盐颗粒；由闪电、森林火灾、草原大火产生的臭氧、二氧化硫、氮氧化物、有毒害气体；植物产生的酯类、烃类等有毒有害化合物；动植物腐烂产生的臭气；海浪带入大气中的硫酸盐与亚硫酸盐颗粒等。这类由自然界产生的空气污染种类较少、浓度较低，但是若不对其加强监控，制定具有针对性的防控措施，那么自然污染源将在未来成为主要的空气污染源。

人为污染源是指人类在进行社会活动时形成的污染源，一般分为工业污染源、农业污染源、交通运输污染源和生活污染源。工业污染源主要有火力发电厂、钢铁厂、化工厂以及水泥厂等，这些工厂在生产和燃料燃烧过程中会排放大量煤烟、粉尘等颗粒性废气以及含氮、硫的废气。农业污染源一般产生于农药的喷洒过程中，药剂微粒会漂浮在空中造成大气污染，还会残留在水体和土壤的表面，随着农药的挥发进入大气。交通污染源是指对周围环境造成污染的交通运输设施和设备，例如汽车、卡车、船舶等在使用时产生的污染物。生活污染源主要出现在城市和人口密集的居住区，炉灶、锅炉是较为典型的生活污染源。人们在做饭、取暖、沐浴等日常活动中需要燃烧大量的化石燃料，这些燃料在燃烧过程中会向大气中排放煤烟等有害气体，最终污染大气。

## 四、酸雨

### （一）什么是酸雨

酸雨又名酸性沉降，具体可分为"湿沉降"和"干沉降"两类。湿沉降是指随着雨、雪、雾或冰雹等降水形态而落到地面的气状污染物或粒状污染物。干沉降则是在非降水的天气中，从空中降下来的落尘所包含的酸性物质。酸雨是酸性沉降中的湿沉降，主要分为硝酸型酸雨和硫酸型酸雨。通常情况下，酸雨是指酸碱值小于 5.6 的雨雪或其他形式的降水。

酸雨产生的主要原因可归结为自然因素和人为因素。酸雨中的硫酸根是由空气中的二氧化硫转化而来的，这种被称为自然因素。人为因素指的是化石燃料的燃烧、火力发电厂的废物排放等人类行为。酸雨中的硫酸根离子主要来自石化工业的燃烧，钠离子和氯离子主要来自海水的飞沫，硝酸根离子主要来自交通工具排放。但值得注意的是，雨水的 pH

值并不能完全反映出大气中人为污染物的多少，还需要对雨水的成分进行具体分析。对于我国来说，造成酸雨的罪魁祸首是燃烧含硫量高的煤炭以及汽车尾气的排放。这也就导致我国的酸雨主要为硫酸雨，但在主要燃烧石油的国家或地区，酸雨的主要类型为硝酸雨。

### （二）酸雨的形成

#### 1. 天然排放源

海洋：海洋雾沫，它们会夹带一些硫酸到空中。

生物：土壤中的动物死尸和植物败叶等在细菌作用下被分解为某些硫化物，继而转化为二氧化硫。

火山爆发：喷射出大量二氧化硫气体。

森林火灾：雷电和干热引起的森林火灾是硫氧化物的天然排放源，因为树木中也含有微量的硫化物。

闪电：高空的云雨闪电有很强的能量，能催化空气中的氮气和氧气生成一氧化氮，继而在对流层中被氧化为二氧化氮。自然界中的硝酸主要由一氧化氮或二氧化氮在雷雨天反应形成。

细菌分解：土壤中含有微量的硝酸盐，其可在土壤细菌的作用下分解出一氧化氮、二氧化氮和氮气等气体。

#### 2. 人工排放源

在地下埋藏几亿年的动植物化石在经过演变后就成了煤、石油和天然气等化石燃料。据科学家粗略估计，1990 年我国化石燃料的消耗量仅为世界消耗总量的 12%，但是在 1950 年至 1990 年，我国化石燃料消耗量却提升了 30 倍，消耗速度也迅猛提升。在化石燃料的燃烧过程中，含硫煤会生成二氧化硫、高温会使空气中的氮气和氧气生成一氧化氮，继而迅速转化为二氧化氮，并最终形成大气中的酸性污染物，导致酸雨的发生。具体过程如图 4-1 所示。

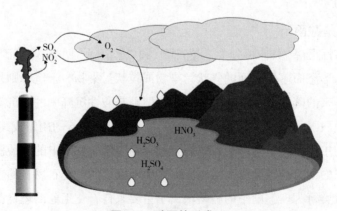

图4-1　酸雨的形成

　　由于大量燃烧石油等化石燃料，工业生产成为酸雨的主要来源。工业生产排放的二氧化硫和氮氧化物，在大气中经过"云内成雨过程"和"云下冲刷过程"形成酸雨。"云内成雨过程"指的是水汽凝结在硫酸根、硝酸根等凝结核上，发生液相氧化反应，形成硫酸雨滴和硝酸雨滴。"云下冲刷过程"则是酸雨雨滴在下降过程中不断合并、吸附、冲刷其他含酸雨滴和含酸气体，从而形成较大的酸性雨滴，降落在地面上，最终形成酸性降水。

### （三）酸雨的危害

　　酸雨的危害是多方面的。无论是人体健康、农业生产还是建筑设施，无一不会受到酸雨的负面影响。酸雨会导致儿童的免疫功能下降，提升慢性咽炎的发病率。同时，老人眼部和呼吸道疾病的患病率也会随之增加。酸雨还会造成农作物的大幅减产，尤其是小麦，在酸雨的影响下，小麦甚至会减产 13%～34%。大豆和其他蔬菜则会在减产的同时面临作物中蛋白质含量下降的风险。酸雨对植物的危害也相对较大，会使得植物叶片枯黄、病虫害加重，最终造成大面积死亡。此外，酸性降水还会损毁建筑、桥梁、堤坝、工业设施、供水管网、地下储水系统、发电站、电信电缆等设施和材料，并对古代文物、历史建筑、雕塑、装饰品等造成损伤。

#### 1. 对人体健康的危害

　　酸雨对人体健康的危害可分为直接危害和间接危害。酸雨中含有的二氧化硫和二氧化氮可以直接刺激人体皮肤或引发呼吸道疾病，例如咳嗽、哮喘等。另外，人体的角膜和呼吸道黏膜也对酸性物质异常敏感，酸雨会导致红眼和支气管炎的发生。酸雨中的微粒可以侵入肺部的深层组织，引起肺水肿、肺硬化甚至肺癌。1980 年英国和加拿大就有 1500 人死于酸雨污染。但是在现实生活中，酸雨的间接危害要远大于其直接危害。酸雨会使土壤中的有害金属被冲刷进河流和湖泊，这不仅会污染人类的饮用水源，还会使汞、铅、镉等有毒重金属沉积在鱼体内，人类在食用这些有毒的鱼类后会诱发老年痴呆或癌症。另外，酸雨会再次酸化农田土壤，使原本固定在土壤矿化层中的汞、镉、铅等有害重金属重新溶解，并被农田种植的作物和蔬菜吸收并富集。当这些食物被人类摄入后会极大程度地威胁人类健康。

#### 2. 对土壤和植物的危害

　　酸雨会使土壤酸化并危害到植物根系和茎叶的生长。在陆地的生态系统中，植物是生产者，动物是消费者，微生物是分解者。当植物受到酸雨的危害后，动物和微生物会相继受到不同程度的影响，这会破坏整个陆地生态系统的平衡。酸雨中的硫酸会将土壤中的钙、镁、钾等成分硫酸化，当这些重要的养分被溶解后，土壤就会变得相对贫瘠。酸化的土壤失去了自身的中和性，抑制了微生物的活性，由于大部分植物无法生存在 pH 值较低（呈酸性）的土壤中，它们会因强酸而枯萎甚至死亡。受到酸雨侵蚀后，叶子的叶绿素含量会减少，降低光合作用的效率，导致植物叶子萎缩或畸形。

酸雨会改变土壤的物理和化学性质。在酸雨的影响下，土壤中的钾、钠、钙、镁等营养元素会释放出来并被雨水淋溶掉。长期的酸雨会使土壤淋失大量营养元素，造成土壤营养不足，使土壤变得贫瘠。此外，酸雨还会增加土壤中的活性铝含量，降低酶的活性，抑制土壤中的固氮菌、细菌和放线菌等，从而在一定程度上抑制植物的生长和繁殖。不仅如此，酸雨还会增加森林的病虫害发生率。我国长江以南地区常年经受酸雨的危害，调查数据显示，四川盆地约有28万公顷的森林受到了酸雨的影响，受害面积占我国林地面积的32%。根据专家的初步估算，酸雨造成的森林生产力下降将会使西南地区损失630万立方米的木材。

### 3. 对水资源的危害

酸雨会导致水体酸化，造成严重的水体污染，其中影响最大的是河流与湖泊。酸雨降落到河流或湖泊后会降低水体中有机物的分解速度，减少浮游生物的种类，降低食草类与食肉类微生物的生物量，这会导致水体中生产者、消费者和分解者的组成发生变化，破坏生态系统的稳定性。酸化后的水体中往往溶解了土壤中的某些有毒金属，例如铅、汞、镉、铝与铜等，这会增加人们的饮水风险。

### 4. 对建筑的危害

酸雨对建筑的影响主要分为两方面，分别是对非金属材料和金属材料的影响。对非金属材料（混凝土、砂浆和灰砂浆等），酸雨会使其表面硬化，出现空洞和裂缝，失去原有的光泽，降低建材强度，使其材质松散，最终损坏建筑物。严重情况下还会导致混凝土大量剥落，裸露出钢筋。砂浆混凝土墙面在经酸雨侵蚀后会出现"白霜"，这种"白霜"就是硫酸钙，俗称石膏。除了"白霜"，酸雨还会让建筑材料表面变黑，形成"黑壳"。俗称汉白玉的天然大理石含钙量丰富，最容易受到酸雨的侵蚀。在经过三年酸雨的淋洗后，汉白玉会出现变色的现象，并在随后几年完全脱色。著名的德国科隆大教堂就是一个典型案例。该教堂内有两座高达157米的尖塔，由于常年受到酸雨的侵蚀，高塔的石壁表面已被腐蚀得凹凸不平，通向入口处的天使和玛丽亚石像也受到了不可恢复的损伤，而砂岩石雕甚至在15年的时间内被腐蚀了10厘米。

不仅是德国科隆大教堂，北京国子监街孔庙内的"进士题名碑林"也受到了酸雨的严重腐蚀。该石碑林距今已有700多年的历史，碑上镌刻了元、明、清三代共51624名进士的姓名、籍贯和名次，是我国古代科举考试制度的珍贵实物资料，其被列为国家级文物重点保护单位。近年来，石碑表面出现了不同程度的剥落现象，有些石碑甚至已经面目全非。除了石碑林，北京其他石质文物例如大钟寺的钟刻、故宫汉白玉栏杆和石刻，以及卢沟桥的石狮等也都存在着不同程度的腐蚀或剥落现象。

酸雨对金属建筑材料的损伤主要体现在腐蚀其暴露在室外的钢结构。在酸雾的环境

下，金属建材的腐蚀速度约为 0.2 ~ 0.4 毫米 / 年，而酸雨直接淋失的腐蚀速度甚至大于
1 毫米 / 年。在我国，受酸雨影响较大的地区主要有重庆、四川和贵州等，这些地区的电
视塔、路灯、汽车外壳和输电架等常年经受着酸雨的腐蚀，其中重庆的嘉陵江大桥每年约
腐蚀 0.16 毫米。在众多金属建材中，碳钢、铝、锌和铜是四种较易受到腐蚀的材料。在
酸雨严重的地区，铝的损伤程度是非酸雨区的十几倍。事实证明，城市和工业区大气中的
金属腐蚀速度相当于农村中的 2 ~ 10 倍。碳素钢、锌和镀锌铁、铜、镍和镀镍钠等都随
空气中二氧化硫浓度的升高而加快腐蚀。

酸雨同样腐蚀着金属文物和古迹。美国纽约港的自由女神像，其外部的薄铜片因酸雨
变得疏松，一触即掉。意大利威尼斯圣玛丽教堂的四匹青铜马因酸雨损坏严重无法修复，
只得移到室内，原处用复制品代替。

这些现状让酸雨成为不容忽视的环境问题。

**（四）酸雨的分布**

酸雨的分布受多种现实因素的共同制约，其中两大主要因素分别是酸、碱物质的排放
量和气象条件。地区的平均温度、年降水量、年均气象湿度和日照时长等都会影响酸雨的
分布。我国现已成为继欧洲和北美之后的第三大重酸雨区，并且酸雨问题正在逐渐严重。
早在 20 世纪 80 年代，我国的酸雨在川贵两广地区频发，主要以重庆、贵阳和柳州为代表，
酸雨区面积约为 170 万平方公里。90 年代中期，酸雨逐渐发展到了长江以南、四川盆地
和青藏高原以东等地，酸雨面积扩大到了 270 多万平方公里。长沙、赣州、南昌和怀化等
地成为全国酸雨污染最严重的地区，其酸性降水概率高于 90%。当前，酸雨在我国已呈
燎原之势，且覆盖面积已占国土面积的 30% 以上。

**（五）酸雨的防治**

酸雨是工业生产的副产物，工业生产中化石燃料的燃烧导致大量硫氧化物和氮氧化物
挥发到大气中，并通过化学反应形成酸雨。防治酸雨需要从源头解决问题，当前最根本的
防治措施主要有：

①调整能源结构。当前燃料的主要类型为矿物燃料，这类燃料中含有大量硫化合物，
燃烧过程中生成硫氧化物，促进酸雨的形成。未来应增加少污染甚至是无污染的能源比例，
例如使用太阳能、核能、水能、风能和地热能等。

②减少废气排放。通过技术研究，积极研发新型燃煤技术，例如净化、转化，改进燃
煤，改进污染物控制以及采取烟气脱硫、脱氮等技术，推广清洁能源技术。

③控制高硫煤的开采、运输、销售和使用。

④加强原煤的脱硫技术，该项技术可以去除燃煤中 40% ~ 60% 的无机硫。

⑤征收税款。例如二氧化硫排污费、二氧化硫排污税费、排放交易和产品税等。

⑥控制汽车尾气排放。制定各类车辆的尾气排放标准，推广无铅汽油，安装尾气净化

器等。

⑦增加城市绿化面积，提高民众参与减排的积极性。

⑧政府部门制定严格的大气环境质量标准，并加强酸雨的监测和管控，及时掌握大气中硫氧化物和氮氧化物的排放情况以及迁移情况，实时做出应对措施。

⑨生物防治是解决酸雨的一种辅助手段，在酸雨污染严重的地区可以种植能够吸收二氧化硫的植物，例如垂山楂、洋槐、云杉、桃树、侧柏等。

## 五、臭氧空洞

作为当前世界上被普遍关注的全球性大气问题，臭氧层空洞正在威胁着生物圈的安危和人类的生存环境。臭氧层空洞是大气平流层中臭氧含量减少的一种现象。大气中的氯化物和溴化物对臭氧的分解有催化作用，因此臭氧的形成主要归因于含有氯原子的气体，例如氯氟烃（CFC）等。这些气体中的氯原子在组成化合物时相对稳定，例如 HCl, ClONO$_2$ 等。但是在云层颗粒的作用下，这些化合物会被分解，导致活跃的 Cl$^-$ 和 ClO$^-$ 出现，同时云层还会使二氧化氮转化为硝酸，再与 ClO$^-$ 结合重新生成 ClONO$_2$ 并释放氯离子。

对于臭氧空洞的形成原因，科学家们普遍认为是人们向空气中排放了大量的氟氯烃。氟氯烃包括氯氟烷烃和溴氟烷烃。氯氟烷烃主要用于空调制冷、泡沫塑料发泡和电子器件清洗，溴氟烷烃则主要用于特殊场合灭火。这些氟氯烃在大气的对流层中非常稳定，可以停留很长时间，如 CF$_2$Cl$_2$ 在对流层中的停留时间长达 120 年左右。随后，这些氟氯烃会进入平流层并在臭氧的化学反应中充当催化剂，每个游离的氯原子或溴原子可以破坏约 10 万个臭氧分子。这类化学反应会导致臭氧耗损，从而降低臭氧浓度。与此同时，寒冷也是臭氧层变薄的关键因素之一，这也解释了南北极最先出现臭氧空洞的原因。

臭氧层空洞形成后会极大地减弱大气吸收紫外线的能力，导致到达地球表面的紫外线明显增加，这将给人类健康和生态环境造成灾难性的影响。研究表明，人体长期接受过量紫外线辐射后会导致细胞中的脱氧核糖核酸（DNA）突变，降低细胞自身修复机能，使人体免疫机能减退。强紫外线辐射还会诱发人体皮肤癌变，同时使眼球晶体混浊，造成白内障甚至是失明。不仅如此，紫外线辐射还可通过抑制人体免疫机能增加其他疾病的发病率。对于生态环境来说，主要对三个方面有严重的负面影响，分别是农业、渔业和林业。紫外线辐射会同时降低农作物的产量和质量，影响最为明显的作物种类包括：小麦、大豆、水稻、水果和棉花等。此外，紫外线辐射能够杀死海洋中水深 10 米内的单细胞浮游生物，当臭氧减少 10% 时，紫外线辐射会增加 20%，这将对海底的生态环境造成严重破坏，从而影响渔业的产量和质量。紫外线辐射对林业的破坏主要体现在其对植物 DNA 的破坏，这会直接影响植物孢子的分裂过程，造成花粉畸形导致植物不育。

## 六、雾霾

### （一）雾和霾的区别

雾和霾是两种不同的概念，二者第一个区别是雾是一种水汽凝结物，由大量悬浮在近地面空气中的微小水滴或冰晶组成，通常呈现乳白色，可使地面水平能见度下降到 1 千米以下；而霾是大量灰尘颗粒悬浮在空气中形成的浑浊现象，霾可使地面水平能见度小于10 千米。通常情况下，霾能使远处光亮物体呈现微带黄、红色，使黑暗物体呈现微蓝色。简单来讲，雾的主要成分是水，而霾的主要成分则是尘粒。

除了成分不同，雾和霾的第二个区别在于空气湿度。当空气湿度接近饱和时，水蒸气才会凝结出大量液滴和冰晶，这也就导致雾天的相对湿度普遍大于 90%。而霾的主要成分是干尘粒，不需要高水蒸气饱和度就能出现，因此霾天的空气相对湿度一般低于 80%。通常意义上的雾霾天指的是雾和霾同时作用导致大气浑浊的一种现象，雾霾天的能见度会相对较低，空气相对湿度一般处于 80% ~ 90%。

此外，雾和霾的第三个区别在于厚度。雾的厚度相对较小，从几十米到一二百米。且与晴空区有明显边界。霾的厚度相比于雾则大得多，能达到 1 ~ 3 千米，且没有明显的边界。由于雾和云的物理本质都是水汽凝结（或凝华）的产物，所以当雾升高离开地面时就会形成云，而云降低到地面或移到高山时就称为雾。

### （二）雾霾的成因

大部分时间里，近地层大气中都存在霾粒子，而少见或罕见雾滴的存在。严重雾霾天气通常是霾粒子和雾滴共同作用造成的。

雾霾天气形成的先决条件是静稳天气。在静稳天气条件下，大气的稳定度高，空气垂直对流较弱，不利于水汽垂直扩散，较小的风速也不利于水汽水平扩散。这就导致大气中的水汽不断堆积，空气相对湿度提高，加之空气中原本就存在某些吸水性强的干气溶胶粒子，这些粒子会活化为云雾的凝结核，进一步促进水汽凝结成雾。

静稳天气下大气中的污染物也难以扩散，那些在晴朗天气下被空气垂直对流和水平方向气流带走的污染物颗粒会被束缚在近地面，与空气中的水汽结合，加重污染物浓度，最终形成雾霾。除了扬尘、灰尘这类固态尘粒，有些污染物在排放时是气态，例如燃煤产生的二氧化硫、汽车尾气排放的氮氧化物等，这些气态物质在大气的光化学反应后会转化为颗粒物。当空气湿度较大时，转化速度也会加快，这将进一步加剧雾霾程度。

雾霾天气削弱了太阳光照射到地面的强度，使得地面温度降低，有利于大气低层逆温，加大大气的稳定程度，减少对流，导致污染物和水汽更加难以扩散，最终形成恶性循环。

总而言之，雾霾的形成主要归结于静稳天气和污染物、水汽的不断堆积，而这两者之间，污染物颗粒还会加速水汽凝结，高湿度环境又可促进气态污染物转化为颗粒污染物。二者共同阻碍了太阳辐射，减少对流，一定程度上维持了静稳天气，为雾霾的形成制造了先决条件，如此恶性循环造成了雾霾持久不散。

### （三）雾霾对人体的危害

霾的组成成分非常复杂，包括数百种大化学颗粒物。通常情况下，粒径在 10 微米以上的颗粒物会被人体鼻腔内的绒毛所阻挡；粒径在 2.5 ~ 10 微米的颗粒物，如矿物颗粒物、海盐、硫酸盐、硝酸盐、有机气溶胶粒子、燃料和汽车废气等，能直接进入并黏附在人体呼吸道和肺叶中；而粒径在 2.5 微米以下的细颗粒物（即 PM2.5），能够直接进入肺泡并被巨噬细胞吞噬，且永远停留在肺泡内。这不仅会影响呼吸系统的正常运作，还会对心血管、神经系统造成严重影响。亚微米粒子会沉积在上下呼吸道和肺泡中，引发鼻炎和支气管炎等，如图 4-2 所示。

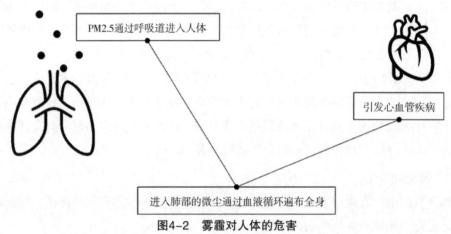

图4-2　雾霾对人体的危害

雾由水汽组成，由于雾滴较大，不易直接吸附在人体的呼吸道上，但是雾滴能够溶解空气中的污染物，当污染物与空气中的水汽结合后将变得不易扩散并且会发生沉降，这使得污染物会聚集在人们能够接触到的高度。而且，一些有害物质与水汽结合后还会通过化学反应生成毒性更强的物质。例如二氧化硫遇水后会变成硫酸或亚硫化物，氯气则会水解为氯化氢或次氯酸，氟化物会水解为氟化氢，这些新生成的物质都会加重对人们的危害。

雾霾天潮湿的空气为病原菌的存活、繁殖和传播提供了有利条件。同时，雾滴又延长了病原菌的存活时间，当人体吸入雾滴时也会将病原菌一同吸入，提高人体的感染风险。加之雾霾天反射了大部分太阳辐射，导致近地层紫外线辐射减弱，易使空气中的传染性病菌活性增强，增加传染病的患病概率。

致病菌侵入人体时，首先要穿透人体的屏障结构。而雾霾天的大气污染物在诱导炎症反应后还会损伤人体呼吸道黏膜和皮肤屏障，为病原菌侵入人体打开一个缺口。此外，污染物还可能影响皮肤和呼吸道的微生物群落，导致呼吸道微生态失调，破坏正常菌群构成的菌群屏障，导致病菌大量繁殖，从而诱发呼吸道和皮肤感染发病。污染物还会对人体的吞噬细胞、补体、细胞因子等造成损伤，使人体对病原菌的清除能力降低，因而更容易诱发疾病。

## 七、扬沙、沙尘暴

### （一）沙尘天气的等级标准

沙尘天气是指大风将地面上的尘土、沙粒卷入空中或随高空气流飘到下游地区，进而造成空气混浊、水平能见度降低的一种天气现象。人们在日常生活中习惯把一切沙尘天气统称为沙尘暴，但是严格意义上来讲这是不准确的，因为沙尘暴只是沙尘天气的一个等级。沙尘天气根据中华人民共和国国家质检总局和国家标准委批准发布的《沙尘暴天气等级》可分为五个等级，分别是浮尘、扬沙、沙尘暴、强沙尘暴和特强沙尘暴，具体划分标准如图4-3所示。

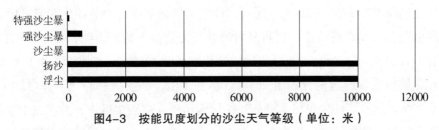

图4-3 按能见度划分的沙尘天气等级（单位：米）

浮尘：当天气条件为无风或平均风速≤3米/秒时，尘沙浮游在空中，使水平能见度小于10千米的天气现象。

①扬沙：风将地面尘沙吹起，使空气轻度混浊，水平能见度在1～10千米以内的天气现象。

②沙尘暴：强风将地面尘沙吹起，使空气较为混浊，水平能见度<1千米的天气现象。

③强沙尘暴：大风将地面尘沙吹起，使空气非常混浊，水平能见度<500米的天气现象。

④特强沙尘暴：狂风将地面尘沙吹起，使空气特别混浊，水平能见度<50米的天气现象。

严重的沙尘天气甚至可能称为灾害，我国按照突发沙尘暴灾害的严重性和危害程度，将突发沙尘暴灾害分为四个等级。

①一般沙尘暴灾害（Ⅳ级）：对人畜、农作物、经济林木影响不大，造成的经济损失在500万元以下。

②较大沙尘暴灾害（Ⅲ级）：造成人员死亡在5人以下或经济损失在500万～1000万元，或造成机场、国家高速公路路网线路封闭。

③重大沙尘暴灾害（Ⅱ级）：影响重要城市或较大区域，造成5～10人死亡，或经济损失高于1000万，且在1000万～5000万元，或造成机场、国家高速公路路网线路连续封闭12小时以上。

④我国特大沙尘暴灾害（Ⅰ级）：影响重要城市或较大区域，造成人员死亡 10 人以上，或经济损失 5000 万元以上。

## （二）沙尘天气的危害

沙尘天气会使大气中的颗粒物急剧增加，且粗颗粒物增加更为显著。颗粒物的增加将在很大程度上影响空气质量，造成下游城市中颗粒物污染程度加重，空气质量恶化。沙尘天气对人体健康的影响一方面与沙尘颗粒的粒径大小有关，粒径越小越易进入呼吸系统深部甚至循环系统，对人体健康的危害也越大；另一方面，沙尘颗粒在传输过程中会吸附传输路径中的重金属、有机物、花粉、细菌、病毒等有毒有害成分，并与沿途的大气成分发生复杂的相互作用，从而危害人体健康。

沙尘天气中严重恶化的空气质量会对人体健康造成急性危害，比如引起心脑血管以及过敏性疾病的发病与死亡。在沙尘天气高发的地区，沙尘天气使得因呼吸系统疾病住院的人数比非沙尘期间增加 14% ~ 28%；同时，沙尘天气增加了心血管疾病患者呼吸道感染的机会，甚至还会加重心脏负担，严重时可导致心力衰竭。研究表明，小于 10 微米的沙尘颗粒每增加 10 微克/立方米，心血管疾病的死亡率就增加 1.4%。芝加哥在沙尘天气期间，心肌梗塞和急性脑血管的病例分别增加了 2.5 倍和 1 倍，心绞痛和心律不齐增加了 50%，死亡增加了 20%。此外，沙尘可将远处的过敏原输送到人口密集区域，并在途中吸附空气中的有害物质并加重患者的过敏反应。例如，澳大利亚由于土壤被风蚀而引起的沙尘暴导致该国 200 万人出现了哮喘。

不仅是急性危害，沙尘天气还会对人体健康造成慢性危害。长期反复暴露于沙尘天气可降低人体的肺功能，引起肺部的慢性纤维化，例如非职业性尘肺，即沙尘肺或沙漠肺这类慢性健康疾病。我国新疆的部分地区由于沙尘天气频繁，在当地居住 30 年以上的居民中就发现了一定比例的非职业性尘肺患者。同时印度拉达克山区沙漠尘肺患者肺中无机沙尘的化学成分与居住环境中采集的沙尘样品中的硅含量类似，这就表明是生活中的沙尘环境导致了当地居民的尘肺疾病。

## （三）沙尘天气的防治

沙尘天气是天气系统和地面沙源共同作用的结果，以人类目前的科技水平还无法有效改变天气系统，因此遏制沙源和做好沙尘天气到来时的防护工作就成了减少沙尘天气危害的主要途径。

遏制沙源首先要遏制土地荒漠化，通过恢复植被和加强生物防护体系的构建可以有效减少地表裸露沙源的面积，进而从源头上减少沙尘量。我国在沙尘多发的北方尤其是西北和华北地区，进一步推进了退耕还林还草，并对宜林的荒山荒地进行人工造林种草，遏制土地荒漠化及沙尘大范围的输送。"十三五"以来，我国荒漠化防治成效显著，全国累计完成防沙治沙任务 880 万公顷。经过多年治理，毛乌素、浑善达克、科尔沁和呼伦贝尔四大沙地生态状况整体改善，林草植被增加 226.7 万公顷，沙化土地减少 16.9 万公顷。

虽然我国对于国内的土地荒漠化控制成果显著，但来自西北沙漠地区和境外扩散到我国的沙尘仍然存在不小的威胁，因此建立完善的沙尘预测预警体系、加大对沙尘暴研究的投入，能够帮助我国进一步准确监测、预报沙尘天气，并且及时掌握沙尘动态，将损失降到最小。我国国家质量监督检验检疫总局和国家标准化管理委员会在 2012 年批准发布了《沙尘暴天气预警》，通过对当前沙尘天气的检测结果预测沙尘未来的发展趋势，以此向沙尘天气即将经过的区域提供预警，提前反应做出应对准备。

## 八、大气污染综合治理对策及措施

### （一）我国大气污染的现状

当前我国大气污染状况十分严重，主要是煤烟型污染，其具体表现为：城市大气环境中总悬浮颗粒物浓度普遍超标、二氧化硫污染严重、机动车尾气污染排放总量迅速增加、氮氧化物污染呈加重趋势。大气污染排放总量的现状如下：

①烟尘、粉尘：烟尘的主要排放源是火电厂和工业锅炉，由于地方电厂使用的大多为低效除尘器，所以烟尘排放量一般是国家大型电厂的 5～10 倍，除尘就成为这些工厂的重中之重。上海铜加工厂的大型袋式除尘器除尘效率高达 99% 以上，虽然这是一种传统的除尘方式，但因其效率高、性能稳定可靠、操作简单，已获得了广泛的应用。此外，其余的除尘机器还包括电除尘器、湿式除尘器等，这些设备也应该得到大力推广。

②二氧化硫：随着煤炭消耗量的不断增加，二氧化硫的排放总量也急剧上升。在各类排放源中，电厂和工业锅炉的排放量占比高达 70%。二氧化硫排放是酸雨的主要来源，目前由二氧化硫引起的酸雨污染范围正在不断扩大，现已扩展到长江以南、青藏高原以东的大部分地区，遍及广东、广西、四川、贵州、云南、湖南、江西、福建、浙江、上海、安徽、山东等十多个省、市、自治区。华中酸雨区比较严重的中心区域为长沙、衡阳和赣州，西南为宜宾、南充和重庆，华东为厦门、宁波和南京。目前年均降水 pH 值低于 5.6 的地区已占全国面积的 30% 左右。

③机动车排气污染：随着经济的不断发展，我国人民生活水平日益提升，机动车数量也在近年有着迅速增长，尤其是一些大城市如北京、上海、广州等。这些城市机动车数量的增长速率远远高于全国平均水平，这也就导致这些地区面临着更加严重的尾气污染问题。汽车排放的氮氧化物、一氧化碳和碳氢化合物从排放总量来看呈现逐年上升的趋势，而且由于城市人口密集，交通运输量相对较大，机动车排气污染占城市大气污染的比例也在不断上升。

### （二）对策

#### 1. 国际合作方面

全人类只有一个地球，共用一个大气圈，这让人们意识到大气污染所带来的灾害是全球性的，并且危及着每一个人。大气污染正在让人类的生存和发展经受着严峻的挑战。因此，综合治理全球性大气污染需要各国政府协调一致的行动，同时需要全人类的共同努力。不论是发达国家还是发展中国家，都应努力减少污染气体的排放，并为此做出贡献。在公平合理的基础上承担起各自的责任和义务，制定并履行国际协议，严格控制全球性大气污染气体的排放。

（1）越界大气污染

1972年的斯德哥尔摩会议给大气环境保护带来了新的契机。1979年欧洲国家通过协商缔结《远程跨界大气污染公约》，该公约的宗旨是保护人类及环境免受大气污染的影响，并促进国际合作。

（2）臭氧层

1981年联合国环境规划署经过5年条约谈判，于1985年3月22日在维也纳通过《臭氧层维也纳公约》；1987年通过《蒙特利尔议定书》；1990年修订的《消耗臭氧物质的蒙特利尔议定书》把CFC及哈龙等6类几十种物质都列为限控物质，在这样的限定后，预计到2050年，北极臭氧减少速率将低于现在，而到2100年后，南极臭氧空洞消失。

（3）我国参与的大气污染防治国际约定

我国政府于1989年加入《臭氧层维也纳公约》，于1991年签署加入《蒙特利尔议定书》伦敦修正案，2003年加入议定书哥本哈根修正案，2010年加入蒙特利尔修正案及北京修正案，积极参与大气污染防治的国际合作。我国成立国家保护臭氧层领导小组，负责履行《维也纳公约》和《蒙特利尔议定书》，并组织实施《中国逐步淘汰消耗臭氧层物质国家方案》，在18个行业开展替代活动，淘汰了10万多吨消耗臭氧层物质生产。在100多项配套法律法规监管下，我国于2007年全面停止全氯氟烃和哈龙两类物质的生产和进口，比议定书规定的目标提前两年半实现。2010年1月1日又实现了四氯化碳和甲基氯仿的全面淘汰，从而圆满完成议定书2010年淘汰全氯氟烃、哈龙、四氯化碳和甲基氯仿四种主要消耗臭氧层物质的历史性目标。在大气污染防治的国际合作中，我国践行人类命运共同体理念，积极为保护全人类赖以生存的臭氧层保护做出贡献，彰显大国担当。

2. 政策法规方面

为保护和改善环境，防治大气污染，保障公众健康，推进生态文明建设，促进经济社会可持续发展，1987年9月5日，我国颁布了《中华人民共和国大气污染防治法》，并于1988年6月1日正式实施。2018年，党的第十三届全国人民代表大会常务委员会第六次会议上对该法进行了第二次修正。该法指出："防治大气污染，应当以改善大气环境质量为目标，坚持源头治理，规划先行，转变经济发展方式，优化产业结构和布局，调整能源结构。"该法为我国大气污染防治工作提供了有力的法律武器和坚实后盾。

### 3. 城市规划方面

工业生产区应设在城市主导风向的下风向。在工厂区与城市生活区之间要有一定间隔，并通过植树造林、绿化来减轻污染危害。对已有污染重、资源浪费、治理无望的企业要实行关、停、并、转、迁等措施。

区域集中供热是减少烟尘的重要方式之一。分散于千家万户的燃煤炉灶、市内密集的矮小烟囱是烟尘的主要污染源。因此，发展区域性集中供暖供热，设立规模较大的热电厂和供热站，用以代替千家万户的炉灶可以有效减少甚至消除烟尘。这样做的好处还包括提高热能利用率、便于采用高效率的除尘器、减少燃料的运输量。

### 4. 能源利用方面

开发利用新能源是未来减排的重要途径。主要的实现方式是使用不产生二氧化碳的新型替代能源，最重要的几类替代能源分别是太阳能、风能、波浪能、核裂变和核聚变能。从减少二氧化碳排放量的角度而言，核能可能是较为理想的能源，也是目前最可能取代化石燃料并大规模使用的主要能源。同时，氢能是通过光解水的方法获得的，利用水分解的氢气作能源，氢燃烧后重新生成水，对环境完全没有污染，也是一种明智的选择。虽然目前有关地能的获得与作用还处于研究阶段，但将其作为一种大规模清洁能源的前景还是十分乐观的。

改善能源结构，提高能源有效利用率是能源优化的一个重要领域。我国能源的平均利用率仅 30%，这就意味着未来提高能源利用率的潜力是巨大的。我国当前的能源结构多以煤炭为主，煤炭占商品能源消费总量的 73%。但是煤炭会在燃烧过程中释放出大量的二氧化硫、氮氧化物、一氧化碳以及悬浮颗粒等污染物，这并不符合我国减排的初衷。因此，从根本上解决大气污染问题，首先要从改善能源结构入手。例如多使用天然气及二次能源，如煤气、液化石油气、电等，同时还应重视太阳能、风能、地热等清洁能源的利用，以此来减少煤炭的使用。但由于我国以煤炭为主的能源结构不会在短时间内发生根本性的改变，因此当前应首先推广型煤及洗选煤的生产和使用，这将在一定程度上大幅降低烟尘和二氧化硫的排放量。我国现有 20 余万台锅炉，年耗煤约 2 亿多吨，合理选择锅炉，并对低效锅炉改造、更新，提高锅炉的热效率，也能够有效地降低燃煤对大气的污染。

### 5. 植被绿化方面

绿化造林是大气污染防治的一种经济有效的措施。植物具备吸收各种有毒有害气体和净化空气的功能，是空气的天然过滤器。茂密的丛林能够降低风速，使气流带的大颗粒灰尘下降。树叶表面粗糙不平，多绒毛，某些树种的树叶还分泌黏液，这些都能吸附大量飘尘。蒙尘的树叶经雨水淋洗后，又能够再次恢复吸附、阻拦尘埃的作用，使空气得到净化。因此，应该在地球上大批植树造林，充分利用森林及绿色植被对温室效应的调节作用。

植物可以通过光合作用释放出氧气同时吸收二氧化碳，这让树林有了调节空气成分的功能。一般 1 公顷的阔叶林在生长季节每天能够消耗约 1 吨的二氧化碳，释放出 0.75 吨的氧气。以成年人为标准计算，每人每天需吸入 0.75 千克的氧气，排出 0.9 千克的二氧化碳，那么平均每人拥有 10 平方米面积的森林，就能够得到充足的氧气。另外，一些植物还能够吸收大气中的有毒成分或挥发出杀菌物质，例如 1 公顷柳杉林每年可吸收 720 千克二氧化碳，有一些林木在其生长过程中能挥发出柠檬油、肉桂油等多种杀菌物质。现有研究显示，在百货大楼内，每立方米空气中的细菌数量多达 400 万个，林区则仅为 55 个。相比较而言，林区与百货大楼空气中的含菌量相差 7 万多倍。

扩大生物链中的碳量，增加碳循环，使碳不能转化为二氧化碳进入大气中污染环境是植被绿化的一项优势所在。此外，培育出适宜气候变化的农作物新品种也是缓解温室气体的有效举措。

### （三）具体措施

减少温室气体的产生量、减少矿物燃料的使用量、提高能源效率及节能等都是控制二氧化碳排放的主要措施，也是目前控制二氧化碳排放量相对可行的办法。为了减少二氧化碳排放，人们可以在不同矿物燃料之间进行比较来做出最优选择。在产生相同能量的情况下，燃烧天然气排出的二氧化碳为燃煤的 60%，为燃油的 80%。正是如此，我国西气东送工程对全球性大气污染的综合治理发挥了巨大的积极作用。

除去温室气体，人们已经设计出控制二氧化碳进入大气层的几种方案，其中之一是把发电厂排出的二氧化碳转化成可以运走的碳酸盐，用船运到海洋中。这一方案虽然在技术上可行，但由于其代价极高，目前还在进一步的研究之中。但是要去除二氧化碳以外的温室气体似乎不够现实，因为它们是从许多小发生源发出的。

煤炭在带动经济发展的同时也带来了严重的环境污染问题，燃烧煤炭会产生二氧化硫等硫氧化物，这些物质还会进一步造成酸雨污染。因此对煤炭进行脱硫处理，实现煤炭利用的清洁高效非常重要。煤炭脱硫也因此成为我国减少大气污染排放的重要举措。目前脱硫技术已有多种，其中应用较为广泛的脱硫技术主要有：湿式石灰石／石膏法、烟气循环流化床干法、旋转喷雾半干法、炉内喷钙——尾部加湿活化法等。这些方法是采用石灰石作为脱硫剂，经吸收、氧化和除雾等处理过程，形成副产品石膏。湿法脱硫在脱硫的同时，去除了烟气中部分其他污染物，如粉尘、盐酸、氢氟酸、三氧化硫等。脱硫石膏经脱水后可综合利用，由于吸收浆液的循环利用，脱硫吸收剂的利用率高。脱硫技术的进一步发展和普及是十分必要的，虽然我国目前大力推广新能源，优化能源结构，使煤炭消费量占比稍有下降，但煤炭占比仍高达 59%。由此可见，我国现阶段能源消费仍以煤炭为主，并且以煤炭作为主要能源的能源结构在短期内不会发生改变，那么在燃煤过程中减少污染物排放是当前最有效也是最可行的办法。

除了煤炭脱硫，还可以在煤燃烧过程中加入固硫剂，让固硫剂与含硫气体发生反应从而除硫，或在煤燃烧过程中加入金属氧化物达到固硫效果，减少环境污染。现实中固硫使用的固硫剂种类繁多，其中较为常见的是镁基固硫剂、钙基固硫剂等。

脱硫技术一直是环境保护工作中一个备受关注的重要课题。主流的脱硫工艺正在被国内外广泛应用。受技术条件及经济成本的制约，石灰石—石膏湿法等低成本工艺是脱硫的首选工艺。一些新技术，如电子束法和海水脱硫等工艺正处于试验研究阶段或者应用地域受到限制，但在局部地区将有所发展，市场前景光明。

## 九、本节总结

人们很早就意识到了大气污染物的存在，无论是自然形成的还是人为排放的，都会对人们的生存环境造成严峻威胁。当前，随着世界经济的快速发展，人们生活水平的日益提升，大量污染物被排放到大气中，使得空气污染问题成为全世界的担忧。全球性大气污染问题主要包括温室效应与臭氧层破坏，其所带来的灾害正在影响着每个人的生活。对于污染物来说，主要可以分为两大类：固定污染源和移动污染源。固定污染源具有相对固定的位置，包括点源污染、无法定位的污染源和面源污染，移动的污染源则难以定位。排入大气的污染物种类繁多，现被发现的空气污染物已多达200多种。依据不同的原则，可将其进行具体分类。其中标准污染物包括二氧化硫、氮氧化物、一氧化碳、臭氧、微粒和铅。另外，酸雨作为空气污染的表现形式之一，会对建筑物、人体健康和生态健康造成严重影响。当前我国大气污染状况十分严峻，其主要表现为煤烟型污染，因此燃煤脱硫技术还需进一步完善和推进。综合治理全球性大气污染需要各国政府协调一致的行动，同时需要全人类的共同努力。

### 课后思考题

- 举例说明某种大气污染物是由什么途径产生的？
- 如果在我们生活的环境中已经出现了酸雨，应该如何减少酸雨给我们带来的影响？
- 综合评述当前中国大城市空气污染的特征及控制对策。
- 简述降水酸化和降水污染的判别标准。
- 中国降水污染区有一个鲜明的特征，北方大部分地区的降雨不酸而南方大部分地区降水严重酸化，为什么？
- 关注你所生活城市的大气质量，是否存在地区和时间差异，原因是什么？

# 第二节　室内空气污染

> **★学习目标**
> - 了解室内空气污染因何而来
> - 了解常见的室内空气污染物及其危害
> - 正确判断是否出现室内空气污染
> - 学会控制室内空气污染

在上一节中，我们已经讨论了低层大气中的空气污染和臭氧层空洞等问题，臭氧层空洞会极大地减弱大气吸收紫外线的能力，使人类暴露在太阳紫外线辐射中，并对人体健康造成严重危害。接下来我们将主要关注人们在生活中面临的空气污染，具体包括家中、学校和其他建筑中存在的污染问题。

## 一、什么是室内空气污染

室内空气污染主要包括两个方面：一是室内引入能释放有害物质的污染源；二是室内通风不佳导致室内空气中有害物质的增加，这种增加可以是数量上的也可以是种类上的。室内空气污染会引起人体一系列的不适症状，威胁人体健康。

## 二、室内空气污染的来源

室内污染主要来自室内装修及建筑材料、室内用品（家用化学品和家具）、人类活动（烹调、吸烟）、人类自身新陈代谢、生物性污染源和室外污染源。

### （一）室内装修及建筑材料

室内装饰装修的主体材料是胶合板、刨花板等人造板材，生产这些板材用到的胶熟剂中含有甲醛，甲醛难以被彻底清除，部分残留的甲醛会逐渐释放。

装饰装修过程中大量使用的化工原材料，如油漆、涂料及其添加剂和稀释剂、胶黏剂、防水剂、溶剂等都含有苯、甲苯和二甲苯之类的有机化合物，装修后会挥发到室内。

建筑材料混凝土中掺入的混凝土膨胀剂、早强剂、防冻剂会释放有害物质氨。

建筑石材、砖、土壤、泥沙等释放放射性元素氡，室外空气、供水、天然气也是室内氡的主要来源。

## （二）室内用品

### 1. 家用化学品

常用的洗涤剂、杀虫剂、芳香剂和化妆品里面都含有许多可以污染空气的化学成分。

### 2. 家具

产生有害物质的室内家具包括常规木制家具和布艺沙发等。家具释放的有害物质主要是游离甲醛，它来源于人造板的胶黏剂。

其次，制造家具时使用的胶、漆、涂料含有大量的苯、甲苯和二甲苯，若干燥不彻底，使用过程中也会缓慢释放。

另外，家具上还可能产生氨，比如家具涂饰时所用的添加剂和增白剂大部分都含氨水，氨会释放到空气之中。不过，这种污染释放期比较快，不会在空气中长期大量积存。

## （三）人类活动

### 1. 烹调

家用化学品烹调产生的污染物主要有油烟和燃烧烟气两类。我国的烹调方式以炒、炸、煎、蒸和煮为主，在烹调过程中，由于热分解作用产生大量有害物质，已经检测出的物质包括醛、酮、烃、脂肪酸、醇、芳香族化合物、杂环化合物等共计220多种。

我国城镇居民以煤、液化石油气或天然气作燃料，这些燃料在燃烧过程中会产生一氧化碳、氮氧化物、氰化氢、二氧化碳、二氧化硫和未完全氧化的烃类、固体颗粒物；另外，部分农村地区使用生物燃料取暖、做饭，灶具原始，大多为开放式燃烧，燃烧过程产生大量的颗粒物及气相污染物。

### 2. 吸烟

在室内吸烟，会造成严重的室内空气污染，香烟烟雾成分极其复杂，目前已经检测出的就有3800多种物质。

## （四）人类自身新陈代谢

人体自身通过呼吸道、皮肤、汗腺、大小便向外界排出大量空气污染物，包括二氧化碳、氨类化合物、硫化氢等内源性化学污染物，呼出气体中包括苯、甲苯、苯乙烯、氯仿等外源性污染物。

此外，人体感染的各种致病微生物，如流感病毒、结核杆菌、链球菌等也会通过咳嗽、打喷嚏等传出。

人类已知的呼吸道疾病包括感冒、肺炎等绝大多数是在室内通过空气流通传播的。

## （五）生物性污染源

生物污染源因环境而异，室内空气生物性污染主要来源于患有呼吸道疾病的病人和动物（啮齿动物、鸟、家畜等）。此外，环境生物污染源也包括床褥和地毯中孳生的尘螨。

厨房的餐具、厨具以及卫生间的浴缸、面盆和便具等都是细菌和真菌的孳生地。

### （六）室外污染源

室外污染源包括通过门窗、墙缝等开口进入室外的污染物以及人为因素从室外带至室内的室外污染物。

工业废气和汽车尾气在自然通风或机械通风的作用下被输送至室内。当进气口设置在室外污染源附近，且进气未得到适当处理时，那么这就将成为室内空气污染物的最主要来源。

人体毛发、皮肤以及衣物皆会吸附空气污染物，当人自室外进入室内时，也会将室外的空气污染物带入室内。

此外，干洗后带回家的衣服会释放出四氯乙烯等挥发性的有机化合物，同时将工作服带回家也会把工作环境中的污染物带入室内。

## 三、常见的室内空气污染物及危害

### （一）甲醛

目前生产人造木板材通常使用以甲醛为主要成分的脲醛树脂胶黏剂，板材中残留的和未参与反应的甲醛会逐渐向周围环境释放，这是形成室内空气中甲醛来源的主体。室内装修所用的墙布、墙纸、化纤地毯、泡沫塑料、油漆和涂料等也都含有甲醛并有可能向外界散发。另外，厨房中的油烟和香烟的烟雾也是甲醛的一个来源。

### （二）氨气

氨气主要来自建筑施工中使用的混凝土添加剂，特别是在北方冬季的施工过程中，须在混凝土墙体中加入以尿素和氨水为主要原料的防冻剂，这些含有大量氨类物质的添加剂在墙体中缓慢释放出来，会造成室内氨的浓度大大增加。另外，家具涂饰时所用的添加剂和增白剂大部分含有氨水。

### （三）苯及同系物

室内空气中苯及同系物主要来自建筑装饰中使用大量的化工原材料，如涂料、填料及各种有机溶剂等，这些材料中都含有大量的化合物，经装修后挥发到室内。特别是各种油漆涂料的添加剂和稀释剂以及溶剂型解胶剂。另外在生产过程中使用了含苯高的黏胶剂家具也会释放出大量的苯。用原粉加稀料配制成的防水涂料也是造成室内空气中苯及同系物含量超标的一个重要原因。

### （四）辐射污染

1982 年联合国原子辐射效应科学委员会的报告指出，建筑材料是室内氡的最主要来源。如花岗岩、砖沙、水泥及石膏之类，特别是含有放射性元素的天然石材，易释放出氡。在地层深处含有铀、镭、钍的土壤、岩石中也发现了高浓度的氡。这些氡可以通过地层断裂带进入土壤，同时会沿着地的裂缝扩散到室内。家用电器、电线等产生的电磁场这一无形的杀手也正在威胁人们的健康。

## 四、室内空气污染的危害

室内空气污染首先危害呼吸道，引起或加剧亚急性或慢性呼吸疾患，如支气管炎、肺气肿、过敏性肺炎、哮喘、肺纤维化和肺癌。室内空气污染越严重，空气中的离子越少，其中负离子会显著减少，在这种情况下，时间一长会引起人的失眠、头痛、血压增高等异常表现。据研究，甲醛浓度达 0.1ppm 时，可引起咽部和肺上部的损伤；而浓度达到 0.25ppm 时，气喘病人和儿童会感到呼吸困难。若长期接触，会使人感到周身不适、头痛、眩晕、恶心，甚至可能引起鼻癌。

苯主要对皮肤、眼睛和上呼吸道有刺激作用。经常接触苯，皮肤可因脱脂而变得干燥、脱屑，有的人还会出现过敏性湿疹。长期吸入苯可能导致再生障碍性贫血，严重者可引起白血病。氨是一种碱性物质，它对接触的皮肤组织都有腐蚀和刺激作用，氨可以吸收皮肤组织中的水分，使组织蛋白变性，并使组织脂肪皂化，破坏细胞膜结构。

氨被吸入肺部后容易通过肺泡进入血液，与血红细胞结合，破坏运氧功能。短期内吸入大量氨气后可出现流泪、咽痛、声音嘶哑、咳嗽、痰带血丝、胸闷、呼吸困难，同时会伴有头痛、头晕、恶心、呕吐、乏力等症状。严重者可发生肺水肿、成人呼吸窘迫综合征，同时产生呼吸道刺激症状。

医学研究证明，长期处于高电磁辐射的环境中会使血液、淋巴液和细胞原生质发生改变。天然石材中的放射性危害主要有两个方面，即体内辐射与体外辐射。体内辐射主要来自于放射性辐射在空气中的衰变，从而形成的一种放射性物质氡及其子体。氡在作用于人体的同时会很快衰变成人体能吸收的核素，进入人的呼吸系统造成辐射损伤，诱发肺癌。体外辐射主要是指天然石材中的辐射体直接照射人体后产生一种生物效果，会对人体内的造血器官、神经系统、生殖系统和消化系统造成损伤。

室内空气污染与高血压、胆固醇过高症及肥胖症等被共同列为人类健康的十大威胁。室内环境污染导致了 35.7% 的呼吸道疾病，22% 的慢性肺病和 15% 的气管炎、支气管炎、肺癌。室内空气污染已经成为对公众健康危害最大的五种环境因素之一。来自我国的检测数据表明，近年来我国化学性、物理性、生物性污染都在增加。我国每年由室内空气污染引起的超额死亡人数可达 11.1 万人，超额门诊数 22 万人，超额急诊数 430 万人。

## 五、怎样判断室内空气污染

### （一）观察法：室内空气污染的五种表现

1. 起床综合征

症状：起床时感到憋闷、恶心，甚至头晕目眩。

病例：此前，有住户反映房间有异味，而且造成了人员头晕、恶心等症状。住户们白天不敢关窗，若晚上关窗睡觉，早晨起来后口鼻十分难受。有关单位随即对该住处进行了调查，并对房间进行了检测。他们发现该楼内多个楼层的房间中，氨气浓度远高出国家环保部出具的正常标准。室内环境专家在对其中一户进行空气质量检测后发现，该屋室内空气中氨最高含量超过国家规定标准的 20 多倍。而致使房间内氨气超标的原因则正是建筑水泥中的防冻剂。

### 2. 心动过速综合征

症状：新买家具后家里气味难闻，使人难以接受，并引发身体疾病。

病例：某用户在搬家后花费 3300 元订购了一套布艺沙发，沙发表面无任何质量问题，可在房间放置一段时间后发现沙发里时常散发出一股难闻的气味。这迫使用户不敢长时间待在家里，一进房间就感到呼吸困难，喘气憋气，甚至晚上睡觉都会被憋醒。在居住了一段时间过后，用户发现自己出现了心跳过速的问题，一分钟的心跳甚至达到了 100 多下。可是到医院做检查，心跳却下降到了正常值。该用户请检测中心对其房屋进行了空气质量检测，结果发现沙发海绵内使用的黏结剂中苯的挥发量高达每立方米 20 毫克，超过国家相关标准的 8.3 倍。

### 3. 类烟民综合征

症状：虽然不吸烟，也很少接触吸烟环境，但是经常感到嗓子不舒服，有异物感，呼吸不畅。

病例：某住户在装修房屋后感到室内气味刺鼻，待在屋内还会咽痛咳嗽、辣眼流泪。该住户的喉疾也因此不断加剧，经医院检查后确诊为"喉乳头状瘤"。该住户请当地的检测单位对其住所进行了空气质量检测，在按规定房间封闭 24 小时后，检测中心的专家对其房屋进行了室内空气检测。检测结果显示卧室中甲醛含量高达每立方米 1.56 毫克，超过国家标准的 19.5 倍。

### 4. 幼童综合征

症状：家里小孩常咳嗽、打喷嚏、免疫力下降，新装修的房子孩子不愿意住。

病例：某住户在房屋装修完成入住后，发现屋内气味刺鼻。该住户 3 岁的儿子患上了咽炎、慢性哮喘，而且免疫力也逐渐下降，身体抵抗力也不断减弱。该住户认为是房屋内空气质量不达标，于是请求相关部门对其住所进行空气质量检测。经过检测分析发现，该住户的房间室内每立方米空气中甲醛达到了 0.36 毫克，超过国家标准 4 倍多。

### 5. 家庭群发性疾病综合征

症状：家人共同患有某种疾病，但在离开该环境后，征状有明显变化和好转。

病例：某消费者以 182 万元的价格购买了一套公寓，入住后发现室内空气较为刺鼻，并且全家人都感到身体不适。该消费者的过敏性鼻炎也在入住后更加严重，家中幼子还患上了咽炎。在检测部门进行室内空气质量检测后，发现室内空气中氨和甲醛严重超标，氨气最高超过国家居民区大气标准 14.2 倍，甲醛最高超过国家标准 1.5 倍。

### （二）监测法

#### 1. 生物监测

植物对外界有害气体的任何变化都会产生反应，并且对某些气体的反应比人更敏锐。如二氧化硫浓度只有达到 $(1 \sim 5) \times 10^{-6}$ 时，人才能闻到味道，但紫花苜蓿可在其含量大于 $0.3 \times 10^{-6}$ 时就有所反应，接触一定时期就会产生不良症状。

常见的具有空气监测功能的植物有：唐菖蒲、玉簪可监测空气中的氟化物含量；秋海棠可监测空气中的二氧化硫含量；铁梗海棠、牡丹可监测空气中的臭氧含量；兰花、玫瑰可监测空气中的乙烯含量。

#### 2. 专业检测

目前有很多专业的室内检测机构能够帮助人们检测空气质量。这些机构可以对装修好的房屋进行检测，确保房屋的居住安全。

认准具有权威的监测机构和检测结果需要三个章：省级技术监督局颁发的计量认证合格的 CMA 红色章、国家实验室认证合格的 CNACL 蓝色章和省级技术监督局颁发的质量认证合格的 CAL 红色章。

### （三）室内空气污染判别标准

由国家质量监督检验检疫局、国家环保总局、卫生部制定的我国第一部《室内空气质量标准》于 2003 年 3 月 1 日正式实施。该标准为消费者解决污染难题提供了有力武器。该标准引入室内空气质量概念，明确提出"室内空气应无毒、无害、无异常嗅味"。其中规定的控制项目不仅有化学性污染，还包括物理性、生物性和放射性污染。化学性污染物质中不仅有人们熟悉的甲醛、苯、氨、氡等污染物质，还有可吸入颗粒物、二氧化碳、二氧化硫等 13 项化学性污染物质。

## 六、怎样控制室内空气污染

### （一）合理装修设计和正确选材

在装修前要科学地确定装修设计方案，对房间的整体结构、用材和布局进行设计。为防治污染，装修格调力求简洁、大方、实用，不要过分追求豪华、奢侈。装修时可采用先进的施工工艺，选择有资质和正规的装饰公司，尽量减少因施工带来的室内环境污染。同时，在设计室内装修方案时，要注意空间承载量和材料的使用量，室内通风口的位置和大小也要设置正确。

要知道环保装饰材料中不是要求有害物质清零，而是含量或释放量要低于国家标准。

在装修过程中使用的板材、涂料、胶黏剂等装修材料都是造成室内空气污染的根本来源。国家对装修材料制定了严格的有害物质控制标准，但当达标材料的使用量过多后也会出现使用达标建材而室内环境指数仍然超标的问题。我国把降低人造板中游离甲醛的含量作为研究重点，现已形成几种成熟的防治措施，如下：应用低摩尔比的脲醛树脂胶；应用改性的脲醛树脂胶；在胶黏剂中加入三聚氰胺、尿素、栲胶、树皮粉等甲醛捕捉剂；吸附剂吸附法，用含有丙烯酸酰联氨类高分子化合物、酸酰联氨类高分子化合物和有机氨化合物 3 种成分的水溶液作吸附剂，有效吸收游离甲醛；适当控制施胶量；调整热压工艺参数；对板材进行后期处理；使用涂料封闭法；使用环保型阻燃胶。

### （二）加强通风

通风换气是一种改善室内空气质量简便易行的方法。研究表明预防室内空气污染最经济、有效的措施是自通风，保证室内有一定的新风量。具体来说就是对新风既要有量的要求，又要有质的要求，这一技术也成为暖通专业致力解决的根本问题。新建和装修的住房一定要坚持长期开窗，增加室内空气流动，随着时间的推移，让各种气体尽量散发，这样屋内有毒气体的含量会大幅减少。装修完工后不能马上入住，而是应该在通风透气较长时间后再考虑入住。入住时还要确保屋内没异味，且油漆、涂料等已干燥，待室内空气检测合格后可入住。

### （三）安装净化器

目前国内外市场上出现的室内空气净化器有机械式、静电式、负氧离子式、物理吸附式、化学吸附式或几种方式的组合式。用户可以根据污染具体的情况选择相应的产品。如果主要是甲醛污染，那么可使用针对甲醛的净化器，如果室内刚装修完，空气中污染物较多，则要挑选综合性较强的净化器。

### （四）植物净化

在居室中摆上几盆植物，不仅起到了美化环境作用，也能净化室内空气。在诸多植物中，芦荟有一定的吸收异味作用，同时能美化居室。绿色带果植物盆景既环保又健康，仙人掌、虎皮兰、景天、芦荟和吊兰等可以通过光合作用吸收屋内二氧化碳并释放氧气。

### （五）室内环境检测

要准确认定室内污染，检测是主要手段。可通过专业的仪器设备进行检测，真实、直观反映室内空气质量。尤其是对危害最严重且较为普遍的污染物进行严格检测，如甲醛、氡、苯和氨污染物。如房屋内的空气质量检测不符合要求，则该房屋严禁投入使用。

## 七、本节总结

室内空气污染是指由于室内引入能释放有害物质的污染源或室内因通风不佳而导致空气中含有有害物质的情况。室内空气污染主要来自室内装修及建筑材料、室内用品（家用化学品和家具）、人类活动（烹调、吸烟）、人类自身新陈代谢、生物性污染源和室外污染源。室外来源包括通过门窗、墙缝等开口进入的室外污染物和人为因素从室外带至室内的污染物。室内空气污染首先会危害人体的呼吸道，同时还会引起或加剧亚急性或慢性呼吸道疾患，如支气管炎、肺气肿、过敏性肺炎、哮喘、肺纤维化和肺癌等。因此，在现实生活中我们要学会有效判断并解决室内空气污染问题。

## 课后思考题

● 没有闻到刺鼻的气味，是否代表着周围不存在空气污染？

● 活性炭作为净化空气的物质，是如何吸附空气中的有害气体的？

● 净化空气的活性炭吸附多少有害气体才会饱和？

● 对你的住所进行室内空气污染危险性因素分析。

● 室内环境与人体健康有何关系？

# 拓展阅读：雾霾

## 一、背景阅读

### （一）伦敦烟雾事件

英国一直以来都是一个多雾国家，但是从 19 世纪末期的工业革命开始，烟雾困扰变得越来越严重，各大城市的燃煤量大幅增长，城市的各个运行环节都严重依赖着燃煤。城市发电靠燃煤，火车发动靠燃煤，工厂生产靠燃煤，居民生活也靠燃煤。大量的煤炭燃烧导致二氧化碳、一氧化碳、二氧化硫和二氧化氮等物质充斥着整个天空，这些物质在空气中会与烟尘结合，从而附着在烟尘上，凝聚在雾滴中。烟尘和雾气混合成了黄黑色，笼罩在整个城市上空。不断增加的排放和不断积累的烟雾使得英国的公共交通无法正常运行，居民的房屋也被熏黑，衣服也被染脏。不仅如此，这些高浓度的二氧化硫和烟雾颗粒还会进入人们的呼吸系统，诱发支气管炎、肺炎和心脏病等。大量伦敦市民不断出现咳嗽的症状，肺结核病人也越来越多，整个伦敦似乎就是一个加重病情的毒气室。1952 年冬天，著名的伦敦烟雾事件发生了。那时的伦敦出现了异常低温天气，居民在家中大量燃烧煤炭，煤烟排放到大气中，与当时的反气旋结合，使得伦敦上空的空气升温，无法上升的空气同烟雾一起滞留在了伦敦。每天都有约 1000 吨烟尘、2000 吨二氧化碳、140 吨氯化氢、14 吨氟化物，以及 370 吨二氧化硫排放到空气中。这种情况严重威胁着伦敦市民的健康。

烟雾事件初始时雾气不是很浓，随后逐渐呈黄色，气味变浓，还伴有臭鸡蛋气味。整个昏黄的天空覆盖了 30 英里。由于能见度较低，市民出行时都会小心翼翼，防止交通事故的发生。但是很多交通工具，例如伦敦的火车、飞机以及泰晤士河上的船都被迫停止了运行。公交车只能通过辨认引导员手中微弱的手电筒灯光来缓慢前行，私家车司机甚至只能探出头观察路况，剧院由于浓雾的困扰不得不中止演出，足球赛也都被临时取消，原本在伯爵宫展览的农牧业展览业就此叫停。此外，英国政府为了防止儿童走失，建议家长尽量不带孩子出门，而且建议加强管理以防入室抢劫等危险事件的发生。

除了对日常生活的影响，伦敦烟雾事件最严重的影响就是健康。很多伦敦市民由于长时间待在浓雾中，导致了呼吸困难和眼睛刺痛等不良症状的发生，哮喘和呼吸道疾病更是比比皆是。老人、婴儿和呼吸病人的死亡率都出现了大幅上升，一共有 704 人因支气管疾病死亡，77 人因肺结核死亡，当时的统计结果显示这场烟雾事件大约夺去了 4000 人的生命。

英国政府在 1956 年颁布了世界上第一部空气污染防治法，名为《清洁空气法案》。该法案要求对城市居民的炉灶进行大规模改造，并鼓励市民使用更加清洁的天然气能源。同时冬季的供暖采取了集中供应的形式，某些区域禁止使用会产生烟雾的燃料，排放强度高的工厂和企业也被转移到了郊区。这份法案在 1968 年进行了修改，增加了使用高烟囱的要求，目的是更好地在大气中疏散污染物。1974 年的《空气污染控制法案》设立了工业燃料的含硫上限，旨在进一步控制二氧化硫的排放，减少空气污染。这些法案见效显著，1980 年时伦敦的烟雾天气就减少到了 15 天，就此摘掉了"雾都"的帽子。

虽然当前的情况得到了很好的缓解，但是英国政府并没有就此满足。他们继续实施各种环境保护措施来改善烟雾天气的情况。随后，他们发现汽车的尾气污染成了主要的大气污染源，这主要是因为尾气中不仅包含二氧化碳等温室气体，同时还有很多有毒物质，例如氮氧化物和一氧化碳等，这些物质在经过紫外线照射后会发生化学反应，产生多种二次污染物，形成光化学烟雾。直到今天，英国还是没有放松警惕，他们已经对抵抗雾霾形成了社会共识。英国所有境内销售的汽车都要求强制安装减少氮氧化物污染的催化剂，以减少汽车尾气对大气造成的负面影响。

### （二）洛杉矶雾霾之战

雾霾之战是洛杉矶的首次雾霾攻坚战。当时的洛杉矶市民对于昏黄的天气不以为然，认为只是一场偶然天气，但是他们没有想到的是，那是一场长达半个世纪的抗战开头。通过奇普·雅各布在 2008 年发布的《雾霾之城——洛杉矶雾霾史》一书，人们了解到雾霾天气在 1943 年悄然而至，之后的恶劣天气愈演愈烈，雾霾天气的数量也逐渐频繁，人们终于开始对这场未知的战争产生了恐惧。

当时的洛杉矶市长弗彻·布朗满怀信心地向市民们宣布，这场雾霾将在四个月内永久消除。政府关闭了化工厂，因为他们认为雾霾的主要成因是化工厂排出的丁二烯。可是雾霾天气并没有减少，政府又禁止了居民焚烧炉的使用，从而减少碳排放。在经过这一系列的操作之后，雾霾的情况还是没有得到好转。学校被迫停课、工厂强制停工、医院人满为患，整个城市似乎都陷入了瘫痪状态，政府才终于意识到了问题的严重性。

洛杉矶市民对于雾霾造成的不良影响怨声载道，当地最大的媒体《洛杉矶时报》甚至专门雇用了一位空气污染专家来对雾霾进行调查。调查结果显示大气污染物中大部分都来自于汽车尾气中未燃尽的汽油，而只有一小部分来自于工厂废弃和焚烧活动。可是这个结论似乎阻碍了某些企业的利益，美国最大的汽车制造商福特公司宣称汽车尾气在排放后会迅速消散在大气中，并不会造成雾霾。就在所有人都争论不休的时候，一名科学家通过实验给出了最终的答案。他通过分析空气成分发现，雾霾的罪魁祸首就是汽车尾气，因为尾气中的碳氢化合物和二氧化碳被排放到大气中，经过紫外线照射形成了光化学烟雾。

洛杉矶的尾气污染最早可以追溯到太平洋战争，这场战争让大量人口和工厂涌入了洛杉矶，并在此处落脚，这就导致洛杉矶成为全美拥有汽车数量最多的地区。250 万辆汽车每天会消耗约 1100 吨汽油，这也导致了当时的雾霾天气。但在得知真相后，政府并没有办法来解决这个问题，他们只能呼吁市民减少私家车出行的次数。

1955 年洛杉矶雾霾的情况一度到达了极点，两天内因呼吸系统衰竭而死亡的老人有 400 多位。政府终于意识到有必要采取措施来抵抗雾霾天气了，于是他们让环境专家巴克曼成立一个负责空气治理的委员会。

巴克曼委员会在经过了一系列调查后，一共提出了六条建议，其中包括放缓重污染行业的增长、建立公交系统以及逐步淘汰柴油车等。政府在听取了这些建议后，开始着手解决污染问题，但可惜成效有限。于是 1970 年的《清洁空气法案》就应势而生。这是洛杉矶雾霾之战的一个重要里程碑。在此之前，洛杉矶政府虽然意识到了减少尾气的重要性，但是对于颁布有效措施，往往有心无力，《清洁空气法案》的发布让全国范围内污染标准的制定成为可能。

虽然《清洁空气法案》是解决洛杉矶问题的一大关键，但是它的发布和实施都不是一帆风顺的。美国政府早在 1967 年就已经通过了最早一版的《清洁空气法案》，这部法案扩展了联邦政府在环保方面的职能，但是由于缺乏检测标准和强制措施，这成了一部失败的法案。随着人们环保意识的逐渐加强，民众越来越关心环境问题，这也恰好成就了 1970 年的《清洁空气法》修正案，使其在后来的环境保护领域发挥了举足轻重的作用。这版法案将大气污染物进行了归类，主要分为基础污染物和有害污染物。国会在随后授予了环保局对法案实施的监督权。

经过了长达十余年的努力，洛杉矶的雾霾问题终于得到解决，雾霾天气从 1977 年的 121 天降低到 1989 年的 54 天。1999 年时，全年雾霾天气甚至清零。市民格外珍惜这来之不易的蓝天，并且一直将环保意识谨记在心中。

### （三）中国政府在行动

2014 年 2 月，北京出现了数年来持续时间最长、空气质量最差的一周。连续 7 天，大气中 PM2.5 的浓度都超过了每立方米 550 微克，甚至达到了空气质量指数 AQI 评价的上限。京津冀开始打响了这一场雾霾攻坚战。

我国政府在近一年中累计淘汰了黄标车、老旧车超过 700 万辆，小锅炉 5 万多台，中央甚至拿出 100 亿专项资金防治空气污染，2.4 亿元用于环保专项。2014 年的"APEC 蓝"就是攻坚战的短期成果。会议期间，北京空气质量优良天数达到 11 天，PM2.5 同比下降 55%。但是蓝天白云是 9298 家企业临时停产、3900 家企业限产、4 万多处工地停工和机动车单双号限行才换来的。2014 年有 74 个城市实施新空气质量标准，PM2.5 年均浓度平均下降 11.1%，三大重点区域中，京津冀下降了 12.3%，长三角下降了 10.4%，珠三角下降了 10.6%。这些成果充分证明了中国政府在行动。

2015 年，北京向国际奥委会提交了冬奥会的《申办报告》，并向全世界郑重承诺，北京不仅要举办一届出色的冬奥会，更要留住这来之不易的蓝天。同年 3 月，国华北京热电厂宣告关停，这使得东长安街沿线一根 200 多米的烟囱不再冒白烟。在此之前，京能石景山热电厂燃煤机组、天津陈塘庄热电厂燃煤机组关停等三个老牌热电厂搬出北京，使得 600 多万吨燃煤被压减。2021 年我国的煤炭消费量比重相比于上一年减少了 0.9%，为尽早实现"碳达峰"迈出了坚实一步。同时我国在进一步推广新能源汽车、治理汽车尾气、提高油品标准和质量，为的就是彻底留住"APEC 蓝"。习近平总书记强调，我国生态环境矛盾有一个历史积累过程，不是一天变坏的，但不能在我们手里变得越来越坏，所以我们要坚决从现实出发，走向生态文明新时代，实现伟大复兴中国梦。

## 二、前沿文献导读

1. 原文信息：Chen L , Zhang X , He F , et al. Regional green development level and its spatial relationship under the constraints of haze in China[J]. Journal of Cleaner Production, 2018, 210(FEB.10):376–387.

论文导读：环境效率是经济产出与环境资源投入之间的比值，是衡量绿色发展水平的有效指标。在中国经济转型的大背景下，地区发展常常伴随着绿色发展与环境保护，因此各地的环境利用效率受到了很大关注。该研究将雾霾带来的限制纳入地区的环境效率研究框架中，在一个复杂的经济—能源—环境生产系统内将环境效率定义为 PM2.5 的减排潜力。该研究采用 SBM-Undesirable 和 Malmquist 指数模型，将劳动力、能源和资本数据作为模型输入，将工业附加值定为模型产出、PM2.5 为非模型产出，以此计算了各地雾霾状况下的环境效率。研究结果显示，中国环境效率在雾霾限制下出现了地区差异，具有空间依赖性和分异性。全国整体环境效率在 2001 年至 2015 年呈上升趋势，空间上呈现由东往西的递减趋势。环境法规对地区绿色环境效率影响显著，两者关系呈现倒 N 型。提升开放程度、城镇化程度、产业结构复杂性以及技术创新，对推广地区可持续发展有积极作用。经济增长、企业股权结构、财政政策以及外国投资等因素则在某程度上拖慢了地区的可持续发展。

2. 原文信息：Zhao X, Zhou W, Han L, et al. Spatiotemporal variation in PM2.5 concentrations and their relationship with socioeconomic factors in China's major cities[J]. Environment International, 2019, 133: 105145.

论文导读：近年来，我国极端雾霾事件引发的空气质量问题日益严重，细颗粒物（PM2.5）已成为雾霾的主要组成部分，因此引发了中国科学家、政府和公众的高度关注。该研究调查了 2015 年至 2016 年中国 269 个城市 PM2.5 的时空变化及其与社会经济因素的关系，以确定缓解 PM2.5 污染的可能策略。具体来说，研究者首先量化了 2015 年和 2016 年 PM2.5 排放的空间格局，然后研究了这两年之间的变化；接着研究了社会经济因素与 PM2.5 浓度和变化之间的关系。结果表明，中国东部大部分城市的 PM2.5 浓度有所下降，

PM2.5 浓度较低的城市反而浓度有所上升，主要分布在南方和西南地区。PM2.5 浓度以冬季最高，其次为春、秋、夏；PM2.5 浓度变化以夏季下降幅度最大，其次为冬、秋、春。污染浓度较高的城市具有聚集性，但聚集性特征与 PM2.5 浓度的变化没有明显的相关性。PM2.5 浓度与城市规模呈倒 U 型关系，表明我国空气质量存在环境库兹涅茨曲线。人口密度和第二产业比重是影响大气污染控制的关键因素。与其他城市相比，大多数中等发达城市 PM2.5 浓度下降幅度较大，而小城市 PM2.5 浓度上升幅度较大，人口密度是其最重要的影响因素。因此，对于我国的大气污染控制，应根据城市所在的不同区域、不同发展阶段进行具体的规定。

3. 原文信息：Zhang X, Ou X, Yang X, et al. Socioeconomic burden of air pollution in China: Province–level analysis based on energy economic model[J]. Energy Economics, 2017, 68: 478–489.

论文导读：该研究主要开发了中国区域能源模型——健康效应模型，作为"区域排放空气质量气候健康"（REACH）评估框架的一部分，并估算了 PM2.5 相关的健康成本。该模型是一个动态评估模型，能够捕捉污染造成的经济损失。此外，该模型将每个省份视为独立的区域，这样做可以充分考虑空气质量、人口规模和结构、收入水平以及公共卫生条件的空间异质性。研究结果显示，2015 年 PM2.5 导致了全国社会福利损失 2480 亿美元（为基准福利水平的 3.6%）。一半以上的损失来自慢性暴露相关的死亡。其次是更广泛的经济损失（38%）和短期暴露造成的直接损失（9%）。由于空气质量、人口密度和收入水平具有区域异质性，各省份的成本各不相同（基准福利水平的 0.5% ~ 5.8%）。在人口稠密的沿海省份，如山东、江苏、浙江和广东，绝对成本是很大的，但当当地经济规模受到控制时，北京地区和中部内陆省份的相对福利损失也很大。

4. 原文信息：Hu J, Huang L, Chen M, et al. Premature mortality attributable to particulate matter in China: source contributions and responses to reductions[J]. Environmental Science & Technology, 2017, 51(17): 9950–9959.

论文导读：空气污染对人类健康的威胁是近些年环境评估的热门指标。该研究采用社区多尺度空气质量（CMAQ）模型，结合 4 个排放清单和观测数据，对 2013 年中国大气中细颗粒物（PM2.5）的年平均值进行了集合预测，确定了中国因暴露于环境细颗粒物（PM2.5）而导致的超额死亡率。2013 年，成年人缺血性心脏病、脑血管病、慢性阻塞性肺疾病和肺癌导致的超额死亡率估计值分别为 30 万、73 万、14 万和 13 万人，其总数为 130 万。农业产生的二次铵离子、二次有机气溶胶和发电产生的气溶胶分别造成 0.16 万、0.14 万和 0.13 万人死亡。如果要使中国的超额死亡率减少 30%，则需要全国 PM2.5 平均减少 50%，京津冀、江浙沪和珠三角地区分别减少 62%、50% 和 38%。将 PM2.5 降低到 CAAQS 二级标准 35 微克 / 立方米只会导致死亡率的小幅度降低，而要更显著地降低超额死亡率，则需要更严格的标准。

5.**原文信息**：Wu R , Dai H , Yong G , et al. Economic impacts from PM2.5 pollution–related health effects: A case study in Shanghai[J]. Environmental Science & Technology, 2017, 51(9):5035–5042.

论文导读：与 PM2.5 污染相关的疾病会导致额外的医疗费用和工作时间损失，甚至影响地区的宏观经济。目前，还比较缺乏针对中国省域的、考虑政策到经济影响全路径的研究。以前对空气污染的经济影响评估大多侧重于环境法规的好处，往往忽视了气候政策。该研究以上海市为例，探究了不同大气污染控制策略和气候政策情景下 PM2.5 污染对健康和经济的影响。该模型采用了温室气体与大气污染相互作用和协同效应（增益）模型、暴露响应函数和可计算一般均衡（CGE）模型。研究结果发现，在没有控制措施的情况下，上海市 2030 年 PM2.5 污染的死亡人数估计约为 192400 例，工作时间损失为 72.1 小时 / 人。相应的国内生产总值和福利损失分别为 2.26% 和 3.14%。上海市的控制成本估计为当地 GDP 的 0.76%，通过地方空气污染控制措施和气候政策，上海将获得约 1.01% 的本地 GDP。此外，在周边省份实施多区域综合控制策略是降低上海 PM2.5 浓度的最有效措施，仅占 GDP 损失的 0.34%。在部门层面，劳动密集型部门因 PM2.5 污染而遭受了更多产出损失。控制成本最高的部门包括发电、钢铁和运输。结果表明，将多区域综合治理大气污染战略与气候政策相结合将有利于上海市的发展。

## 第五章

气候变化与可持续发展

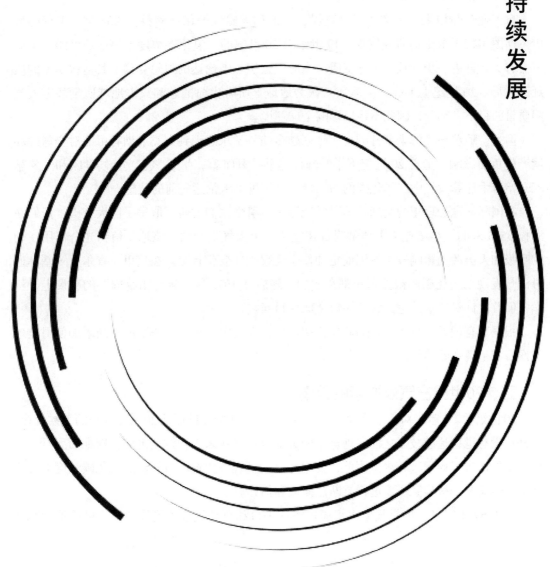

# 第一节　全球变暖的相关研究

★**学习目标**
- 了解全球变暖的研究历史
- 了解如何重建过去的气候模型

## 一、全球变暖的研究历史

自工业革命以来，人类大量燃烧煤、石油和天然气等化石燃料。1938 年，工程师盖伊·斯图尔特·卡伦达研究发现，19 世纪至 20 世纪的二氧化碳浓度大幅增长可能与工业革命有关，且进一步导致了全球变暖。当时，盖伊·卡伦达的猜想受到了其他科学家的质疑和驳斥。20 世纪上半叶，大多数人认为地球上所有生命的总和只占地球质量甚至大气圈质量的很小一部分，因此不足以影响全球环境。

但是，随着环境污染事件频发，越来越多的科学家意识到人类活动有可能对全球的环境产生负面影响。随着 20 世纪下半叶环保运动拉开帷幕，生态学家、气候学家和气象学家开始着手计算大气中二氧化碳的增加量，并认可了卡伦达先前的猜想。

在国际地球物理年的全球环境科学观测中，科学家们的研究取得了巨大突破。他们在海拔 3505 米的毛纳洛亚火山顶部附近建立了一个大气观测站，该地受植物光合作用、动物呼吸和人类活动影响较小，因而更加便于观察大气变化状况。在这里，查尔斯·基林通过测量发现二氧化碳的浓度每年都在增加，随后在 1973 年"碳与生物圈"的会议上，科学家们首次针对这一结论正式地探讨全球变暖问题。

根据现有记录，自 19 世纪 60 年代初以来，大气中二氧化碳浓度的不断增加使得全球气候一直呈现变暖趋势。

## 二、20世纪古气候要素的重建

20 世纪后期，基于对毛纳洛亚大气的观测，人们开始尝试评估 20 世纪以来的气候变化。但是在没有运用遥感技术之前，地球上的大部分地区从未进行过规范的长期地面测量，保留完整的地方气候记录较少。因此，要想知道大量燃烧化石燃料导致二氧化碳浓度上升之前的具体情况，科学家需要进行推断、插值和估算。

自 1960 年以来，世界气象组织通过海洋平台和自动气象监测设备写实描绘了山脉和冰川的范围，进而推断出历史上的气候情况。以阿尔卑斯山脉为例，当冰川集中分布在高山上时，表示当时处于温暖时期。当同样的冰川延伸到山下更远的地方时，则表示当时处于寒冷时期，如果这个小镇的海拔是已知的，则可以继而推算出冰川的高度。

此外，植物的成熟时间也与温度、降雨量有关，于是科学家利用农作物收获的日期（如葡萄酒酿成的日期）来推算当时的气候条件。书籍、报纸、期刊文章、日记、航海日志、旅行者日记和农民日志中的文字记录，以及葡萄和谷物的收成日期等材料都能够提供许多有价值的信息。

然而人类的历史记录具有一定的局限性，因此还需要从自然界中提取能够反映过去气候变化的研究样本。

### 1. 沉淀物

沉淀物指的是沉积在陆地上或湖泊、沼泽和池塘中，包括植物花粉在内的生物质。这些微小的化石样本常被用来研究气候变化，人们根据不同时期的植物类型还原气候历史。例如花粉的数量能够反映植物相对丰度；保存在沉积层中的植物种子可以定年，进而建立年表。

### 2. 树轮

树木的生长受气温和降水影响，因此树木年轮上的图案，即其宽度、密度和同位素组成能够反映气候变化。亚利桑那大学于 1937 年建立了专门研究树木年轮的实验室，通过树轮可以追溯距今 10000 年的气候记录。

尽管利用树轮重建气候的误差较小，但是树木年轮只能用于区域气候的重建，不能囊括整体情况。且各地温度和降雨情况各异，有些区域的光热条件不足以支撑树木生长，若当地没有森林覆盖，则不能采用这种方法重建气候数据。

### 3. 珊瑚

珊瑚虫从海水中提取碳酸钙，进而组成了珊瑚的坚硬骨骼。通过这些碳酸盐中的氧同位素以及多种微量金属，科学家们可以推测珊瑚生长期间的水温，再进一步利用年代测定技术构建不同时期气候变化的年表。

### 4. 冰芯

冰芯取自冰川内部。在积雪转化为冰川的几百年至几千年的时间里，冰芯内部沉积了许多小气泡，通过这些气泡可以测量当时大气中的气体成分，其中人们主要关注二氧化碳和甲烷的含量。除此之外，冰芯中氢和氧同位素的比率是度量历史气温的重要指标。

### 5. 碳 14

高层大气中的宇宙射线和氮 14 碰撞产生放射性碳 14（14C）。太阳活动和地磁场的强度影响宇宙射线强度，进而控制碳 14 的自然产率。太阳活动越剧烈、地磁场越强，宇宙射线就越弱，大气中产生的碳 14 就越少。

### 6. 黄土

中国黄土高原的陆相风积黄土——古土壤地层拥有 2200 万年的历史，是研究气候变化的绝佳地质剖面。粒度与磁化率曲线的峰谷交替主要受天文轨道参数控制，同时记录着古气候的变化趋势。间冰期时冬季风弱，夏季风强，黄土堆积变少；冰期时情形恰好相反，冬季风变强，夏季风走弱，黄土沉积作用增强而成土作用减弱。

### 7. 石笋

与其他研究样本相比，石笋分布广泛，从空间上覆盖了从沿海到内陆、从热带到寒带等地区，从时间上则横跨了数千年乃至数万年的尺度。气候、土壤、岩石和水文等条件决定了石笋沉积类型和剖面图式。在石笋的形成过程中，大气渗入土壤生成二氧化碳，增强溶蚀力，溶解土壤中的碳酸盐岩，随后溶液流到洞穴内释放二氧化碳，最终在洞底形成碳酸钙沉淀。如果物源或水流途经的环境发生变化，石笋就能够记录下来，同时利用沉积韵律自我计年，由此成为高分辨率的气候—环境变化信息库。

## 三、本节总结

全球变暖是一个充满挑战的全球性环境问题。在过去的研究中，有人认为变暖的根本原因就是与燃烧化石燃料相关的人类活动，也有人认为人类活动对全球变暖的影响微乎其微。20 世纪以来，通过推理历史文献的记载和利用自然界中现存的沉淀物、树轮、珊瑚、冰芯、碳 14、黄土、石笋等研究样本，人们正尝试着更加准确地重建过去的气候。

### 课后思考题

1. 通过珊瑚测定和通过冰芯测定过去气候的方法有什么相同之处？
2. 请查阅资料，并阐述你所在的区域第四纪以来的气候变化。
3. 如何对未来的气候变化趋势做出较为准确的预测？

# 第二节 大气运作的原理

★**学习目标**
- 了解大气的结构和主要组成部分
- 了解大气是如何获得能量的
- 了解温室气体的类型及其对全球变暖产生的作用
- 了解如何做出天气预报

## 一、大气结构

大气是一个不断变化的动态系统，由结构异常复杂且不断地移动、混合的气体集合而成。同时作为一个巨大的化学活性系统，大气从阳光中汲取能量，受自然界和人类活动释放的高能化合物影响，承载着许多复杂的化学反应，其化学构成也随之变化。

大气层位于地球表面，大约90%的大气层重量集中在距地球表面12公里的范围内。大气处于运动状态，大气中的气体分子在重力作用下被固定在地球表面附近，同时受热能影响向相反方向运动。大气中的主要气体包括氮气（78%）、氧气（21%）、氩气（0.9%）、二氧化碳（0.03%）和不同浓度的水蒸气，此外还含有微量的甲烷、臭氧、硫化氢、一氧化碳、氮和硫的氧化物、小碳氢化合物以及氯氟烃。

大气层分为几个垂直层（图5-1）。其中距离地面最近的是对流层，从地面延伸到10～20千米的天空中，人类的绝大部分时间都在其中度

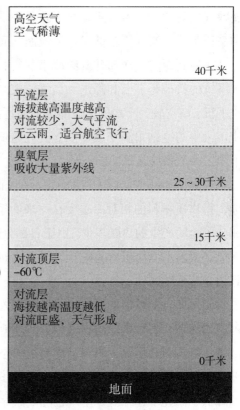

图5-1 大气的垂直结构

过。对流层中对流旺盛，因此天气复杂多变。该层各部分的温度随着海拔的升高而降低：在地面，平均温度约为15℃；而在海拔12千米处，平均温度就会降到-60℃。对流层顶

部的边界名为对流层顶，其恒定温度约为 –60℃，起着盖子和冷阱的作用，几乎所有抵达边界层的水汽都会在这里凝结。

对流层上方是平流层，其范围从对流层顶延伸到海拔约 40 千米的高度，是喷气式飞机飞行的空域。而臭氧浓度最大的臭氧层位于赤道上空 25 ~ 30 千米，能够保护低层大气中的生命免受有害的紫外线辐射，对生物的生存具有重要意义。平流层之上的高层大气也有分层，而每一层中的温度与压力都有着特定的关系。

## 二、大气的运动过程

气压、气温和水汽含量是评估大气状况的重要指标。气压是指作用在单位面积上的大气压力，而大气压力是上方气体的重力对下方气体的作用，因此气压随着海拔的升高而降低。大气的受热升温过程如图 5-2 所示。在海平面上，气压为 $10^5$ 帕。天气预报中常用水银柱的高度变化来反映气压的波动。大气系统可大致分为低压系统和高压系统。当气压较低时，近地面的暖湿气流上升，遇到冷空气冷却并凝结成水蒸气，因此低压系统的特征是多云和降水。当气压较高时，气流下沉，高空较为干冷的空气靠近地面逐渐变暖，使得云中的凝结水滴变成蒸汽，因此与低压系统不同，高压系统是晴朗的。

气温作为评估低层大气状况的另一个重要指标，指物质材料的相对冷暖度，用来衡量由原子和分子运动产生的热能多少。由于各部分的气压、

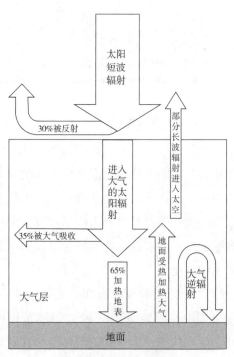

**图5-2　大气受热原理**

气温和地表水面面积情况各异，低层大气的水汽含量分布不均，水汽体积的占比从小于 1% 到约 4% 不等。

受地球自转运动的影响，下垫面与大气表面受热不均，因而大气依照环流模式在全球范围内移动，每个半球内有三个大气环流圈，包括盛行风和赤道与两极之间的高低气压纬度带，如图 5-3 所示。白天赤道附近的空气被太阳加热，同时受热上升，形成阴雨朦胧的低压区。这些赤道上形成的热空气向两极方向移动，当到达南北纬 30° 附近时，由于气温降低、阳光变得稀薄，空气也随之成为冷而重的下沉气流，继而形成以晴朗天气和低降雨量为特征的高压区域，即副热带高气压带。然后在南北纬 30° 下降的空气沿地表继续向两极方向移动，在近地面受热变暖再次上升，并在南北纬 50° ~ 60° 形成低压区，呈现多云和多降水的特点。在这个区域内，低处空气向赤道方向移动，高处空气则向两极方

向移动，在两极处冷空气下沉组成两极高压区。综上，大气圈有着复杂的运动模式。太阳相对于地球表面南北移动，因此低压和高压的位置随季节的变化而变化。

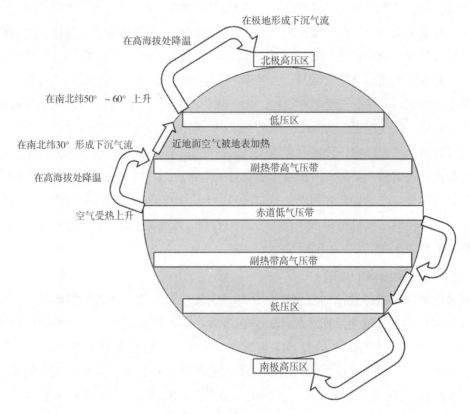

图5-3　大气环流模式示意图

## 三、大气受热过程

地球接收到的能量大部分来源于太阳，小部分来自月球绕地球旋转产生的摩擦力和地球内部。自然界中的一切物体都会产生电磁波辐射，物体温度越高，辐射的波长越短。太阳的表面温度非常高，因此大部分到达地球的太阳辐射为短波辐射，组成可见光和近红外波段。而地球表面温度较低，所以地面辐射主要为长波辐射。

太阳辐射加热大气的过程被称为大气的受热过程。太阳的短波辐射首先接触地球大气层，随后约30%的能量被大气层反射，回到外太空。在剩余的70%的未被反射的太阳能量中，只有35%能被大气吸收，其余65%的能量则全部被地球表面吸收。吸收了太阳辐射的地球表面温度升高，向近地面大气释放长波辐射。相比于短波辐射，大气吸收长波辐射的能力更强，进而促使地表空气膨胀上升形成对流，加热更大范围的空气。同时，大气具有保温作用，被加热的大气层也会对外释放长波辐射，其中一部分能量进入外太空。另一部分被地球表面吸收，再次加热地面，这一过程被称作大气的逆辐射。

以下这些因素与大气受热过程有关：

### （一）大气透明度的影响

大气透明度是大气的光学特性之一，指电磁辐射穿透大气的程度，可以用透过光通量与入射光通量的比值来计算。该比值受入射辐射的波长、大气成分和悬浮微粒的性质、密度及通过大气光学路径的长短等因素的影响。一般情况下大气层越厚，大气透明度越小。一年中，夏季时气流运动比较强烈，大气中的尘埃含量较高，水汽含量随之升高，大气透明度较小；相比之下冬季气流相对稳定，大气透明度较大。一天中，下午的大气透明度大于上午。此外，大气透明度随纬度的降低而减小，随海拔高度的升高而增大。

大气的透明度会影响各种辐射穿透大气层的能力，进而影响地球表面的温度。火山喷发、大型森林火灾和人类的大面积耕作活动将灰尘排放到大气中，随后灰尘和气溶胶吸收光辐射，进而使地球表面温度降低。例如1991年菲律宾的皮纳图博火山喷发，向平流层排放了200万吨的二氧化硫和250万吨的二氧化碳，大幅度降低了大气透明度，随即地球的表面温度平均下降了0.1 ~ 0.2℃。

### （二）地面反照率的影响

地表反照率指的是地面的反射辐射量与入射辐射量之比。地表反照率越大，地面吸收的太阳辐射越少；地表反照率越小，地面吸收的太阳辐射越多。常用的近似反照率如下：地球（作为一个整体）的反照率为30%，云层（取决于类型和厚度）的反照率为40% ~ 90%，新鲜的雪的反照率为85%，冰川的反照率为20% ~ 40%，松林的反照率为10%，暗岩的反照率为5% ~ 15%，干沙的反照率为40%，草地的反照率为15%。

### （三）地面粗糙度的影响

地面粗糙度表示地球表面的粗糙程度。在光滑的表面上，流体分层流动，流体质点的轨迹为规则的光滑曲线，这种流动叫做层流。而在粗糙的表面上，空气会出现湍流、旋转或反转等现象。湍急的空气在运动过程中释放动能，这些能量会转化为热量，即湍流传热，进而影响大气受热过程。

## 四、海洋、冰川与大气变化

### （一）海洋与大气变化

海水的比热容很大，且海洋占地球面积的三分之一，因此海洋中能够储存大量的热能，对调节全球气候起着重要的作用。海洋的自然波动也与大气系统息息相关，水温、气压、风暴和天气变化都会使得洋流发生变化，进而衍生出长达几年的暖周期或冷周期，其影响力是过去一个世纪内所有气候变化的10倍。例如一些科学家认为1911年尼亚加拉大瀑布的冻结和2009年至2010年的寒冷冬天都是源于洋流导致的海洋—大气波动。

此外，大气系统中的南方涛动现象在海洋中体现为洋流变化，即厄尔尼诺现象。西班牙人早期在南美洲西海岸定居时观察到大约每隔 7 年的圣诞节前后，海水都会变暖，鱼类资源减少，海鸟继而消失。正常情况下，南美洲大陆偏西的盛行风将表层水带离海岸，使得冷水从深海上升到表面，形成垂直上升流，随之上升的还有促进藻类（食物链的基础）生长的重要营养物质，养育了大群的鱼类。因此海鸟在近海的小岛上大量筑巢，以这些鱼类为食。而当厄尔尼诺现象发生时，上升流大幅度减少甚至是消失，进而导致营养物质减少，藻类生长放缓，鱼类死亡或迁徙别处，海鸟流离失所。同时温暖的海水向东流动，提供热源，影响大气环流，使得热带太平洋地区的天气发生变化，秘鲁降水量增大、洪水增多，而澳大利亚和印度尼西亚则是干旱和火灾的发生概率增大。

除了南方涛动之外，北极涛动（AO）和北大西洋涛动（NAO）也影响着气候变化，分为正态和负态。正 AO 和正 NAO 极涡强烈，由此产生亚热带高压中心和亚寒带强低压中心。这使得北极的冷空气保留在当地，而南上的暖空气到达美国和欧洲等地。负 AO 和负 NAO 则导致美国东部海岸出现严寒天气。尽管全球气候呈现出变暖的趋势，但是由于近年来北极海冰减少增加了负 AO 出现的频率，因此冬季的寒冷期更明显。

### （二）冰川与大气变化

近年来，在卫星遥感、雷达、激光信号以及测量极地重力变化等相关技术的帮助下，极地和格陵兰冰川的研究有了新的进展。例如基于同位素和温度的强相关性，评估氢和氧的稳定同位素来还原历史上的气候；通过测量沉积在冰川的气泡中的二氧化碳和甲烷含量，来估测大气中的温室气体含量；结合其他地址记录，利用冰的堆积速率估计冰川的年龄等。

科学家们对冰芯的研究始于 20 世纪。近年来对南极沃斯托克及其相关冰芯的高分辨率数据的研究结果表明，在有效统计的 600 ~ 1000 年内，二氧化碳浓度的变化滞后于温度的变化。目前有两种可能的解释。首先，自然中的物理和化学作用可能导致滞后现象，例如海水和海冰对气候变暖的反应都较为迟缓，海水在大气升温后很长时间才能变得温暖，而二氧化碳浓度随海洋温度的升高而降低。其次，发生滞后现象也可能是分析过程中出现了问题。

目前新的数据分析方法削弱了这种滞后现象，大大缩短了二氧化碳上升和温度上升之间的时间间隔。这种滞后也许存在，也许比人们预计的短得多，也许根本不存在。

## 五、大气中的温室气体

大气中的每种气体都有自己的吸收光谱，吸收特定的波长，并透射其他波长。某些气体能够大量吸收红外线，使得地球表面温度上升。而由于温度升高，气体又能够重新释放辐射，其中一部分加热地表，起到保温作用。正如封闭温室中空气循环受限会导致升温现象，气体像是温室中封闭的玻璃窗，起到吸收和保存热量的作用，因此这个过程被称为温室效应，而这些起到保温作用的气体就是温室气体。

受温室效应的影响，地球表面吸收的长波辐射量是短波辐射量的两倍。地球接收到约

30% 的太阳辐射以短波辐射的形式返回太空，而被地球表面和大气吸收的 70% 的太阳辐射最终会作为红外辐射重新散发到太空中。

温室气体很大程度上影响着环境，其部分功能是限制温度从早到晚的波动，并保持相对舒适的地表温度。如果没有温室效应，夜间地表温度会更快地下降，白天地表温度会更快地上升。同时温室效应使得地球的低层大气比其他气层的温度高约 33℃。

地球上主要的温室气体是水蒸气、二氧化碳、甲烷、一些氮氧化物和氟氯化碳。其中绝大部分温室效应是由水造成的，由水蒸气和液滴引起的温室效应分别占总量的 85% 和 12%。

### 1. 二氧化碳

每年大约有 2000 亿吨的二氧化碳进入和离开地球大气层，而在人类活动排放的温室气体中，二氧化碳占 50% ~ 60%。通过测量南极冰原气泡中的二氧化碳，科学家们得出结论：在工业革命前 16 万年，大气中的二氧化碳浓度为 200 ~ 300ppm，其中二氧化碳浓度最高的时期约为 12.5 万年前的主要间冰期。工业革命前 140 年，即大量使用化石燃料之前，大气的二氧化碳浓度约为 280ppm。工业革命开始之后，二氧化碳浓度迅速增加。近年来大气二氧化碳浓度约为 396ppm，按每年约为 0.5% 的速度增长。

### 2. 甲烷

在过去的 20 年中，大气中的甲烷浓度增加了一倍多。自然界中的细菌会释放甲烷。这些细菌只能在无氧环境中生存，或是栖居在白蚁的内脏和反刍哺乳动物（如奶牛）的肠道中，消化木本植物并产生甲烷；或是生活在淡水湿地中的无氧区域，分解植被后释放甲烷作为产物。此外，人类活动也会增加大气中甲烷的含量，例如油田渗漏、甲烷水合物渗漏、垃圾填埋场、燃烧生物燃料、生产煤炭和天然气以及农业活动中的养牛和种植水稻都有可能释放甲烷。

### 3. 氟氯烃

氟氯烃是一种惰性的、稳定的化合物，常常在喷雾罐和冰箱中用作气溶胶推进剂。在前几十年，大气中氟氯烃的增长率约为每年 5%。据估计 15% ~ 25% 的人为温室效应可能与氟氯烃有关，进而引起了潜在的全球变暖。氟氯烃分子吸收地球表面红外辐射的能力是二氧化碳分子的数百倍甚至数千倍，且由于其高度稳定的化学性质，氟氯烃在大气中的停留时间很长。

1987 年，24 个国家签署了《蒙特利尔议定书》，以减少直至最终消除氟氯烃生产并加速开发替代化学品为目标。经过各国的努力，截至 2000 年，全球氟氯烃的生产基本停止。即使现在产量大幅度减少，这种气体对大气的影响仍将持续很多年，甚至一个世纪之久。

### 4.氧化亚氮

大气中的氧化亚氮正在增加，约占人为温室效应的5%，其主要来源是农业施肥和化石燃料燃烧。这种气体也具有较为稳定的化学性质，停留时间也很长，因此即使排放量稳定或减少，氧化亚氮的浓度也会持续升高至少几十年的时间。

## 六、气候变化与反馈循环

自20世纪初，科学家们就开始试图用数学模型来预测气候和天气状况，直至现在终于建立了较为完备的大气环流模型，通过微积分方程计算大气之间能量和物质的变化率。然而作为稳态模型，其估算结果无法囊括现实环境中的非稳态因素，即随机的和偶然的变化，因此很难准确地预测天气。

气候变化的复杂性可以部分归因于正反馈和负反馈循环。简单来讲，负反馈进行调节，有助于维持系统的稳定；正反馈增强循环效果，即现在的变化会导致未来更大的变化。

气候变化可能引起的负反馈循环如下，逻辑关系如图5-4所示：①随着全球变暖的程度不断加深，温暖的气候和过量的二氧化碳会刺激藻类的生长。相应地，藻类可以吸收二氧化碳，降低大气中二氧化碳的浓度，进而降低地球的气温。②因气候变暖导致的温度上升、二氧化碳浓度增加同样可能刺激陆地植物的生长，与此同时吸收更多的二氧化碳，削减温室效应。③尽管携带水分的温暖空气给极地地区带来降水，但是不断增加的积雪和积冰很可能会将太阳能反射到地球表面之外，进一步导致冷却。④气候变暖会增加海洋和陆地的水分蒸发，促进云层水汽凝结，而云层会反射更多的阳光并使得表面降温。

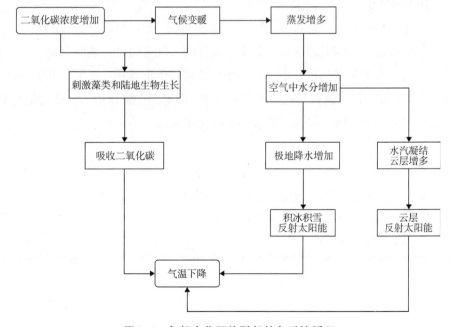

图5-4　气候变化可能引起的负反馈循环

气候变化可能引起的正反馈循环如下，逻辑关系如图 5-5 所示：①全球气候变暖增加了海洋的水分蒸发，进而使得大气中的水蒸气含量增加。作为主要的温室气体，水蒸气增加会导致气候持续变暖。②气候变暖促进高纬度地区的永久冻土大量融化，冻土层中的有机物质释放出温室气体甲烷，使得温度持续上升。③当较暗的植被和土壤覆盖了积雪或冰川时，地面反射率降低，有助于大气吸收更多的太阳能，使表面进一步变暖。④在气候变暖的情况下，人们使用更多的空调，从而消耗更多的化石燃料，排放更多的二氧化碳，进而导致全球变暖。

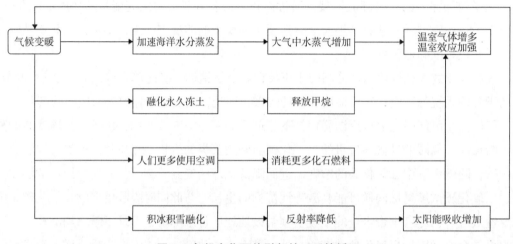

图5-5 气候变化可能引起的正反馈循环

## 七、本节总结

大气是一个不断变化的动态系统，拥有复杂的结构和分层，在运动过程中形成了环流。同时，大气能够吸收太阳辐射的能量，其受热过程受大气透明度、地面反照率、地面粗糙度等因素的影响。在大气受热过程中，有一个环节是气体重新释放辐射，其中一部分加热地表，起到保温作用，这个过程又被称为温室效应，而起到保温作用的气体就是温室气体。主要的温室气体有二氧化碳、甲烷、氟氯烃和氧化亚氮。

### 课后思考题

● 描述在温室气体的影响下，大气是如何升温的？

● 南北纬 30° 附近为什么易出现大面积的沙漠？

● 全球多雨带是如何分布的？

# 第三节　全球气候变化对生态环境和人类社会的影响

★**学习目标**
- 了解应对气候变化的紧迫性和重要性
- 了解气候变化对生态环境和人类社会的影响

## 一、全球气候变化概况

自 1900 年起，全球平均温度提升了约 0.8℃。而过去 30 年内，全球地表温度每十年提升大约 0.2℃。在现有的科学测量的地表气温记录中，最温暖的一年是 2005 年，而并列第二的年份为 2002 年、2003 年、2006 年和 2009 年，最温暖的时段则是 2001 年至 2010 年。尽管 1998 年至 2013 年气温的上升呈现出停滞的趋势，但是海洋温度却持续上升。全球气候正在持续变化着。

根据全球气候模型的估算结果，如果温室气体和气溶胶浓度不变，并保持在 2000 年的水平，那么气温将会每十年变暖 0.1℃。然而基于人类活动影响下二氧化碳近期和未来预期的排放量，预计在 2030 年之前，大气中二氧化碳的浓度将达到工业革命前的两倍。那么根据全球气候模型的预测，全球平均温度将会上升 1 ~ 2℃。

而由于正反馈循环的作用，极地地区地表气温将上升更多，该现象就是极地放大效应。随着冰雪消融，本应该被冰雪反射到外界的太阳能转而被植被和水面吸收，进一步加强了变暖趋势。

过去人们一直认为工业革命前的气候变化是很缓慢的，每 1000 年不会超过 1℃。但是后来科学家们利用从南极洲和格陵兰岛附近深海海域中的冰芯数据重建了 40 万年前的气候，发现格陵兰岛历史上曾经有很多个温度迅速变化的时期。甚至在变化最快的阶段，50 年内温度就改变了 7 ~ 12℃，这比全球气候模型预测出的任何近期变化都要更加剧烈。

约 1.28 万年前，北半球发生了新仙女木事件，在持续升温的过程中突然出现了长达 1100 年左右的降温，人们认为这与大气和大洋环流的大规模变化有关。对于具体原因的猜测众说纷纭，其中一个假说是来自外太空的物体（很可能是一颗陨石）在大气层引发了巨型爆炸，这次爆炸将大量尘土和颗粒抛射到大气中，大幅度地增加了太阳辐射的反射量，从而造成了降温现象。

## 二、气候变化的具体影响

### （一）气候变化对水循环的影响

如今全世界六分之一的人口都居住在河流周边区域，主要依赖来自山脉（例如兴都库什山脉、喜马拉雅山脉和安第斯山脉）的冰雪融水补给。根据目前全球变暖的趋势，人们预计21世纪冰川将加速融化，积雪将加速减少，这严重影响了可用水资源储存，甚至有可能威胁当地人的正常生活。

加利福尼亚是世界上最富饶的农业区之一，一直以来都利用内华达山脉上融化的雪水进行灌溉。如果预测成真，这里将面临严重的蓄水问题。在气候变暖的情况下，降水增加，而积雪变少，径流流速随之加快，水库会被迅速填满，许多径流将会流失到太平洋中。届时墨西哥、南美洲、南欧、印度、南非和澳大利亚等地都会面临同样的问题。

#### 1. 海平面上升

末次冰期时海平面达到了最低点，随后一直处于缓慢上升的状态，每个世纪大约上升23厘米。这是由于液态水在升温时膨胀，且冰盖和陆地上的冰川融化，增加了海洋中的水量。在全球变暖的背景下，气候学家预测这个海平面上升的速度很有可能提高到原来的两倍。地球上有大约一半人口居住在沿海地区，其中大约有5千万人每年都会遭遇由风暴潮引发的洪水侵袭。海平面上升会加剧海岸侵蚀，影响地下水补给，进而危及岸边的建筑物和居民。因此，相关海岛国家不得不投入更多资源建设防波堤、堤坝和其他建筑物来控制风险。

#### 2. 极端水文事件频发

在"陆地—海洋—大气"水循环中，河流是一个重要载体，受到全球气候变化和陆地人类活动等多方面的影响。在过去100年内，我国大陆的年平均气温已增加了0.6 ~ 0.8℃。在最近50多年中，即1951年至2020年，大陆平均地表气温上升了约为1.2℃，即每十年增长0.17℃。

陆地表层温度的上升改变了陆地水循环动力过程，使得极端水文事件（干旱与洪水）频发。近30年，我国北方尤其是华北地区降水量逐年下降，且呈现出持续衰减的迹象，干旱程度日益加剧。与此同时，据推测未来50年长江流域洪水灾害发生的频率很有可能继续提高。1997年，长江流域高山雪盖异常增厚，且周围海域出现了厄尔尼诺现象，随后1998年长江流域发生了特大洪水灾害，这个发现在一定程度上印证了全球气候变化和洪水灾害之间存有某种内在联系，也给人们敲响了警钟。

### （二）气候变化对生物多样性的影响

全球变暖与生物多样性的关系十分复杂，目前还没有足够完善的理论模型可以将二者一一对应。其背后的原因是气候变化只是其中的一个变量，而其他变量如生物体自身、生物体获取的营养物质、生物体作为捕食与被捕食者与外界的互动、有关栖息地和生态位的竞争也都影响着生物多样性。

出人意料的是，在过去的 250 万年里很少有物种因气候变化而灭绝，大部分物种能够通过演化的方式适应环境的变化，北极熊和生活在太平洋西北部的鲑鱼就是其中的典型例子。然而未来几十年的气候变化量很可能等于过去 250 万年的气候变化量，因此生物多样性将何去何从仍旧是一个未知数。

### 1. 黑海鸽

黑海鸽栖息在阿拉斯加库珀岛。成年黑海鸽需要在海冰下捕获北极鳕鱼，之后飞回巢穴喂养不能独立生存的幼崽。因此为满足生存需要，觅食场所和巢穴之间的距离必须小于 30 千米。受全球变暖影响，自 1990 年以来春季海冰逐渐减少，海冰的范围后退了 500 ~ 800 千米，这大大增加了觅食难度，使得岛上的黑海鸽失去了一个重要的食物来源。除此之外，海冰融化后，北极熊能够上岸捕食黑海鸽幼崽，也对黑海鸽的生存造成了一定威胁。据统计，由于北极熊的捕猎，于 2009 年孵化出的 180 只黑海鸽中，仅有一只顺利长大并飞出了库珀岛；而当 2010 年改在箱子里孵化，防止了北极熊的侵袭后，有 100 只黑海鸽顺利长大并出岛。

未来气候变化仍将持续影响着库珀岛的春季气候乃至黑海鸽的生存问题。如果春季天气太温暖，就有可能加剧上述两种情形，导致黑海鸽种群消失；如果春季天气太寒冷，黑海鸽繁育孵化幼鸟的时间会变得十分紧迫，继而濒临灭绝。为了更好地监测黑海鸽的繁衍情况，2012 年人们在当地的 10 只黑海鸽身上安装了地理定位器，用来研究后续动向。

### 2. 珊瑚礁

珊瑚礁为许多动植物提供了生长环境，贝类、形如蜗牛的小型浮游生物等都需要汲取珊瑚礁内的碳酸钙来辅助生长。随着全球变暖的范围日益扩大，近海面海水变暖，珊瑚礁却不一定能适应水温的变化，甚至很可能因此大量白化死亡，数量骤降。不过幸运的是，通过研究珊瑚遗传学，人们发现其中有一些品种能够适应温暖的海水和未来可能的气候变化。

与此同时，由于二氧化碳排放量不断增加，二氧化碳分子大量涌入海洋。据推测，海洋能够吸收地球上三分之一的二氧化碳。接着，二氧化碳分子与海水发生化学反应生成碳酸，海洋表层酸度增加。正常情况下，海洋的平均 pH 值大约是 8.2，呈碱性。但是在一些区域内，海洋的 pH 值已经下降到了 7.5。酸度上升会加剧珊瑚的白化，降低贝类繁殖的效率，进一步导致整个珊瑚礁生态的衰落。

### （三）气候变化对农业生产的影响

### 1. 气候变化对农业生产的负面影响

气候变化的过程伴随着人口的快速增长，21 世纪中叶之后，地球上的人口可能达到

90亿,而此时恰好也将是全球快速升温的时期。人口增长带来的巨大粮食需求与快速变化的全球气候共同作用,可能为未来的全球农业系统带来巨大压力。总体而言,气候变化对于农业生产的负面影响主要集中于气温上升和干旱加剧两个方面。

气候变化对农业生产最直接的影响来自于高温天气。过高的气温会加大农作物减产的风险,如果全球继续升温,印度、非洲、美国和澳大利亚将会出现更多极端高温事件,造成粮食减产。例如,玉米减产的温度阈值是29℃,大豆减产的温度阈值是30℃,如果全球继续变暖,高温天气变得更加频繁且猛烈,全球粮食安全将面临严重威胁。全球变暖可能使得美国中西部适宜农业生产的气候北移到加拿大的萨斯喀彻温省。虽然萨斯喀彻温省拥有了最适宜作物生长的气候,但是该地土壤贫瘠,土层远比美国中西部天然大草场的土层更薄,整体的农业生产能力仍然达不到美国中西部的水平。此外,高温天气的间接影响也会破坏农业生产。全球变暖导致的海平面上升将加剧海水对地势低平地区土壤的侵蚀,而这些沿海的平原往往是农业生产的重点地区,例如地中海沿岸的尼罗河三角洲和印度洋沿岸的恒河三角洲。而气候变化过程中伴随而来的海洋酸化、海水温度升高、海水溶解氧减少等现象将会减少海洋渔业的产量,加剧粮食危机。

气候变化对农业生产的另一个负面影响是干旱加剧。随着地球气温的不断上升,地表蒸发量也会变大,加剧旱灾。据估计,当前全球耕地受旱面积的比例将从当前的15.4%上升到2100年的44%左右,旱情最严重的地区是非洲南部、美国、欧洲南部和东南亚地区。如果全球气温变暖5℃,非洲35%的耕地将无法耕作。由于全球变暖,我国甘肃定西和临夏一带气候更加干燥,春小麦种植面积明显减少。而由于大气中二氧化碳等温室气体浓度的升高,植物光合作用增强,进而使得植物中碳含量增加,氮含量和蛋白质含量相对降低,将会导致粮食品质的降低。对于豆科植物而言,二氧化碳增加意味着光合作用速率和固氮能力的提高,但同时温度升高又会削弱固氮作用并增加固氮过程中氮的能量消耗,从而影响豆科植物的品质。据估算,受全球气候变化影响,我国种植业产量可能会整体减少5%~10%。更严重的是,一旦干旱发生,地表植物被破坏,太阳辐射就会直接照射地面,进一步加剧地表升温和蒸发量提升,造成更严重的旱灾。

气候变化对于农业生产的负面影响是全球性的。虽然极端高温天气和旱灾在历史上并不罕见,但往往都是局部现象,个别地区的粮食歉收可以通过其他地区的援助和市场贸易机制进行弥补,避免发生严重饥荒。然而,气候变化是全球性的,随着全球气温普遍提升,各地多多少少都会遭受粮食减产的影响,随之而来的将是粮价飙升。据估计,到2030年,小麦价格有可能涨至目前的3倍,而玉米可能涨至目前的6倍,饥饿和贫困问题将更加严峻。

### 2. 气候变化对农业生产的正面影响

虽然从整体来看,气候变化对农业生产的负面效应更强,但是在某些地区,气候变化却促进了农业生产，这主要是由于全球变暖导致的积温增加。

如今，在全球变暖的背景下，气温升高，春季土壤的解冻期提前、封冻期推迟，积温现象更加显著，这对于北半球一些高纬度地区的农业种植有着一定的积极影响，例如加拿大和俄罗斯的农业产量可能会提高。对于中国的作物种植而言，多熟制向北部和更高海拔处移动，复种面积扩大，复种指数提高，中晚熟作物逐渐替代早熟作物，进而使得作物的单位面积产量增加了。

以小麦为例，与 20 世纪 80 年代相比，冬小麦的种植北界在 90 年代向北扩展了50 ~ 100 千米，向西也有明显延伸，同时从海拔 1800 ~ 1900 米处向 2000 ~ 2100 米处扩展，其种植面积扩大了 10% ~ 20%。其中在新疆南部，小麦的二熟三收制得到了大力推广，人们采用留行套种、麦收后再复播的种植模式，提高了复种指数。此外，辽宁省与河套西部地区春小麦套种玉米的复种指数也明显提高，我国东北地区的水稻种植也有了发展条件。与此同时，在我国西北地区，如甘肃陇中地区能够种植马铃薯的上限海拔提高了100 ~ 200 米，种植范围显著扩大；棉花适宜种植区的平均海拔高度升高了 100 米左右，仅在甘肃的种植面积就扩大了将近 10 倍；冬油菜种植带向北扩展了约 100 千米，种植区海拔高度提高了 100 ~ 200 米。

总而言之，气候变化所造成的极端高温天气、旱灾和全球变暖现象对于农业生产有利有弊，前两者会对全球农业生产产生整体上的负面影响，而在一些特定地区，全球变暖却增强了积温，为一部分农业生产带来增产。但从总体来看，气候变化对于整个地球的农业生产仍然是弊大于利的。

### （四）气候变化对人类健康的影响

《IPCC 气候变化 2007：合成报告》中谨慎地提到了气候变化可能对人类健康产生的影响，比如欧洲出现的气温过高可能导致死亡，欧洲部分地区感染病携带者数量的变化，疟疾发病率的提高，北半球中高纬度季节性花粉过敏的提前和影响的扩大等。除此之外，科学家们还发现，全球变暖可能使得人类更易患上由于蜱虫而感染的脑炎。

## 三、气候变化引发的自然灾害

随着全球变暖的影响日益扩散，近年来暴雨、洪水、干旱、台风、火灾等自然灾害频繁地发生，给人类社会造成了巨大的损失。

森林是陆地生态系统的主体，为人类提供了丰富的资源，被誉为大自然的"调度师"和"地球之肺"。然而，全球气候变化导致了气温升高、干旱期延长、空气湿度下降等后果，使得森林火灾频发，且火势越发凶猛，从而对森林资源和整个森林生态系统造成了严重的破坏。在森林大火的肆虐之下，森林释放出大量的二氧化碳，甚至超过了森林吸收的二氧化碳，进一步加剧了全球气候变暖，助长了大火的发生频率与剧烈程度，形成了恶性循环。

除此之外，气候变化使得极端降雨和干旱更加频繁地发生。全球气候变暖增加了空气中的水汽含量，各地的降水量随之改变。中高纬度地区和热带地区一般呈现出降水增加的趋势，而副热带地区一般呈现出降水量下降的趋势，因此干燥的地方越来越干，湿润的地方越来越湿。以我国为例，近50年来，我国的降水情况发生了显著变化。西北和长江流域极端强降水事件增多，其中长江中下游地区尤为显著。但是与此同时西南地区的降水却略有减少，春季和冬季干旱频发。

全球变暖还会加剧台风。台风属于热带气旋，是产生于热带或副热带洋面上的低压涡旋。海洋升温致使海洋上空的空气温度和湿度增加，从而更容易生成热带气旋。据推测，在气候变化的影响下，台风的最大风速和其所带来的降水量都有大幅增加的趋势，未来的台风将变得更加剧烈。

## 四、本节总结

在地球历史上，全球的气候在不停地变化。在过去的1000年里，几次气候变暖和降温的趋势极大地影响了人类文明。在过去100年中，全球平均地面气温上升了约0.8℃。全球变暖现象对水循环、生物多样性、农业生产和人类健康都有着显著的影响，甚至引发了许多的自然灾害。

> ### 课后思考题
> ●在全球变暖的背景下，水循环会发生怎样的变化？
> ●试着描述气候变化是如何影响农业生产活动的。
> ●举例说明近年来的自然灾害与全球气候变化间的联系。

# 第四节　治理全球变暖的对策

**★学习目标**
- 了解世界各国针对气候变暖问题达成的国际共识
- 了解我国为应对全球气候变暖做出的承诺和努力
- 了解碳达峰和碳中和的含义及实践方法

## 一、人类应对全球变暖的措施

目前人类应对全球变暖的方法有两种。首先是适应，即人类需要逐渐学会与全球变暖和谐共处；其次是缓和，即努力减少温室气体排放，并采取行动来减少全球变暖的恶性影响。

### （一）新能源汽车

新能源汽车通常使用电力或油电混合的方式来驱动，其所需的电力来自发电厂。尽管我国电力的根本来源大部分仍旧是火电，但是相比燃油汽车，发电厂能够集中处理燃烧化石能源所产生的污染，因此产出单位能量的碳排放更少。且随着清洁能源技术的不断发展，电力生产将减少对化石燃料的依赖，因此新能源汽车节能减排的能力将不断提升。

中国政府十分重视新能源汽车的发展。2012 年，国务院发布的《节能与新能源汽车产业发展规划（2012—2020 年）》提出要以"纯电驱动为新能源汽车发展和汽车工业转型的主要战略取向，当前重点推进纯电动汽车和插电式混合动力汽车产业化，推广普及非插电式混合动力汽车、节能内燃机汽车，提升我国汽车产业整体技术水平"。同时，完善标准体系和准入管理制度、利用财政政策支持和金融服务支撑、保障人才队伍、营造良好的产业发展环境以及加强国际合作来保障新能源汽车的发展。

在党和国家领导及汽车企业的长期努力下，我国新能源汽车产业进入了加速发展新阶段。2020 年全行业融资总额首次突破千亿元，国内全产业链投资累计超过了 2 万亿元。在技术层面，我国实现了重大突破，动力电池技术水平处于全球前列。电池单体密度达到了 270 瓦时 / 公斤，较 2012 年提高了 2.2 倍，同时价格为 1.0 元 / 瓦时，下降了 80%，量产车型续驶里程达到 500 公里以上。自 2015 年来，我国新能源汽车成交量和保有量连续 5 年居全球第一，累计推广超 480 万辆，占全球一半以上。尽管 2020 年受新冠肺炎疫情影响，汽车市场受到较大冲击，但是新能源汽车产销量同比分别增长 7.5% 和 10.9%。

未来中国政府仍将重点扶持新能源产业的发展，2020 年国务院印发的《新能源汽车产业发展规划（2021—2035 年）》提出未来发展目标：到 2025 年，纯电动乘用车新车平均电耗降至 12.0 千瓦时 / 百公里，新能源汽车新车销售量达到汽车新车销售总量的 20% 左右。到 2035 年，纯电动汽车成为新销售车辆的主流，公共领域用车全面电动化，燃料电池汽车实现商业化应用，促进了有效节能减排，提升了社会运行效率。

### （二）碳封存

碳封存是指捕获并安全储存碳，避免直接向大气中排放二氧化碳，从而减少进入大气的二氧化碳数量，一般分为地质封存和海洋封存。地质封存是指从发电厂和工厂中收集二氧化碳，压缩至超临界的气液混合状态并注入地下深处的地质贮存池，而海洋封存则是指利用轮船或管道将二氧化碳运输到深海海底进行封存。据统计，每年大约需要封存 20 亿吨的二氧化碳才能显著地缓解二氧化碳排放对全球变暖造成的不利影响，而单个注射项目每年可以封存大约 100 万吨二氧化碳。

含海水的沉积岩和采空的油气田下的沉积岩都很适合进行碳封存。挪威在北海海底的碳封存项目于 1996 年启动，目前已经有了一定的进展，能够将大型天然气生产设施排放的二氧化碳注射到天然气田之下约 1 千米深的沉积岩中。该项目每年的二氧化碳注射量约为 100 万吨，且整个贮存池可以容纳约 6000 亿吨的二氧化碳——约等于未来几百年时间内欧洲所有化石燃料电厂的排放量。尽管在北海海底封存二氧化碳的成本很高，但是这样的做法能够切实有效地减少企业向大气排放的二氧化碳，从而减轻相关税赋。与此同时，美国得克萨斯州已经启动并演示了在采空的油田下封存二氧化碳的试点项目。得克萨斯州和路易斯安那州的存储潜力是巨大的，据估计，这片区域能够封存 2000 亿 ~ 2500 亿吨的二氧化碳。

## 二、有关全球变暖的国际共识

目前，各国正在逐步推动构建限制温室气体排放的国际共识。首先，设定各国共同认可的排放限值是其中一个重要任务。然而这个任务绝非易事，许多主要化石燃料消费国的态度仍旧是未知数。且即便方案获得了认可和支持，实施环节仍旧无法保障和监测。一些在理论上有效的碳排放计算方式在现实中却不一定能真正起到减少碳排放的效果。例如，一些欧洲国家进口美国森林出产的木质颗粒用作燃料，虽然理论上同等质量的木质颗粒燃烧比煤炭燃烧所产生的二氧化碳要少，但现实中生产木质颗粒也会产生碳排放，比如采伐树木、加热加工以及跨越大洋运输木质颗粒消耗的能源和排放的二氧化碳。

1988 年，加拿大多伦多举行了有关全球变暖问题的重大会议，科学家们建议于 2005 年之前将二氧化碳的排放量缩减 20%，各国开始尝试初步建立限制温室气体排放的国际条约。1992 年，地球峰会在巴西的里约热内卢拉开帷幕，随后各国政府致力于构建相关气候调节政策，其中包括具体限制每个国家在工业化进程中排放的温室气体量。

### （一）碳交易

碳交易指的是通过达成国际共识来限制各个国家的碳排放量，再由各国各自规定和限制本国公司的碳排放量，并颁发碳排放许可证，各公司可以进行碳排放许可量的相关交易。例如，电力公司如果想建造一座新的化石燃料发电厂，就可以评估建造发电厂过程中会释放的二氧化碳量和能够吸收这些二氧化碳的森林面积，再与造林公司进行许可量交易。如今，碳排放交易在国际上仍旧存有很大的争议。赞成者认为，这个举措有助于掌握减少二氧化碳排放的主动权，从而削弱全球变暖带来的不利影响。而反对者则认为，一方面减少碳排放和改变能源政策的代价太高，很可能导致经济危机；另一方面，无论国际协议如何安排，都不可能使得所有的国家遵守约定。

### （二）联合国气候变化框架公约

1992 年 5 月，联合国总部通过了一项有关气候变化的国际公约，该公约名为《联合国气候变化框架公约》，并于 1994 年 3 月 21 日正式生效。该公约由 150 多个国家和欧洲经济共同体一起签署，旨在将大气中温室气体的浓度稳定在防止气候系统受到危险的人为干扰的水平上。该公约积极促进各国确立国际合作关系，明确发达国家应起到带头作用，率先进行减排行动，并向发展中国家提供必要的技术和资金支持。公约表示，各国在减排及合作时应遵循五大基本原则。第一是公平原则，各缔约方应根据自身的能力和须实行的责任来安排减排计划，发达国家则应率先做出行动，以减轻气候变化带来的不利影响，为人类发展做出积极贡献。第二，对于发展中国家的特殊情况和具体需求应做到特事特办，充分考虑到气候脆弱地区的现状，不可一概而论。第三，缔约方有责任和义务采取必要行动来预测、防止并减轻气候变化的成因和影响。在面临严重危害时，缔约方应及时采取干预措施，不得以科学上尚无定论为由拒绝采取任何措施。同时，考虑到成本效益，尽可能以最低的成本来获得全球效益。此外，在制定有关政策和措施时，要广泛考虑到不同国家和地区的社会经济情况，使得政策的适用范围广、适用能力强。第四，公约尊重各缔约方的可持续发展权，允许缔约方根据自身的具体情况制定政策和措施，并鼓励将该措施融合到国家的发展计划中。第五，各缔约方应加强国际合作，促进各国的可持续经济增长和发展，使之更有力地应对气候变化。而且，各国在应对气候变化时所采取的措施不能成为国际贸易上的歧视手段和限制方式。

《联合国气候变化框架公约》是全球第一个为控制温室气体排放，解决气候变化问题所设立的国际公约，同时也为气候变化领域的国际合作设立了基本框架奠定了法律基础。公约已经得到了 190 多个国家的批准，这些缔约方会定期提交有关温室气体排放量和公约施行计划的报告，以确保全球各国都在按照公约中的承诺进行减排行动，并开展了良好有序的国际合作，成为紧密团结的命运共同体。

### 1. 京都议定书

1997 年 12 月，各国在日本京都的会议上制定了具有法律约束力的碳排放限值，共有 166 个国家签署了《京都议定书》，2006 年 2 月《京都议定书》成为正式的国际条约。《京都议定书》规定，到 2010 年，所有发达国家二氧化碳等 6 种温室气体的排放量，要比 1990 年减少 5.2%。具体来说，在 2008 年到 2012 年，各个发达国家必须完成以下削减目标：与 1990 年相比，欧盟削减 8%、美国削减 7%、日本削减 6%、加拿大削减 6%、东欧各国削减 5% ~ 8%。新西兰、俄罗斯和乌克兰可将排放量稳定在 1990 年水平上。议定书同时允许爱尔兰、澳大利亚和挪威的排放量比 1990 年分别增加 10%、8% 和 1%。

《京都议定书》建立了三个灵活合作机制来减少温室气体排放，分别是国际排放贸易机制、联合履行机制和清洁发展机制。通过运用这些机制，发达国家之间可以通过碳交易市场来灵活地完成减排任务，发展中国家可以从发达国家获得清洁能源技术和资金支持，促进全世界的协调合作，共同实现减排计划。

此外，《京都议定书》还首次以法规的形式限制温室气体排放，具体来说，议定书规定各国可以采取以下四种减排方式完成减排指标。首先，发达国家之间可以进行碳排放权交易，即买卖碳排放额度，无法完成减碳任务的国家可以在碳排放市场上从超额完成减碳任务的国家购买未使用的额度，这样就为减碳任务增加了经济刺激，促进各发达国家采取措施减少排放。其次，议定书以"净排放量"为标准计算温室气体排放，即本国实际排放量减去该国森林所吸收的温室气体的量，这一举措鼓励各国既要减少温室气体排放量，也要加强植树造林，促进温室气体的吸收。此外，议定书通过绿色开发机制鼓励发达国家与发展中国家展开合作、共同致力于减少温室气体排放，发达国家向发展中国家投资资金和减排技术，促进发展中国家减排，而发达国家可以收获碳排放额度作为投资回报。最后，议定书还允许国家间使用"集团方式"进行减排，例如欧盟内部的许多国家在计算碳排放时可以视作一个整体，即便欧盟各成员国中有的国家减排成效显著，有的国家增加了排放，议定书只要求欧盟整体达成总体上的减排目标。

然而，《京都议定书》在实施时也遇到了困难。在决定碳排放量消减任务时，美国最终同意用天然气代替燃煤进行火力发电，将碳排放量削减至 1990 年的 93%，但是这远远低于科学家建议的标准，即将碳排放量减少至 1990 年水平的 60% ~ 80%。在实践中，2001 年，美国在小布什总统的第一任期时以《京都议定书》的减碳规则会损害美国经济发展利益为由宣布退出《京都议定书》。作为世界最大的温室气体排放国，美国的排放量却不降反升。

### 2. 巴黎协定

2015 年 12 月，联合国气候峰会通过了一项新的气候协定，该协定由联合国 195 个成员国共同参与。协定起名为《巴黎协定》，并将取代《京都议定书》成为全球遏阻气候变化的新共识。《巴黎协定》是继《京都协定书》和《联合国气候变化框架公约》后的又一国际法律文本。《巴黎协定》将关注的重点放在了 2020 年后全球为应对气候变化应做出的努力。与《联合国气候变化框架公约》不同，《巴黎协定》将其目标分成了三部分。首先，《巴黎协定》致力于将全球平均气温较前工业化时期上升幅度控制在 2℃以内，并努力将温度上升幅度限制在 1.5℃以内。其次，要努力提高应对气候变化的能力，通过不威胁粮食生产的方式提高气候复原力，减少温室气体排放。最后，使资金流动符合温室气体低排放和气候适应型发展的路径。

《巴黎协定》之所以能够获得所有缔约方的认可，是因为其反映了共同目标下多方的不同诉求。在《联合国气候变化框架公约》的基础上，《巴黎协定》不仅继承了区别责任制，鼓励各缔约方根据自身的能力和需求进行减排、结合其实际情况制定合理的政策和措施之外，还强调要采取非侵入和非对抗模式的平价机制，建立起良好的国际合作关系。《巴黎协定》根据发达国家、发展中国家和不发达国家分别制定了不同的减排战略。欧美国家作为发达国家的典型代表，要继续发挥其表率作用，开展绝对量化减排，同时还可为发展中国家提供必要的资金支持。发展中国家例如中国和印度等，应该提高减排目标，努力实现绝对减排。不发达国家应及时报告其减排计划和执行战略等。对于完成情况，相比于《联合国气候变化框架公约》的定期提交报告，《巴黎协定》则要求每五年对缔约方进行评估，以此来反映各国的相应进展。除此之外，这种方式还有助于各国随时调整未来的减排计划并制定长期目标。

《巴黎协定》将全球各国看作是一个人类命运共同体，维护地球生态健康应该是每一个世界公民的责任与义务，同时也是每一个缔约方的责任与义务。只有所有国家联合起来，共同执行减排策略，互帮互助，摒弃"零和博弈"的思想，全球才有可能实现《巴黎协定》中设立的目标。各国更应该在此时表现出大国担当，帮助有困难的国家解决他们的问题，使得他们能更有力地应对气候变化带来的严重威胁。在提供支持时应考虑多种形式的援助，不仅是资金支持，必要时还可提供技术支持，毕竟"授人以鱼，不如授人以渔"。

### 3. 中国在解决全球变暖问题中的贡献

进入 21 世纪，中国一直重视全球变暖问题，深度参与并引领全球气候和生态环境治理，高标准履行相关国际义务，在应对全球气候变化领域做出了重要的建设性贡献。中国积极助力构建《巴黎协定》，全面履行《联合国气候变化框架公约》，推动 20 国集团发布首份气候变化问题主席声明，设立气候变化南南合作基金，同时大力推进绿色"一带一路"建设。此外，中国还通过合作建设低碳示范区、实施减缓和适应气候变化项目、举办能力建设培训班等形式，分享应对气候变化的有益经验，为其他发展中国家应对气候变化提供帮助和支持。

在 2020 年第七十五届联合国大会一般性辩论上，习近平主席郑重宣布，中国将提高国家自主贡献力度,采取更加有力的政策和措施,二氧化碳排放力争于2030年前达到峰值,努力争取2060年前实现碳中和。中国将单位国内生产总值二氧化碳排放下降作为约束性指标纳入五年规划,并将全国目标向地区分解落实并实施考核,采取调整产业结构、优化能源结构、节能提高能效、推进碳市场建设、增加森林碳汇等一系列措施。截至2019年底,中国碳强度较2005年降低约48.1%,非化石能源占一次能源消费比重达15.3%,中国承诺的应于2020年达成的碳减排目标提前完成。

## 三、本节总结

为应对全球变暖,人类主要采取适应和缓和两种措施。其中通过研发和使用新能源汽车有助于摆脱对传统化石燃料的依赖,进而从根本上解决碳排放过量的问题。通过碳封存的方式则能够直接地减少碳排放,避免直接向大气中排放二氧化碳。目前,尽管困难重重,各国仍旧坚持逐步推动构建限制温室气体排放的国际共识。从《京都议定书》到《联合国气候变化框架公约》,再到《巴黎协定》,这些全球性的法律文本也在随着时间的推移不断进步和完善,越来越多的国家愿意加入其中,成为其中的缔约方,同世界其他国家一同努力,为尽早实现减排目标贡献自己的力量。在面对这场气候灾难时,世界各国应紧密团结在一起,以人类命运共同体的形式共面难题,只有各国都体现出多一点共享、多一点担当、多一点贡献的精神时,《巴黎协定》的目标才有可能尽早实现,保护地球的生态健康。

### 课后思考题

- 分别举例说明人类为适应和缓和全球变暖所做的努力。
- 解释碳封存的含义及其具体措施。
- 说明我国在应对全球气候变化方面展现的大国风范与担当。

# 拓展阅读：碳达峰与碳中和

## 一、背景阅读

2021 年，碳达峰和碳中和首次被写入政府报告，同时被列入我国"十四五"规划中污染防治攻坚的主要目标。"十四五"是实现碳达峰的关键期和窗口期，在此期间我国既要构建清洁低碳的能源体系，控制化石能源的使用总量，又要着力提高能源的利用效率，实施可再生能源替代行动。国家发展改革委秘书长赵辰昕曾经指出，为实现碳达峰、碳中和的目标，我国要采取有效措施来持续提升能源的利用效率，进一步加快转变能源消费方式。对于化石能源等行业而言，碳达峰和碳中和目标既是机遇又是挑战。

### （一）碳达峰

#### 1.碳达峰的定义

碳达峰指的是个人或组织为减缓全球变暖进程所做的承诺，即二氧化碳的排放达到峰值不再增长后逐渐降低。

#### 2.碳达峰的背景

气候变化导致了全球变暖问题，而这背后的根本原因是由于人类生活方式转变而导致的碳耗增加。碳耗的主要来源是石油、煤炭和木材等由碳元素构成的自然资源，碳耗的增加导致了全球变暖问题，全球变暖问题又给人们的生活方式带来消极的影响，世界各地自然灾害频发，人们正在被动地卷入恶性循环中。

城市是二氧化碳排放的主要地区，因此未来减少二氧化碳排放、建设"低碳城市"才是众多大城市的发展目标。随着民众环保意识的逐渐加强，人们普遍意识到了气候变化是人类面临的全球性问题，各国二氧化碳超高排放导致的温室气体迅猛增长将对生命系统构成严重威胁。在这一问题的全球背景下，世界各国都以签订协约的方式尽量减少温室气体的排放，中国也由此提出了碳达峰和碳中和的减排目标。但是值得注意的是，在极力减排的同时也要重视能源安全，中国目前作为世界工厂，制造能力与日俱增，相应的碳排放量也有所增长，但是我国的油气资源又相对匮乏，因此发展低碳经济，重塑能源体系有着重要的意义。

#### 3.碳达峰的实现路径

目前，全球有多个环保组织、团队或企业为了保护世界环境，倡导绿色发展，纷纷加入了碳补偿的计划中，自愿通过为专门机构捐款、植树或其他减排行为来抵消个体造成的碳排放。为了阻止碳排放进一步增长、早日实现碳达峰，第一要在保障经济发展的同时，减少煤炭发电，大力运用风电、太阳能发电、水电以及核电等非化石能源代替火力发电，减少排放。第二是加快产业转型、促进服务业发展、加强重点领域节能减排的监督、强化节能管理、优化能源结构，并开展各领域低碳试点和行动。第三要坚持和完善能源消费总量和强度的控制，建立健全的预算管理制度，努力推动资源高效配置和合理使用。第四要加快优化能源产业结构，大力发展光伏发电等可再生能源发电，尽快实现碳排放达峰。第五是加强重点用电单位的管理，实施综合能效提升等节能工程，继续推进工业、建筑和交通等领域的节能减排，提升能效水平。第六要完善我国能权交易市场的制度，并开展全民节能教育，营造有利于节能减排的良好社会氛围。

### （二）碳中和

#### 1. 碳中和的定义

2020 年，联合国秘书长安东尼奥提出，单纯依靠《巴黎协定》来抵抗气候变化是远远不够的，各国应该迅速采取紧急预案，直至达到碳中和。碳中和指的是国家、企业、个人通过植树造林、节能减排等方式抵消在一定时间内直接或间接产生的二氧化碳或温室气体排放总量，进而达到相对"零排放"或"中性排放"。一般情况下，温室气体的排放量会转换为二氧化碳的排放量进行计算。目前，碳中和主要应用于交通、能源生产、农业和工业等大量排放二氧化碳的行业。

#### 2. 碳中和的背景

1997 年，"碳中和"这一概念首次出现在大众视野中，伦敦未来森林公司为客户设计了碳中和的商业策划，以"碳中和"为目标，帮助客户计算一年内的直接或间接的二氧化碳排放量，并通过植树的方式来抵消排放量。此方案推出后，虽然很多环保组织对植树吸收二氧化碳的方式表示质疑，并未推广，但是"碳中和"这一名词却被媒体广泛宣传。随着碳中和的环保理念在全球范围内迅速发展，个别的企业行为扩大为全球性的减排运动。同时在各国政府的大力支持下，碳中和也从自愿行为转变为官方计划，成为全球减排机制中的重要环节。

#### 3. 碳中和的实现路径

碳中和的实现需要个人、公司、组织、国家或地区的共同努力。个人应该做出严肃诚恳的承诺，在生活的各个细节中减少排放；公司或组织则应该根据自身情况，做出科学合理的改变。

实现碳中和主要路径有碳补偿和减少排放，有时也将两者结合起来使用。其中最重要的一步是计算和分析排放量，并基于这个数据确定下一步的行动计划。个人可以利用碳计算器来计算碳排放，包括用电量，取暖的燃料类型和消耗量，个人的驾驶、飞行里程等。企业和政府则可以首先确定直接和间接排放源有哪些，再利用以国际标准 ISO 14001 建立的可持续管理系统来进行评估。实现碳中和的最后一步是评估数据并形成切实可行的改进建议。

（1）碳补偿

碳补偿指的是个人或企业通过为二氧化碳减排事业捐款来抵消二氧化碳排放量，即以购买的方式减少碳足迹。经过计算直接或间接的二氧化碳排放量和抵消这些排放所需的经济成本，根据排放量制定每吨气体的价格，相关个人或企业支付一定金额给专门机构，用来植树或者投资升级工厂和发电设备、提高运输工具能源利用效率的环保项目。碳补偿不是强制行为，而是自愿行为。个人的碳补偿行为不仅体现了较好的环保意识，还体现了公民的社会责任感。企业的碳补偿行为则有助于在公众面前建立良好的环保形象，进而树立美好的品牌形象。

可是有时越是更多人购买碳补偿，越是难以从根本上降低碳排放。很多企业和个人都认为相比于减少碳排放，不如直接购买碳补偿，更加方便也更加实惠。尽管有批评的声音认为这种方式用金钱当作借口和逃避的理由，但是碳补偿的确能够中和航空运输、汽车驾驶和许多大型活动所产生的碳，其本质是让人们意识到自己对环境造成的负面影响并采取行动。

一般来说，发展中国家和正处于经济转型期的国家，其消费和生产成本都相对较低，且基础设施不够完善，因此进行减排行动的成本更低。但是事实上，碳补偿是一种奢侈的行为。目前来说，购买碳补偿的人通常生活在发达国家。

中国的能源消费和二氧化碳排放量位于全球第二，仅次于美国，甚至在 2025 年后有可能超过美国，成为全球碳排放量最多的国家。因此中国致力于承担大国责任，控制碳排放。2008 年，中国发布了首个官方碳补偿标识，即中国绿色碳基金补偿标识，由国家林业局气候办设计。当公众自愿加入碳补偿行动中，自愿为"植树造林吸收二氧化碳"活动捐款时，就可以获得相应的碳补偿标识，代表成为减少碳排放做出贡献的优秀公民。

同时，携程建立起"碳补偿"活动平台以鼓励低碳出行。用户在携程平台上网上预订机票时可以选择不要行程单、邮寄行程单、机场自取行程单；或通过网上预订低碳旅游线路，使用环保巴士、自行车、徒步、地铁等低碳或零碳交通方式完成旅行，携程将赠送"树苗积分"，专门用于兑换树苗。目前，超过 250 万网友通过该平台兑换的 30 万棵梭梭树树苗被种植在阿拉善的"携程林"，造林面积 3500 亩。

此外，2022 年北京冬奥会是世界第一场"碳中和"的冬奥会，其背后的"碳补偿"机制功不可没。在六年的筹办过程中，冬奥组委通过林业碳汇、企业捐赠等方式进行碳补偿。北京市政府负责的万亩平原造林和张家口市政府负责的京冀生态水源保护林建设工程均已委托专业机构开展林业碳汇量的监测与核证工作，于 2021 年底前将产生的碳汇量捐赠给北京冬奥组委，用以中和北京冬奥会期间的温室气体排放量。

（2）减少排放

减少排放量也是一种有效手段，有助于逐步过渡到低碳经济。排放量包括直接排放和间接排放，直接排放是指来自制造业、机动车等源头的排放，而间接排放则是指使用或购买产品衍生出的排放，更加无形且不易察觉。

在生产环节，应尽可能地选择水利、风力、地热以及太阳能等可再生能源，减少传统能源的使用。虽然可再生和不可再生能源的都会以某种形式产生碳排放，但是可再生能源所产生的碳排放几乎可以忽略不计。同时，还可以改变工业和农业流程，例如在牲畜的饮食上挖掘减排空间。在生活中，通过限制交通运输，尽量选择步行出行或者乘坐公共交通工具也能够有效地减少温室气体排放量。

## 二、前沿文献导读

1. 原文信息：Cui R Y, Hultman N , Cui D , et al. A plant-by-plant strategy for high-ambition coal power phaseout in China[J]. Nature Communications, 2021, 12(1)：1-10.

当前，全球一半以上的煤电产能来自中国。实现中国 2060 年碳中和目标和全球 1.5℃气候目标的关键战略是减少煤炭的使用。该研究详细介绍了在平衡多种国家需求的同时，如何在中国构建一个高目标的煤炭减排计划。他们从技术、经济和环境三个方面对 1037 家煤厂进行了评估并制定了一个具体标准来确定工厂淘汰的顺序。研究发现，18% 的工厂在三个标准中得分都很低，因此是首批淘汰的对象。通过将淘汰算法和评估模型相结合，该研究为每个省制定了具体的淘汰策略。随着首批工厂的淘汰，其他工厂可继续运营并逐步淘汰，以实现 1.5℃或远低于 2℃的气候目标，并在 2045 年和 2055 年之前实现完全淘汰。

2. 原文信息：Salvia M , Reckien D , Pietrapertosa F , et al. Will climate mitigation ambitions lead to carbon neutrality? An analysis of the local-level plans of 327 cities in the EU[J]. Renewable and Sustainable Energy Reviews, 2021, 135:110253.

论文导读：减缓气候变化的一个重要环节便是碳中和，而城市在这个环节中也肩负着重要的责任。越来越多的城市正逐渐意识到减少碳排放的重要性。17 个欧洲国家的 1500 多个地方政府参与了气候联盟，并承诺以每 5 年 10% 的速度减排，最迟在 2030 年实现排放量减半。然而，目前并不明确城市该如何在减排行动中发挥作用，以及其减排目标能否在 2050 年之前或更早实现，以满足《巴黎协定》的要求。该研究选取欧盟 28 个国家中327 个城市做样本，根据其气候战略文件的类型、城市规模、气候政策的减缓措施以及该城市是否参加气候行动来评估该城市减排的决心。为了量化这种减排决心，该研究将 2050年前达到碳中和设立为最强决心，对不同城市的要素进行了评估，以此判断该城市的气候减排目标是否满足《巴黎协定》的要求。研究结果显示，78% 的城市制定的平均减排目标相对基准年减少了 47% 的温室气体排放；25% 的城市制定的气候目标承诺了碳中和的平均目标为 2045 年。就地理位置而言，北欧和西欧国家更有减排决心，南欧、东欧国家较少承诺碳中和目标。从城市规模来说，较小的城市一般缺少碳中和的决心，但参加气候行动会显著提高该城市的减排决心。综上所述，欧洲城市并未达到 2050 年净零排放的气候承诺，实现碳中和仍然需要区域间合作规划，共同实现减排目标。

3. 原文信息：Wang H，Lu X，Deng Y，et al. Peak before 2030 implied from characteristics and growth of cities[J]. Nature Sustaina bility，2019,2( 8 )：748–754.

论文导读：2℃ 目标指的是全球气候变暖不超过 2℃，这是人类缓解气候变化的一大决心。为了助力实现这个目标，中国在《巴黎协定》中承诺到 2030 年前实现碳排放达峰。该研究选取了 50 个中国的典型城市，核算了 2000 年至 2016 年这些城市的碳排放数据和相关的经济数据，并将 50 个城市的人均 GDP 和人均碳排放与环境库兹涅茨曲线拟合，据此得到每个城市碳达峰时对应的人均 GDP 为 21000 美元。该文章假设全国碳排放达峰情况与这 50 个城市一致，从而计算出全国碳排放达峰对应的 GDP 为 19000 ~ 21000 美元。该研究采用的是蒙特卡罗模拟方法，在历史排放的基础上模拟出全国人均碳排放达峰的时间为 2021 年至 2025 年，比《巴黎协定》的目标时间提前了 5 ~ 9 年。除此之外，作者认为实现低碳发展的关键因素包括经济结构、城市形态和地理位置。首先，进一步加大工业尤其是交通、建筑行业的低碳技术研发力度，有利于低碳经济转型；土地利用和交通系统会影响人口的密度和分布，一旦建成后再更改的成本较高，新兴城市的设计应避免高碳密集型；城市间产业转移造成的碳泄漏可能会使得某些区域碳排放持续增长，因此要密切关注城市地理位置所造成的碳排放不平衡。

## 第六章

物质资源系统与可持续发展

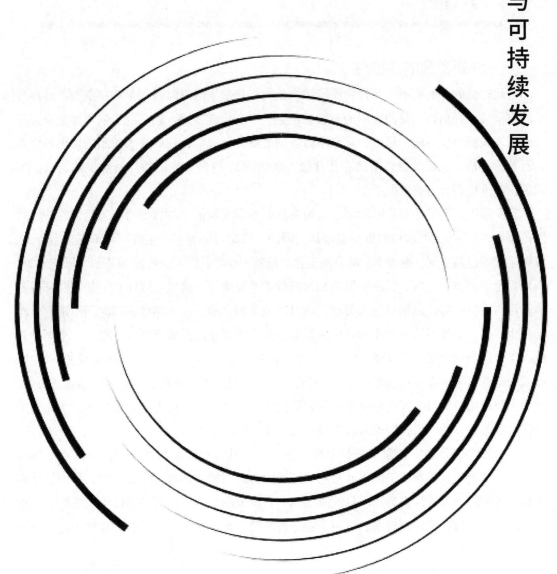

# 第一节　物质资源可持续利用

## 一、物质资源的重要性

现代社会的发展离不开各种物质资源。我们在日常生活里时时刻刻都在消费着各种各样的物质资源。例如，我们使用的电脑就由金、二氧化硅、镍、铝、锌、铁等矿物资源制造而成，我们所坐的椅子是由金属和木材等物质资源制成的，我们喝水所用的玻璃杯主要由石英砂制成，我们的饮食中离不开食盐（氯化钠）。这些宝贵的物质资源保障着我们生活的正常进行和人类的发展进步。

几千年来，人类社会不断发展，人类对资源的需求与依赖与日俱增。但是，在一定时间范围内，可为人类所利用的资源总量是有限的。资源可分为可再生资源与不可再生资源。可再生资源包括空气、地表水、部分地下水、植物、动物，以及一些能源（如太阳能）等。不可再生资源包括土壤、石油、煤炭和大部分矿产资源等。这里需要注意的是，区分资源是否可再生的依据，是相对于人类存在的时间范围而言的：在人类存在的时间范围内，能够再生并供人类使用的资源即为可再生资源；在人类存在的时间范围内，很难完全再生并供人类使用的资源则是不可再生资源。例如，煤炭是腐植质经亿万年沉淀所形成的。虽然，煤炭资源在当下一直在缓慢地再生着，且经过亿万年的沉淀，煤炭资源最终能够重新集聚，并为人类所用，但对于仅仅存在了几百万年的人类而言，这一再生周期远远超过了人类所能接受的范围。所以，我们通常认为煤炭资源是不可再生资源。

一个社会的资源丰富程度在一定程度上决定了其富有程度与社会整体生活水平的高低。人类社会的发展与繁荣离不开对物质资源的合理利用与管理。物质资源，指的是存在于自然界中的，可以为人类实际目的所用的、有价值的材料。可用于燃烧供暖的煤炭、森林中的木材、可食用的动植物、可用于制造玻璃的沙子、从矿石中提取的金属等都可以被称为物质资源。如何以环境友好的方式去利用与管理这些有限的物质资源，以谋求社会的繁荣与可持续发展，是我们本章将要探讨的核心问题。

## 二、矿产资源

矿物是一种宝贵的、不可再生的地质历史遗产。虽然在地质循环过程中会不断地有新的矿藏形成，但这些形成过程非常缓慢。矿藏丰富的地方一般都较为隐蔽，所以我们通常需要一定的技术手段去进行勘探和挖掘，但目前大多数容易被发现和开采的矿藏已经被人类大量开发过了。因此，我们的后代将比我们更难找到丰富的矿藏，他们甚至不得不重新开采那些已经被我们丢弃的资源。与生物资源不同的是，矿产资源的管理非常困难，我们无法保证其产量的可持续性。虽然我们可以通过建立循环利用和回收机制来增强矿产资源的可持续性，但如果我们对矿产资源的需求仍然与日俱增的话，最终我们不得不面临这些珍贵的矿产资源被耗尽的那一天。

### （一）矿藏是如何形成的

地质作用下，当矿物质含量高到一定程度时，就形成了矿床。天然矿床的发现，使早期的人类得以开采铜、锡、金、银等金属，并将这些宝贵的金属资源逐渐地应用到了生产过程中。

矿产资源的起源和分布与生物圈的历史和整个地质周期密切相关。这些资源的产生和累积几乎涉及了所有的地质循环的过程。地球的外层，又称地壳，富含二氧化硅，主要由一些含有硅、氧等元素的成岩矿物组成。这些元素在地壳中的分布并不均匀。九种元素占据了地壳总重量的99%(氧，45.2%；硅，27.2%；铝，8.0%；铁，5.8%；钙，5.1%；镁，2.8%；钠，2.3%；钾，1.7%；钛，0.9%)，而其余元素都是以微量的浓度存在的。

海洋覆盖了地球近71%的面积，除水以外，也是许多其他化学物质的另一个储存地。海洋中的大多数元素都是从陆地上的地壳岩石中风化出来的，并通过河流输送到海洋中。其他少数元素则通过风或冰川输送到海洋中。海水中含有约3.5%的溶解性固体，主要是氯（占溶解性固体重量的55.1%）。虽然海洋蕴藏的矿物质总量非常大，但与地壳相比，浓度非常低，每立方公里的海水含有约2吨的锌、2吨的铜、0.8吨的锡、0.3吨的银和0.01吨的金。而地壳中每立方公里含锌约17万吨、铜8.6万吨、锡5700吨、银160吨、金5吨。

为什么在矿床的某些局部区域矿物的含量会很高？目前行星科学家们普遍认同的一个观点是，在太阳形成的过程中产生了巨大的引力，这一巨大的吸引力将分散在太阳周围的物质聚集在一起，从而形成了现在的太阳系行星。随着原始地球质量的不断累积增加，固体物质被压缩加热，形成了由铁和其他重金属组成的熔融液，并开始向地心下沉。当熔岩物质（岩浆）冷却时，早期结晶（凝固）的较重的矿物会缓慢地向岩浆底部下沉，而较轻的矿物则被留在顶部。络矿的矿床（络铁矿）就是以这种方式形成的。当含有少量碳的岩浆被深埋，并在缓慢冷却（结晶）过程中受到非常高的压力时，就有可能产生钻石（纯碳）。

地球的地壳由许多不同种类的元素混合而成。地质过程（如火山活动、板块构造和沉积过程）以及一些生物过程会选择性地溶解、运输、沉积元素和矿物，所以地壳中的元素分布是不均匀的。

沉积过程对矿物具有重要的聚集作用，沉积物在风、水和冰川等运输介质的帮助下，会缓慢地集聚在一起形成一个高含量的沉积区域，这样的沉积和聚集过程极大地降低了矿物的开采成本。在沉积物的运移过程中，流水和风会将沉积物按大小、形状和密度进行分离。沙丘、海滩沉积物和河道中的沉积物就是典型的例子。这种分离作用为人类提供了许多有用的物质资源，例如，那些在水流或风的作用下分离出来的砂石和沙子就是优质的建筑材料。美国砂石行业每年的产值达几十亿美元。按开采总量来算，砂石行业是美国最大的非燃料矿产行业之一。

风化作用是指地表或接近地表的坚硬岩石、矿物由于与大气、水及生物接触发生物理、化学变化而形成松散堆积物的过程。风化作用也是许多矿床的重要成因之一，例如铝土矿的形成。在风化作用下，二氧化硅、钙、钠等那些容易被溶解的物质会被溶解和流失，氧化铝的纯度因此进一步提高，从而形成了铝土矿。

岩石风化后的溶解物质会随着河流和溪流排入海洋与湖泊。在地质时期，这些聚集了大量溶解物质的浅海盆地和湖泊有可能会发生环境变化，与外界的物质交换过程会被阻断。例如，浅海盆地在构造运动中有可能会被抬升，从而与周边隔离；又如，在冰河时期，有可能会产生一些没有排出口的大型内陆湖泊。当这些盆地和湖泊最终干涸时，溶解的物质从溶液中析出，最后形成各种具有重要商业价值的化合物、矿物和岩石。

有一些矿藏是在生物过程的作用下形成的。目前人类至少发现了 31 种在生物过程下形成的矿物质，其中铁矿床就是一个典型的例子。铁矿床主要存在于 20 多亿年前形成的沉积岩中。虽然铁矿床的形成过程我们目前还没有完全研究清楚，但有科学证据表明，当大气中的氧气浓度达到现在的水平时，地球上主要铁矿床的形成过程就已经停止了。生物体中也可以形成一些矿物质，如贝壳和骨骼中的钙。矿藏的形成过程如下图所示。

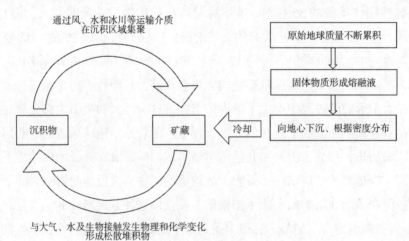

矿藏的形成过程

### （二）矿藏资源的开采及影响

当谈到矿物时，我们通常会首先想到金属，但如果从全球每年的总消费量来看，除了铁以外，最主要的矿物并不是金属。钠和铁的使用量约为每年 100 万 ~ 1000 万吨；氮、硫、钾和钙的使用量为每年 1000 万 ~ 1 亿吨，主要是作为土壤改良剂或肥料。锌、铜、铝、铅等元素的世界年消耗量为 300 万 ~ 1000 万吨，金、银的年消耗量在 1 万吨以下。在金属矿产中，铁占所有金属消耗量的 95%；镍、铬、钴、锰主要用于铁的合金（如不锈钢）。

有一些矿物质，如盐（氯化钠），是维持生命所必需的物质。在当地没有盐的情况下，古代的人类不得不长途跋涉去获取盐。

#### 1. 海盐

海洋有着丰富的盐资源。中国有 4000 年以上的产盐技艺和传统，夏朝时期我国就有关于海盐的生产和贸易的传说。古代沿海地区依托海盐资源优势，通过与内地的商贸往来获得大量财富。江苏的盐城古时是淮河的入海口，汉代以前，有人在淮河南北的海边煮海水制盐。西汉初期，这里是汉高祖刘邦的侄子吴王刘濞封地的一部分，他靠煮盐获利，富可敌国。

#### 2. 池盐

在内陆地区，盐资源不均匀地分布在个别盐场内。山西省北部的运城盐湖是中国最早的史前盐场之一，公元前 6000 年，每年当此湖中的水在夏日艳阳下蒸发时，人们就会在水面上收集盐的结晶物。当地远离海洋，运城盐湖的池盐几乎是周围地区唯一的盐来源，这导致了竞争与冲突，传说中黄帝战蚩尤的目的就是争夺这里的池盐。

#### 3. 井盐

除了盐湖，内陆的一些地区还可以通过开采地下卤水煮盐，这种盐被称为井盐。李冰在担任蜀郡太守时发明了这种制盐方法。四川地区井盐资源丰富，宋朝时蜀中井盐由官府直接经营生产，官府不仅安排盐户生产，还征召役夫和罪犯参与制盐。

#### 4. 古代私盐重刑

汉武帝时期，朝廷认识到盐贸易的重要性。大臣桑弘羊发表了《盐铁论》，建议盐的生产贸易应由国家控制。汉武帝时期"笼天下盐铁"，实行盐铁官管，由政府募民利盐，官收、官运、官销。与汉代相同，往后历朝历代都由中央统治机构直接管理盐务，盐垄断成为王朝维护社稷统一、增加财政收入的重要手段。中央下设专门的、严密的管理体系，地方官员不得插手。销售则由盐务管理机构选定、批准的盐商经办。

江苏盐城出土过一件古代制盐的大铁盘，上面铸有盐官铸发的字样，这说明古代制盐权力紧紧控制在盐官手中。普通百姓如果违禁制盐、运盐、贩盐，则要受到重处。

### （三）矿物质的利用

除了维持生命所需以外，矿物质也是促进人类文明、社会进步、科技发展所必需的物质资源。冶金工业、化学工业、建筑业以及农业等各个行业的生产都离不开矿物资源。例如稀土资源，即化学元素周期表中的 15 种镧系元素以及另外两种元素（钪和钇），被广泛地应用于电子、机械、冶金、石油化工、环境保护等领域。

稀土金属被称为工业中的"维生素"。例如，在制造飞机的机体和发动机时加入稀土金属，可以在保证高强度和高耐用性的同时大大减轻飞机的自重。美军的 F22 战机制造中就采用了稀土"铼"元素以满足超音速巡航对机身坚固性的高要求。在机载精准制导弹药中，含有"钐""钴"稀土元素的永磁发动机则在武器操控中起着至关重要的作用。在现代石油工业中，用稀土制成的分子筛催化剂凭借活性高、选择性强、抗重金属中毒能力强等优势逐渐取代了硅酸铝催化剂。而在农业生产中，稀土元素也开始逐渐扮演越来越重要的角色。研究表明，稀土元素可以提高植物叶绿素的含量，增强光合作用、促进根系发育，从而增加根系对养分的吸收；稀土元素也可以提高种子发芽率并促进幼苗生长。

地球上的矿产资源是有限的，当这些矿产资源的可利用量越来越少并接近枯竭时，我们必须以更加可持续的方式去利用这些不可再生的矿产资源，例如采取以下四种措施：寻找更多的矿源、回收和再利用已经获得的东西、减少消耗、寻找替代品。

我们应该采取哪种或哪几种措施，这要取决于当下的具体情况，并综合考虑社会、经济和环境等因素。

### （四）矿产资源开采的影响

矿产开采会对当地的环境产生巨大影响。对环境的影响程度取决于矿石质量、开采程序、当地的水文条件、气候、岩石类型、作业规模以及地形等因素。

#### 1. 环境影响

如果在干旱地区、沼泽地或有冻土覆盖的地区，矿藏的勘探一般对环境的影响很小。然而，矿物开采和加工一般会对土地、水、空气和生态系统产生显著的负面影响。有些地区由于资源的匮乏不得不开采一些品位较低的矿石，其环境影响往往也会更加严重。例如，在一些低品位的铁矿石开采厂附近，采矿废弃物很容易污染当地水源，造成饮用水的石棉污染，一个典型的例子就是美国明尼苏达州德卢斯市的饮用水曾经被检测出含有大量石棉。

缺乏可持续性管理措施的采矿活动会严重威胁当地生态系统的健康。一方面，当地的一些动植物会因失去栖息地而受到生存威胁；另一方面，采矿活动中产生的一些污染物被释放到环境中污染水源和土壤，当地动植物会因生存环境恶化而导致死亡。

开发矿产资源所造成的环境影响往往不是局部的，其影响经常会扩散至矿区以外的一定范围。大型采矿作业会将一个地区的废土废渣倾倒至其他区域，不仅会导致地形原貌的改变，也会造成严重的环境退化问题。此外，矿区产生的粉尘等污染物也会扩散至其他区域，造成严重的空气污染。矿产资源的开发和加工过程中，会产生大量的有害微量元素，当这些有害物质被释放到水体中时，会随着地下水和地表水流动扩散至其他区域。

采取可持续性的管理措施可以有效缓解矿产资源开发对环境带来的负面影响，常见的措施包括：对受到采矿干扰的地区进行复垦；通过一定的技术手段对土壤中的重金属进行固化和稳定，以尽量减少其向环境中的释放；控制矿区的粉尘排放；对于矿区的污水进行严格的处理与排放管控，对于已被矿区污染的水体进行处理与修复；采用 3R 原则（Reduce, Reuse and Recycle）进行废弃物管理，即尽可能地减少（reduce）废弃物的产生数量，最大化地重复使用 (reuse) 废弃物，最大限度地回收利用 (recycle) 废弃物。

此外，我们应该着重发展先进的污染控制技术和环境修复技术。近些年，生物技术在环境污染控制领域得到了蓬勃的发展和广泛的应用，如生物氧化、生物沥滤、生物吸附、微生物工程等在废弃物资源化利用、污染控制、环境修复等领域已经显示出了巨大的应用潜力。生态技术在矿区的污染控制和环境修复中也越来越常见，例如使用一些耐酸植物可以帮助去除矿井废水中的金属，同时生物酸化作用也可以中和矿井酸性废水。

### 2. 社会影响

矿产资源的开发不仅影响着环境系统，同时也影响着人类社会系统。如果矿产资源的开发缺乏科学合理的规划与管理，则会威胁到社会系统的可持续性。例如，一个地区突然发现了某种矿产资源，这时如果有大量工人涌入此地区，而该地区又难以在短时间内完善服务设施并提供充足的生活资源的话，则会出现"挤兑"现象，例如供水短缺，生活污水及固体废物垃圾无法及时处理，教育资源变得更加稀缺等。

另外，如果一个地区的某种资源异常丰富，此种资源的初级产品部门异常繁荣的时候，劳动力和资金等经济社会资源会从其他部门大量流出并转向流入此部门，从而有可能导致其他部门的衰落；虽然短时期内此地区的经济会出现繁荣景象，但经济构成单一、严重依赖某一种资源会成为此地区的发展瓶颈，随着技术的变革、市场的变迁、资源的枯竭，此地区的经济会遭遇巨大危机。这种现象被称为"资源诅咒"。最典型的例子就是 20 世纪 60 年代至 80 年代的荷兰，所以此现象也被称为"荷兰病"。在我国，也有许多资源严重依赖型的城市，例如辽宁省阜新市。我国约有 118 座资源型城市，其中 69 座在不同程度上都患有"荷兰病"。

当资源型的城镇面临资源枯竭或市场变化时，如果不及时进行可持续性的规划和转型，矿区的关闭以及下游产业的破产会对此城镇的经济社会造成毁灭性打击。1859 年，大批淘金者涌入美国加州博帝镇，一时间此镇呈现一片繁荣景象。而到了 20 世纪 40 年代，博帝镇的最后一个金矿不得不关闭，当地从八千多居民变成几乎一人不剩的"鬼城"。

因此，在对矿产资源的开发和利用进行相关决策时，必须充分考虑到其对社会系统可持续性所造成的潜在影响。

### 三、可持续资源管理

可持续资源管理的目的是确保可再生和不可再生资源能够更长久和持续的存在并被人类所利用。不可再生的矿产资源总有一天会消耗殆尽，而可持续发展则强调的是永续利用，这就要求我们在利用这些不可再生资源时要充分考虑到后代的资源存量。

本质上来说，人类需要的不是某种特定的矿产，而是矿产所具备的某种功能性。例如，我们开采铜是为了利用铜的传导特性，即在电线中传输电力或在电话线中传输电子脉冲的能力。但是电话线中电子脉冲的传导不是只能依靠铜来实现的，还可以利用玻璃纤维。所以，我们完全可以通过寻找潜在的矿物替代品来减少对不可再生矿产的需求。除了直接减少矿产的使用，提高利用效率也是一个非常好的解决措施。例如，19世纪晚期建造艾菲尔铁塔时总共使用了8000吨钢材，但是今天，由于建造技术的发展与革新，建造这座铁塔只需要使用当时四分之一的钢材。

目前用来核算不可再生矿物资源稀缺性的其中一个典型方法是R-C法。R-C是一个比率，R代表已知的矿产储量（例如某种特定金属的吨数），C是消费率（例如每人每年使用的吨数）。R-C比率可以被看作是储备量在目前消耗率下可以维持的时间，但这个比率是动态的，即储量和消耗量都可以随着时间的推移而改变。过去的50年中，锌和铜等金属的R-C比率大约下降了30年，虽然我们不断发现新的金属矿藏，但金属的消耗量在此期间却增加了3倍。R-C比率为人们提供了一个衡量特定矿产资源稀缺性的指标。R-C比率较小的资源代表其在人类经济社会系统中是供不应求的，对于这些稀缺资源我们更应该通过技术创新来寻找其替代品。

总而言之，我们可以通过更合理的资源开采方式，更有效地利用现有资源，寻找不可再生资源的替代品来实现资源的可持续发展。

### 四、本节总结

矿产资源是在地壳运动、风化以及生物过程等多方面作用下形成的。因形成过程缓慢，所以大多数矿产资源是不可再生资源。

矿产资源在维持生命所需、保障社会发展、刺激经济增长、促进科技进步等多个方面都起着不可替代的重要作用。

矿产资源的开发与利用显著影响着环境可持续发展。

矿产资源的开发与利用同时也影响着社会系统的可持续发展。

如何以环境友好型、社会健康型的可持续模式开发与利用有限的矿产资源是未来的一大挑战。

可持续发展和使用不可再生资源并不一定是不相容的。减少消耗、再利用、再循环和寻找替代品，是实现资源可持续发展的有效途径。

## 课后思考题

● 为什么矿产资源是不可再生资源？请详细阐述。

● 矿产资源与矿产储量的区别是什么？

● 矿产资源的使用一般涉及四个阶段：勘探，回收，消费，废物处理。你认为哪个阶段对环境的影响最大？

● 你认为矿产资源的短缺能否通过人类科技进步进行弥补？请说明你的理由。

# 第二节　固体废物的处理与利用

★**学习目标**
- 了解废弃物的基本种类及常见的处理方式
- 了解废物综合管理的 3R 原则
- 了解危险废弃物是如何产生的以及对环境造成的污染
- 了解防止废弃物污染的几种方法
- 理解可持续资源管理的内容与重要性

## 一、物料管理及废弃物

工业革命开始的最初阶段，发达国家产生的固体废弃物相对较少，尚可用稀释和分散的方法来进行管理，这是工厂为什么大多位于河流附近的原因之一。河流不仅能够帮助船只运输材料，还能在加工和冷却方面发挥作用，废弃物也可通过直接倒入附近河流来进行处理。但是这种处理方式只限于工厂不多且人口稀少的地区，稀释和分散的方法就足以将废弃物从环境中直接清除。

但是随着工业化和城市化的进程加快，"稀释"和"分散"的措施已经不再能有效处理所有的废弃物了，人们开始采取其他措施以应对日益增长的固体废物。目前，固体废物处理仍然是一个巨大的挑战，通过直接燃烧等方法处理固体废物会引发严重的环境污染，而通过掩埋或是采用金属桶等储存废物，也会存在泄漏、破裂和污染物扩散的风险。

世界上很多国家和地区都面临着严重的固体废弃物处理问题。废弃物的过量产生和低效率的处理能力是当前这一问题的根本矛盾。如何利用有限的空间来处理大量的废弃物成为各国面临的共同难题。以美国为例，现有的垃圾场正在被填平，而建立新的垃圾站并不容易，无论是建立城市垃圾的卫生填埋场，还是焚烧城市垃圾的焚烧炉，抑或是化学材料的有害垃圾处理场，都没有人愿意住在这些处理厂附近，人们甚至还为此建立了一个新标语，名为"远离我的后院"。

对于固体废弃物的管理，正确的环保理念是将废弃物视为非本地资源。虽然这些资源不能很快地循环再利用，但是从经济角度来看，废弃物的再利用相比于生产新产品所耗的材料、能源、运输和土地成本来说，是相对划算的。这也是一种零废弃物的新观点，这种观念认为合理利用废弃物就能变废为宝，废弃物只是放错地方的新资源。

零废弃物是工业试验生态学的精髓，这一学科主要研究工业系统间及其与自然系统的耦合关系。在工业生态学的原理下，工业社会将像自然生态系统一样运作起来，系统中某一部分的废物将成为另一部分的资源。

澳大利亚堪培拉市第一个提出了零废弃物计划；荷兰也制定了一个全国性的废弃物减少目标，即减少70%～90%的废弃物。但是，如何实现这一目标尚不明确。计划中涉及了各种形式的废弃物，从烟囱排放的颗粒物到垃圾填埋场的固体废物。废弃物的处理方法较为多样，其中最常见的就是征税。在荷兰，污染税的实施几乎消除了下水道中重金属的排放问题。除去政府和企业，对于家庭来说，政府正在考虑实施所谓的"边扔边付费"计划，即根据人们产生的垃圾量来收取费用。政府认为这种收费可以促使人们减少废物的产生。

对于废弃物管理来说，许多管理计划都是将废弃物从一个地方转移到另一个地方，但是这种废物转移的方式并不是真正的废弃物管理。例如，来自城市的废弃物可能会被放置在垃圾填埋场，但是填埋场还会产生新的问题，例如甲烷等温室气体的排放、有毒液体的泄漏以及垃圾场附近的污染问题等。

当前，人们正在按照完全消除废弃物的目标重新制订计划。在新计划的实行下，人们不仅可以减少环境中矿产资源和其他原生材料的消耗，还能为环境的可持续发展贡献力量。

我国曾是世界上最大的垃圾进口国。20世纪80年代以来，我国制造业发展迅速，为了缓解原料不足和材料成本较高的问题，我国开始从国外大量进口可用作原材料的固体废物。虽然名义上是进口，但是事实却是发达国家为了避免处理垃圾的高昂费用而将垃圾直接"倾倒"给中国。一些国家出售垃圾的价格甚至不足以偿还运输费用，也就是说，他们在以倒贴的形式把垃圾"卖"给中国。因为将"洋垃圾"免费送给中国属于违法倾倒，为此，很多国家便以低廉的费用将垃圾以"国际贸易"的形式卖给中国，随着垃圾而来的污染也被转移到了中国。

在各个港口，装在集装箱里的"洋垃圾"会被从船上卸载，然后运输到周边村县的家庭小作坊中。在这里，"洋垃圾"经过分拣、碾碎、融化、冷却和切割等多道工序，最终被加工成一颗颗黄豆大小的塑料颗粒，最终用作塑料制品的生产原料。

进口的"洋垃圾"没有国家环保控制标准，往往会夹杂病原体、生活垃圾、医疗废物、放射性物质及易燃易爆物等物质。分拣加工人员大多直接暴露在这种"洋垃圾"中，他们的健康会受到严重威胁。由于处理"洋垃圾"的家庭小作坊数量较多，监管起来相对困难，而且加工过程中还会产生大量污染物。2010年，中国就已经有了6万家左右的家庭作坊。这些家庭作坊因无法合格处理污染问题而逐渐被政府取缔，可惜好景不长，随后又会如同野草一样，烧完一片又迅速长出一片。这些"洋垃圾"在给中国企业带来利润的同时，也给中国城乡生态环境带来了严重的污染问题，同时还危害到了人民群众的身体健康和我国的生态环境安全。

为了治理环境污染，中国政府在 2018 年和 2019 年分批公布了禁止进口的固体废物名单，并从 2021 年起全面禁止进口固定废物。与此同时，中国政府还在大力打击非法走私"洋垃圾"的犯罪行为。2018 年 5 月 22 日，中国海关总署出动警力 1291 人，开展了近年来最大规模的打击"洋垃圾"走私行动。与此同时，我国仍在加快完善国内的再生资源回收系统，努力提升固体废物的回收利用水平，并高度重视高质量再生原料的进口管理体系，致力于将污染挡在国门之外的同时又不影响高质量再生原料的国际循环。

## 二、海洋倾倒对环境的危害

海洋覆盖了地球 70% 以上的面积，在维持全球环境方面发挥着重要作用。而且其在二氧化碳循环中的作用还有助于调节全球气候。如此重要的资源本应得到优待，但是海洋长期以来一直被当成了废物的倾倒场，大量工业废物、建筑垃圾、城市污水和塑料等都在肆意倾倒。这种行为造成了更大的海洋污染问题，严重破坏了海洋环境，并对人类健康造成了危害。

持续或间歇性被污染的地区一般都在海岸附近，这些地区往往也是高生产力和高价值的渔业发展地带，这就导致了如今的贝类食物中常常含有导致小儿麻痹症和肝炎等疾病的微生物。在美国，由于海洋污染，至少 20% 的商业贝类养殖场已经关闭，海滩和海湾甚至已经被封禁，不得再用于娱乐休闲。目前，海洋环境中的无生命区已经形成，鱼类和其他生物大量死亡，海洋生态系统已经发生了深刻的变化。

海洋污染对海洋生物有多种影响，主要包含以下几种：导致生物死亡或生长迟缓，使得生物的生命力和繁殖力下降；由于生化需氧量增加，海洋生物所需的溶解氧减少；浅滩低河口、海湾和部分大陆架的富营养化废物造成的富营养化导致氧气消耗和藻类死亡，并可能冲刷和污染沿海地区；由废物处理方式引起的栖息地改变，会潜移默化或剧烈地改变整个海洋的生态系统。

从全球范围来看，欧洲的海洋问题尤为严重，部分原因是城市和农业污染物提高了海水中营养物的浓度。例如，1988 年，连接北海和波罗的海的水道中繁殖了大量的有毒藻类，导致了几乎附近海域所有海洋生物的死亡。

虽然海洋浩瀚无垠，但它们却是大陆物质的巨大汇合点，部分海洋环境已经极其脆弱。一个令人担忧的领域是微层，即海洋水上层 3 毫米的海水层。海洋食物链的基础是微层中丰富的浮游生物，某些鱼类和贝类的幼体在生命的早期阶段也居住在这里。不幸的是，这些海洋上层几毫米的地方往往也是污染物的聚集地，大量有毒化学物质和重金属常年存在。一项研究报告称，微层中的重金属（包括锌、铅和铜等）浓度比深水水域高出了 10 ~ 1000 倍，微层的过度污染对海洋生物造成了严重的影响。人们甚至还担心海洋污染会威胁到海洋生态系统，例如珊瑚礁、河口、盐沼和红树林沼泽。

海洋污染还会对人类和社会产生重大影响。被污染的海洋生物可能会将有毒元素或疾病传播给食用它们的人。被固体废物、油污和其他物质污染的海滩和港口还会破坏海洋生物，造成经济损失。在美国，每年因污染造成的贝类损失高达数百万美元，而且清理这些沿海地区的固体废物、液体废物和其他污染物也需要大量资金。

海洋中的表层海水并不是静止的，而是沿着固定的环形轨迹不断运动的，这被称作洋流。排放到海洋中的漂浮垃圾如果没有堆积在海岸线上，就会进入远海被洋流推动着在大海中漂流，最终来到洋流最弱的区域，也就是环形轨迹的中心。这些海洋垃圾一旦到达这里就很难再被洋流带走，垃圾逐渐聚集，最终形成一个漂浮着的"垃圾大陆"。世界上最大的"垃圾大陆"位于北太平洋北纬 35° ~ 42°，它的面积相当于三分之一个欧洲大陆，聚集着超过 700 万吨的垃圾。最严重的地方垃圾足有 30 米厚。由于洋流会源源不断地带来新垃圾，北太平洋的"垃圾大陆"聚集了从日本到美国整个太平洋沿岸国家的垃圾，其中绝大部分是难以分解的塑料。太平洋的风吹日晒并不能完全降解它们，反而会将其分解为更小的塑料颗粒然后扩散到更远的海域。

## 三、污染预防

固体废弃物管理的方法与理念正在发生转变。在环境管理的初期 (1970 年代和 1980 年代 )，美国政府通过建立规章制度和废物控制来处理这个问题，主要使用化学、物理或生物的方法来处理和收集固体废弃物。

随着时代的不断发展，人们越来越强调污染的预防，即如何减少废物的产生，而不是处置或管理废物。减少废物产生的方法是物料管理的一个重要部分，主要包括以下内容：一是购买适量的原材料，确保没有大量的原材料剩余；二是加强制造过程中的用材控制，减少浪费；三是用无毒化学品代替目前使用的危险或有毒物质；四是改进制造工程和设计，从而减少废物的产生。

以上方法通常被称为 P-2 法，即"污染预防"法。P-2 法有效的最佳例证是著名的奶酪店事件：美国威斯康星州一家生产奶酪的工厂每天要处理大约 2000 加仑的盐溶液。最初，该工厂将咸味溶液撒到附近的农田上，这对于不能将废水排入公有处理厂的工厂是很常见的做法。但是这种废物的处理方法如果使用不当，就会导致土壤中的盐分水平上升，从而损坏庄稼。因此，美国威斯康辛州的自然资源部对这种做法进行了严格的限制。于是这家奶酪工厂决定改变它的奶酪制作工艺，从溶液中回收盐分，并在生产中重复使用。这就需要开发一种使用蒸发器的回收工艺。回收过程中减少了大约 75% 的咸味废物，同时还减少了工厂必须购买的 50% 的盐量。回收的操作和维护费用大约为每磅 3 美分，而且新设备的额外成本在两个月内就回本了。通过回收盐，该加工厂每年可节省数千美元。

## 四、废弃物综合管理

当今固体废弃物管理的主流概念是综合废物管理法，它是一系列的管理方案，包括再利用、源头减量、回收、堆肥、土地填埋和废物处理。

### （一）减少、重用和回收

废弃物综合管理中 3R 的最终目标是减少垃圾填埋场、焚化炉和其他废物管理设施中处理的城市废物量和其他废物量。研究显示，通过使用废弃物综合管理技术，垃圾填埋场或焚烧场处理的城市垃圾数量（按重量计算）可以至少减少 50%，甚至有可能达到 70%。以下为三种常见的垃圾减量措施：源头减量，例如更好地设计包装以减少垃圾；废物再利用项目，例如堆肥；垃圾回收项目。

回收利用是减少城市垃圾的主要手段。铁、铝、铜、铅等金属的垃圾回收项目已实现了规模化运营。在很多发达国家，每年丢弃的汽车中，几乎所有的金属会被回收利用。回收物中主要以铁和钢为主，这主要是因为：首先，钢铁的市场巨大，它们拥有一个庞大的废品收集和加工行业；其次，每年有大量的废钢铁需要被处理，如果不进行回收利用，就会造成巨大的经济和环境负担。

近些年，政府对环境保护的支持与扶持力度逐年加大。工业和商业中的废弃物回收利用项目的数量以及规模也越来越大。例如，饭店减少包装使用，并在现场提供回收纸和塑料制品的垃圾箱。超市通过提供回收箱，鼓励塑料袋和纸袋的循环再利用，一些超市还会提供廉价的可重复使用的环保购物袋来代替一次性用品。一些公司也会设计新产品，其产品在使用后不仅更加容易拆卸，还能保证各部分零件都能被回收利用。汽车工业中逐渐出现了一些回收利用的举措，例如一些厂商会在汽车部件上打上编码进行标识，以便这些部件能够更容易地被拆卸并由专业的回收商进行回收。

### （二）人类粪便的循环回收

自古以来，人类就在农田中使用粪便作为肥料。在许多亚洲国家，人类粪便都有着悠久的回收历史。例如我国农民会将粪便作为肥料撒在农田里，促进农作物的生长。20 世纪初，墨西哥、澳大利亚和美国等国家的许多城市也将粪便污水施用于农田，这甚至还成为污水处理的一种主要方式。以前，粪便用于农业生产时偶尔还会将粪便中的细菌、病毒和寄生虫传播，但是今天，随着农业的智慧化，这种情况已经较为少见了。

但是，循环利用粪便有一个主要问题，那就是成千上万的化学物和金属物质与粪便一起参与了废物循环。即使是经过堆肥处理的花园垃圾也可能含有有害的化学物质，如杀虫剂等。所以在进行粪便回收利用过程中要警惕有毒化学物质和重金属的污染风险。

## 五、市政固体废弃物管理

### （一）固体废物的管理现状

对于很多国家和地区来说，市政固体废物管理仍然是一个难题。特别是发展中国家，废弃物管理系统还尚不完善，露天倾倒和道旁非法倾倒屡见不鲜，这会破坏当地的旅游资源，还会污染土壤和水源，对人类健康造成危害。

如今，"垃圾围城"已成为全球的一大趋势。中国随着经济迅猛发展，垃圾总量也在连年增加，许多城市都在遭遇着"垃圾围城"之痛。据统计，在我国202个大中城市中，北京市的城市生活垃圾产量位居全国第一，高达901.8万吨，占全国生活垃圾总产生量的4.47%。上海和广州的城市生活垃圾产量分别为899.5万吨和737.7万吨，位居全国第二和第三。全国城市生活垃圾排名前十的城市占全国生活垃圾总产生量的28.16%。排名前十的城市中，广东省占据四席，分别为广州、深圳、东莞和佛山，这四个城市占全国生活垃圾总产生量的10.51%。目前，全国城市垃圾堆存用地累计侵占土地近80万亩。600多座城市中，已有三分之一以上的城市深陷垃圾围城的困局，三分之二的城市被垃圾包围，还有约四分之一的城市甚至没有垃圾填埋堆放的场地，不少地方甚至还处于"垃圾靠风刮，污水靠蒸发"状态。

垃圾问题早已成为现代城市的一大难题。垃圾成堆不仅给人以视觉感观上的冲击，还会对生态系统造成严重的污染。由于操作不规范和垃圾分类不到位等原因，垃圾焚烧厂排放的烟气无法完全达标，这就导致了大量酸性物质和二噁英等污染物的排放，从而造成大气污染。

非法倾倒废物既是一个社会问题，也是一个现实问题。因为大多数人只求方便、迅速地处理废物，并没有把废物处理视为一个环境问题。其实，这也是一种巨大的资源浪费，很多被倾倒的废物都可以被回收或再利用。尤其在禁止非法倾倒废物的区域，一定要提高人们的环保意识，通过思想教育让人们了解废物倾倒不仅危险而且不卫生、会严重危害环境健康。

### （二）固体废物的构成及常见处理方式

固体废物包括纸张、纸板、食物残余、塑料、金属等固态和半固态废弃物等，是在生产、生活或其他活动中丧失原有利用价值或未丧失价值但被废弃的物质。

固体废物主要有5种处理方式。

#### 1. 现场处理

城市中常见的一种处理方式就是在厨房水槽的污水管道中安装垃圾处理装置，将垃圾研磨后冲进下水道系统。这样做可以有效地减少垃圾的处理量，并迅速清除厨余垃圾。其余的垃圾则排往污水处理厂进行处理。

#### 2. 堆肥

堆肥是一种生化过程。在这个过程中，有机物（如修剪掉的树枝和厨余垃圾）会被分解成丰富的、类似土壤的物质。虽然人们联想到的可能是简单的后院堆肥，但作为一种废物处理方式，大规模堆肥一般是在机械消化池的受控环境中进行的。这种技术在欧洲和亚洲都很盛行，因为当地密集的农业生产创造了堆肥的需求。然而，堆肥法的一个主要缺点是有机物必须从其他废物中分离出来。因此，只有有机材料与其他废物分开收集，堆肥才可能具有经济上的优势。另一个不利因素是，用除草剂处理过的植物残渣堆肥可能会对某些植物产生毒性。尽管如此，堆肥还是垃圾综合处理（IWM）的一个重要组成部分，其贡献仍在继续增长。

### 3. 焚烧

焚烧是指在足够高的温度（摄氏 900 ~ 1000℃，或华氏 1650 ~ 1830 ℉）下燃烧可燃垃圾，以消耗掉所有可燃物，只留下灰烬和不可燃物，最终在垃圾填埋场处理。理想的条件下，焚烧可以减少 75% ~ 95% 的垃圾量。然而在现实生活中，由于维修问题和垃圾供应问题，实际减少的垃圾数量只有 50%。除了将大量的可燃物转化为体积较小的灰烬之外，焚烧还有另一个好处——可以用来补充其他燃料和发电。

垃圾焚烧的过程不一定清洁，可能会产生空气污染和有毒灰烬。在美国，垃圾焚烧是环境中二噁英的主要来源。焚化炉的烟囱也可能排放氮、硫氧化物，导致酸雨的产生，排放出的温室气体还会加速全球变暖。

现代焚烧设施中，烟囱大多安装了特殊的污染物消除装置，但是其成本较为昂贵。一般政府会进行一定程度的经济补贴。

焚化炉的经济可行性取决于焚烧垃圾产生的能源销售收入。随着垃圾回收和堆肥的发展，这两者将与焚烧炉争夺垃圾，导致焚烧炉因无法获得足够的垃圾（燃料）而产生效益。根据垃圾综合处理原则可以得出的结论是，垃圾再利用、循环利用和堆肥的组合方式可以减少填埋场处理的垃圾量，至少与焚烧的垃圾量一样多。

### 4. 露天垃圾场

在过去，固体废物通常被弃置在露天的垃圾场（也称填埋场），垃圾堆积之处没有任何遮盖。近年来，许多发达地区关闭了露天垃圾场，很多发达国家也已经禁止新建露天垃圾场。然而，世界各地还有数量庞大的露天垃圾场仍在使用中。

### 5. 卫生填埋

卫生垃圾填埋场是采用卫生填埋的方式，即以不危害公众健康和安全为前提，对垃圾进行集中堆放和处置。卫生填埋技术由于成本低、效果较好，因此在我国得到了广泛的应用。卫生填埋中，首先需要将垃圾压缩至尽可能小的体积，然后用一个黏土衬层将垃圾与环境隔离。衬层不仅可以在一定程度上限制昆虫、啮齿动物以及其他动物直接接触垃圾，还能尽量减少垃圾与地下水的接触以及垃圾中气体的逸出。但衬层只是在一定程度上起到隔离效果，并不能达到完全隔绝的效果，因此，卫生填埋也存在一定的环境污染风险。

（1）渗滤液

卫生填埋场存在一定风险会污染地下水或地表水。衬层里的垃圾在堆放和填埋过程中由于发酵等生化反应，在降水和地下水渗流作用下会产生一种含有多种有毒有害的有机成分及无机成分的液体，即渗滤液。垃圾的成分、填埋场的防渗处理情况、场地的水文地质条件、当地的降雨情况等因素都会影响渗滤液的产生。

（2）选址

卫生填埋场的选址非常重要，必须综合考虑诸多因素，包括地形、地下水位、降水量、土石类型以及填埋区在地表水和地下水系统中的位置。气候、水文和地质条件的有利组合有助于确保合理安全地处理废弃物及其渗滤液。一般来讲，潮湿的环境更容易产生大量的渗滤液，而相对来讲，干燥地区的填埋条件较安全，产生的渗滤液较少，所以填埋场的选址最好是在相对干燥的地区。

自然水文系统具备一定的自我修复能力，可以将一定量的渗滤液稀释、降解到无害水平。这种自我修复能力在不同地区是具有显著差异的，因此填埋场最好是能够建在那些自我修复能力强、水文系统韧性度高的地区。

除了自然条件，填埋场的选址也会涉及社会问题。一般来说，经济欠发达的地区更容易成为建造垃圾填埋场的首选，而这些地区的居民往往在社会上属于弱势群体，因此，填埋场的选址经常会涉及"环境正义"这一问题。

（3）监测卫生填埋场的污染

对于卫生填埋场，一旦选址被确定，在开始填埋之前，首先应该进行地下水监测工作。在填埋场建成后，水体和逸出气体的监测工作也是需要一直持续进行的。垃圾被填埋后，在长时间的沉降作用下，填埋地很容易形成一些凹陷区域，地表水就有可能在此区域聚集、渗入并产生渗滤液。因此填埋场需要持续性地进行严密监控和维护，以尽可能减少其对环境的污染。

（4）卫生填埋场污染环境的途径

固体废弃物处理场有可能通过以下多种途径和形式对环境造成污染：

一是垃圾和土壤中的有机及无机成分通过生物化学等反应产生甲烷、氨以及硫化氢等气体并被排放到大气中。

二是垃圾中的铅、铬、铁等重金属会残留在土壤中，造成土壤重金属污染。

三是可溶性物质，如氯化物、硝酸盐和硫酸盐，很容易通过垃圾和土壤进入地下水系统。

四是垃圾渗滤液以及垃圾中的有毒物质可能会随着地表径流、地下水渗透被输送到河流与湖泊中，造成水体污染。

五是生长在填埋区的一些植物（包括农作物）可以选择性地吸收重金属和其他有毒物质。这些侵入植物体内的有毒物质会在食物链中向上传递，进入动物和人类的体内引起中毒。

六是一些有毒物质，比如细小颗粒物或气体，会被风输送到其他区域造成污染的扩散。

现代卫生填埋场发展了许多有效的污染防控技术，以尽可能地减少对环境的污染风险和程度，例如使用隔绝效果优良的黏土和塑料里衬、建造地表和地下排水系统、装备地下水监测系统以防止渗滤液的泄漏与扩散，配备废气收集处理装置以防止甲烷等气体的泄漏。

（5）减少固体废弃物的产生

减少固体废弃物的环境污染风险最有效的方式还是从源头上减少固体废弃物的产生。研究表明，采用 3R 原则进行废弃物管理至少可以避免目前 50% 的城市固体废弃物。

## 六、危险废弃物的管理

随着人类科技进步，各类新化合物的发明激增。世界上每年有数千种新化学品上市销售，目前市场上销售和流通的化学品超过 10 万种，这其中约有一半的化学物质需要进行严格管控，如果其被排放到环境中会对人类或生态系统造成绝对或潜在的危险。

垃圾处理不当有可能导致严重的化学污染事故，这其中最著名的案例就是"拉夫运河事件"。拉夫运河位于纽约州尼亚加拉大瀑布附近，最初在 1892 年被挖掘，20 世纪 40 年代由于干涸被废弃，1942 年美国一家电化学公司收购了这条废弃运河作为垃圾场来倾倒大量工业废弃物。此后 11 年的时间里，该公司向河道内倾倒了两万多吨化学物质，包括二噁英、氯苯、二氯乙烯等高毒性和高致癌性的化学物质。1976 年，附近的居民区开始出现了异样，据记载，当地的花草树木纷纷死亡，土壤中渗出含有有毒物质的水坑，居民发现鞋底的橡胶和自行车轮胎被地上的污水腐蚀而开裂，甚至连游泳池上都漂浮着有毒的化学物质。1977 年，当地居民不断得各种怪病，孕妇流产、儿童夭折、婴儿畸形等也频频发生。1978 年，政府不得不紧急撤离周边居民并开始执行清理计划。政府摧毁了约 200 座房屋和一所学校，大约 800 户家庭被重新安置并得到了补偿。在政府花费了约 4 亿美元对该地区进行彻底清理恢复之后，环境保护署最终宣布该地区已被清理干净并达到了安全标准。尽管这样，至今依然有人声称该地区存在大量残留的有毒物质。

安全储存也是危险废弃物管理中的一个重要环节，不当储存可能会带来一定的隐患。在英国塞文河平原的某个地区就曾经发生了一起因危险废弃物储存不当所引发的严重事故。有两点为此次事故埋下了隐患，一是该地区的危险废弃物储存地缺乏有效的防火措施，二是该储存地位于洪水泛滥区。1999 年此处发生了几起火灾，2000 年 10 月 30 日又发生了一场起因不明的大火。据记载，大约 200 吨化学品，包括工业溶剂（二甲苯和甲苯）、清洁溶剂（二氯甲烷）和各种杀虫剂起火燃烧，产生的巨大火球冲向夜空。有毒的烟雾和灰烬随着强风扩散到附近的农田和村庄，当地居民不得不紧急撤离。暴露在烟雾中的人们产生包括头痛、胃痛、呕吐、喉咙痛、咳嗽和呼吸困难等各种各样的不适症状。几天后，也就是 11 月 3 日，该地又爆发了洪水。洪水不仅影响了灾后的清理工作，也将这些污染扩散到了下游地区，被污染的洪水淹没了下游村庄的农田、花园和房屋。因此，危险废弃物的安全储存在废弃物管理中是至关重要的。

## （一）危险化学废弃物管理

以环境安全、环境友好为目标对危险化学废弃物进行可持续性管理，这对环境系统的可持续发展非常重要，降低危险化学废弃物对环境的不良影响包括以下几种常见的措施：

### 1. 源头减量

危险化学废弃物源头减量化是指在全生命周期生产过程中减少危险废弃物的产生量。例如，以环境友好为目标优化生产过程中所使用的化学工艺、设备以及原材料等，或采取一定的维护措施，以减少危险化学废弃物的数量或毒性。

### 2. 循环利用和资源回收

危险化学废弃物中往往含有可回收利用的物质。例如，在很多化学生产过程中需要用到有机溶剂，这些溶剂在使用过后就会混入许多有机及无机物质，并带入许多水分，但通过一定的技术手段将这些杂质和水分去除后，这些有机溶剂就又可以被回收再利用。

### 3. 无害化处理

危险化学废弃物可以通过一定的技术手段改变其物理或化学成分，降低其毒性或其他危险特性。例如，酸可以被中和，重金属可以从液体废物中被分离，一些有害化合物可以通过氧化作用被分解。

### 4. 焚烧

高温焚化是一种有效的危险化学废弃物销毁手段。当然，焚烧过程也会产生灰烬残渣，而这些残渣作为一种固体废弃物仍然需要在垃圾场中进行进一步的处理与处置。

## （二）医疗垃圾的处理

医疗垃圾是指接触过病人血液、肉体等，由医院生产出的污染性垃圾，如使用过的棉球、纱布、胶布、废水、一次性医疗器具、术后的废弃品、过期的药品等。医疗废物中含有细菌、病毒和有害物质。废弃物中的有机物不仅滋生蚊蝇造成疾病的传播，还在腐烂分解时释放氨气、硫化氢等恶臭气体，生成多种有害物质，污染大气、危害人体健康。同时，医疗废弃物很容易造成医院内交叉感染，由医疗废弃物引起的交叉感染占社会交叉感染率的 20%。

据国家卫生部门的医疗检测报告表明，由于医疗垃圾具有空间污染、急性传染和潜伏性污染等特征，其病毒和病菌的危害性是普通生活垃圾的几十倍、几百倍甚至上千倍。如果处理不当，将造成对环境的严重污染，也可能成为疫病流行的源头。

医疗废弃物的处理技术在我国还处于摸索和发展阶段。目前涌现了许多的相关处理技术，包括焚烧法、热解法、汽化法、化学消毒法、高温高压蒸汽灭菌法、干法热消毒法、微波处理法、安全填埋法、等离子技术以及放射技术等。根据处理原理不同，一般可分为灭菌消毒法、高温焚烧法、热解处理法、等离子体法和卫生填埋法。

### 1. 灭菌消毒法

灭菌消毒处理方法较多，例如高温高压蒸汽灭菌法、化学消毒法、微波消毒法等。灭菌消毒法主要是通过高温、高压、化学试剂、一定频率或波长的微波等技术，破坏微生物及病毒的生存环境，降低医疗垃圾对人体健康及环境危害的程度。灭菌消毒法须针对不同的医疗垃圾选择不同的灭菌方法，其灭菌效果限制因素较多，由于医疗垃圾的种类繁多且差异性大，因此有可能无法达到最佳的灭菌效果。灭菌消毒法也经常配合高温焚烧一起使用。

### 2. 高温焚烧法

医疗垃圾中的可燃性成分占其总重量的92%，不可燃成分仅为8%，所以在一定温度和充足的氧气条件下，可以完全燃烧成灰烬。焚烧处理是一个深度氧化的化学过程，在高温火焰作用下，焚烧设备内的医疗垃圾经过烘干、引燃、焚烧三个阶段被转化成残渣和气体，病原微生物和有害物质在焚烧过程中也因高温而被有效破坏，还能有效实现减容和减重。因此，焚烧法适用于各种传染性医疗垃圾，是医疗垃圾处理领域的主流技术。

### 3. 热解处理法

热解处理法是利用垃圾中有机物的热不稳定性，将医疗垃圾中有机成分在无氧或贫氧的条件下高温加热，用热能使化合物的化合键断裂，使大分子量的有机物转变为可燃性气体、液体燃料和焦炭的过程。这种处理技术与焚烧法相比温度较低，无明火燃烧过程，重金属等大多保持在残渣之中，可回收大量的热能，较好地解决了医疗垃圾焚烧处理技术的最大难题。

### 4. 等离子体法

等离子体法是处理医疗垃圾的一项创新技术，它消毒杀菌的原理是：用等离子体电弧炉产生的高温杀死医疗垃圾中的所有微生物，摧毁残留于细胞的毒性药物和有毒的化学药剂，并将金属锐器及无机化学品熔融，使其彻底销毁。

## 七、本节总结

自工业革命以来，废弃物处理的理念已经从"稀释和分散"发展到"废物综合管理"，在现代废弃物综合管理中强调 3R 原则：减少废物、再利用、回收。

新兴的工业生态学理念是建立一个不存在废弃物的社会系统，通过系统优化设计，系统中某一环节的废弃物可以成为另一环节的资源。

最常见的固体废物处理方式是卫生填埋。然而，在许多大城市周边，很难找到垃圾填埋场的空间。

有害化学废弃物的不当储存与处理严重威胁环境安全与公共健康，因此我们必须以更加科学、有效的手段处理这些废弃物。

海洋倾倒是海洋污染的一个重要来源。受影响最严重的区域是近岸。

## 课后思考题

● 你是否曾经由于使用或处置方法不当，造成了危险废物的泄露？你认为该次
　 事件是否严重？

● 为什么安全妥善地处置危险废弃物如此困难？

● 你认为危险废弃物处理厂应如何选址？

● 谈谈你对我国禁止洋垃圾入境的看法。

# 拓展阅读：微塑料

## 一、背景阅读

### （一）微塑料的介绍

微塑料这一概念是由英国普利茅斯大学的海洋生物学家理查德于 2004 年提出的。微塑料是指直径小于 5 毫米的塑料碎片和颗粒，它的粒径从几微米到几毫米不等，其形状也较为多样，是非均匀的塑料颗粒混合体，由于难以通过肉眼观察，也被称为海中的 PM2.5。相比于白色污染，微塑料的颗粒直径更小，因此也更难降解。它还是环境污染的主要载体，由于较小的体积和较大的比表面积，更加容易吸附污染物。现实环境中存在着大量的多氯联苯和双酚 A 等有机污染物，当这些污染物与微塑料结合起来后，会形成一个有机污染球体，微塑料在其中充当着污染物"坐骑"的角色。现如今，微塑料在我们的日常生活中相当普遍，2014 年的统计表明，世界海洋中存在 15 万亿 ~ 51 万亿个微塑料碎片，总重量可达 9 万 ~ 24 万吨。

### （二）微塑料的分类

微塑料主要分为初级微塑料、二次微塑料和纳米塑料。初级微塑料指的是有意制造的小塑料片，通常用于洗面奶、化妆品和鼓风技术中，有时也会作为医用载体。二次微塑料是从陆地或海洋的大块塑料碎片分解而来的小塑料块。随着时间的推移，物理、化学和生物学的降解结果可能会将塑料碎片的结构分解为更小的碎片，目前海洋中检测到的最小微塑料的直径为 1.6 毫米，更小的碎片意味着更小的粒径。初级微塑料和二次微塑料都有多种来源，服装中会包含微型塑料，轮胎中也会存在塑料颗粒，2 ~ 5 毫米的塑料颗粒还会被用来制作塑料制品。纳米塑料是尺寸小于 1 微米或 0.1 微米的塑料颗粒。目前已经确认了北大西洋亚热带环流中存在纳米塑料。人们普遍认为纳米塑料对环境健康和生物健康都构成威胁，由于纳米塑料的尺寸更小，它们能够穿过细胞膜进入细胞，从而影响细胞功能。纳米塑料是亲脂的，模型显示聚乙烯纳米塑料可以掺入脂质双分子层的疏水端。同时，纳米塑料还可以穿过鱼的上皮膜，并在鱼的胆囊、胰腺和大脑中积累。但是纳米塑料对人体健康的危害还尚不明确。

### （三）微塑料的主要来源

微塑料的来源有很多，其中大部分来自废旧纺织品、废弃的轮胎和城市灰尘，这些污染物包含了将近 80% 的微塑料。环境中微塑料的探测一般通过水声研究，主要采取的措施包括采集浮游生物样本和分析沙质或沉积物等。通过以上方式可以推断出环境中存在多种来源的微塑料。2017 年世界自然保护联盟报告显示，相比于大面积的海洋垃圾，微塑料占太平洋垃圾的 30%。

污水处理厂是微塑料的一大重要来源。污水处理厂会使用各种物理、化学和生物的方法从污水中去除污染物。很多发达国家的工厂都有初级和二级处理阶段。初级处理阶段主要采用常见的过滤等物理过程除去体积较大的固体垃圾，二级处理会通过活性污泥技术、滴滤池和人工湿地来再次过滤。除此之外，有些工厂还会选择进行更深一步的三级处理阶段，这一阶段主要去除氮、磷等元素，并进行消毒。植物的初级和二级处理阶段都发现了微塑料。目前有研究表明，每升塑料中约有一个颗粒被放回到环境中，去除效率约为99.9%，而且大多数微塑料是在固体筛查和污泥沉降的初级处理阶段中去除的。

有些国家会把污水中的污泥当作土壤肥料，这种做法会使塑料暴露于天气、阳光和其他条件下，从而加强塑料的碎片化。来自生物固体的微塑料还会进入雨水渠，最终进入水体。

汽车轮胎中也存在着大量的微塑料，轮胎的磨损会促进微塑料向环境中的流动。丹麦每年就会向环境中排放 5000 ~ 14000 吨的微塑料。全球每年的微塑料排放中，来自汽车轮胎排放量远高于其他来源，并占海洋塑料总量的 5% ~ 10%。空气中 2% ~ 7% 的PM2.5 也是由轮胎磨损造成的。世界卫生组织认为，轮胎磨损造成的环境影响还会在很大程度上影响人们的健康，因此需要进一步的密切关注。

化妆品中去角质类型的产品多通过微珠的形式起作用，如洗面奶、肥皂这些产品大多含有聚乙烯，有些还包括聚丙烯、聚对苯二甲酸二醇酯和聚酰胺。这些微塑料会直接进入污水系统中，但是由于颗粒尺寸过小，无法在污水处理的初步过程中被去除。如果污水处理厂每天要处理 160 万亿升水，那么其中就会有 8 万亿微珠进入下水道。由于家庭对化妆品、洗面奶、牙膏的使用，每户每天会排放 808 万亿颗微粒。很多化妆品公司已经承诺要逐步淘汰使用微珠的产品，但是目前全球仍有超过 80 种以微珠为主要成分的磨砂膏产品。

服装中的合成纤维，例如聚酯纤维、聚酰胺纤维和聚丙烯酸纤维等在脱落后都会在环境中持久存在。洗衣房中每件衣服会脱落大约 1900 多种微塑料纤维，羊毛是最多的。6 千克的平均洗涤量每次可以释放 70 万根以上的纤维。在整个纺织业中存在的主要纤维就是聚酯，因为它是棉花的替代品且价格低廉，易于制造，因此被大量生产。这些纤维使陆地、空中和海洋系统中的微塑料得以长期存在。这类纤维占家庭室内环境中总纤维的 33%。

制造业中的塑料制品通常会使用小的树脂颗粒作为原料。在美国，树脂颗粒从 1960 年到 1987 年增长了 1880 万粒，2019 年生产了 1214 亿磅的塑料树脂。由于陆地或海上运输过程中的意外泄漏，这些原料还会直接进入水生生态系统，严重污染当地环境。很多工厂的所处位置都靠近水域，因此生产过程中的污染物会直接流入河流，污染水道。虽然工厂生产造成的微塑料污染问题极其严重，但是针对该问题的研究却极其缺乏，急需有效的解决措施。

休闲捕鱼和商业捕鱼会让船舶进入海洋，这会进一步增加海洋的微塑料污染。在经过长期的生物降解后，大分子塑料还会对生物群构成威胁。很多国家报告说渔业造成的微塑料污染已经在不同类型的海产品中积累，这意味着塑料及其化学物质将在食物链中进行生物富集，这一定会在未来直接影响到人类的健康。

航运也是海洋污染的一大重要来源，统计数据表明，1970 年时全世界的商业运输船队就已经向海洋中倾倒了超过 2.3 万吨的塑料废物。1988 年的一项国际协议更是直接禁止将船舶废物倒入海洋。美国 1987 年的《海洋塑料污染研究与控制法》中明确规定船舶不允许向海洋中排放塑料。尽管如此，航运仍然是海洋塑料污染的主要来源，人类已经在1990 年代初排放了 650 万吨塑料。

最显而易见的塑料污染来源就是我们日常生活中的塑料制品，例如矿泉水瓶、婴儿奶瓶和口罩等。有研究表明，11 个瓶装水品牌中有 93% 被检查出存在微塑料污染，平均每升中有 325 个微塑料颗粒。2020 年最新的研究称全球 48 个地区中，采用聚丙烯婴儿奶瓶会造成每天人均 1.4 万 ~ 4450 万个颗粒的接触。温度较高的液体还会释放更多的微塑料。不仅是婴儿奶瓶，午餐盒等聚丙烯产品中也会在接触高温物体时释放出更多的微塑料。自从新冠肺炎疫情爆发以来，人们生活中必不可少的一样物品就是口罩，全球平均每月使用8900 万个口罩。一次性口罩的原材料是一些聚合物，例如聚丙烯、聚氨酯、聚苯乙烯和聚乙烯等，这些口罩在使用完丢弃时会增加环境中的微塑料污染，因此口罩的生产和使用造成的微塑料污染问题是全球共同面临的一大难题。

### （四）微塑料对环境的潜在影响

研究认为海洋生物面临的塑料污染问题尤其严重，因为它们会被大型塑料制品纠缠导致行动不便，还会误食塑料制品造成窒息。这些行为会增加海洋生物死亡或搁浅的风险。由于微塑料体积较小，通常不易察觉，因此会被各种海洋生物误食，然后通过食物链不断积累和扩散这种影响。在欧美等国家，除了海洋，人们还在沼泽、溪流、池塘和湖泊等淡水系统中发现了微塑料颗粒的存在。其中美国六个州的 29 个湖泊中就收集到了大量塑料制品，98% 的都是尺寸在 0.35 ~ 4.75 毫米的微塑料。

微塑料可以通过摄入或呼吸作用嵌入动物组织中。一些无节肢动物体内，例如夜蛾已经被证实其胃肠道中存在微塑料。很多甲壳类动物还会将微塑料整合到它们的呼吸系统和消化道中。鱼类一般是将塑料颗粒误以为是食物从而造成误食，微塑料进入它们体内后会堵塞其消化道。当这些体内富含微塑料的生物被人类食用后，这些微塑料不仅不会被消化反而会继续积累，对人体造成更加严重的影响。除了动物，植物也会黏附微塑料纤维，微塑料甚至会沾满整株植物。植物和动物体内存在的微塑料表面还有很多微生物。这些微生物的群落形成了黏稠的生物膜，并且可以在不同物种之间叠加，从而通过水平基因转移传播病原体和抗生素抗药基因。由于这些病原体可以在水体中快速移动，这还会增加潜在疾病风险的传播。

微塑料中不仅存在多种有毒和致癌的化学物质，而且是病原体以及重金属的载体。人类对微塑料的积累可以通过饮食、呼吸和饮水发生，这会引起细胞毒性、超敏反应和免疫急性反应的发生。鱼类是人类蛋白质的重要来源，占蛋白质总消费量约6%，可是鱼类也是微塑料污染的严重受害者，食用被污染的鱼类对人类是极其危险的。

### （五）微塑料有关的政策法规

由于微塑料污染问题越来越严重，各国已经开始倡导从各种产品中去除微塑料。除此之外，不同国家还设立了不同的法案来解决这一问题。2020年，中国颁布了《关于扎实推进塑料污染治理工作的通知》，该文件指出2021年起，中国将禁止使用不可降解的塑料袋、塑料餐具和塑料吸管等。同时颁布的政策文件还包括《关于进一步加强商务领域塑料污染治理工作的通知》等。美国一些州已经采取行动来减轻微塑料的负面环境影响，例如伊利诺伊州就是第一个禁止使用含有微塑料化妆品的州。2018年美国众议院通过了减少微塑料的修正案，这项法案旨在打击海洋污染，并加强对污染的监管力度。日本政府通过了一项旨在减少水生环境中微塑料污染的法案，这个法案被上议院一致同意，主要针对减少微塑料的生产，特别是个人护理产品中微塑料的添加。该法案还强调要大量清除海洋垃圾，提高垃圾的回收利用率并对大众展开环保教育。中国从2018年开始禁止从其他国家进口可回收材料，迫使其他国家重新审查其回收计划。除了封闭外来的塑料污染，中国也需要进一步加强自身塑料污染物倾倒海洋的监管，长江承受着每平方公里50万件塑料的严重污染问题，这在未来将直接威胁我国的生态系统可持续发展。

## 二、前沿文献导读

1. 原文信息：Liu Y，Zhou C，Li F，et al. Stocks and flows of polyvinyl chloride (PVC) in China: 1980–2050[J]. Resources Conservation and Recycling, 2020, 154:104584.

论文导读：聚氯乙烯（PVC）作为一种广泛使用的塑料材料，可能导致各种环境污染。随着城市化进程加快，中国的经济发展对PVC的需求量大大增加。该研究创建了一个动态物流分析方法以量化中国PVC库存和流量。该方法主要包括材料投入、制造和消费分布以及废物管理阶段的数据。研究员们考察了1980年至2015年中国PVC的物流情况，并基于历史PVC材料消耗数据和情景分析预测了2016年至2050年的PVC轨迹。各类产品PVC消耗总量由1980年的40万吨（人均0.4千克）大幅增长至2015年的1450万吨（人均10.7千克），累计消费1737万吨。与此同时，中国PVC消费量的快速增长也加快了PVC废弃物的积累，从1980年到2015年，PVC废弃物累积量达到6630万吨，占PVC总用量的38.2%。建筑业拥有最大的PVC在用库存，但消费品行业产生了最多的PVC废料。近15年来，PVC废弃物的机械回收率为25.5%，化学回收率为0.8%，焚烧率为9.3%，填埋率为 36.0%。PVC 轨迹分析表明，到 2050 年底，在有限增长情景下，中国 PVC 的累积废物量将达到 50860 万吨，在正常情况下，甚至会达到 56200 万吨。该研究基于之前的分析方法对改善 PVC 回收系统的对策进行了研究。

2. 原文信息：Yates J, Deeney M , Rolker H B , et al. A systematic scoping review of environmental, food security and health impacts of food system plastics[J]. Nature Food, 2021, 2(2):80–87.

论文导读：塑料对环境的损害无疑是巨大的。然而，从 20 世纪 50 年代至今，全球已经生产了超过 83 亿吨的塑料。相对应的，塑料的使用量也在不断增加：在过去 70 年里，仅用于食品和饮料包装的塑料占塑料生产量的比例就高达 16%。随着塑料与我们的生产生活逐渐变得密不可分，微塑料在生态环境中的积累也逐渐吸引了人类的关注。目前，宏观、微观以及纳米级别的塑料均被检测到出现在北极的雪、山区空气以及海洋物种中。尽管并没有研究关于微塑料对健康的潜在影响，但人们仍对微塑料的存在感到忧心。该研究总结了 2000 年至今食物系统内各环节所使用的 7 种主要塑料的性质、使用程度以及范围，包括它们对环境、粮食安全和人类健康的量化影响。该研究还以此为基础开发了一个互动式开放存取证据图。研究结果显示，由未识别的塑料或聚乙烯制成的塑料覆盖物、聚乙烯地道和温室在农业生产部门占塑料总用量的 89%，而在渔具产业这个比例最小。塑料同时也是最常见的包装材料，在零售业，塑料包装占据主导地位。在家庭消费方面，预包装食品和家用产品的塑料使用量相当，而厨房材料和设备的塑料使用量则在总使用量中占据相对较少的比例。

## 第七章

生态系统与可持续发展

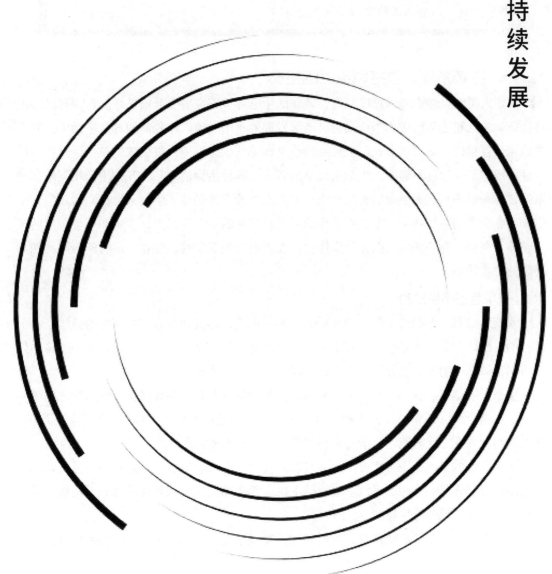

# 第一节 生态系统的概念与基本原理

## 一、生态系统：维持地球上的生命

由于人类对自然资源的过度开发，地球的生态环境正在遭受严重破坏。保护环境和维持生态系统的稳定运行成为当今社会可持续发展的重中之重。在我们的日常生活中，有机个体是最直接的生命表现形式。但要维持整个地球的生态平衡，仅仅依靠单个生命体、单一种群或物种是远远不够的。生命系统是能够表现各种生命活动、相互作用和相互依存关系的整体，但不包括无生命的自然环境。而生态系统不仅涵盖了生命系统，同时还包含了生物生存所需的自然环境。生态系统指的是在自然界的一定空间内，生物和环境构成的统一整体，并且生物和环境可以在该整体内相互影响、相互制约，并在一定时间内维持相对稳定的平衡状态。

### （一）生态系统结构

系统是指其内部的若干部分相互联系、相互作用，形成的具有某些功能的整体。一个单一的有机体就是一个系统。宏观来看，整个地球也是一个系统；更广泛来说，宇宙中任何可以在概念、物理上能分离的部分都可以算作是一个系统。

生态系统是指在自然界的一定空间内，由生物群落与其生存环境相互作用形成的统一整体。在这个统一的整体中，生物群落与非生物环境通过能量流动和物质循环相互影响、相互制约，并在一定时期内处于一个相对稳定的动态平衡状态。

生态系统的空间范围可大可小，并且相互交错。一块农田、一片森林、一条河流、一个池塘都可看作是一个生态系统。而地球上的全部生物及其无机环境的总和，构成了地球上最大的生态系统——生物圈。

生态系统是一个开放的系统，物质和能量在其中流进流出。不同的生态系统在结构的复杂性和界限的清晰度上都有很大的不同。有时它们的边界很明确，如一个湖泊及其周围的草地。但有时一个生态系统到另一个生态系统的过渡是渐进的，如山坡上的落叶林到针叶林，东非的草地到稀树草原，北方的森林到寒带的苔原等，在这种情况下很难划定两个生态系统之间的具体界限。在陆地的生态系统中，分水岭是生态系统边界最常见也是最实用的划分方法，因为分水岭是由地形（地势）所决定的。当用分水岭来定义生态系统的边界时，这个生态系统内部的化学循环是统一的。

生态系统类型众多，一般分为自然生态系统和人工生态系统。自然生态系统还可分为陆地生态系统和水域生态系统。陆地生态系统包括森林生态系统、草原生态系统、荒漠生态系统和冻原生态系统等；而水域生态系统还可细分为湿地生态系统、海洋生态系统、淡水生态系统等。人工生态系统是经过人类的干预和改造后形成的生态系统，可具体分为农田生态系统、果园生态系统、人工林生态系统、城市生态系统等。

### （二）生态系统的功能与进程

在最基本的层面上，一个生态系统由几个物种和一种介质（空气、水或两者均有）组成。生态系统中存在两种基本进程（或称为生态系统功能），分别是化学元素的循环和能量的流动。这些进程是所有生命所必需的，但没有一个物种能够单独完成所有的化学循环和能量流动。这也解释了为何地球上生命的持续是一个生态系统的特征，而不是种群的特征。同时值得注意的是，生态系统的能量流动会对物种的丰度造成极大的限制。

生态系统中的化学循环非常复杂，这是因为生命的形成至少需要 21 种化学元素，并且在物种生长和繁殖过程中所需的每种元素都必须在适当的时间以适当的数量和比例提供给有机体。这些化学元素会被循环利用，例如废弃物转化为食物，食物转化为废弃物，然后再次转化为食物等。但只要生态系统中的物种还需要维持生命，那么这种循环就会无限期地进行下去。

### （三）化学物质循环

营养循环，也被称为化学循环，是指营养物质从生态系统的非生物部分到生物群落然后回到环境中的过程。流动的元素主要包括由氢、氧、氮、磷、硫组成的化学物质，例如无机盐和有机物等，其中较为常见的是水循环和氮、磷循环。

#### 1. 水循环

地球上 97% 的水为海洋，2% 以固态的形式（冰）存在，剩下不足 1% 的部分才是液态淡水，其中包括江河、湖泊中的水，浅层地下水，以及难以利用的深层地下水。

水循环是指水从其主要储存处（海洋）经大气到达淡水湖、河流和地下水然后返回海洋的过程。在这个过程中水以多种形态存在，例如固态、液态和气态。水循环是由太阳热能驱动的。在水循环的过程中，太阳热能将海洋、湖泊和溪流中的液态水蒸发为气态的水蒸气。当水蒸气在大气中凝结成液态的小水滴或固态的冰晶时，这部分水又会以雨或雪的形式返回地表。由于海洋覆盖了地球表面 70% 的面积，所以大部分的蒸发都是发生在海洋表面的。同时，被蒸发的大部分海水最终会通过降水落回海洋，剩下的一小部分则会落在陆地。落在陆地的一部分水会被植物的根部吸收，然后通过植物叶表的蒸发返回大气。剩下的陆地降水则从土壤、湖泊和溪流中蒸发，再经河流返回海洋，但也有一部分会储存在生物体内或进入地下含水层。

含水层被称为"地下天然水库"，它是由砂、砾石或透水的岩石（如砂岩）组成的。这些岩石被水浸透着，这部分水常常被抽取用来作为家庭用水或灌溉用水。在世界上许多国家和地区（包括中国、印度、北非和美国大平原），人们从含水层抽水的速度远大于其补水的速度，因此很多地方都面临着含水层枯竭的风险。当这些含水层枯竭后，由此造成的水资源短缺将迫使农业发生重大变化。

水循环对陆地生态系统同样至关重要，因为它为陆地生物提供着生存所必需的淡水资源。土壤中的养分必须溶解在水中才能被植物的根系或细菌吸收；同样，二氧化碳只有溶解在叶子内部细胞的水里才能被植物的叶片吸收。因此，如果生态系统没有了水循环，那么陆地的生物都将迅速灭绝。

### 2. 碳循环

碳原子是所有有机分子存在的基础，主要储存在大气和海洋中。碳循环是指碳从大气和海洋通过生产者进入消费者和分解者体内，然后返回大气和海洋的过程。生产者通过光合作用固定了二氧化碳，由此碳进入了生态群落。陆地上的光合生物主要从大气中获取二氧化碳，水生生物（如浮游植物）主要吸收溶解在水中的二氧化碳。光合生物将大部分碳"固定"在糖和蛋白质等生物分子中，并将其余的碳通过细胞呼吸释放到大气或水中。

初级消费者和营养级较高的动物会在呼吸过程中释放二氧化碳，并在排泄时排出碳化合物，然后将剩余的碳储存在体内。当生物体死亡后，它们的身体会被分解者分解，此时分解者会通过细胞的呼吸作用将二氧化碳释放回大气和海洋。光合作用吸收和细胞呼吸释放的过程会不断地将碳从生态系统的非生物部分转移到生物部分，然后再循环回非生物部分。

然而，有些碳循环要慢得多，这是因为地球上大部分的碳都被束缚在了石灰岩内，而石灰岩是由沉积在海底的浮游植物外壳中的碳酸钙（$CaCO_3$）形成的，形成过程需要数百万年的时间。此外，化石燃料例如煤、石油和天然气等也都是碳的长期储存库。当人类通过燃烧这些化石燃料来获取能源时，大量的二氧化碳会被释放到大气中，造成全球变暖等严重后果。碳循环的具体过程如图 7-1 所示。

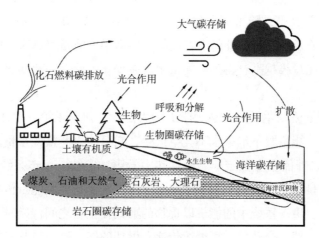

图7-1　碳循环过程

### 3. 氮循环

氮是蛋白质、部分维生素和其他生命物质的组成成分，同时氮循环也是化学循环的关键组成部分。氮循环指的是自然界中的氮单质和氮化合物之间相互转化的过程，例如大气中的氮气通过生产者、消费者和分解者进入土壤和水中，生成氨和硝酸盐，然后部分微生物会将硝酸盐转化为亚硝酸盐并最终生成氮气再返回大气中。

此外，闪电释放的能量会催化空气中的氮气和氧气形成氮氧化物，在雨水中溶解后可以转化为硝酸盐。生产者吸收氨和硝酸盐后，将氮转化为蛋白质和核酸等生物分子。这些氮会沿着食物链依次通往更高的营养级。在生物死后，其身体会被分解者分解，分解者会将氨释放回土壤和水中，然后由生存在潮湿土壤、沼泽和河口的反硝化细菌分解硝酸盐，最终将氮气释放回大气中。

在氮循环过程中，固氮根瘤菌会与某些豆科植物形成互惠关系，形成高效天然的"固氮工厂"。根瘤菌普遍寄生在豆科植物根部的隆起处，根瘤中含有类菌体，类菌体中的固氮酶可将空气中的氮气转化为能被豆科植物利用的氨，同时豆科植物会为根瘤菌提供其生存所需的碳水化合物。

在现实生活中，氮循环对很多行业都有着重要贡献。农民常通过种植豆科植物来给农田增加肥力；化肥厂会将大气中的氮气与天然气中产生的氢气相结合生成氨，再转化为硝酸盐或尿素作为肥料。此外，燃烧化石燃料产生的热量会将大气中的氮气和氧气结合起来，生成氮氧化物，最终形成硝酸盐。

### （四）能量的流动

能量是生态系统的原动力，同时也是一切生命活动的基础。生态系统的能量流动指的是能量从生态系统的外部环境流到有机体中，然后再回到外部环境的过程，这是所有生态系统的基础过程之一。能量流动起始于太阳辐射，终结于生物体的分解。生态系统中的能量流动是单向的，并不进行循环，同时能量的流动还是逐级减少的，前一营养级的能量不能完全流入下一营养级中，能量在食物链中的传递效率在 10%～20%。能量金字塔通常指单位时间内各营养及所获得的能量，在能量金字塔中，能量级越多，能量在流动过程中的损耗也就越多；能量级越高，得到的能量也就越少。因此，一般情况下，食物链中的营养级不超过 5 个。

生态系统的能量流动主要遵循热力学的两大定律。热力学第一定律规定，"在自然界发生的所有现象中，能量既不消灭也不凭空产生，它只能以严格的当量比例由一种形式转化为另一种形式"，即能量守恒定律。根据热力学第一定律，生态系统中的总能量不变，系统增加的全部能量等于减少的太阳能。热力学第二定律是有关能量传递方向和转换效率的，根据这条定律，生态系统中的能量以食物的形式在生物之间传递时，大部分能量被转化为了热，只有一小部分会转化为可继续传递和做功的能。这也就是营养级之间能量传递效率仅为 10%～20% 的原因。

作为生态系统能量的来源，太阳内部的核聚变会产生巨大的能量，其中大部分以电磁辐射的形式存在，包括红外光、可见光和紫外线。距离太阳约 1.5 亿公里的地球其实只截获了其中大约 450 亿分之一的能量。不过太阳照射地球一小时所获得的能量相当于全人类一年消耗的能量之和。大气层及其云层吸收或反射了大约一半的太阳辐射，而另一半则以可见光的形式到达地球表面，这其中的小部分光则被光合生物用于光合作用。植物、藻类和光合细菌从生态系统的非生物部分获得碳、氮、氧和磷等无机营养物质，再吸收阳光中的能量，通过光合作用将无机物转化为碳水化合物、蛋白质、核酸和其他生物分子，这些分子的化学键中储存了来自太阳的能量。因此，光合作用为生态系统带来了能量和营养。

## 二、生态群落和食物链

### （一）生态部落

生态学家通常用两种方式来定义生态群落，第一种将群落定义为：一组在同一地方生存并相互作用使生命得以延续的物种。这个定义较为局限，因为现实生活中很难了解群落中相互作用的全部物种。因此，群落通常是指在相同时间聚集在同一地段上的各种种群集合，其中包括动物、植物和微生物等各个物种的种群。

群落中个体相互作用的一种方式是互相取食。能量、化学元素和一些化合物会沿着食物链从一个生物体转移到另一个生物体。比食物链更复杂的联系称为食物网。生态学家将食物网中的各个生物分为若干营养级，营养级由食物网中的所有生物组成。

在一个生态系统中，能量会在营养级之间进行传递。绿色植物、藻类和一些细菌可以通过自身的光合作用利用太阳的能量、水和二氧化碳来产生其所需的营养物质。这类生物被称为自养生物（生产者），被归为第一营养级。其他所有生物都被称为异养生物（消费者），异养生物会通过摄取自然界中原有的有机物来获取能量和营养物质。其中，以植物、藻类或光合细菌为食的食草动物是第二营养级。直接以草食动物为食的食肉动物为第三营养级。以三级食肉动物为食的食肉动物为第四级营养级。而那些以死亡有机物为食的"分解者"生物，在生态系统中被划分为最高的营养级。

### （二）食物链：以海洋食物链为例

海洋生态系统的食物网通常比陆地生态系统的食物网涉及更多的物种，营养级也会更多。在典型的海洋生态系统中，单细胞浮游藻类和浮游光合细菌是第一营养级；小型无脊椎浮游动物和一些以藻类和光合细菌为食的鱼类为第二营养级；其他以这些食草动物为食的鱼类和无脊椎动物为第三营养级；长须鲸过滤海水，以浮游生物为食物的生物（主要是甲壳纲生物）被归在第三营养级；一些鱼类和哺乳动物，比如大白鲨和虎鲸，以第三营养级的动物为食，属于更高的营养级。典型海洋生态系统食物链中的营养级具体划分如图7-2所示。

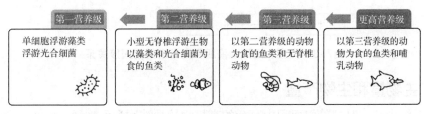

图7-2 典型海洋生态系统食物链中的营养级划分

#### 1.复杂的食物网：竖琴海豹的食物网

在抽象模型或极端环境中，食物网及其营养级可能看起来相对简单，但实际上现实生活中的食物网是复杂的。造成这种复杂性的一个关键原因是许多生物以不同营养级的生物为食，例如竖琴海豹。竖琴海豹出现在第五营养级。它主要以比目鱼（第三营养级）为食，比目鱼以玉筋鱼类（第二营养级）为食，玉筋鱼又以浮游植物（第一营养级）为食。但实际上竖琴海豹在第二到第四营养级上均有进食。因此，当一个物种以多个不同营养级的生物为食时，其通常被归为最高的营养级。所以竖琴海豹属于第五营养级。

#### 2.海獭、海胆和海带：生物之间的间接关系

在同一个生态群落中，各物种之间通常有着千丝万缕的间接关联。例如，海獭喜欢将海胆作为食物，而海胆则以海带为食。海带是一种生长在海底的大型棕色藻类，它们组成的"海底森林"为许多物种提供了重要的栖息地，也是许多海洋生物觅食、繁殖和躲避捕食者的理想地带。海胆生活在海底，平常的食物来源就是海带的基部，一旦海带的基部被啃光，海带就会随海水漂浮，然后死亡。到最后海胆就像蝗虫一样，会将"海底的牧草"啃光。所以尽管海獭与海带之间没有直接的关联，但海獭却对海带有着重要的影响。也就是说，虽然海獭不以海带为食，却在一定程度上能保护海带不受海胆的啃食。海带的破坏程度越小，数量就越多，其他海洋生物的栖息空间也就越大。因此，海獭在一定程度上间

接增加了当地的生物多样性。而这就是群落效应，海獭就是这个生态系统和生态群落中的关键物种。

此外，海獭也喜欢吃鲍鱼，但鲍鱼对于人类来说是一种珍贵的海鲜，这使得海獭与人类之间产生了直接的矛盾。而且海獭的皮毛是世界上质量最好的皮毛之一，这也导致海獭在 18 ~ 19 世纪因商业捕猎几乎灭绝。由此一来，人类、海獭、海胆和海带之间就形成了复杂的关系，具体如图 7-3 所示。

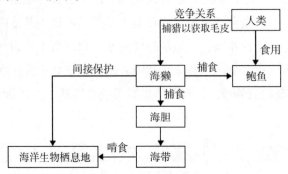

图7-3　人类、海獭、海胆和海带之间的间接关系

## 三、生物量和生物产量

生态系统中某一时刻单位面积内存活的有机物总量被称为生物量，生物量会随着生物的繁衍和生长而增加。生物产量是指生物在生育期内通过光合作用和呼吸作用产生的有机物总量。其中，自养生物的生物产量称为初级生物产量，异养生物的生物产量称为次级生物产量。大多数自养生物都是通过光合作用来制造糖分，而另一些自养生物则通过无机硫化合物来获取能量，这些细菌也被称为化学自养细菌。

生物利用有机物质中的能量来进行生命活动，例如运动、制造新的化合物、生长、繁殖，或储存能量等。大多数自养和异养生物都是通过呼吸作用来利用有机物的能量，在呼吸作用中，有机物会与氧气结合释放能量，产生二氧化碳和水。同时，呼吸作用还会使光合作用储存下来的二氧化碳重新回到大气环境中。

## 四、能量效率和能量转换效率

生物的能量效率是生物资源管理和保护的一个重要问题。人们希望生物可以尽可能高效地利用能量并产生更多的能量。但热力学第二定律表明，没有任何系统可以百分之百地利用所有能量。能量在流经食物网的时候会损失，且逐级递减。总的来说，个体所得到的能量越多，供自己使用的能量也就越多，然而由于生物之间获得能量的效率不同，所以高效的生物往往比低效的生物更具优势。

能源效率是能量产出与投入的比值，通常被定义为：从一定的可用能量中获得的有用功，这对不同的物种来说意义不同。例如狼和它的猎物驼鹿，在这两个物种中，狼需要能量来支撑其长途奔袭和狩猎，所以狼会在食物中获取尽可能多的能量用于生存，但其本身并没有太多的脂肪储存，所以对于狼来说，最好的猎物应该是一只把大部分能量都储存在脂肪中而自身消耗很少能量的驼鹿。

食物链效率，即营养级效率是一个常见的生态指标。它指的是一个营养级的生物产量与一个较低营养级生物产量的比值。食物链的效率通常不高，绿色植物只能将 1% ~ 3% 的太阳能转化为新组织中的化学能，食草动物仅能将小于 1% 的植物能量转化为自身能量，食肉动物将食草动物转化为能量的效率也不高。在整个生态系统中，处于同一营养级的生物所摄入的能量往往比它们所能获得的最大能量要少得多，而且它们所消耗的能量比它们为下一个营养级所储存的能量还要多。

## 五、生态稳态和生态演替

生态系统是动态的，会受到外部环境和内部变化的影响，但生态系统具备一定的自我恢复能力，使其内部的生命得以延续。

当生态系统受到干扰时，其可以通过生态演替来进行自我调节。生态演替分为原生演替和次生演替。原生演替是建立并发展一个以前不存在的生态系统，如火山喷发后，在海水中冷却的岩石上形成的珊瑚礁。次生演替是生态系统在受到干扰后恢复重建的过程。次生演替中存在以前生物群落的残余物，如有机物和种子、珊瑚礁被污染、气候变化等。同时，飓风、洪水或火灾后形成的森林也是次生演替。

演替是最重要的生态过程之一，研究演替模式对生态管理具有重大意义。生活中到处都是演替的例子：当一座城市的一块空地被遗弃时，杂草便开始生长，几年后，就能在这里发现灌木和乔木，这就说明次生演替正在发生。而且农民给庄稼除草和绿化工人给草坪除草都是对抗自然次生演替的例子。

尽管不同生态群落的环境差别较大，但大多数生态系统都具有以下共性：

第一阶段，最初生存的都是自养生物，例如绿色植物、海洋生态系统中的藻类和光合细菌、淡水生态系统中的藻类和光合细菌，以及一些近岸海洋系统中的绿色植物。它们通常体型较小，且能够适应不稳定的环境。

第二阶段，自养生物仍然较小，但生长迅速，种子或其他种类的繁殖结构迅速蔓延。

第三阶段，较大的自养生物，例如森林演替中的树木开始出现并逐渐在该地区占据主导地位。

第四阶段，生态系统的发育趋于成熟。

虽然以上列出了四个阶段，但也可将前两个阶段进行合并，划分为早期、中期和晚期三个演替阶段。这里用自养生物来描述演替的各个阶段，但相应的动物和其他生命形式也与每个阶段有关。

具有早期演替特征的物种被称为"先驱者"或早期演替物种，它们更容易进化出适应环境的生理结构。在演替后期占主导地位的植被，称为演替后期物种，这类植物往往生长较慢，寿命较长，在与其他物种的激烈竞争中能够持续生存。例如，在陆地生态系统中，后期演替的植被往往能在没有阳光直射的树荫中良好生长，即使没有种子的广泛散布也可以在相当长的时间内持续存在。演替中期的物种则具有介于这两种类型之间的特征。

## 六、化学循环和演替

演替的一个重要影响是改变了生命所需化学元素的储存方式。在陆地上，植物生长所必需的化学元素（包括氮、磷、钾和钙）的储存通常是在演替初期到中期过程中增加的，原因有如下三种：

①存储空间增加。无论是生物还是非生物，有机物都包含化学元素。只要生态系统内的有机物增加，化学元素的储量也会增加。

②吸收率增加。例如，在陆地的生态系统中，许多植物都有根瘤，根瘤中含有能从大气吸收游离氮的细菌，吸收后的游离氮可被植物利用，这一过程也被称为固氮。

③损失率降低。土壤中的有机物和无机物都会因风和水的侵蚀而流失，而生物或非生物的有机物均有助于延缓侵蚀。在某些海洋和淡水的生态系统中，植物和大型藻类往往能减少有机物的损失，从而增加总储存量。

理想情况下，化学元素可以在生态系统中无限循环，但在现实世界中，当物质被风和水从系统中迁出时会产生一些损耗。因此，长时间存在的生态系统的肥力不如早期阶段的生态系统。

## 七、生物是如何改变演替的

早期演替物种可以通过促进和干扰两种方式来影响之后发生的演替。

### 1. 促进作用

在促进作用的过程中，早期演替的物种改变了当地的生态环境，使之具有适合后期演替物种的特征。也就是说，如果要恢复受损的生态，应首先种植能改善环境的植物。因此，进一步了解促进作用的原理和功能有助于恢复受损的生态地区。

### 2. 干扰

与促进作用相反，干扰指的是早期演替物种改变了当地环境，使其变得不适合演替后期物种的生存。

## 八、本节总结

生态系统是维持生命最简单的系统。最基本的生态系统由几个物种和一种流体介质（空气、水或两者均有）组成。生态系统始终维持两个过程——化学元素的循环和能量的流动。

　　生态系统中有生命的部分是生态群落，指的是生活在一个特定区域内具有相似自然需求的一组互相依赖的种群集合。生态系统中的食物网或食物链描述的是谁以谁为食，而营养级由所有生物组成。

　　通常来讲，很难界定一个系统的具体界限，也很难确定系统内所有的相互作用，但对生态系统的管理和研究被认为是保护地球生命的关键。

　　能量在生态系统中单向流动。

　　生态系统中的化学元素循环，理论上可以永远循环，但在现实世界中会有一些损失。

　　生态系统通过生态演替从干扰中自我恢复。

　　生态系统是一个动态平衡的系统，随时都在发生变化。

## 课后思考题

- 为什么随着食物链层次的变高能量会递减？
- 根据所学知识，对于完全吃素食这一理念，列举出尽可能多的支持和反对的理由。
- 如果人们开始将食物链中营养级较低的食物作为主食，农业会发生什么变化？

# 第二节　生物多样性和生物入侵

**★学习目标**

- ●认识生物多样性的内涵
- ●了解地球生物的演化过程
- ●找出海岛生物多样性不如大陆的主要原因
- ●列举并解释生物演化的四种主要机制
- ●简述生态位和栖息地的区别，并判断哪一种对保护濒危动物更为重要
- ●解释有相同需求的物种是如何共生的
- ●了解生物入侵及产生的影响

自从地球上出现了生命，物种就开始不断地迁移。在早期人类迁徙的过程中，一些物种也被人类带到了远方。例如，如今世界上大部分的农作物都是人类在迁徙过程中有意传播的，这些农作物帮助了人们在全球各种复杂自然条件下顺利生存和发展。如今，物种的扩散却转变成对环境有害的生物入侵。为什么长久以来一直进行着的、常常对人类发展有益的生物入侵，会成为当前诸多环境问题的根源？解答这个问题需要涉及生物多样性的知识。

## 一、什么是生物多样性

生物多样性是指生命形式的多样性，通常表现为一个地区的物种数量或遗传类型数量。生物多样性通过生物演化发展而来，并受到物种间的相互作用和环境的影响。生物多样性可以分为三种，分别是遗传多样性，即特定物种、亚种或种群的遗传特征总数。根据基因工程和对 DNA 的最新认识而言，遗传多样性代表了 DNA 中碱基对序列的总数、基因总数和活性基因总数。生境多样性，即给定单位面积内的栖息地类型的多样性。物种多样性，即描述物种总数的物种丰富度、描述物种相对丰富度的物种均匀度以及描述区域内最丰富物种的物种优势度。

为了理解物种多样性中物种丰富度、物种均匀度和物种优势度三者之间的差异，我们假定有两个生态群落，每个群落有 10 个物种共 100 个个体：在第一生态群落中，1 个物种有 82 个个体，其余 9 个物种分别有两个个体；在第二生态群落中，10 个物种个体数量相同，即每个物种都有 10 个个体。如何分析这两个生态群落之间的物种多样性？

通常的想法可能认为这两个生态群落物种数量都是 10 个，因此物种多样性相同。然而如果你仔细观察这两个群落，你会发现第二生态群落表现出更强的多样性。在第一生态群落中，大多数时候你只能看到个体数量占优势的那个物种，很难看到其他物种。如果按照物种数量计算多样性，第一生态群落需要经过仔细的研究才能确定其物种数量与第二生态群落相同，而第二生态群落在短时间内就能观察到丰富的物种数量。

这个例子表明，仅仅计算实际存在的物种的数量不足以描述生物多样性，观察到不同物种的相对概率同样影响着物种多样性。生态学家把一个地区的物种总数称为物种丰富度；物种的相对丰富度称为物种均匀度；最丰富的物种称为优势种。

### （一）地球上物种的数量

世界上的物种数量巨大，人们目前已经命名了 150 万种物种，但计算表明可能有超过 300 万种。新的物种在热带稀树草原和雨林地区等没有充分探索过的地区不断被发现，使得没有人能确切判断地球上物种的真实数量。

### （二）生物的进化历史

#### 1. 生物的进化史

物种进化，又称演化，在生物学中是指种群里的遗传性状在世代之间的变化。在物种繁殖的过程中，基因经复制传递到子代，基因突变可使性状改变，进而造成个体之间的遗传变异。新性状随着基因在种群中继续传递，物竞天择，适者生存，带有可以适应自然条件性状的物种得以生存发展，而不带有适于自然条件性状的物种则被淘汰。当这些遗传变异在种群中变得较为普遍时，就表示发生了物种的进化。简单来说，进化的实质便是种群基因频率的改变。

#### 2. 生物大爆发

在大约 5.42 亿年到 5.3 亿年前的寒武纪时期，生物快速进化，节肢动物、蠕形动物、海绵动物、脊索动物等一系列与现代动物形态基本相同的生物突然集体出现，地球呈现一片繁荣景象。这一现象被称为"寒武纪生命大爆发"。对于生物大爆发的解释，不同学派持不同态度。

达尔文生物进化论认为，生物进化经历了从水生到陆地、从简单到复杂、从低级到高级的漫长的演变过程，这一过程是通过自然选择和遗传变异两个缓慢的过程逐渐实现的。然而，寒武纪生命大爆发这样短时间内大量物种的突变式增长却并不符合达尔文的生物进化论。目前，生物学界试图从有性生殖和生物收割者的出现这两个方面探索寒武纪生命大爆发的原因。

有性生殖在生物的进化过程中有着极其重大的作用，它为个体间的基因交流创造了条件，为遗传变异的发生提供了可能，从而进一步增加了生物的多样性。"生物收割者"假说认为，寒武纪生物大爆发之前的生物主要是初级生产者，不存在明显的食物链、竞争关系和阶级性，进化非常缓慢。蓝藻等食用原核细胞的原生动物的出现和进化成为寒武纪生命大爆发的关键，这些收割者促使营养级金字塔向两个方向迅速发展：较低层次的生产者中出现了许多新物种，而在金字塔顶端又增加了新的收割者，丰富了营养级的多样性。整个生态系统的生物多样性的不断丰富，最终导致了寒武纪生命大爆发。

### 3. 生物大灭绝

在生物进化的进程中，曾发生了六次生物大灭绝。

第一次发生于大约 4.45 亿年前的奥陶纪末期，称为"奥陶纪大灭绝"。奥陶纪大灭绝造成了约 85% 的物种灭绝，学界普遍认为，这次物种灭绝是由全球气候变冷造成的。地球于 4.45 亿年前被一颗极超新星释出的伽马射线击中，损失了一半左右的臭氧层。太阳释出的紫外线袭击地球，导致地面及近海面的大量生物死亡。被打乱的空气分子重新组合形成带有毒性的气体，遮挡了阳光中的热量，导致全球温度降低。除此之外，多次大规模的火山爆发，可能也导致了全球气候变冷，大量生物无法生存而灭绝。

第二次生物大灭绝发生于 3.65 亿年前的泥盆纪晚期，被称为"泥盆纪大灭绝"。该次灭绝过程持续了几百万年，造成了约 75% 的生物灭绝。3.77 亿年前，大量高温气体从西伯利亚地区的海床裂缝中喷出，海水温度大幅升高；岩浆喷涌而出，岩浆中的有毒物质与海水发生化学反应，使海水发生酸化，大量海洋生物因不耐高温或无法呼吸而死亡。5000年后，海水中的污染物和温室气体扩散到了大气中导致全球气温迅速升高。130 万年后发生的火山喷发使得火山灰和有毒气体遮天蔽日。地球陷入了约 200 万年的长夜之中，海洋生物因无法适应低温而大量死亡。

第三次生物大灭绝发生于 2.5 亿年前的二叠纪末期，称为"二叠纪大灭绝"。此次事件导致了约 96% 的地球生物灭绝，是规模最庞大的一次物种灭绝。二叠纪末期，全球气温降低，海平面下降，原来埋藏在海底的有机质被氧化，消耗了氧气并释放了大量二氧化碳。随着气温升高，海平面上升，又使许多陆地生物遭到灭顶之灾；陆块碰撞接壤形成了庞大的盘古大陆，使来自海上的雨水无法进入内陆地区，从而使无法适应干旱环境的物种灭绝；两次大规模的火山爆发使极大面积地区常年被岩浆覆盖，大量二氧化硫、二氧化碳还有甲烷等有毒气体被释放至大气中，全球气温迅速升高至 70℃；连续数万年的酸雨使土壤发生酸化，植物的数量进一步减少，大气中的氧气含量迅速下降。

第四次生物大灭绝发生于 2 亿年前的三叠纪晚期，被称为"三叠纪大灭绝"。三叠纪大灭绝造成了近 76% 的物种灭绝，其中主要是海洋生物灭绝。此次生物大灭绝的原因尚不清楚，据推测，可能与陨石撞击、火山喷发、海水缺氧等原因有关。

第五次生物大灭绝发生于 6500 万年前的白垩纪末期，称为"恐龙大灭绝"。白垩纪末期发生了地球史上第五次生物大灭绝事件，约 75%～80% 的物种灭绝。这次大灭绝结束了统治地球长达 1.63 亿年之久的恐龙时代。大部分科学家认为，这次灭绝事件是由小行星或彗星撞击地球、长时间的火山爆发、大规模的海退等原因造成的。恐龙的消失为哺乳动物及人类的最后登场提供了契机。

第六次生物大灭绝是人类经历的第一次物种大灭绝，此次灭绝由人类活动引发。人类对自然资源的肆意开发造成动植物栖息地破坏，气候变化，生态环境污染，外来物种入侵，使许多物种灭绝或濒临灭绝。科学家估计，如果没有人类的干扰，在过去的 2 亿年中，平均每 1.1 年会有 1 种脊椎动物灭绝，平均每 27 年会有一个高等植物灭绝。由于人类的干扰，物种灭绝速度比自然灭绝速度快 100 ~ 1000 倍。如今，地球或正处于第六次生物大灭绝前期，最终有可能导致地球上数以百万计的动植物物种消亡。

### 4. 生物分类

生物在进化过程中分化为不同的类别，而人们通常根据生物之间的演化关系或特征的相似性将其分为类群。这些类群从大到小依次为界、门、纲、目、科、属、种。

美国生物学家魏泰克将生命分为五个界，分别是动物、植物、真菌、原生生物和原核生物，如图 7-4 所示。

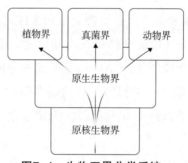

**图7-4　生物五界分类系统**

植物和动物界都是由门组成的，门又是由纲组成的，纲是由目组成的，目是由科组成的，科是由属组成的，属是由种组成的。现代生物分类系统中的七个主要级别举例如图 7-5 所示。

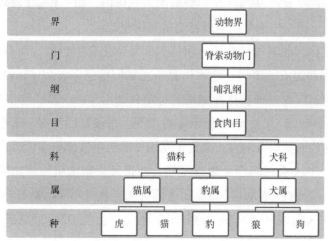

**图7-5　现代生物分类系统**

生物多样性最重要的指标之一是物种总数，而生物保护的首要目标之一应该是将物种数量保持在目前已知的最大值。地球上大多数物种是昆虫（介于 66.8 万 ~ 100 多万之间）和植物（介于 48 万 ~ 53 万之间），还有许多真菌（大约 10 万）和原生生物（介于 8 万 ~ 20 万之间）。相比之下，哺乳动物数量只有 4 千 ~ 5 千种，约占所有动物数量的 0.5%。如果一个物种的总数是衡量一个物种重要性的唯一标准，那我们就不重要了。

## 二、生物演化

在生物的起源问题上，查尔斯·达尔文在 19 世纪提出了生物演化的解释。生物演化是指一个种群世代间遗传特征的变化。它可以产生新的物种，即不再能与原始物种的成员一起繁殖，但可以在新的物种内部彼此繁殖的种群。是否能进行生物演化是区分生命与非生命的重要特征。

在生物学中，"生物演化"是一个单向的过程，一旦某个物种灭绝，意味着该物种将永远消失。生物演化领域的研究成就很大程度上归功于现代分子生物学科学和基因工程。目前，人类已经掌握了许多物种的完整 DNA，并正在探寻更多物种的 DNA。

根据生物演化理论，新物种的产生是资源竞争和个体对环境适应差异的结果。由于环境在不断变化，那些最能适应环境的个体也在不断变化。正如达尔文所说："在个体为了生存而进行的斗争中，任何细微的生理结构、习惯或本能的变异，都影响其能否更好地适应新的环境条件，都影响其活力和健康。"在这场斗争中能适应环境的变异个体会有更好的生存机会；而那些继承了这种变异的后代，无论数量多么微小，也会有更好的生存机会。

### （一）生物演化中的四个关键过程

生物演化包括四个关键过程，分别是突变、自然选择、迁移和地理隔离、遗传漂变。

#### 1. 突变

突变是指基因的变化。基因存在于细胞的染色体内，每一段基因都携带着遗传信息。由基因产生基因型，即个体或是族群的特有的基因组成。

基因由一种被称为脱氧核糖核酸（DNA）的复杂化合物组成。而 DNA 则是由化学信息单元堆砌在一起而组成的密码。这种信息单元如同信息字母表，DNA 的字母表包含四个字母，它们分别对应着一种被称作碱基的特定含氮化合物：腺嘌呤（A），胞嘧啶（C），鸟嘌呤（G）和胸腺嘧啶（T）。碱基通常成对出现。每段基因都有一套由四个碱基排列配对组成的长链，这些碱基组合的方式决定了基因中的信息被细胞解读时产生特定化合物。

一般情况下，DNA 会在细胞分裂时复制，使得每个新细胞得到相同的基因。但有时繁殖过程中的错误会改变 DNA，进而改变遗传特征。有时外部因素与 DNA 的接触会改变DNA，比如暴露在 X 射线和伽马射线这样的辐射之下会使 DNA 分裂或改变其化学结构。

一些化学物质和病毒也会改变 DNA。DNA 的这种变化被称为突变。

在某些情况下，有突变的个体与其亲本有很大的不同，以至于无法与其原本物种的正常后代进行繁殖。这时，一个新物种便诞生了。

### 2. 自然选择

个体内的突变是持续产生的，而不是顺着环境条件而做出适应。突变对个体的影响有利有弊。经过突变的个体有可能比同类更适应环境，也有可能在环境中展现更大的劣势。

突变并不总是有益的，无论新物种是否比它的亲代物种更加适应环境，创造新物种的突变都会产生。当一个物种内部存在基因变化时，一些个体可能比同类更适应环境。那些有更好生理特点的个体能够更好地在环境中生存和繁殖，这使得它们比同类留下更多的后代。他们的后代在下一代中所占的比例更大，且更适应环境。这种增加后代比例的过程被称作自然选择。环境的具体特征决定了哪些遗传特征能留下更多后代。

综上所述，经过长时间的自然选择，生物的特征会发生改变。这些变化积累到一定程度，以至于当代物种无法再与具有原始 DNA 结构的个体进行繁衍时，新的物种就诞生了。

### 3. 迁移和地理隔离

迁移是地质时期的一个重要演化过程。有时由于地质活动，同一物种的两个种群在地理上彼此隔离了很长一段时间。这段时间里两个种群可能会在自然选择过程中发生很大的变化，即使它们重新接触也无法再次共同繁殖。这表示有两个新物种从原始物种演化而来。

此外，地理隔离的丧失也会导致一个新物种的诞生。当一个物种的一个种群迁移到已被另一种群占领的栖息地时，该栖息地的基因频率就会因此改变。两个物种的基因相互融合，产生新的物种。

### 4. 遗传漂变

遗传漂变指的是一个种群中基因频率的变化。遗传漂变的发生是偶然性的，与该基因型是否适应环境无关。在小群体中，某些带有特殊基因的个体的生育、迁移和死亡等事件都可能对该群体的基因频率产生随机变动。

始创效应是遗传漂变产生的一种途径，即一小部分个体从一个较大的种群中分离出来。这一小部分个体的遗传变异通常比原始物种少得多，而且被分离的种群的性状将受到偶然事件的影响。在始创效应和遗传漂变中，个体可能难以更好地适应环境，甚至根本不能适应环境。

### （二）生物演化与生物多样性

生物演化的规则是简单的，从最普遍的细菌繁衍到最前沿的基因工程技术都遵循生物演化的简单逻辑，但生物演化的结果是复杂的，生物在不同环境下演化出多种多样的特征，组成了复杂的生物多样性。

生物多样性的形成是多重因素共同作用的结果。一方面是物种对环境适应能力的不同，在生物演化过程中，物种朝着适应环境的方向演化出不同的特性，但物种对环境的适应能力具有复杂性。同一种环境条件对于不同的生物来说具有不同的威胁，能对一个物种产生威胁的因素并不一定会对另一个物种也造成威胁，而各个物种面对威胁时的适应策略也各不相同，这推动了多样性。另一方面，自然环境本身也在不断变化，气候、地质、水文等因素的持续和突发性变动往往会显著改变物种的栖息地环境，或者造成地理隔离，引发遗传漂变和始创效应，迫使物种演化出新的特征，推进物种多样性的变化丰富。生物演化是动态的过程，生物演化创造出新的物种，而现有物种的生物演化速度如果不足以赶上环境变化就会灭绝。因此，生物多样性也随之不断变化。

### 三、竞争和生态位

生物的多样性与物种之间的相互作用有关，物种之间错综复杂的相互作用关系造就了丰富的物种多样性。一般来说，物种之间相互作用的方式有三种：竞争、共生、捕食—寄生。竞争的结果对双方都是负面的；共生使双方都受益；捕食—寄生的结果对一方有利，对另一方不利。

#### （一）竞争排斥原则

竞争排斥原则指出：两个具有完全相同要求的物种不能在完全相同的栖息地共存。加勒特·哈丁用最简洁的语言表达了这个想法："完全相同的竞争对手不能共存。"竞争排斥原则解释了自然界物种数量的有限性。

然而，在现实中，仍然有许多物种能在同一片栖息地共存，这是由于各个物种生存在不同的生态位。

#### （二）生态位：物种是如何共存的

生态位的概念解释了大量物种可以共存的现象。一些物种有着相同的功能性生态位，但它们分散在不同的栖息地；一些物种共享一片栖息地，但它们各自依赖于不同的生态位维生。这两种情况都不会产生严重的竞争排斥。了解一个物种的生态位有助于了解土地开发或土地利用变化的影响。

### 四、共生关系

物种之间的相互作用除了互相竞争资源，还有互利共赢的共生关系。在生态学中，共生描述了两种生物之间的互利关系，这种关系提高了二者的生存机会。共生关系中的生物被称为共生体。

共生现象普遍存在，大多数动植物与其他物种之间都存在共生关系。如反刍动物的四个胃腔内充满了微生物（每立方厘米 10 亿个）。在这个部分封闭的环境中，微生物的呼吸消耗了动物进食时摄入的氧气。还有一些微生物通过消化纤维素，并从胃里的空气中吸收氮来制造蛋白质。一些特殊的厌氧细菌能够消化动物自身无法消化的食物，比如木质组织中细胞壁的纤维素和木质素，而反刍动物的胃恰好能为这些厌氧细菌提供缺氧环境。细菌和反刍动物是共生体，且失去对方后二者都无法生存。因此，它们被称为专性共生体。

## 五、捕食—寄生

捕食—寄生是物种相互作用的第三种方式。在生态学中，捕食者—寄生者关系是对一方（捕食者或寄生虫）有利而对另一方（猎物或宿主）不利的关系。捕食是指一个有机体（捕食者）以其他活的有机体（猎物）为食的现象。寄生是指一种生物（寄生者）依靠另一种生物（寄主）生存，但寄生者对宿主没有任何帮助，实际上还可能对寄主造成伤害的现象。

捕食可以增加被捕食物种的多样性。根据竞争排斥原则，假设两个相互竞争的被捕食者物种分布在同一个栖息地中并依赖同样的资源生存，这种情况下只会有一个物种幸存。但是，如果一个捕食者同时以这两个被捕食者物种为食，它就可以阻止一个被捕食的物种数量压倒性地超过另一个物种。

## 六、生物入侵和外来入侵物种

### （一）生物入侵的正面效应

地理因素影响着生物多样性，生物多样性的变化又影响着我们赖以生存的生物资源甚至人类本身。例如，受到最近一次冰河时期对动植物分布的影响，英国的本土树种只有30 种，比世界其他温带地区少。但经过人工移植，如今英国生长着数百种树种，这些移植的树种大大增加了英国的生物多样性，也为英国带来了丰厚的经济效益。

### （二）生物入侵问题

现代社会方便快捷的长途旅行是导致生物入侵的一个主要途径。伴随着人口流动，大量有害生物（包括致病微生物）在世界范围内有意无意地传播。物种入侵的另一个主要途径是外来宠物的国际贸易。例如，一些主人会将生长过快、体积过大的宠物缅甸蟒蛇不负责任地放生到野外，人为促进了缅甸蟒蛇的生物入侵，造成生态问题。

#### 1. 水葫芦入侵中国

水葫芦，学名凤眼莲，也叫水浮莲，原产于南美洲，是雨久花科凤眼蓝属植物。水葫芦的茎叶悬垂于水上，蘗枝匍匐于水面。花为多棱喇叭状，花瓣呈蓝紫色。叶片翠绿偏深，光滑有质感。水葫芦须根发达，分蘗繁殖快，因其根与叶之间有一像葫芦状的大气泡，故而称作水葫芦。水葫芦喜温好湿，适应性很强，多生于浅水中，繁殖能力极其旺盛。

1901 年，水葫芦作为观赏植物被引入中国，在 20 世纪五六十年代被作为猪饲料在长江流域及其以南地区普遍推广，从此便在中国大肆泛滥，变得一发不可收拾。水葫芦生命力旺盛，繁衍速度惊人，在适宜的气候下，水葫芦只要 8～9 天就可以在植株数量上翻一番；同时，作为外来物种，水葫芦在我国没有天敌，这使它能够更加不受限制地疯长。水葫芦覆于水面，严重影响了大气与水中气体交换，降低光线对水体穿透力，使水中的其他植物不能进行光合作用，导致水中二氧化碳浓度上升，氧气含量下降；同时，水葫芦与水中的动植物竞争氧气、营养和生长空间，并迅速成为优势物种，使大量鱼类等水生生物死亡甚至濒临灭绝，污染水体，严重破坏了当地水生生态系统，威胁生物多样性。水葫芦植株可大量吸附重金属等有毒物质，死后其腐烂体沉入水底，形成重金属高含量层，直接对底栖生物造成伤害。大面积的水葫芦还会堵塞河道，影响航道运输，阻碍水利排灌，给农业、水产养殖业、旅游业等产业带来了极大的损失。

### 2. 亚洲鲤鱼入侵美国

以青、草、鲢、鳙"四大家鱼"为主的 8 种亚洲本土鱼类，在美国被统称为亚洲鲤鱼。亚洲鲤鱼每天能摄入相当于自身体重 40% 的水草和浮游生物，因此成为天然的池塘河道清洁工，帮助当地的养殖户们清理鱼塘里的藻类和有害水草。

20 世纪 70 年代，美国为了控制藻类等水生植物的泛滥，将亚洲鲤鱼引入了美国南部的部分养殖湖区。亚洲鲤鱼不仅在美国很好地存活了下来，还成功抑制了水生植物的疯长。20 世纪 80 年代，洪水使亚洲鲤鱼逃离限定的水域，进入了美国的主要水体，并开始大量繁殖，给美国十多个州的河流、湖泊生态带来毁灭性灾难。美国农业部斥资 180 亿美元，试图拦截亚洲鲤鱼进一步侵入北美五大湖区，但前景并不乐观。20 世纪 90 年代，亚洲鲤鱼沿着密西西比河流域逆流而上，它们体型庞大、食量惊人，几乎没有任何天敌与竞争对手，理所应当地成为当地的水霸王。它们与本土鱼类争抢食物，消耗了大量水生植物，从而破坏了本土鱼类产卵环境，使本土鱼种群锐减，给渔业带来了严重的损失。湖区生态平衡受到破坏，给许多生物种群带来灭顶之灾。在繁忙的河道，亚洲鲤鱼常跃出水面，严重影响航运，也给水上运动带来安全隐患。

2009 年底，美国开始大规模捕杀亚洲鲤鱼，并向临近密歇根湖的河道投放"杀鱼药"，防止这一外来物种进入五大湖，却只毒死了极少的亚洲鲤鱼，而其他被毒死的数以千计的鱼均为美国本土鱼类。美国政府还在通往五大湖的河道中设立了防御电网，但并没能有效阻挡亚洲鲤鱼不断北上。2012 年 5 月，中美绿色合作伙伴关系框架中增加了"密西西比河—长江"绿色合作伙伴项目，将中国对淡水鱼类的科研、管理经验带到美国，为密西西比河亚洲鲤鱼的治理提供指导和帮助。一些美国人也曾表示，若将亚洲鲤鱼制成鱼肉制品，可能会有助于人类更快地抑制其泛滥。

## 七、本节总结

生物多样性包括三个概念：遗传多样性、生境多样性和物种多样性。物种多样性又涉及三个概念：物种丰富度（物种总数）、物种均匀度（物种相对丰富度）和物种优势度（最丰富的物种）。

生物演化，即一代又一代种群特征的变化，是地球上许多生命物种发展壮大的原因。导致演化的四个过程是突变、自然选择、迁移和地理隔离、遗传漂变。

竞争排斥原则指出，两个具有完全相同需求的物种不能在同一栖息地中共存，一个物种必须从竞争中获胜否则就会灭绝。自然界存在的大量物种不因竞争灭绝的原因是由于它们已经形成了一个特定的生态位，从而避免了竞争。

物种的三种基本相互作用：竞争、共生和捕食—寄生。每种类型的相互作用都会影响演化、物种的多样性和生命的整体多样性。生物体是共同演化的，这也就意味着捕食者、寄生者、猎物、竞争对手和共生体已经相互适应，而人类的干预经常扰乱这一平衡，例如促进生物入侵现象发生。

## 课后思考题

- 谈谈你对"保护濒危动物的唯一原因取决于其是否能对人类产生价值"这句话的理解。

- 谈谈你对"恐龙可以通过现代分子生物和古生物学技术复活"的认识。

- 为什么外来物种经常是有害的？

- AB 两行星中，你认为哪颗的物种多样性更大？

  A：具有强烈构造运动　　　B：构造运动相对静止

  注：构造指的是地质过程，包括板块和大陆的运动、造山运动之类的过程。

- 对附近的森林公园进行一次调查，你认为树木的种类和公园规模之间会存在怎样的关系？

- 某地蝗灾侵袭农田。不久之后，许多种类的鸟类来到这里以蝗虫为食。此时，动物的优势和多样性将会发生怎样的变化？

# 第三节　野生动物和濒危物种

★**学习目标**
- 了解承载能力和可持续产量间的关系
- 了解鱼类资源和渔业产业
- 了解渔业可持续性的要求
- 了解物种灭绝的原因及濒危物种的现状

## 一、承载能力与可持续产量

逻辑斯蒂增长曲线由数学家、生物学家费尔哈斯特提出，以马尔萨斯的人口模型为基础，并在 20 世纪初被应用于管理与保护野生动物、鱼类和濒危物种。

如图 7-6 所示，逻辑斯蒂增长曲线呈现 S 形，描述了在资源有限的情况下，种群规模基于环境承载能力的变化规律。其中，环境承载能力指的是在某一特定的环境下，种群中个体数量的最高极限。一旦种群中个体的实际数量超过了承载规模，不仅会影响种群内部的繁殖和生存能力，而且会破坏其居住环境，进而导致种群规模的缩减，其模型计算公式如下。

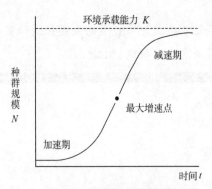

图7-6　逻辑斯蒂增长模型

$$\frac{\mathrm{d}N}{\mathrm{d}t} = rN\frac{(K-N)}{K}$$

如果仅仅考虑经济诉求，人们的目标就是使得该物种的规模达到最大持续产量，即种群能够维持的最大增长率（以个体数量或生物量在指定时间段内的净增长来衡量）。而如果人们希望根据逻辑斯蒂增长曲线来保护该物种，那么管理目标就是使得种群规模稳定并保持在环境承载能力可接受的范围内。但是这两种目标都只能将种群表征为规模，而忽略年龄、健康状况、雌雄比例等其他因素。

因此，在上述研究的基础上，人们继续完善认识，充分地考虑环境持续变化的特性，并将种群作为生态系统的一部分，更加全面地研究种群、其他种群与环境之间的相互作用，以可持续生产作为蓄养目标，即在不危害种群生存和环境的情况下，尽可能地达到最多个体数（或最大生物量）。同时针对濒危动物的保护提出了三种方案：第一，增加种群规模使其尽量接近承载能力；第二，维持基数最小的可生存群体，使得种群内部能够维持自身原本的遗传和变异性质；第三，介于第一种方案和第二种方案之间，致力于维持最佳的可持续种群规模。

根据逻辑斯蒂增长曲线呈现出的规律，当种群规模刚好达到环境承载能力的一半时，种群数量的增长速率最大。从理论的角度上讲，人们只须计算出环境承载能力，再将种群数量控制在该数值的一半即可。然而相比理论，实际情况要复杂得多，人们很难准确地估计出有关环境承载能力的精确数值。因此将逻辑斯蒂增长曲线的基本假设直接套用到实际的情境中具有一定的局限性，甚至可能导致过度捕猎、种群规模缩减和物种丰富度下降等恶果。

## 二、野生动物管理

野生动物保护的实践遵循以下四项原则：第一，在野生动物保护相关的知识和程序都不够完善的情况下，暂时以种群规模来衡量种群生存的安全系数，且不能因为商业利益开展捕杀致使种群的规模缩减至最小丰度；第二，关注整体生态群落和可再生资源的状况，制定环境友好的政策；第三，保护野生动物所属的各个生态系统，尽量减少人为造成的不可逆转变化和长期不利影响；第四，持续进行相关科学研究，监测、分析并评估野生动物及其所属生态系统的整体情况，并定期向公众提供研究结果。

这四项原则基于群落和生态系统的整体视角，而非狭隘地关注某个物种。随着对生态系统的认识越来越深入，人们推出了保护和管理野生动物的新方法，例如更加充分地利用动物的年龄结构信息、研究历史丰度范围并根据历史丰度范围估计灭绝的可能性等。

## 三、鱼类管理

### （一）鱼类的演化与分类

从池塘、湖泊到河流、海洋，地球上的大部分水生环境都能够成为鱼类的栖居地。鱼类是最古老的脊椎动物，最早的鱼形动物出现于5亿多年前的寒武纪，并由此开启了脊椎动物的历史。根据现存的化石进行分析，古代鱼类可分为无颌类、盾皮类、软骨鱼类及硬骨鱼类四大类。无颌类起源于寒武纪，是迄今为止最原始的水生鱼形脊椎动物，外形似鱼，体表披有骨质甲板和鳞片，但是没有上下颌骨，也没有成对的鳍，被称为"甲胄鱼"。其中七鳃鳗、盲鳗等都是无颌类的典型代表。

泥盆纪既是鱼类的初生年代，也是鱼类的极盛时代，因此有"鱼类时代"之称。甲胄鱼类原始、无颌。盾皮鱼类头部及身体前部被盖骨板，后部裸露或被鳞，已经具有上、下颌以及较为发达的偶鳍。节颈鱼类的头部和躯干部覆盖重甲、头甲和躯甲，并以关节相连。肺鱼类有鳃，但同时将肺用作辅助呼吸器官。第二次物种大灭绝发生在泥盆纪末期，海洋生物遭到重创，其中无颌鱼和盾皮鱼类受影响较大，而软骨鱼类和硬骨鱼类受影响较小，得以稳定发展，至石炭纪、二叠纪渐趋繁盛，直至现代。

软骨鱼顾名思义，其骨架由软骨组成，脊椎虽部分骨化，但并不是真正的骨骼，表皮上布满质地粗糙的盾状鳞片，同时具有流线型的身体和成对的鳍，因此游泳速度极快。软骨鱼大约有 700 种，其中包括鲨、鳐、𫚉和银鲛等，几乎都是食肉动物。

在泥盆纪中期就出现了硬骨鱼类，其骨骼部分或全部骨化成硬骨质，体外覆盖的鳞片则完全骨化。原始硬骨鱼类的鳞片较厚重，通常呈菱形，可分为齿鳞和硬鳞，早期肉鳍鱼类生齿鳞，早期辐鳍鱼类生硬鳞。随着硬骨鱼类不断进化，其鳞片的厚度逐渐变小，最后发展为仅有一薄层的骨质鳞片。如今，硬骨鱼类已占据了地球上所有水域中的各种生态位，成为现存鱼类最繁茂的类群，有 23600 余种，鲤鱼、鲈鱼、草鱼、孔雀鱼、斑马鱼等都属于硬骨鱼类。

### （二）我国渔业发展

渔业是指捕捞和养殖鱼类以及其他水生动物、海藻类等水生植物并进行水产品加工的社会生产部门，一般分为海洋渔业和淡水渔业。

中国的海域横跨温带、亚热带和热带，大陆海岸线长达约 1.8 万公里，拥有辽阔的大陆架渔场和滩涂，以及 20 万平方公里的淡水水域，因此具有广阔的渔业发展前景。如今，中国已成为世界上最大的渔业生产国。据统计，我国的淡水鱼有 1000 多种，包括"四大家鱼"青鱼、草鱼、鲢鱼、鳙鱼和鲤鱼、鲫鱼等；产于我国近海的鱼类则约有 2000 种，常见的有带鱼、大黄鱼、巨石斑鱼等，以及中华鲟、大马哈鱼、大西洋鲑等洄游鱼类。

随着工业化的发展、造船业的进步以及捕捞技术的提高，渔业总产量迅速增长。然而由于对渔业资源缺乏管理，过度捕捞的现象频发，捕捞区域扩大，捕捞强度提升，捕捞量超过了自我更新量，造成优质鱼种数量急剧减少，甚至使得部分鱼种濒临灭绝，渔业资源遭到严重破坏，捕捞产量随即呈现出逐渐下降的趋势。不仅如此，水域还受到氮、磷、石油、铜的污染，同时环境污染也制约着渔业的发展。

近年来，中国渔业的经济增长方式已发生重大转变，从过去单纯追求产量增长，转向了更加注重提高质量和效益，进而促进可持续发展。1999 年中国首次提出海洋捕捞产量"零增长"的计划，后又进一步提出"负增长"的目标，对海洋捕捞强度实行严格管控。该政策得到沿海各地的积极响应，海洋捕捞产量已从 1998 年的 1497 万吨降到 2018 年的 1044

万吨。2002 年渔民转产转业工程开始实施，由我国中央政府出资给予渔民补贴，引导渔民压减渔船的数量，鼓励渔民报废渔船并逐步退出海洋捕捞业。

水产养殖产业也随之实现了产业结构的调整和升级，从过去的"以捕为主"逐步转向"以养为主"。通过不断改造传统池塘养殖、优化陆基工厂化养殖和推广渔农综合种养，国家对养殖加以规范，拓展多种养殖方式与技术，致力于质量效益型、资源养护型、生态健康型和绿色环保型渔业，提高水产养殖的质量和效益。以查干湖、千岛湖等为代表的大水面积生态养殖则大力推行"以鱼保水""以鱼治水"工程，实行轮放轮捕制度，将保护生态与渔业生产、生态旅游相结合，全力推进我国水产养殖业的绿色发展。

随着国家减船转产计划的推行，远洋渔业也迎来了迅速发展。淘汰老旧渔船，并对现有渔船进行卫生安全和生产能力方面的改造；同时为远洋渔业提供专项资金支持，提升远洋渔业的装备与科技水平；加快建设海外远洋渔业基地，鼓励企业在海外特别是"海上丝绸之路"沿线国家建设综合性远洋渔业基地，强化国际合作，积极养护公海渔业资源。我国全面调整远洋渔业发展思路，将远洋渔业的规划方向由扩张数量调整为严格控制规模、强化规范管理、加快转型升级、提高质量效益，促进远洋渔业规范有序发展。2019 年，中国已有远洋渔业企业近 180 家，作业远洋渔船 2700 多艘，远洋渔业年产量达 217 万吨，船队总体规模和远洋渔业产量均居世界前列。远洋渔业强有力地支撑了我国渔业的"走出去"战略，推进了"一带一路"倡议，在缓解我国近海渔业资源压力、满足人民对水产品的需求、加强国际合作、促进经济发展等方面都发挥了重要作用。

同时，我国水产品相关的国际贸易也十分活跃，自 2002 年起，我国水产品出口一直稳居世界第一。2018 年，我国水产品进出口总量约 954.4 万吨，进出口总额为 371.88 亿美元；2019 年，我国水产品进出口总量为 1053.3 万吨，进出口总额为 393.6 亿美元，同比分别增长了 10.3％和 5.4％。而出口下降，进口增长，贸易顺差大幅收窄是我国 2019 年水产品贸易的主要特点。作为水产品的生产大国、消费大国和贸易大国，中国积极倡导开展水产品相关的自由贸易，推动水产品市场更加开放。

## 四、濒危物种

### （一）物种灭绝的原因

物种灭绝泛指植物或动物的种类不可再生性的消失，可分为局部灭绝和全球灭绝。局部灭绝是指物种从某个分布区消失，但在其他地方继续存在。而全球灭绝是指物种在地球上彻底消失。在不同的地质时期，物种灭绝的速度有很大差异。自工业革命以来，物种灭绝的速度加快了。种群风险、环境风险、自然灾害和遗传风险这四类风险都可能导致物种灭绝。

1. 种群风险

种群风险指的是低丰度物种可能因为种群比率（出生率和死亡率）的随机变化而灭绝。

即便是在环境保持没有任何变化的情况下，这种随机变化仍然可能发生。因此对于那些只由一个种群组成或者是只生活在一个栖息地中的物种而言，灭绝的危险时时存在。例如蓝鲸的数量曾因人类的肆意捕杀而降到几百只，加之蓝鲸个体配对成功的概率年际浮动很大，如果某一年大多数鲸鱼没能成功找到配偶的话，当年的出生率就会变得非常低。

### 2. 环境风险

环境风险涉及物理及生物环境的变化。其中生物环境包括捕食者、猎物、共生物种和竞争物种的变化。物种的种群数量还会持续受到物理环境变化的影响，即便这些变化的严重程度不足以被称为自然灾害，仍有一些十分罕见的物种可能会因为这种正常的变化而灭绝。美国科罗拉多山区的蝴蝶种群就曾因环境的威胁在当地灭绝。这些蝴蝶将卵产在羽扇豆（豆科植物的一种）未开放的花蕾中，孵化出的毛虫以花为食。然而，有一年的大雪和冻害使得羽扇豆花蕾全部死亡，毛虫失去了食物，蝴蝶也就在当地灭绝了。

### 3. 自然灾害

自然灾害是指与人类活动无关的灾难性环境突变。陆地上的自然灾害包括火灾、大风暴、地震和洪水，海洋上的自然灾害则主要为洋流和上升气流的变化。1883年印尼喀拉喀托亚岛的火山喷发造成了近代史上最严重的自然灾害之一。此次喷发及其引发的海啸摧毁了数百个村庄和城市，造成36417人遇难。喀拉喀托火山山体的三分之二都在爆发中消失，整个地球因此平均降温0.6℃。喀拉喀托岛群上的生物都被埋在厚厚的火山灰层之下，造成当地大部分动植物灭绝。

### 4. 遗传风险

遗传风险特指不受外部环境变化影响的遗传特征的有害变化，例如遗传变异的减少、基因漂变、基因突变。也就是说，在一个小种群中，很可能发生以上遗传特征的有害变化，只有部分遗传特征会持续存在，导致物种内部缺乏多样性，更加容易面临灭绝的风险。

### 5. 人为因素

人类活动已经成为导致物种受到威胁、濒临灭绝甚至是最终灭绝的一个重要因素。首先，出于商业目的、作为娱乐活动或者为了控制害虫或传染病，人类有意地狩猎或捕杀相应的物种。早期的狩猎活动就曾造成物种灭绝，然而直到现代狩猎活动仍旧在进行，特别是针对那些具有特定商业价值的动物产品，如象牙和犀牛角，严重威胁到物种的生存。其次，人为因素破坏物种的栖息地。当人类学会使用火之后，便开始大面积地改变野生动物的栖息地，而后农业的发展和文明的兴起更是带来了森林的滥伐和其他栖息地的改变。除此之外，人类活动还会引入外来物种，包括新的寄生虫、捕食者或本地物种的竞争对手。随着哥伦布远航新大陆、麦哲伦环球航行的进行，外来物种的引入成为更大的威胁。最后，航海交流使得欧洲文明和科学技术在全球范围内传播，衍生出数以千计的新型化学物质，使得污染成为 20 世纪物种灭绝的主要原因。

**（二）拯救濒危物种的重要性**

**1. 功利性因素**

许多关于拯救濒危物种和保护生物多样性的论点都集中在功利主义上。科学研究已经证明，野生物种对人类社会有着重要的作用。例如，人类需要重视野生谷物及其他农作物的野生品系的存续问题。随着攻击农作物的病菌不断进化，现有的小麦和玉米等作物将越发脆弱，因此农作物自身需要不断从其野生品系中引入新的遗传特性来创造出新的、具有抗病基因的杂交种，从而抵抗病菌的入侵。从另一个角度而言，未来人类很可能在众多野生植物物种中发现新作物。

不仅如此，功利地讲，人体内所需的许多重要化合物就来自野生生物。为了避免坏血病，美洲原住民曾建议早期的欧洲探险者咀嚼东方铁杉树的树皮。经过后期的科学研究证实，这确实是一种可以获得维生素 C 的方法。此外，治疗某些心脏疾病的重要药物成分——洋地黄（一种强心剂）来自一种名为紫毛地黄的植物，而阿司匹林则是柳树皮的衍生物。而在热带森林中，人们从玫瑰红长春藤中提取出抗癌药物，从墨西哥山药中提取出类固醇，从蛇形木中提取出降压药物，从热带真菌中提取出抗生素。最近，科学家们还在太平洋紫杉树中发现了一种抗癌化学物质——紫杉醇。在如今美国开出的处方药中，约有 25% 的药物含有从维管植物中提取的成分，而这些成分估计只占现有 50 万种植物中的极小部分，因此其他植物和生物体也可能蕴含有用的医疗化合物，亟待未来探索。

除陆地生物外，科学家们也在研究海洋生物在药物中的用途。例如濒危的珊瑚礁就是其中一个很有前途的研究领域。许多珊瑚礁会分泌毒素来保护自己，而这些毒素正是开发新药品的重要来源，可用于诱导和缓解分娩，治疗癌症、关节炎、哮喘、溃疡、人类细菌感染、心脏病、病毒和其他疾病；同时也能制成营养补充剂、酶和化妆品等。

在医学领域，有些物种被直接用于相关研究。例如，除了人类之外，犰狳是唯一已知会感染麻风病的动物，目前已经被用来研究治疗麻风病的方法。

除了上述功利性的理由之外，生态旅游也能成为许多国家的收入来源，促进经济增长。生态旅游者出于美学层面或精神层面上的原因，格外重视大自然和濒临灭绝的物种。

最后，保护濒危野生动物（如大熊猫、东北虎、藏羚羊等）对维护国家形象和声誉也具有十分重要的意义。

**2. 生态学因素**

从生态学角度来看，某些生物体是维持生态系统和生物圈功能的必要条件，提供必要的公共服务功能，影响人类生存的间接必要条件，因此人们选择保护这些特定生物体。例如，当蜜蜂为花朵授粉时，同时也为人类社会提供了利益——为果树等一些农作物和其他开花植物的生产和繁衍提供保障。此外，树木可以清除空气中的某些污染物；而一些土壤细菌可以固定氮，并将大气中的氮分子转化为可以被其他生物吸收的硝酸盐和氨。这些功能涉及整个生物圈，也提醒着人们应从全球的角度出发来保护自然中的特定物种。

### （三）拯救濒危物种的行动

人类活动已经将一些曾经数量庞大的野生动物（包括鱼类）变成了濒危物种。1973年美国《濒危物种保护法》将濒危物种定义为任何在其全部或大部分分布范围内面临灭绝危险的物种。根据世界自然保护联盟（IUCN）的评估，被列为受威胁或濒临灭绝的物种从1988年的1700种增加到1996年的3800种和2004年的5188种。根据世界自然保护联盟的《濒危物种红色名录》报告，在所有已知的哺乳动物物种中，约有20%的物种面临灭绝的危险，这包括已知的鸟类的12%，爬行类的4%，两栖类的4%和鱼类（主要是淡水鱼）的3%。红色名录还估计，最近已经灭绝或濒临灭绝的维管植物（也就是人们熟悉的树、草、花等植物）有33798种，占已知植物的12.5%。其中，8000多种受威胁的植物约占所有已知植物的3%。

不论是出于功利的、生态的目标，还是出于文化的、娱乐的、精神的、灵感的、审美的和道德的目标，人类拯救濒危物种主要有以下四种目标：第一，让野生动物在野生栖息地自由地生存；第二，让野生动物在由人类管理的栖息地生活，让它们在几乎不受外界干扰的情况下觅食和繁殖；第三，让野生动物在动物园中生活，使种群的遗传特征得以在个体中延续；第四，仅仅保存动物遗传物质——含有物种DNA的冷冻细胞，用于未来的科学研究。动机不同，选择的目标不同，策略和行动也大不相同。

目标具体落实到实践层面主要分为就地保护（原生境保护）和迁地保护两大策略。传统方法为迁地保护，如建立植物园、动物园、种质圃等。但是在实施过程中维护成本较高，定期更新还面临着许多全新的技术问题，更无法增加物种的遗传多样性。尤其是对于一些特殊类型的种质资源（尤其是动物），这种方法就更加不适于保存稀有的等位基因。因此相较而言，就地保护的策略是理论层面上最佳的保护策略。在保存种质资源实体的同时，也保留了其原生境、栖息地及伴生物种，发挥着生态系统的服务功能。然而随着人类活动对全球环境的影响与日俱增，就地保护面积不够、应对能力不足和关键物种不在保护地等一系列问题都威胁着就地保护策略。因此在实践层面上，当前性价比最高的策略是全新的迁地保护方式，即利用低温干燥技术建立种子库，进而保藏野生植物种质资源。对于动物资源，则可以采用冷冻精子、胚胎等技术手段，或者分离培养原代细胞进而冻存。

## 五、本节总结

现代人们通常采用整体性的视角来管理和保护野生动物，综合考虑物种之间的相互作用、生态系统和景观环境。同时随着物种灭绝速度的加快，人们开始科学地思考和研究物种灭绝的规律，以及在背后起作用的自然和人为因素，并希望以此为切入点拯救濒危物种。基于不同的动机，人们采取不同拯救濒危物种的目标和策略，以期精准地管理和保护野生生物种质资源，最终从生态系统、物种和遗传三个层面保障生物多样性。

## 课后思考题

- 指出野生动物管理办法应考虑哪些因素。
- 简述保护濒危物种的原因和重要性。
- 简述导致物种灭绝的自然因素和人为因素之间的关系。
- 基于本节所学，浅谈如何恢复濒危物种的种群规模。

# 第四节  森林、公园和自然保护区

## ★学习目标

- ●了解森林的分类标准
- ●认识全球的森林分布状况
- ●了解森林的生态功能
- ●了解森林管理的基本原则及其历史背景
- ●了解国家公园、自然保护区和荒野管理的基本原则

## 一、森林的分类

森林的分类是根据森林本身的特性和其在人类经济活动中发挥的作用来进行的。从不同角度对森林进行区分有助于森林资源的针对性利用和高效管理，其中比较有代表性的两个分类角度为林木特征和森林作用。

### （一）按林木特征分类

根据优势树种（在某个林木群体中数量占优势地位的树种）可将森林分为针叶林、阔叶林和针阔叶混交林。

针叶林是以针叶树为建群种的森林。针叶林分为冬季落叶的落叶针叶林和四季常绿的常绿针叶林，此外，一般将高纬度地区的针叶林称为泰加林。针叶树的针形叶子使它们尤其善于在干旱、大风和寒冷的气候环境中生存。它们可以生长在海拔较高的山上以及干旱、贫瘠的山坡上；一些针叶树也生长在热带丛林和沼泽地里。在中国，针叶林分为寒温带、温带、亚热带和热带针叶林。寒温带针叶林广泛分布于东北、华北、西北和西南高山、亚高山及台湾山地高寒地带；温带针叶林分布于暖温带平原、低山、丘陵及亚热带、热带的中山地带，多为零星散生；亚热带针叶林分布于亚热带低山、丘陵和草地；热带针叶林分布于华南热带草地、丘陵和低山。

阔叶林是指由阔叶树种组成的森林，可分为冬季落叶的落叶阔叶林（又称夏绿林）和四季常青的常绿阔叶林（又称照叶林）。落叶阔叶林几乎完全分布在北半球受海洋性气候影响的温暖地区。在我国，落叶阔叶林是暖温带东部湿润地区的地带性植被，主要分布在华北各省和东北地区的南部。常绿阔叶林是生长在亚热带海洋性气候条件下的森林，分布于北纬22°～40°，在我国主要分布于四川、湖北、湖南、广东、广西、福建、浙江、

秦岭南坡、横断山脉、云贵高原和安徽南部、江苏南部的广大低山、丘陵、平原以及东海岛屿和台湾的北半部。在西部分布于垂直海拔 1500～2800 米，至东部逐渐降到海拔 1000～2000 米以下。

针阔混交林是由常绿针叶树与落叶树混交组成的森林，是温带地区的地带性森林。在中国，针阔叶混交林约占所有森林面积的 3%，其余 49.5% 为针叶林，47.5% 为阔叶林。

### （二）按森林作用分类

《中华人民共和国森林法》第四条规定，森林按其作用分为五类。

防护林：指以防护为主要目的的森林、林木和灌木丛。

用材林：指以生产木材为主要目的的森林和林木，包括以生产竹材为主要目的的竹林。

经济林：指以生产果品、食用油料、饮料、调料、工业原料和药材等为主要目的的林木。

薪炭林：指以生产薪材和木炭原料为经营目的的森林。

特种用途林：指以国防、环境保护、科学实验等为主要目的的森林和林木。

## 二、世界森林面积与森林资源的生产消费情况

据联合国粮农组织报告，2020 年世界森林总面积为 40.6 亿公顷，覆盖了全球 31% 的陆地，较本世纪初的 38 亿公顷有所增加，并与 1980 年左右的森林面积持平。

各国的森林资源差别很大，这既取决于其土地和气候是否适合树木生长，也与其土地的使用和砍伐森林的历史相关。全球有 10 个国家拥有世界森林资源的 2/3，按拥有的森林面积由多到少排列，它们分别是俄罗斯、巴西、加拿大、美国、中国、澳大利亚、刚果民主共和国、印度尼西亚、安哥拉和秘鲁。

2020 年，中国森林覆盖率达 23.04%，拥有 2.21 亿公顷林地，森林蓄积量超过 175 亿立方米，成为森林资源增长最多的国家，连续 30 年保持增长态势。美国约有 3.04 亿公顷森林，其中 8600 万公顷是商业级森林，也就是每年每公顷至少能生产 1.4 立方米木材。美国近 75% 的商业林地分布在东部（南北约各占一半），其余在西部（俄勒冈、华盛顿、加利福尼亚、蒙大拿、爱达荷、科罗拉多和其他落基山州）和阿拉斯加。在美国，56% 的林地为私人所有，33% 为联邦土地，9% 为州土地，3% 为县镇土地。公有林主要分布在落基山和太平洋沿岸各州，环境质量差，海拔高。相比之下，全世界大部分林地（84%）都是公有的。

在森林生产的木材中，用于建筑、纸浆和造纸的约占世界木材贸易的 90%，其余则是用于家具的硬木，如柚木、红木、橡木和枫木。北美洲是世界上最主要的木材供应地。全球的木材贸易总量常年稳定在 15 亿立方米，每年全世界消费的木材足以填满 600 座埃及大金字塔。

木材在世界上许多地方被用作主要能源。世界上生产的所有木材中，约有 63% 被用作柴火，它们提供了世界总能源使用量 5%，在发达国家占总商业能源的 2%，但在发展中

国家占 15%，是撒哈拉以南非洲、中美洲、南亚和东南亚一些国家的主要能源。

## 三、森林的生态

森林覆盖了大面积的陆地，其中的植被聚少成多，可以对局部区域的气候产生影响，甚至进一步影响整个地球的生物圈。森林可以通过四种方式影响气候。一是森林覆盖的地区地表颜色较暗，因此地表吸收的太阳辐射更多，反射的阳光更少，大气因此变暖；这样的现象在北方（深色针叶林和白色积雪相对比）以及半干旱气候区（深绿色灌木和淡黄色土壤相对比）尤其明显。二是森林会增加从地表蒸腾和蒸发到大气中的水量，植被往往比裸露的地表能蒸发更多的水分，因为树叶的总表面积远大于森林所占的土地面积。三是森林能从大气中吸收温室气体并储存在植物体中。四是森林可以通过繁茂的植被枝叶增加地表粗糙度，从而提高地表阻力，降低近地面风速。

森林是陆地上分布面积最大、群落结构最复杂、生物多样性最丰富的生态系统，维持着全球的生态平衡，有"大自然的调度师"和"地球之肺"的美誉。森林具有涵养水源、保持水土、调节气候与温度、固碳释氧、吸尘杀菌、净化空气、防风固沙、保护物种、保存基因等多种生态功能，是维护地球生态安全的重要保障。

森林能涵养水源，保持水土，是隐形的巨大水库与土壤的保护伞。茂密的林冠和林下植被层如同一把大伞，可以削减雨势，截留 15%~30% 的自然降水，有效减弱雨水对土壤的冲刷与侵蚀。当林冠和林下植被层的承雨能力饱和后，森林枯落物形成的枯枝落叶层便作为第二道屏障截留降水。覆盖于土壤表面的枯枝落叶可以减缓地表径流的流速，减免土壤侵蚀，减少水分蒸发，同时，枯落物间的孔隙也可以储存部分雨水，起到涵养水源的作用。此外，林木根系不仅有固土护坡的作用，也可对森林土壤结构进行改良，增加林地表层和深层土壤的孔隙，赋予其较强的蓄水保水能力。当树木根系深达 1 米时，森林土壤的蓄水量可达 1000 立方米 / 公顷，因此森林也被喻为"绿色水库"。

森林可以调节气候与温度。茂密的林冠有效减少了到达地表的太阳辐射，并起到了保温的作用，减小了森林内昼夜之间及冬夏之间的温差。同时，森林的蒸腾作用与地表水分的蒸发对自然界水循环和改善气候都有着重要作用。夏季，水分蒸发与植物蒸腾作用速度较快，带走了大量热量，使森林温度降低；冬季，蒸腾与蒸发速度减慢，热量难以散发导致森林温度升高，从而形成了冬暖夏凉的小气候。林区空气湿润，容易成云致雨，增加地域性降水。

森林是陆地上最大的储碳库，也是最经济有效的吸碳器，最天然的制氧厂，有着固碳释氧的生态功能，是控制全球变暖的缓冲器。森林里，每一棵树都是一个氧气发生器和二氧化碳吸收器。一棵椴树一天能吸收 16 千克二氧化碳，而 150 公顷杨、柳、槐等阔叶林一天可产生 100 吨氧气。由于化石燃料大量燃烧等因素，大气中的二氧化碳等温室气体的浓度迅速增大，使全球出现气候变暖的温室效应。而森林可以通过植物的光合作用，吸收大量二氧化碳，以减缓温室效应。

森林具有吸收有害气体、杀灭细菌、净化空气的功能。樟树、女贞、夹竹桃、枫树、刺槐、橡树、红柳、法国梧桐等许多树木都可以吸收氯气、二氧化硫等有害气体，例如，1 公顷的柳杉林每月就可以吸收二氧化硫 60 千克，女贞对二氧化硫、氟化氢、氯气等有较强抗性，且有很强的恢复能力。森林中有许多树木和植物都能够分泌杀菌素，对于空气中的细菌具有很大的杀伤力，从而降低森林空气中的含菌量。例如，一公顷松柏林每天可以分泌大约 30 千克杀菌素，并能扩散到周围地区，有效杀灭空气中的细菌，净化空气。

森林能防风固沙，对空气中的灰尘有阻挡、过滤和吸附作用。树木能用高大的树干和茂密的树冠挡住狂风的去路，降低风速，减少风的携带能力，从而有效减少土壤泥沙的流失量。同时，树叶表面上的刺和绒毛以及树枝树叶等分泌的黏性油脂及汁液可吸附大量粉尘，据估计，每公顷森林每年能吸附 50 ～ 80 吨粉尘，是绿色天然的"吸尘器"。

森林具有隔离和消除噪声的作用，一条 40 米宽的林带就可以降低噪声 10 ～ 15 分贝。森林是众多动物的栖息地，也是多类植物的生长地，生物多样性极为丰富，因此是天然的物种库和基因库。森林还具有改善景观的作用。如今，许多城市正在向花园城市、森林城市、生态城市的目标推进。树木花草能美化城市环境，使人心情愉悦。森林公园和森林自然保护区的建立，给人们提供了户外娱乐休闲的场所，丰富了人们的文化生活。

每个树种都有自己的生态位，代表着其生长所需的特定环境条件。在北方森林中，决定树木生态位的一个因素是土壤的含水量。例如，白桦在干燥的土壤中能良好地生长；香樟在水源充足的地方能良好地生长；而北方白雪松在沼泽中能良好地生长。另一个决定树木生态位的因素是它对阴凉的耐受性。有些树木，如桦树和樱桃树，只能生长在开阔地区的明媚阳光下，因此只在空地上出现，被称为"不耐阴"。另一些树种，如糖槭、山毛榉等，则能生长在深阴处，被称为"耐阴"。有些树木适应于生态演替的早期阶段，那里的场地开阔，有明亮的阳光。另一些树木则适应于生态演替后期，即树木密度高的地方。如美国西部的大部分树木都需要开阔、明亮的条件和某些种类的干扰，才能发芽并在生命的早期阶段存活，例如沿海红木，它们只有在偶尔同时发生火灾和洪水的情况下，它才能在与其他树种的竞争中取胜；又比如巨水杉，它的种子只有在裸露的矿质土壤上才能发芽，而在任何有一层厚厚的有机物覆盖的地方，水杉的种子都无法顺利长到地表，其在发芽之前就会死亡。了解各个树种的生态位和生长环境有助于人们确定哪些地方是种植商业作物的最佳选择，以及在哪些地方种树能对保护生物或美化景观做出最大贡献。

## 四、森林管理

### （一）林务管理

在对林地进行评估时，林务人员会对森林进行观察、测量、描述，绘制地图，并将其划分为较小的区域或管理单位，称为"林分"。这样一来，一片森林就被看作是不同林分的集合。每个林分中的树木都具有某些共同的特征，并与周边的其他的林分相区别。一个林分中的树木通常属于同一物种或同一组物种，且往往处于演替的同一阶段，在组成、结构、年龄、大小、等级、分布、空间安排、场地质量、条件或位置等方面足够统一。

树木年龄相同的森林称为同龄林。在同龄林中，所有活树都是在同一年从种子和根部发芽开始生长的，树木的高度大致相同，但周长和活力不同，多见于人工培育的森林。

从未被砍伐过的森林称为原始森林，又称原生林。被砍伐后重新生长的森林被称为次生林。两次砍伐之间间隔的时间被称为轮伐时间。

林务人员和森林生态学家将森林中的树木分为优势树种（最高、最常见和最有活力的树种）、共优势树种（相当常见，共享树冠或森林顶部的部分）、中间树种（在优势树种下面形成生长层）和抑制树种（生长在林下）。

森林的生产力因土壤肥力、水源和当地气候而异。林业人员根据林地质量对林地进行分类，林地质量是指林地在一定时间内能生产的最大木材作物。林地质量会随着管理不善而下降。虽然森林复杂且难以管理，但与其他许多生态系统相比，森林更便于监测和管理，因为人们可以很容易地从树木身上获得有用的信息。如在温带和北方森林中，树木每年产生一个年轮，而树木的年龄和生长速度就可以通过树的年轮来测量。

### （二）林木采伐

管理那些将被用作商业采伐的森林可能需要移除形态不佳和不具生产力的树木，以使大树生长得更快。此外，还可能涉及种植转基因的树苗、控制病虫害和给土壤施肥。林木采伐可以采取"皆伐"（全部砍伐）、"择伐"（选择性砍伐）、"带伐"（带状砍伐）、"渐伐"（分次砍伐）和"留母树伐"（保留母树）等方式。

皆伐是指同时砍伐林中的所有树木。

择伐是指个别树木会被标记并砍掉。有时，较小的、形态不佳的树木会被有选择地移除，这是择伐的一种方式，称为疏伐。疏伐可以通过调整立木密度，改善林分结构，增加保留木的营养空间来调节树种个体之间的矛盾。在其他时候，特定品种和大小的树木被移除。例如，哥斯达黎加的一些林业公司只砍伐一些最大的桃花心木树，留下价值较低的树木，以帮助维持生态系统，并允许一些大桃花心木树继续为后代提供种子。

带伐是指森林被成行地砍掉，留下狭长排列的树木来为后代提供种子。带伐的好处在于可以防止水土流失。

渐伐是指先砍掉枯树和不理想的树木，然后再砍掉成熟的树木。因此，森林中总会留下一些幼树。

留母树伐是指砍掉除了少数籽树（遗传特性好、产籽量大的成熟树）外其他的树。这样，保留下来的籽树可以促进森林的再生。

其中，皆伐最具争议性。皆伐可能改变森林中的化学循环，使土壤失去生命所需的化学元素。没有了树荫的遮蔽，阳光照射下的地面变得更加温暖，这加速了土壤衰退的过程：氮、磷等化学元素更迅速地转化为水溶性的形式，并在雨水冲刷形成的地表径流中流失。美国的一项研究曾将新罕布什尔州的哈伯德布鲁克实验森林全部砍伐，并使用除草剂防止再生两年，结果使暴露的土壤衰退得更快，同时土壤侵蚀加剧，水的流向模式也发生了很大改变，且溪水中硝酸盐的浓度超过了公共卫生标准。在另一项实验中，美国俄勒冈州的H.J.安德鲁斯实验森林被完全砍伐，由于当地降雨量很大（每年约240毫米），皆伐大大增加了滑坡的频率。美国的实验表明，在降水丰沛地区的陡峭山坡上，皆伐是一种极具危害性的做法。然而，在地势平坦或稍有坡度、降雨量适中、理想树种需要开阔地生长的地方，在适当的空间范围内进行皆伐是使理想树种再生的有效途径。因此，在使用皆伐前必须根据具体情况进行评估，需要同时考虑砍伐面积、环境和现有树种。

### （三）林木种植

通常，林务人员会以种植园的形式种植树木，也就是在一个单一树种的林分内以直排种植。种植园会进行施肥，有时会用到直升机和无人机这样的现代化工具。种植园林业类似于现代农业，这样的集约化管理在欧洲和美国西北部的部分地区很常见，为缓解天然林的数量压力提供了一个重要的替代方案。

如果在森林产量高的地方种植人工林，那么只需要世界上小部分的林地就可以提供所有需要的木材。例如，高产林地的产量为一年15～20立方米/公顷。根据一项估计，如果在一年至少能生产10立方米/公顷的林地上种植人工林，那么仅用世界上10%的林地就能为世界木材贸易提供足够的木材，同时还可以减少对原生林、重要生物保护林和娱乐用林地的压力。

## 五、毁林

### （一）毁林的历史

现代科学研究认为，我国在公元前两千年左右的原始社会时期森林覆盖率约为64%，到清代中叶覆盖率则降至30%左右，且在1700年至1949年的200余年间，我国森林减少的面积超过了前5000年。到新中国建立初期，我国的森林覆盖率仅为12.5%，居世界第120位。

在西方，近代以前的古希腊和古罗马帝国地区的森林曾被大面积砍伐。随着文明由地中海沿岸向周边地区扩张，欧洲的森林也持续向北迁移。化石记录表明，丹麦的史前农民曾广泛地清理森林，以至于早期的杂草占据了大片土地。中世纪时，大不列颠的森林被砍伐，许多林区被砍伐殆尽。随着美洲大陆的殖民化，北美洲大部分地区的森林也被滥伐。

本世纪森林损失最大的是南美洲。自2000年以来，南美洲平均每年损失2610万亩森林，其中许多位于热带、山区或高纬度地区，这些地方在工业化之前很难开发。由于人口的快速增长，城市、农田、道路的不断扩张和商业采伐的加剧，大面积毁林的问题在热带地区尤为严重。

毁林加剧了水土流失，造成了全世界约 5.62 亿公顷的土壤损失，估计每年损失 500 万～600 万公顷。例如，尼泊尔是世界上最多山的国家之一，在 1950 年至 1980 年期间，尼泊尔的森林覆盖率减少了一半以上。这破坏了土壤的稳定，增加了山体滑坡的频率、径流量和溪流中的沉积物含量。有研究推测，因为尼泊尔的许多溪流为流入印度的河流提供水源，印度恒河流域每年造成约 10 亿美元损失的严重洪灾就源自尼泊尔境内大片森林的丧失。目前，尼泊尔继续以每年约 10 万公顷的速度损失森林，而每年重新造林的努力所恢复的森林面积却不到 15000 公顷。

### （二）毁林的原因

历史上，人们砍伐森林主要是为发展农业、开垦定居地以及使用木材或将其作为纸制品或燃料出售。大型木材公司的采伐和当地村民的砍伐都是毁林的主要原因。农业是尼泊尔和巴西砍伐森林的主要原因，也是欧洲人首次定居新英格兰时清理森林的主要原因之一。此外，森林消失的一个间接性原因是树木因污染或疾病而死亡。

如果全球变暖的趋势持续下去，那么间接的森林破坏可能会更大面积地发生。许多地区的树木会大量死亡，并且由于温度和降雨量组合的改变，每个树种的潜在生长区域都会发生重大变化。这种影响的程度是有争议的。虽然有人认为全球变暖只会改变森林的位置，而不会改变其总面积或产量，但树木的转移过程也需要时间，因为树木地理分布的转移主要取决于风吹的种子或动物携带的种子。此外，要想使产量保持在目前的高水平，必须在土壤也能满足林木需求的地方出现满足林木需求的气候。这种气候和土壤的组合现在广泛存在，但随着大规模的气候变化，这种组合可能变得更加稀少。

## 六、国家公园和自然保护区

国家公园是世界自然保护事业中一项基础性和重要性兼具的工程，也是开展自然保护工作的重要基地。随着自然保护事业的发展，保护区的种类在不断增加，分类在不断变化。同一个国家在不同历史时期使用的名称不尽相同，不同国家间的惯用名称也有所不同。1992 年，原国家林业局国家公园与保护区委员会对过去"保护区的种类、对象和标准范畴"的分类体系进行了修订，提出了新的分类体系，将国家公园和自然保护区分为六类，并为各类型在定义、管理目标、选择标准等方面进行了细致的规定和区分。

### （一）严格的自然／野生地保护区

#### 1.严格的自然保护区

严格的自然保护区指的是典型的陆地和海洋区域或是反映生态系统、地理和物理特性及动植物种类的区域，能够为科学研究和环境监测服务。

　　严格的自然保护区有如下管理目标：保护动植物的栖息地、生态系统和动植物种群尽可能小地受到外界的侵扰；从动态上保持遗传资源的进化演替；保持现有的生态进化过程；保护地貌结构特色或是裸岩地貌；为了科学研究、环境监测和环境教育的目的，保护各类典型的自然环境包括排除各种外界侵扰自然环境的边境区域；通过周密的计划、科学的实验和其他被批准活动的开展，最大限度地减少对自然环境的侵扰；限制公共活动。

　　严格的自然保护区有如下选择标准：所选定的区域面积应包含一个完整的生态系统，能够实现对其保护的管理目标；所选定的区域应不受人类直接活动的干扰并能继续维护这种状态；通过保护而不是通过重大的管理活动和对动植物栖息地的人为影响，实现选定区域生物多样性保护的目的。

　　2. 野生地

　　野生地是没有或很少受到轻微侵扰的陆地和海洋，保留有自然特色和影响力，没有永久性居民的大面积区域，对其保护和管护是为了保持其自然状态。

　　野生地有如下管理目标：保证野生地将来的遗传演变能在一个长期很少受到人类干预的区域内进行并展示给人类；能够在很长的时间内保持环境的特征和质量；为了公众的参观和为参观者提供最好的物质上和精神上的服务，为当代和子孙后代保持该区域的野生地性质和特色；使土著居民以低密度和与资源平衡的状态居住在该区域内，并保持土著居民的生活习俗。

　　野生地有如下选择标准：选定的区域应保持高度的自然特色、主要由自然力进行通知，基本上没有人类的侵扰，如果管理得当，具有继续保持其自然特色的能力；选定的区域应具有显著的生态、地理、地形地貌和其他科学、教育、自然景观和历史价值；应有足够大的面积以便进行保护和利用。

　　（二）国家公园

　　国家公园为陆地和海洋的自然区域，其设立的目的是为当代和子孙后代保护一个或多个生态系统的完整性；杜绝开采或是与设置该区域目的相违背的占用；在保护环境与文化相协调的基础上，为人们提供一个精神的、科学的、教育的、游憩的基地。

　　《国家公园总体规划技术规程》将国家公园划分为严格保护区、生态保育区、科普游憩区、传统利用区四个功能区，其中，严格保护区和生态保育区纳入红线管理，严格保护区禁止人为活动，生态保育区除了科研和生态修复外，限制其他人为活动。科普展示区和传统利用区不纳入红线范围，允许开展限制性的传统生产生活活动和科普、游憩活动。

　　国家公园有如下管理目标：为了精神的、科学的、教育的、游憩的或旅游目的，保护国内外知名的自然景区；尽可能以自然状态来保持和再现各种地形地貌区域、生物群落、遗传资源和物种，维护生态的稳定和多样性；在保持本区域自然和准自然状态下，为参观者提供精神上、教育上、文化上、游憩上的服务；消除和阻止与规划目的不一致的开发和占用；保持所规划的生态、地貌和美学特色；考虑到原住居民生存用资源的实际情况，以保证其他管理目标得以实现。

国家公园有如下选择标准：所规划区域应包含由主要自然地区特色和风光的典型地块。这些地块应有丰富的植物类型和动物种类，在科学研究、教育、游憩和旅游方面具有使用价值；所选定的区域应包含至少一个完全的生态系统，而且该系统没有因人类的开发活动而产生本质上的差异。

### （三）自然纪念物保护区

自然纪念物保护区包括一个或多个特定的具有特殊意义的自然体，如地质断层、地貌结构，或仅有珍稀动植物及其仅存的生境而未受人为活动影响的地方。它反映了美学和文化特有价值。

自然纪念物保护区有如下管理目标：要长久地保持其本身所具有的自然特点，特有的自然风光和内在的美学价值；要在一定程度上与现行的目标保持一致，要为教育、科研、认识自然和公众游憩提供机会；消除和组织与规划目标不一致的人为开发；给当地居民带来的好处应与其他管理目标相一致。

自然纪念物保护区有如下选择标准：该区域应具有一个或多个显著的特点。适宜的自然景观包括壮观的瀑布、岩洞、火山、矿藏、沙丘、海洋景观、特有的动植物群落；相应的文化景观包括人类曾居住的山洞、悬崖上的城堡、建筑遗址或对原住居民有遗产性质的自然景观；规划面积应达到能保持区域特色和其周围的风貌的完整性。

### （四）栖息地／植物种类管理区

栖息地／植物种类管理区的作用是保护栖息地的自然特色和满足某些特殊动植物群对环境的要求。

栖息地／植物种类管理区有如下管理目标：通过人类的管理，保证和保持栖息地的自然环境以适应保护动植物物种和环境风貌的目的；通过对资源的长期管理，促进科学研究和环境监测，规划出一定区域用于公众教育和展示栖息地的特色以及对野生动物管理的效果；消除和组织与规划目标不一致的人为开发；使规划区域内的居民享受到对规划区域进行管理所带来的效益，并使此效益与其他管理目标相一致。

栖息地／植物种类管理区有如下选择标准：所选取的区域能够在保护自然和物种资源方面发挥重要作用，其自然资源包括牧场、湿地、珊瑚礁、港湾、草地、森林或鱼的产卵区，包括海洋生物的觅食区域；所选区域应是保护动植物的最佳区域或是对当地最重要的植物、居民和迁移性动物非常重要的区域；保护区的范围根据被保护资源的需要而定，可以比较小，也可能很大。

### （五）陆地景观和海洋景观保护区

陆地景观和海洋景观保护区应包括陆地、海岸和相应的海域。在该区域内由于长期的人类活动和自然作用形成了独具特色的美景并具有生态和文化价值及其生物的多样性。保护该区历史风貌的完整性对该区的发展和保护来讲至关重要。

陆地景观和海洋景观保护区有如下管理目标：通过对陆地和海洋景观的保护来维持自然与文化的和谐统一，保持对土地资源传统方法的使用，维持建筑物、社会及文化的风格；能够对社区的自然、文化传统相和谐的生活方式与经济活动提供有力的支持；保持陆地景观物种及其相应的生态系统的多样性；消除那些不适宜的土地利用方式和人为活动；通过游憩和旅游形式为公众的娱乐提供机会；促进科学和教育活动，从而有利于当地居民的长远利益，推动公众环境和保护运动；通过保护自然资源产品（如森林产品与渔业产品）、提供良好的服务（如提供清洁的水源）以及持续发展的旅游业带来的收入增加，为当地社会发展做出贡献。

陆地景观和海洋景观保护区有如下选择标准：所选定的区域应具有高质量的陆地、海岸和岛屿风光，具有与传统土地利用方式相和谐的多种动植物群落和社会组织，如人类的居住方式和生活习俗等；在正常的生活方式和经济活动范围内，通过旅游和游憩为公众提供娱乐的机会。

### （六）受到管理的资源保护区

受到管理的资源保护区应具有基本为受到人类活动影响的自然系统，管理目的是促进对生物多样性长期保护，同时为了满足当地人们的需要而持续利用自然资源。

受到管理的资源保护区有如下管理目标：从长远角度保护和维持生物多样性和其他自然价值；为了可持续发展目的促进管理工作；通过保护自然资源基地，使其远离有损于生物多样性的开发与利用；对地区和国家的发展起到促进作用。

受到管理的资源保护区有如下选择标准：保护区至少三分之二的区域应为自然状态，可能少部分区域受到有限的人为影响，但大范围的商用林不应划归保护区内；保护区应有足够的面积以支持在不破坏自然价值基础上的长期可持续利用。

## 七、本节总结

森林是文明中最重要的可再生资源之一。森林管理追求的是采伐的可持续和生态系统的可持续。在皆伐、择伐、代伐、渐伐等对森林进行商业采伐的方法中，皆伐的方式是林业领域争议的一大根源。有些树种需要清理林地来繁殖和生长，但必须根据树种的需要和森林生态系统的类型仔细研究砍伐的范围和方法。管理得当的人工林可以减轻森林的压力。公园和自然保护区的管理是比较新的概念，其设立、管理和合理开发既能保护自然景观，保存生态环境，又能为人们提供丰富的精神文明服务。

## 课后思考题

● 森林的减少对大气来说意味着什么？

● 有哪些因素决定了一个地区适宜生长的树种？

● "皆伐"的采伐方式对森林生态环境和林业生产各有何利弊？

● 如何通过科学的森林管理方法让一片商业林地可持续发展？

● 自然保护区可以为城镇提供水资源吗？

● 综合本节所学内容，针对尼泊尔森林大量消失的现象，提供建议与对策。

# 第五节　生态恢复

★**学习目标**
- 理解生态恢复对生态系统的意义
- 了解适应性管理在生态恢复中所扮演的角色
- 了解生态恢复的对象、目标、方法、过程与成功条件

生态恢复指的是依靠生态系统自身的调节和组织能力，使其向有序的方向演化，必要时还会使用一些人工措施，帮助遭到破坏的生态系统进行良性循环。生态恢复的意义在于恢复那些因人类活动而遭到破坏的生态系统，同时停止对其的人为干扰，减轻其环境压力。作为生态管理的一部分，重建良好生态环境是至关重要的。

## 一、什么是生态恢复

"生态恢复"指的是通过人工方法，按照自然规律，为已经退化、受损或被破坏的生态系统提供帮助，促进其修复过程。当前，生态恢复是世界各国的研究热点，它已经发展成了一门生态管理的应用科学。

现实生活中，人们会将一些基本植物和动物放到一起，为某一地区的自然修复提供基本条件，促进其自然演化，实现生态恢复。生态恢复的目的并不在于种植尽可能多的物种，而是创造良好的生存条件，促进一个群落发展为一个完整的生态系统，换句话说也是为当地的动植物提供适宜的栖息环境。另外，生态恢复要遵循自然规律，充分认识自然恢复的重要性，不能加以错误的人为干扰。例如，在并不适合种植乔木的北方草原种植大量树木，虽然恢复的初衷是好的，结果却事与愿违，这样做不仅没有阻止沙漠化，反而造成了生态破坏，同时还会导致经济浪费严重。所以，我们应该"以自然之力恢复自然"。

生态恢复应遵循以下基本原则：生态系统是动态的，而不是静态的，因此应将变化和自然干扰纳入考虑范围。对于一个具体的生态恢复项目来说，没有哪一套简单的规则是完全适用的。在进行生态恢复工作时需要因地制宜，具体情况具体分析。采用最合适的科学手段进行适应性管理，这是生态恢复成功的必要条件。对生态系统（生命）、地质学（岩石、土壤）和水文学（水）因素的细致研究在所有的生态恢复项目中都发挥着重要作用。

这些原则中最重要的就是第一条：生态系统是动态的，而不是静态的——也就是说，生态系统随时随地都在变化，随时会受到来自自然界的干扰。因此，任何生态恢复项目都

必须考虑自然干扰的因素以及恢复过后生态系统自身的恢复能力。

适应性管理也同样重要，在生态恢复的管理过程中必须使用适当的科学方法。为此，可以提出并检验不同的假设和方法，并且随着生态恢复工作的进行，可以制订灵活的计划随时调整进度和方向。

此外，一个与生态恢复相关但不同的概念是生态工程。生态工程是指为了人与自然的互利共生而重新设计规划生态系统。生态工程是多学科的，它通常涉及生境重建、河流和河道恢复、湿地恢复和建设、生态系统的污染控制以及可持续农业生态系统的发展等多重领域。

## 二、生态恢复的目标：什么是"自然的"状态

在开始规划任何生态恢复项目之前都要面临一个相同的难题，那就是要将生态系统恢复到怎样的状态？

最理想的一定是恢复到自然的状态，但是人们对"自然"的定义却各不相同。一个生态系统经历过许多种不同的状态，那么人们普遍认为这些状态都是"自然的"；而野火、洪水、暴风引起的变化也可以说是"自然的"，那么生态系统的"自然状态"到底该如何定义，人们又该如何在不损害人的生命和财产的情况下将受到干扰的生态系统进行恢复，生态系统是否可以恢复到其过去的任何一种状态，这些都是值得考量的。

在 20 世纪下半叶之前，西方主流的生态文明理念认为任何自然区域（森林、大草原、潮间带等），如果不受到人类的干扰就会以一种单一的状态存在，并无限期地持续下去。这种条件被称为自然的平衡。自然平衡理念主要包括三个原则：如果不受干扰，自然界的形式和结构将无限期地持续下去；如果受到干扰，干扰被消除后，自然界就会回到完全相同并永久存在的状态；在自然界的这种永久状态中有一个"巨大的存在链"，即每个生物都有其存在的空间（栖息地），且每个生物都存在于适当的空间内。

这些思想起源于古希腊和古罗马的自然哲学，但在现代环保主义中也发挥了重要作用。20 世纪初，生态学家将自然平衡的理念正式化。当时，人们认为野火总是不利于野生动物、植被和自然生态系统的。例如，在美国，森林管理局数十年来一直用"Smokey Bear"这个防火护林熊的形象作标志，警告游客小心用火，避免引发野火，这背后所传达的信息是：野火对野生动物和生态系统总是有害的。虽然这些思想过去了很久，但是这足以表明人们相信自然界的平衡确实存在。

这种平衡或许就是对生态恢复到"自然"状态最好的解释，也就是恢复到原始的、自然的、永久的状态。而做到这一点的方法也很简单，那就是停止人类干预，顺其自然。随着时代的不断发展，研究的不断深入，生态学家已经意识到，自然界并不是一成不变的，不论是森林还是草原，所有的生态系统都会随时间的变化而变化。由于数百万年来变化一直是自然生态系统的一部分，这也就让许多物种适应了这种变化，然后得以生存繁衍。但

对于某些特定的物种来说，它们需要特定种类的变化才能生存。也就是说如果人们可以恢复生态系统变化的过程（能量的流动、化学元素的循环等），那么濒危和受威胁物种的平均数量就会有所回升，当然这是人们最理想的假设。

在生态恢复的过程中，有些问题需要人们在自身利益和生态环境中进行权衡。一方面，一些森林、草原和灌木丛中的野火会对人类的生命和财产造成极大的破坏，防止火灾虽然可使野火带来的灾害减少，但野火本身不能被完全消除。但从另一方面来看，野火是自然现象，有些物种的生存甚至需要火灾。那么人们是否能够允许火灾发生、蔓延就成为一个问题。

恢复生态需要靠科学来认识一个生态系统或物种过去是怎么样的，什么是可能发生的，平衡需要什么来维持，以及如何实现不同的生态恢复目标，但最终恢复目标的选择取决于人们的价值观。恢复目标有很多种，例如恢复到工业革命前（将生态恢复到1500年前后的状态）、有人类大范围定居前（以北美为例，将生态恢复到约1492年的状态）、农业社会前（将生态恢复到约公元前5000年的状态）、人类对自然产生任何重大影响前（将生态恢复到约公元前10000年的状态）；或是实现最大农产量（与具体历史时期无关）、最大的多样性（与具体历史时期无关）、最大生物量（不受原始森林影响）；保护特定的濒危物种（将生态恢复到适宜濒危物种生存的状态）、历史变化范围内（按照历史来规划未来，将未来变化控制在历史上变化的范围内）等。

## 三、生态恢复的对象

几乎所有类型的生态系统都经历过退化，也因此需要进行恢复。然而某些类型的生态系统经历了较为严重的大范围毁坏和退化，如森林、湿地和草原、溪流和河流及其沿岸的河岸带、湖泊、海滩，以及受威胁和濒危物种的栖息地。同时，生态恢复的区域往往还包括人们出于审美和道德原因希望被恢复的区域。下面列出了一些需要恢复的生态系统以及常规的恢复方式：河流/溪流（改善生物多样性、水质、河岸稳定性）；沿海湿地（改善生物多样性和水质，蓄水，为内陆地区的风暴侵蚀提供缓冲）；淡水湿地（改善生物多样性和水质，蓄水，减少洪水危害）；海滩（维持海滩及其生态系统，通常涉及维持充足的沙子）；沙丘（改善内陆和沿海地区的生物多样性）；景观（增加生物多样性，保护濒危物种）；被采矿破坏的生态（重建理想的生态系统，减少水土流失，改善水质）。

生态修复有许多成功案例，下面将介绍一些现实生活中的典型案例。

### （一）河流案例：多瑙河的生态恢复

自19世纪来，德国在易北河、多瑙河以及莱茵河等主要河道进行了大规模改造，产生了一系列负面环境影响。天然河流形态被极大改变，蜿蜒曲折成为直线型，河道横断面形状也呈规则化，许多生物赖以维持生存的自然形态和水生生境消失。此外，河流的自然面积极大压缩，加之沿河流域的污染排放严重，造成河道淤积、自净能力下降、水质污染加剧、生物多样性下降、土地贫瘠化和河流生态系统服务功能下降等问题。

过去几十年，通过德国学者和技术人员在河流生态修复理念和技术方面不断研究，采取了一系列措施，如通过详细的水文生态、河流水力学特性、生物多样性调查等，进行综合性的指标分析和计算，包括河道形态的确定、稳定性计算、生态需水量确定、河流河谷的水位波动监测、生态护岸的构建等，使河流的各组成要素接近自然河流的指标。修建鱼道，使洄游鱼类繁殖时能顺流或逆流过河，为各种生物提供必要的生存场所，使河流的生态修复势在必行。

### （二）淡水湿地案例：太湖的生态修复

太湖是我国第三大淡水湖泊，也是流域的重要水体。近年来，随着人口的不断增长，经济高速发展，社会经济活动等的影响，水资源系统受到很大冲击，导致水质变劣，湖体富营养化加剧，生态环境受到明显损害，制约了流域社会经济的可持续发展。

要实现流域水资源的可持续利用，必须加快水污染的综合治理。太湖湖体生态修复和富营养化治理已成为当务之急。现在实行的主要方法包括：一是太湖重污染区底泥的生态疏浚，减少底泥释放二次污染；二是利用浮床陆生植物治理太湖典型富营养化水域，利用生物吸收、降解，继而富集营养盐，净化水质；三是建立环湖湿地保护带，恢复和重建滨岸水生植被，实现长效生态管理和调控；四是生态渔业工程，有效控制过度养殖，恢复湖泊生态良性循环；五是实施藻类采集和资源化再利用。

### （三）咸水湿地案例：红树林的生态修复

红树林是生长在热带、亚热带海岸潮间带，由红树植物为主体的常绿乔木或灌木组成的湿地木本植物群落。在净化海水、防风消浪、维持生物多样性、固碳储碳等方面发挥着极为重要的作用。

由于沿海养殖业的发展与填海造陆等工程，红树林生态系统受到破坏，面积不断减小。近年来，中国红树林地区通过设立红树林保护区、人工种植红树林等方法，使红树林的修复取得积极进展，初步扭转了红树林面积急剧减少的趋势。

### （四）采矿地区案例：黄山矿山修复

我国是矿产资源丰富的大国，中华人民共和国成立以来，特别是改革开放后矿业迅速发展，但大规模的开发同时带来了生态环境问题。

位于黄山市新安江南岸九龙山嘴是一座废弃的矿山，原本是一处地质灾害点，大量的煤矸石山和采石弃渣由于无人管理，天长地久经风水日晒雨淋，风化形成了沙土。这些沙土一经风吹便扬尘四起，极大降低了附近城市的空气质量，给人们的身体健康带来了很大的隐患，还造成了极为严重的生态环境问题。此外，这些随意堆放的废弃矿山矿石为泥石流、山体滑坡以及山洪的爆发提供了大量的物质条件，给人们的生命和财产安全都造成了的隐患。不仅如此，废弃的矿山形貌惨淡，影响了此处的景观效果，给旅游业的发展带来了不利的影响。伤痕累累的山体与周围的绿水青山形成了巨大的反差，显得很不协调。

随着黄山经济的发展，九龙山成了游客游览新安江的热点，但这样一座伤痕累累的废弃矿山仍然是新安江南岸的一块"伤疤"，修复山体迫在眉睫。最终，当地通过精心移植九龙山的原生态野生植物，充分利用有利条件栽植乔木，选取适应当地气候特点的植物，以达到长久保持并产生近自然的修复效果。这一工程不仅还原了矿山原本的自然面貌，增加了当地的美观程度，还稳固了水土，减小了泥石流、山体滑坡等自然灾害发生的可能性。

## 四、评估生态恢复效果

用于评估生态恢复工作是否成功和成功程度的标准有所不同，因为这取决于恢复项目的细节以及恢复工作所参照的目标生态系统。例如，判断沼泽地（包括其濒危物种）成功恢复的标准与评估城市溪流自然化以形成绿化带成功的标准会有很大不同。

不过，也有一些共性标准是同时适用的，例如恢复后的生态系统具有目标（参照）生态系统的一般结构和过程；恢复后的生态系统的物理环境（水文、土壤、岩石）能够持续支持系统的稳定；恢复后的生态系统与更大的生态系统景观群落相联系并适当地融入其中；对恢复的生态系统稳定性的潜在威胁已降至可接受的低风险水平；恢复后的生态系统有足够的适应性，能够承受环境中的预期干扰，如暴风或火灾；恢复后的生态系统尽可能地与目标（参考）生态系统一样自我维持。

总而言之，如果能改善环境，改善与环境有关的人们的福祉，那么这次的生态恢复就是成功的。

## 五、本节总结

生态恢复是帮助退化的生态系统进行恢复并使其有能力进行自我维持的过程，它的总体目标是帮助退化的生态系统转变为可持续的生态系统，并在自然环境和人类改造的环境之间建立新的关系。生态恢复涉及人类活动和自然过程的结合，也是一种社会活动。生态恢复成功的必要条件之一是适应性管理，也就是采用适当的科学方法用于恢复过程。自然环境中的干扰、变化和变异是必然的，生态系统和物种在这些变化中发展起来。拟定的恢复目标必须充分考虑并允许自然变化的存在。

由于生态系统自然会发生变化，并在各种条件下存在。因此，一个生态系统没有单一的"自然"状态。相反，它是一个演进的过程，包含多个阶段。同时，随着时间的推移，生态系统的物种构成也会发生重大变化。虽然科学可以告诉我们什么样的条件是可能的并且在过去曾存在过，但我们选择哪种条件是一个价值观的问题。价值观和科学在生态恢复中是紧密结合的。

## 课后思考题

●如何将适应性管理应用到生态恢复工作中?

●进行生态恢复前,如何拟定恢复目标?

●规划生态恢复工作时,应考虑哪些因素?

●生态恢复对自然环境和人类社会发展有何意义?

●完成生态恢复后的生态系统应具备怎样的特性?

# 拓展阅读：澳大利亚森林大火

## 一、背景阅读

### （一）澳大利亚森林大火简介

澳大利亚森林大火事件泛指一系列澳大利亚在 2019 年 9 月开始的森林火灾。截至 2020 年 1 月 17 日，澳大利亚联邦内政事务部报告总燃烧面积约为 17 万平方公里。这场火灾共烧毁了超过 5900 栋建筑，造成 34 人死亡。新南威尔士消防局定义这场火灾为有史以来最严重的森林大火，并在 2019 年 12 月宣布新南威尔士州进入紧急状态。根据悉尼大学估计，全国超过 10 亿只动物会因森林大火而丧生。目前对于火灾发生的根本原因尚无定论，这件事也引起了国际社会的广泛关注。

这场大火的主要受灾区域是新南威尔士州，据统计，这期间州内共发生大火 100 多次，破纪录的高温和干旱也加剧了火灾的发生。其余州也受到了不同程度的负面影响。墨尔本的各监测站都显示当地的空气污染水平达到了"有害"水平。值得庆幸的是 2020 年 1 月 15 日澳大利亚多地出现雷阵雨天气，这使得火情得到了很大的缓解，澳大利亚东岸和南岸的林火数量终于低于 100 次。2 月份的一次最强降雨浇灭了 24 处山火。

### （二）澳大利亚森林大火对生态的影响

澳大利亚的浓烟笼罩着整个新西兰南岛，使得天空呈现出橙黄色，冰川也变为褐色。森林大火烧毁了超过 500 公顷的森林，严重影响了澳大利亚的生态环境，并对当地的物种造成了毁灭性的破坏。很多树袋熊和袋鼠因为被困在人为设立的围栏和铁丝网中无法逃走，从而被活活烧死。2020 年 12 月 6 日，世界自然基金会表示，森林大火的面积多达 1900 万公顷，对 30 亿只动物造成了不利影响，其中包括 6 万多只树袋熊。

### （三）动物的生存法则

考拉是澳大利亚一种特有的可爱生物，它们属于树袋熊科，一般体型肥胖、毛发厚重。成年树袋熊体长 70～80 厘米，体重 10 千克左右，毛发为浅灰色。它们圆溜溜的脑袋和肥胖的身躯深受人们的喜爱。树袋熊大部分时间都是在树上度过的，白天大多数时间都用来睡觉，只有不到 10% 的时间用来觅食。它们喜欢在树上静坐，基本不下地喝水。考拉虽然可爱，但是大火无情，由于它们的行动过于缓慢，一旦陷入大火，通常的采用躲避策略就是在树上蜷成一团。而且它们在大多时候都不会发出噪声，这让人们很难发现它们。所以森林大火让考拉损失惨重。

此外，青蛙和蜥蜴也是容易受到伤害的动物，大火会烧掉它们的食物和避难所，让它们无处躲藏，更容易暴露在捕食者面前。当前，这场森林大火对物种的灭绝构成了严重威胁。有些对环境适应能力较强的物种能够在这次大火中侥幸生存，例如会钻洞和飞翔的物种，其中负鼠和袋熊会躲在洞里防止自己被烧焦。巨蜥甚至还成为大火的受益者，在大火结束后，它们从洞穴中走出来，以其他动物为食，包括烧焦的鸟和小型哺乳动物。在整场火灾中，让生物学家最担心的就是引进物种，如红狐和野猫，它们会作为猎食者对受伤的动物进行捕猎，让其他动物再次陷入危险。

## 二、前沿文献导读

1. 原文信息：Touma D, Stevenson S, Lehner F, et al. Human-driven greenhouse gas and aerosol emissions cause distinct regional impacts on extreme fire weather[J]. Nature communications, 2021, 12(1): 1-8.

论文导读：归因研究已经确定了人为因素对 21 世纪的野火风险增加有一定影响，但与人为气溶胶和温室气体排放、生物质燃烧以及土地利用变化各方面有关的风险仍然未知。与工业化前相比，一些地区的人为温室气体排放使得极端火灾天气风险增加了一倍，而在 21 世纪，这种风险还将进一步增大。该研究采用了新的气候模式来隔离不明影响，研究发现温室气体对极端火灾天气的驱动已经被气溶胶驱动的冷却所平衡，但由于未来气溶胶排放量的减少，这种抵消作用会逐渐消失。该研究结果对于理解气候变化缓解措施对极端火灾天气风险的影响至关重要。随着时间的推移，温室气体、气溶胶排放和生物质燃烧的全球足迹可导致极端火灾天气风险显著增加。这可能会对未来的野火管理工作产生影响。例如，随着全球大部分地区在温室气体排放增加和气溶胶减少的情况下进入极端火灾天气的新常态，对消防人员和飞机援助的国际协调需求将增加。

2. 原文信息：Godfree R C, Knerr N, Encinas-Viso F, et al. Implications of the 2019—2020 megafires for the biogeography and conservation of Australian vegetation[J]. Nature communications, 2021, 12(1): 1-13.

论文导读：澳大利亚 2019—2020 年的"黑夏"森林大火烧毁了该大陆东南部超过 800 万公顷的植被，这是过去 200 年来前所未有的事件。该研究主要量化了火灾对维管植物的影响。基于遥感热点生成的火灾地图，约有 200 场大火烧毁了澳大利亚东南部 1040 万公顷的土地。研究发现在澳大利亚 11 个生物区，17 个主要的原生植被群被严重烧毁，其中属于全球重要雨林、桉树林和林地的比例高达 67% ~ 83%。根据带有地理编码的物种出现记录，他们预测大火烧毁了超过 50% 的已知 816 种本土维管植物种群及其分布区，其中包括 100 种分布范围超过 500 公里的物种。栖息地和火灾响应数据表明，大多数受影响物种对火灾有抵抗能力，但这场大火在生物地理学、统计学和分类学意义上的影响可能会使一些生态系统，尤其是古冈瓦纳雨林容易受到再生失败和景观规模下降的影响。

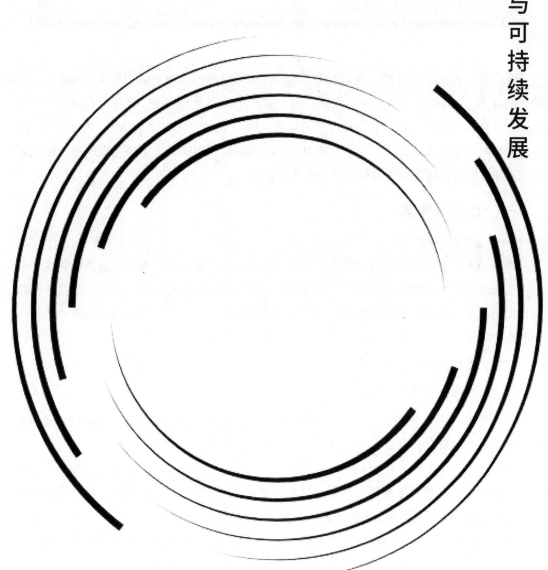

## 第八章

城市环境系统与可持续发展

# 第一节　城市的发展过程及其面临的环境问题

城市是人类文明的摇篮，是现代社会的灵魂，是现代人的命运共同体。1800 年，世界上仅有 3% 的人口为城市居民，而经过两个多世纪的快速城市化，目前已有超过一半的世界人口居住在城市。城市化促进了工业生产与现代化，但同时也对地形、气候、水文、生态等自然环境构成了挑战。改革开放以来，我国城镇迅速扩张，了解与克服城市化进程带来的环境问题就成为城市发展中的一项重要议程。

## 一、城市的发展

### （一）城市与乡村

城市和乡村是人类聚居的两种基本形式。城市是以工商业等各种非农业活动为主，聚居人口较多，人口和建筑密度较大，具有相应市政基础设施的居民点，它们一般是不同范围地域的政治、经济、文化的中心。乡村是以组织农业生产为主，聚居人口较少，人口与建筑密度较低，基本不具有市政设施和市镇形态的居民点。

### （二）城市的演变过程

#### 1. 城市的诞生与早期发展

在人类第一座城市诞生之前的旧石器时代，人们依附于自然而生存，主要以狩猎、采集、捕捞等方式取食，并以穴居、树居、巢居等方式生存。

而到距今约 1.2 万～1 万年间的中石器时代，随着更新世最后一次冰川期的消退，全新世初期全球的气候和生态环境发生了显著的变化：冰河消融，气候转暖，欧亚大陆上的大片冰原被森林和草原取代；同时，陶器的发明大大改善了粮食的贮存条件和水的取用方式。这一切都促成了中石器时代人类的第一次社会大分工——农业（种植业）从畜牧业中分离出来，人们逐渐脱离采集、狩猎的生活，开始在固定的地点种植和培育粮食作物。农业生产的发展催生了人类第一批固定居民点，也就是后来城市的雏形。它们通常为氏族部落成群的房屋与穴居的组合，选址邻近河湖，并出现了墓地、窑地与居住区分离的简单分区。

在农业逐渐发展成为主要生产方式后，随着农业生产力的发展和剩余产品的出现，私有制与资产阶级应运而生，人类迎来了第二次社会大分工——商业、手工业从农业中分离出来，出现了专门从事商品交换的阶层，城市也由此诞生。

我国最初的城市出现于公元前 8000 至公元前 2000 年的新石器时代，兼具"城"与"市"的双重功能："城"是防御性构筑物，"市"是固定的商品交换场所。因此，最初的城市具有商品经济与防御功能的双重特征，并由此进入了城市发展的第一阶段。在这一阶段，虽然城市每平方公里的人口数量远高于周边农村的人口数量，但是城市的人口密度仍然较低，不足以给土地造成严重的干扰。甚至，城市居民和动物的排泄物还可以作为周围农田的重要肥料，滋养土地。在第一阶段，限制城市规模的主要因素是食物和必要资源的运输能力，以及垃圾的清理技术。

在城市发展的第二阶段，更有效的交通使得城市的扩张成为可能。船只、驳船、运河、码头以及道路、马匹和马车，使城市在远离农业生产的地区崛起和繁荣。例如，最初依赖当地农产品的古罗马，变成了一个靠粮仓养活的城市。在第二阶段，城市的规模受到通勤距离和人口容量的限制，城市的人口密度则受到建筑技术和原始废物处理技术的限制。其中，通勤距离指的是工人从家中往返工作地点所需要的路程，而人口容量则是指在保障人类基本生理需求的前提下，资源、生态、环境所能够供养的最大人口数。

### 2. 近代城市的形成与发展

18 世纪以来，西方两次工业革命中诞生的大工业生产方式使得工厂、企业不断向人口稠密的城市聚集，使城市空间呈单一向外扩张的形态。同时，新兴的专业化城镇也在塑造着新的城市形态，工业城市、矿业城市、港口城市、运河和铁路城市等经济分工明确、专业功能突出的城市不断涌现。

整体而言，近代的城市空间呈单中心、放射性、集中式和高密度形态；其较传统城市更简化，更强调效率和功能性，以至于许多城市的规划建设中都出现了整齐划一的方格网城市道路和机械重复的栅格式街区。同时，由于城市人口聚居和工业生产造成的城市空气污染等人居环境质量下降问题、建筑材料和布局规划等因素导致的城市内涝问题，这一时期也出现了新型的城市园林、绿地、公园区划，以及城市下水道和排水系统的建设。

## 二、影响城市发展的重要因素

### （一）农业对城市发展的影响

农业发展对城市化的促进作用可以从供给与需求两个视角进行分析。从供给视角来看，农业发展所产生的农业剩余是支撑城市经济发展的必要条件。乡村的农业发展是城市化形成的前提，也是城市化持续进行的基础与源泉。作为地区经济中心，城市在发展过程中的原始积累离不开乡村提供的食物、富余劳动力、富余的农业资金以及工业原材料。例如，英国近代的圈地运动开启了农业革命：土地得到集中，大量资本投入农业生产中并与资本主义农场制结合起来，这为实现农业规模化经营打开了通道。近代英国的农业生产率由此飞速跃升，有足够的能力向城市供给乡村的剩余农产品，为即将开展工业革命的城市提供了充足的食物和纺织原料。同时，圈地运动还剥夺了农民的土地，使得大量无家可归的农民涌入城市，成为推动工业革命发展的产业工人，加快了城市化进程。由此可见，长达几个世纪的农业革命促进了英国工业革命的发展，进而水到渠成地为英国城市化奠定了坚实的经济基础与支撑。

反之，一旦位于供给侧的乡村农业剩余不能支撑城市发展，城市化就会放缓甚至陷于停滞。我国20世纪六七十年代出现的负城市化或零城镇化局面就从反面说明了农业发展对城镇化演进的重要性。受国内外不稳定因素的影响，中华人民共和国成立到改革开放前的相当长的一段时间内，我国农业总产量和人均农产品产量提高缓慢，粮食供给不足，原本可进入城市的劳动力都被束缚在土地上从事农业生产，城市化进程受到很大阻碍。为了应对粮食短缺问题，政府被迫大量精简城市人口以减少城市商品粮的供应，造成了畸形的逆城镇化。

从需求视角来看，乡村的需求是城市工商业产品的重要拉动力量。虽然每个农民的购买力有限，但是中国农业人口基数大，以及近年来脱贫攻坚工程的开展使得农民收入提高，乡村市场的需求总量庞大且在不断增长。

### （二）工业对城市发展的影响

工业革命促进了技术进步，进而推动了城市发展。例如，医疗和卫生设施的改善控制了疾病的传播，新的交通工具的出现则提高了运输效率。

现代交通的应用使得进一步扩大城市规模成为可能。工人们可以住在离工作地与商业区更远的地方，人口也可以流动到更远的地区。地铁和通勤列车就带动了郊区的发展。而航空运输摆脱了传统自然环境的限制，让人们能够在交通运输条件差的偏远地区建立起繁荣的城市。

然而工业发展在提供便利的同时，也增加了城市居民与自然环境的分离感。此外，郊区通勤的不便和郊区景观的破坏等因素促使市中心的吸引力再一次增强，许多人回到了城市中心或中心城市周围较小的卫星城。

### （三）文化对城市发展的影响

凭借发达的经济基础，城市往往能孕育出繁荣的文化，进而成为区域内的文化中心。城市是一片区域内物质资料和人员的集中地，一方面，城市汇集着来自周围乡村和贸易线路上的生活物资，城市中的一部分人群不需要从事物质资料生产，仅依靠脑力劳动就可以换取生活资料，他们成为潜在的文化产业从业者；另一方面，城市中人口流动频繁，吸引着各地的人才。带有不同文化背景、习俗、教育背景的人群在城市中汇集，使得丰富多样的思想在城市中碰撞、交汇、融合，进而迸发出新的文化。

在古希腊，雅典城邦得益于发达的商业贸易而汇集了丰富的生活物资，哲学家、艺术家、戏剧家、政治家云集于此，开展激烈的文化交流与辩论，由此诞生了影响整个西方世界的古希腊哲学、艺术风格和民主思想。

盛唐时期，来自全国和阿拉伯世界的粮食、工艺品、特产汇集于都城长安。通过科举制进京做官的各地人才、沿丝绸之路进城贸易的西域商人和从事外交活动的各国使节交汇于长安，宗教、诗歌、书画、学术观点碰撞融合，构成璀璨包容的盛唐文化。

进入现代社会，城市的文化中心仍然具有重要地位。上海沟通长江流域与海外，成为中西文化融合的中心；旧金山硅谷汇集世界科技人才，形成包容且富有创新精神的文化中心；巴黎文化底蕴深厚，成为时尚设计的中心。历史上，城市的文化中心属性孕育于城市发达的经济基础，而在现代社会，文化产业反作用于城市经济，成为城市发展的新引擎，塑造着城市的景观。

### 三、中国城市的环境问题及应对策略

目前，随着经济的高速增长和城市化进程的加快，环境的负担逐渐沉重，环境问题已□□□□约城市发展的全球性问题。中华人民共和国成立初期，城镇人口仅为全国人口的11.□□□□□以来，人口不断向城镇聚集，城市空间快速扩张。2021 年第七次全国人口普查结□□□□国城镇人口占总人口的 63.89%。在城市化的过程中，环境污染物排放量的持续增□□□□我国城市发展面临的主要挑战，尤其是工业污染源未能实现稳定达标排放。对此，我国□□□□国家层面提出了一系列关于国际生态城市、国家环境保护模范城市、国家园林城市□□□□□□□市城市以及国家卫生城市等的创建目标与要求。

我国对于环境问题□□□□□□借鉴规划成功的经验，吸取建设不当的教训，已采取宣传、立法、治理等措施，□□□□□正确处理城市发展与环境保护的关系，适应现代化大都市的发展需要。其中加强□□□□□宣传教育，提高公众环保意识；建立环保长效机制；正确处理城市化、经济发展与□□□关系；整体改善，良性循环；凸显优势，使自然环境多样化；适度消费，节约型发展等□□□化环境不可缺少的重要策略。

虽然我国制定的方针政策□□在逐步推进，但是几十年来经济发展和城市化给环境造成的负面影响难以在短时间内消□□因此在城市生态系统中仍然存在以下问题：

自然生态环境遭到破坏。□□市化使得自然生态环境的绝对面积减少，甚至是发生质变，出现热岛效应和空气混浊等现□□同时，不合理的城市化抑制绿色植物、动物和其他生物的生存发展，侵害了生态绿色□□加剧了空气污染。

259

　　土地占用和土壤恶化。首先，在城市化进程中工业用地大规模扩张，城市内建筑物密集。其次，工业发展和城市生活导致了过度用水现象出现，如果降水量不足，就会进而导致地下水位下降。最后，城市废物和垃圾的随意丢弃也会致使土壤恶化。

　　大气污染与气候变化。由于城市人口密集、工业和交通发达会消耗大量的石化燃料，产生了成分复杂的烟尘和各种有害气体。城市内不仅污染量大，而且污染源过于集中，再加上特殊的城市气候，往往使得该地区的大气污染状况更为严峻。此外，人口分布差异使得城市气候产生巨大的改变，导致了热岛效应、城市风等现象出现。

　　用水短缺和水污染。城市人口密集，工业用水和生活用水需求量大，整体上供水不足。同时，工业生产排放大量的废水污染水资源，严重危害水质。因此，城市在水量与水质两个层面上都存在严峻的紧缺。

　　噪声污染。一是交通噪声，包括各类运输机械发出的噪声，如机动车噪声、航空噪声、火车噪声和船舶噪声等，其中机动车噪声所产生的危害最大、范围最广。二是工业噪声，按其噪声源特性可分为气流噪声、机械噪声和电磁噪声。三是建筑施工噪声，即在建设公用设施如地下铁道、高速公路、桥梁和电缆等，以及工业与民用建筑的过程中使用动力机械产生的噪声。虽然这种噪声具有暂时性，但是其声音强度很高。

　　电磁辐射污染。特指因人类活动释放的电磁辐射传播到空气中，具有特定的性质、频率、强度和持续时间，其电磁辐射量超过本底值，进而影响动植物和自然环境。而随着经济的不断发展，日益完善壮大的电力系统、广播电视发射系统、移动通信系统乃至工业与医疗科技高频设备都有可能造成电磁辐射污染。

　　面对以上这些问题，我国政府正在采取措施来阻止城市生态系统的持续恶化，并把建设生态城市作为21世纪城市建设的重要方向。钱学森院士曾提出应该把城市建成一个超大型园林，即"山水城市"，也可以理解为生态城市。在"山水城市"中，人们既能促进经济发展，又能保持生态平衡。基于这个目标，北京大学景观规划设计中心主任俞孔坚教授极具前瞻性地提出了城市生态基础设施建设的十大战略，为中国赋予了巨大的城市化潜能：

①维护和强化整体山水格局的连续性；

②保护和建立多样化的乡土生态环境系统；

③维护恢复河道和海岸的自然系统；

④保护和恢复湿地系统；

⑤城郊防护林体系与城市绿地系统相结合；

⑥建立无机动车"绿色"通道；

⑦开放专用绿地，完善城市绿地系统；

⑧"溶解"公园，使其成为城市的绿地系统；

⑨"溶解"城市，保护利用高产农田作为城市有机组成部分；

⑩建立乡土植物苗圃。

在战略层面，我国明确提出污染防治与生态保护并重，并在全国范围内着力创建环境保护模范城市、生态市、生态县、环境优美乡镇、生态村等。其中，江苏省太湖地区经济发达的苏州、无锡、常州三市成为中国第一批有影响力的环保模范城市群，张家港、常熟、昆山与江阴4个县级市于2005年荣获了"中国生态市"的称号。目前，我国城镇污水集中处理率已由第一阶段的零起步上升到50%以上，环保投入在GDP中的占比则增加到2%~3%。同时，我国高度重视自然保护区、饮用水源地、森林公园、江河湖湿地及风景名胜区等具有重要生态服务功能的区域，竭力促使城市生态系统更加有序、功能更加完善，城市生态环境更加绿色宜居。

## 四、本节总结

如今，城市化进程的加快与经济的高速增长给环境造成了沉重的负担，城市环境污染的治理问题已成为全球性课题，给城市发展带来了负面影响。对于我国而言，城市环境污染同样是制约城市可持续发展的瓶颈之一。中国拥有着继续开展城市化的潜能，但同时也受到严峻环境问题的阻碍，因此中国做出了环境战略方面的重大改变，明确提出污染防治与生态保护并重。其中北京大学景观规划设计中心主任俞孔坚教授前瞻性地提出了城市生态基础设施建设的十大战略。

> ### 课后思考题
> ● 以某个国家为例，说明该国城市的发展演变历程。
> ● 指出城市发展过程中会产生哪些主要的环境问题，并给出相应的解决方案。
> ● 描述历史因素如何对城市功能分区产生影响。
> ● 指出影响城市大气污染物扩散的因素。

# 第二节　生态城市、清洁生产与可持续发展

★学习目标
- 了解城市系统的内涵
- 了解城市系统与其他系统的区别
- 了解生态城市的概念
- 了解城市生态规划的内容与目标

城市是一个复杂的系统,人工造物、生物环境、城市居民等各方面因素在其中相互作用,同时作为一个整体,城市也与周边的自然环境相互作用。过去在城市的快速扩张中出现的种种问题使人们意识到研究与科学规划城市生态的重要性。同时,作为城市重要部分的工业部门也备受关注,如何改进生产、降低工业活动对自然和人居环境的负面影响也成为人们不断探索的课题。建设生态城市与发展清洁生产都是确保城市发展可持续的关键。

## 一、城市生态系统

### (一)城市生态系统的概念

生态系统指的是生物及其周围环境相互作用形成的整体。城市生态系统则是指城市居民与其周围环境相互作用形成的整体,是一种特殊的人工生态系统,表现为人类适应、加工和改造自然环境。该系统由自然环境、社会经济和文化科学技术等要素共同构成,其中自然环境既包括生物组成要素(植物、动物、细菌、真菌、病毒),又包括非生物组成要素(光、热、水、大气等)。各要素之间相互联系、相互影响,由此完成能量交换、化学循环以及物资供应。

与其他生命维持系统一样,城市生态系统需要获取能源、输出能源和消解废弃物,这些功能都受城市周边地区和农村地区的影响,以交通和通信的方式来维系。作为一个自给自足的生态系统,城市从周边乡村吸收食物、水、木材、能源、矿产等原材料,同时输出物质产品和思想、艺术、创新等精神产品。

### 1. 自然生态观

城市是自然生态系统,以生物为主体,以生物环境为辅助,受人类活动影响又反作用于人类自身。在城市这一特殊环境中,生物群体、物理环境(如景观、气候、水文等)演变更迭,同时影响着人类活动。同样地,城市中的人类活动也影响着区域的生态系统乃至

整个生物圈。

### 2. 经济生态观

作为一种人工生态系统，城市生态系统以高强度物资和能量流动为特征，并通过各类与生产生活相关的活动不断进行新陈代谢，其中蕴含着城市复合体的动力学机制、功能原理、生态经济效益和调控方法。

### 3. 社会生态观

人的生物特征、行为特征和社会特征对城市发展有着重要的影响，具体表现为人口密度、人口分布、人口流动、职业、文化、生活水平等要素的变化。

### 4. 复合生态观

城市生态系统是社会—经济—自然的复合生态系统，其构成要素为人口、组织（人们在系统中形成的群体结构）、环境、技术。根据美国社会生态学家邓肯的观点，这四个要素相互影响、相互制约。其中自然环境和人文环境都是城市的重要支柱，各部门的经济活动和代谢过程是城市生存发展的活力和命脉，居民的社会行为及文化观念是城市演替与进化的动力。如果各要素之间不能相互协调配合，城市生态系统就会面临失衡的风险。

**（二）城市生态系统的特点**

城市生态系统以人为中心，是人工生态系统，由自然、经济、社会复合而成，包括自然、经济、社会的生态子系统，拥有生产、消费、还原再生、服务等四项基本功能。城市生态系统有以下特点。

①城市生态系统是由人类起主导作用的生态系统。人类活动对城市生态系统的运行起着决定性的支配作用，创造了城市中的绝大部分产品。

②作为非自律的生态系统，城市生态系统所获得的大部分能量和物质都来自其他生态系统（如农田生态系统、森林生态系统等）中。此外，人类在生产活动和日常生活中所产生的大量废物也必须输送到其他生态系统中去。

③城市生态系统是一个高度开放的生态系统。生态系统内部的各子系统彼此开放，相互交流。同时，城市生态系统和城市自然环境之间也保持开放，社会经济系统需要从自然资源中汲取能量，并对自然环境产生一定影响。

④城市生态系统是多层次、多功能的生态系统，包括人—环境系统、工业—经济系统与文化—社会系统。

## 二、生态城市的构建

作为多元化、多介质、多层次的人工复合生态系统，现代城市的各层次、各子系统和各生态要素之间的关系错综复杂。要构建生态城市，就必须坚持整体优化、协调共生、区域分异、生态平衡和可持续发展等原则，并以环境容量、自然资源承载能力和生态适宜度为依据来开展城市生态规划。其具体内容是寻找最佳的城市生态位,不断开拓空余生态位,在充分发挥生态系统潜力的同时,促进城市生态系统的良性循环。其目的是通过生态功能的合理分区和全新的生态工程改善城市生态环境质量,推动环境的可持续发展及人与自然的协调共生。

### (一)生态城市的基本特征

生态城市是文明、健康、和谐、活力的复合系统,是一种生态良性循环的理想区域形态,是生态价值观、生态哲学和生态伦理意识的综合体现,也是人类生态价值取向的必然结果,因此成为摆脱区域发展困境的根本途径。

生态城市主要特征如下:一是生态城市的实质是实现人与自然和谐;二是生态城市的经济增长方式是"集约式"的,以"循环经济"为经济运行模式;三是生态城市的教育、科技、文化、道德、法律、制度等呈现"生态化"趋势,倡导生态价值观、生态伦理和自觉的生态意识;四是生态城市的社会—经济—自然复合生态系统结构合理,功能完备,达到动态平衡状态;五是生态城市空间结构布局合理,基础设施完善,其中生态建筑是主体。

### (二)生态城市的评价标准

在生态城市相关研究的基础上,我国著名生态学家王如松提出建设"天城合一"的中国生态城思想,即生态城市的建设要遵循人类生态学的满意原则、经济生态学的高效原则和自然生态学的和谐原则。引进天人合一的系统观就意味着我国生态城市建设必须实现四个转变,即从对物理空间的需求上升到生活质量的需求;从污染治理的需求上升到生理和心理健康的需求;从城市绿化需求上升到生态服务功能需求;从美化城市形象上升到促进城市可持续性发展。生态城市融合了道法天然的自然观、巧夺天工的经济观和以人为本的人文观,通过渐进的、有序的系统发育和功能完善来实现城市建设的系统化、自然化、经济化和人性化。

## 三、城市生态规划与可持续发展

城市生态规划与可持续发展概念相适应,结合生态学原理、城市总体规划和环境规划,又应用经济学、社会学等多个学科知识以及多种技术手段,为城市生态系统的生态开发和生态建设提出合理的对策,辨识、模拟、设计和调控城市中的各种生态关系及其结构功能,合理配置空间资源和社会文化资源,最终达到人与自然和谐相处、环境可持续发展的平衡状态。

生态规划综合时间、空间、人的要素,协调经济发展、社会进步和环境保护之间的关系,促进人类生存空间向更加有序、稳定和美好的方向发展。第一,城市生态规划强调协调性,即强调经济、人口、资源、环境的协调发展,这是规划的核心所在;第二,生态问题通常发生在特定区域,因此生态规划强调区域性,需要依据特定的区域特征来解决问题,进而设计出该区域的具体利用方式和人工化环境的布局;第三,城市生态系统十分庞大,具有多级、多层次的特点，因而城市生态规划强调层次性。城市生态规划的最终目标是城市生态平衡与城市生态发展，从而进一步实现城市现代化。

### （一）城市生态规划的主要内容

#### 1.高质量的环保系统

高质量的环保系统能够根据废弃物各自的特点和属性，及时分类处理废弃物。同时加强对噪声和烟尘排放的管理，从而使得城市生态环境更加洁净、舒适。

#### 2.高效能的运转系统

高效能的运转系统包括畅通的交通系统，充足的能流、物流和客流系统，快速有序的信息传递系统，有相应配套设施保障的物质供应系统和城郊生态支持圈，以及完善的专业服务系统等。

#### 3.高水平的管理系统

高水平的管理系统包括人口控制、资源利用、社会服务、医疗保险、劳动就业、治安防火、城市建设、环境整治等环节。在保持适度的人口规模的同时，保障水、土地等资源的合理开发利用，促进人与自然、人与环境的和谐相处。

#### 4.完善的绿地生态系统

兼有较高的绿地覆盖率指标和合理的布局，结合点、线、面的不同种类绿地，保障生物多样性，组成完善的复层绿地系统。

#### 5.高度的社会文明和生态环境意识

具有较高的人口素质、优良的社会风气、井然有序的社会秩序、丰富多彩的精神生活和较强的生态环境意识。

### （二）城市生态规划的演变过程

现代城市规划理论的发展，可追溯到工业革命，现代城市的母体就诞生于那时。随着工业革命的开展，许多大工厂在城市中建立起来，严重污染了空气、河流和土地。为保护居民健康和改善城市环境，英国议会于 1848 年最早制定了《公众卫生法》，城市生态规划问题随之越来越受到关注和重视。1898 年，霍华德创立了影响深远的"田园城市"的规划理论，其主要内容是协调居民的职业分布，通过优化平衡土地使用模式、城市的财政行政和城市规模以保障环境的优美宜居，从而达到理想的城市规划方案。随后，英国建立了由霍华德任会长的国际田园城市和城市规划协会，后改称为"IFHP"（国际住宅与城市规划会议），以期让"田园城市"从理论走向实践层面。在该会议上，泰勒提出建设"卫星城"，同时展示了大城市改造规划、城市向外围扩展的相关方案，为建设人居环境友好、文明富裕的城市提供了启发性的思路。与霍华德和泰勒不同，柯布西埃等建筑师提倡彻底变革城市结构，其中代表作为《明日之城市》。柯布西埃在该书中着重强调内部改造，并提出了城市建设的四个原则：一是减少市中心的拥堵现象，二是提高市中心的密度，三是增加交通运输的方式，四是扩充城市的植被绿化。

自 20 世纪 60 年代起，法国学者开始集中研究"区域发展规划"，其重点是研究核心城市与外围地区之间的关系。例如，法国巴黎采取"平衡发展"的政策，在考虑全国生产力配置的基础上，新建了八个都市区，以期实现城市内部的均衡分布。该方案综合了自然、社会、经济、资源、交通、用地、人口等各种因素，成为较科学、合理的区域发展规划。之后，区域发展规划理论在世界范围内的影响持续扩大，其中包括著名的英国"东南研究计划"、苏格兰如坎伯诺得的发展、英国中部第三期新市镇的发展和美国的河流流域研究等。至此，城市规划区别于形态建设规划和城市设计，已经成为一门跨学科的科学，转而侧重经济及社会的发展。

近二十年来，国外城市规划理论在社会科学和自然科学领域继续进行新的理论探索。期间，空气污染、航空港和高速公路的噪声以及沿海和河流污染严重，于是社会团体发起相关保护环境的运动，要求限制有害环境的工业活动的发展，并预先评估公用事业及工程建设对环境的影响。随即，生物学家和生态学家加入了城市规划的行列，城市生态学应运而生。城市生态学的研究对象是城市生态系统，研究重点是城市居民与其生存环境的复杂关系，研究内容主要包括居民流动及空间分布特征、自然环境的变化对城市的影响、城市物质和能量的代谢功能与环境质量之间的关系等，研究目的是全面、合理地解决现代城市面临的环境污染和生态破坏问题。

总而言之，城市生态规划主要从以下四个角度开展。第一，城市应具有合理的人口规模，同时构筑人与人、人与社会、人与自然之间的和谐关系；第二，城市用地需要结构合理、开发有序，优化配置土地资源，从而使得各个城市功能获得适宜的生态区位；第三，应当让城市空间与其承载的城市功能相适应，呈现高效、低耗的空间分布特征，通过调节其多样性和异质性使得城市结构兼有动态发展和稳定有序的特性；第四，城市功能的发挥不能超过其环境容量的限制，由此促进城市健康、可持续发展。

## 四、可持续的城市工业生产

### （一）清洁生产

#### 1.清洁生产的诞生

20 世纪 50 年代，随着战后经济的快速发展，许多城市的工业部门迅速发展壮大，但由于当时人们普遍缺乏对环境污染危害的认识，工业生产给许多城市及其周边生态环境造成了大量的污染负荷。于是一些工业国家开始逐渐关注与重视工业污染问题，并尝试通过各种技术手段对工业废弃物进行无害化处理，以期减轻对环境的破坏。这样的工业污染治理方式被称为"末端治理"，即在生产过程的末端对产生的污染物进行处理的被动式策略。

"末端治理"策略虽然能在一定时间内抑制局部地区的污染，但并不能从根本上解决工业污染问题，因为其存在三个主要弊端：一是污染控制与生产过程相割裂，生产者与治理者难以相互协调，资源和能源在生产过程中得不到充分利用，在治理过程中还可能产生浪费；二是先排污再处理的方式投资大，运行维护成本高，污染物处理的过程不产生经济效益，企业经济负担大，参与积极性不高；三是废弃物的存放和处理过程存在风险，其泄漏可能对环境造成二次污染。因此，一些国家和企业开始探索"污染预防""零排放""废弃物最小化"等新型生产方式以提高生产过程中的资源利用效率，从根源上减少污染物的产生。这些探索与实践的最终成果就是"清洁生产"。

整体而言，20世纪的工业污染防治与环境保护策略经历了五六十年代的直接排放、六七十年代的稀释排放、七八十年代的末端处理以及80年代末向清洁生产转变的过程。

## 2. 清洁生产的内容

清洁生产由联合国环境规划署于1989年首次提出，是关于产品生产过程的一种新的、创造性的思维，是对生产过程、产品和服务持续运用的整体预防性环保策略，也是使社会经济环境效益最大化的一种生产模式。对产品而言，清洁生产意味着降低产品从原材料取用到废弃后处置的整个生命周期对环境的影响；对生产过程而言，它意味着节约原材料和能源，减少对有毒原料的使用并降低其毒性；对服务而言，则意味着减少服务全过程中显性和隐性的环境污染因素。我国2002年颁布的《中华人民共和国清洁生产促进法》就将清洁生产定义为：不断采取改进设计、使用清洁的能源和原料、采用先进的工艺技术与设备、改善管理、综合利用等措施，从源头削减污染，提高资源利用效率，减少或者避免生产、服务和产品使用过程中污染物的产生和排放，以减轻或者消除对人类健康和环境的危害。

清洁生产主要包括三方面内容：清洁的原料与能源、清洁的生产过程、清洁的产品。清洁的原料是指少用或不用有毒、有害及稀缺原料，选用品位高、对环境无害或再循环的原材料。清洁的能源是指以清洁的方式利用常规能源（如采用清洁煤技术）、利用可再生能源、开发利用新能源，以及采用各种节能技术。清洁的生产过程包括采用少废、无废工艺和高效的生产设备，使工业废物减量化；进行物料再循环和综合利用，使工业废料资源化；减少生产过程中的各种危险因素（如易燃、易爆等），产出无毒无害的中间产品或减少废物的毒性，使工业废物无害化。清洁的产品是指产品在使用过程中以及使用后不会危害人体健康和破坏生态环境；产品易于重复使用、回收和再生；产品包装合理，具有合理的功能（如节能、节水和降噪等），且使用寿命合理。

清洁生产是一项综合性、系统性、持续性的工程，涉及生产结构调整、工艺技术进步和管理的完善等一系列环节。它要求实行生产全过程控制，并持续改进技术和管理水平，以最大限度地提高物质资源利用效率，减少污染物的产生，实现环境效益与经济效益的统一。

### 3. 清洁生产的实施与评估

1989 年，联合国环境规划署制定了《清洁生产计划》，在全球范围内推进清洁生产。该计划的重点关注制革、造纸、纺织、金属表面加工等行业的清洁生产，以及清洁生产政策、策略、数据网络、公众教育等。1992 年，联合国环境与发展大会通过了《21 世纪议程》，号召提高工业能效，开展清洁生产，取缔对环境有害的产品和原料，推动实现工业可持续发展。我国政府积极响应，于 1994 年提出了"中国 21 世纪议程"，将清洁生产列为"重点项目"之一，并于 2002 年颁布了《中华人民共和国清洁生产促进法》，全方位确保清洁生产有法可依。

具体而言，实施清洁生产需要政府和企业两个层面的努力与协调。政府层面着重完善法律法规与顶层设计，指导开展产业和行业结构调整，针对企业清洁生产是否达标制定特殊的奖惩政策，打造示范工业项目，并加强公众教育。企业层面则需考虑采取以下法律规定的清洁生产措施：一是采用无毒、无害或者低毒、低害的原料，替代毒性大、危害严重的原料；二是采用资源利用率高、污染物产生量少的工艺和设备，替代资源利用率低、污染物产生量多的工艺和设备；三是对生产过程中产生的废物、废水和余热等进行综合利用或者循环使用；四是采用能够达到国家或者地方规定的污染物排放标准和污染物排放总量控制指标的污染防治技术。此外，企业还需改进产品设计，充分考虑产品生命周期，使其易回收、易降解；同时改善生产管理，确保原料、设备、生产过程、产品质量等达到清洁生产标准。而在评估和监督企业是否达到清洁生产要求时，则需要清洁生产审核、环境管理体系（ISO 14000 系列标准）等清洁生产分析工具。

（1）清洁生产审核

清洁生产审核又称清洁生产审计，是指按照一定程序，对生产和服务过程进行调查和诊断，找出能耗高、物耗高、污染重的原因，提出减少有毒有害物料的使用和产生、降低能耗物耗以及废物产生的方案，进而选定技术可行、经济合算及利于环境保护的清洁生产方案的过程。这是一种在企业层面操作的，对企业生产进行预防污染的分析和评估的环境管理工具，是企业实行清洁生产的重要前提和保证。

清洁生产审核的目的是节能、降耗、减污和增效。其审核对象包括废物、有毒有害物、能耗、物耗和水耗。其在分析每一个废弃物产生的原因时，都需从原材料和能源、技术工艺、设备、过程、产品、废弃物、管理和员工素养八个方面展开，并提出对应的解决方案。通常，审核由企业自身组织开展，也可委托有资质的专家协助完成。

我国鼓励污染排放达标的企业自愿按需开展清洁生产审核，更新资源节约和削减污染排放的方法与目标，要求排污能耗超标、使用有毒有害原料的企业开展强制性清洁生产审核。

（2）环境管理体系

环境管理体系指国际标准化组织 ISO 于 1996 年发布的 ISO 14000 系列环境管理相关标准，旨在指导和规范企业等组织的环境行为，最大限度地减少生产运营过程对环境造成的负面影响。而基于该系列标准的 ISO 14000 管理体系认证则逐渐成为国际贸易中的准入门槛和"绿色通行证"。

ISO 14000 系列标准是一套具有灵活性、操作性、兼容性和广泛适用性的标准体系，其按标准的性质可以分为三类：一是基础标准，也就是术语标准；二是基本标准，涉及环境管理体系、规范、原则和应用指南；三是支持技术类标准，包括环境审核、环境标志、环境行为评价、生命周期评估等工具。如按标准的功能，则可将 ISO 14000 系列标准分为两类：一是用于评价组织的标准，包括环境管理体系、环境行为评价和环境审核；二是用于评价产品的标准，包括生命周期评估、环境标志和产品中的环境指标。

ISO 14000 系列标准的目标是引导建立起环境管理的自我约束机制。通过获取 ISO 14000 管理体系认证，企业可以提升自身形象与声誉，其产品也能更自由地在国际市场上流通，不受环保方面的贸易壁垒限制。这促使企业主动考虑其环境影响，更积极地使自身符合国际环保标准。

### （二）生态工业园

#### 1. 工业生态学

工业生态学是对通过工业系统的物质和能量流的研究，最早于 1989 年提出。受到自然生态系统中物质能量循环模式（一个物种的废物可以成为另一个物种的资源）的启发，工业生态学的研究旨在将工业过程从开环（线性）系统（其中部分投入的资源通过系统后变为废物）转变为闭环系统（其中的废物可以成为新过程可利用的资源），以减少生产过程产生的废物及其对环境的影响。

#### 2. 生态工业园的概念

生态工业园是以工业生态学理论为指导的新一代工业园区，其着力于园区内生态链和生态网的建设，最大限度地提高资源利用率，从工业源头上将污染物排放量减至最低，实现区域清洁生产。不同于传统工业区"资源—生产—废弃"的线性生产方式，生态工业园区仿照自然生态系统物质循环，遵循"生产—回收—再利用—再生产"的循环经济模式和循环经济的 3R 原则，在不同企业之间形成共享和互换资源、能源、副产品的产业共生组合，使上游生产过程产生的废弃物成为下游生产的原料，达到资源的最优配置。

生态工业园最显著的标志是其物质能源转换系统。园区内一个工厂或企业产生的废物或副产品用作另一个工厂的原料，通过废物交换、循环利用、清洁生产等手段，达到自然物质投入少，经济物质产出多，废弃物排放少的目标，最终实现园区整体的污染物"零排放"，减少对环境的影响。

生态工业园的一个早期典型案例是丹麦的卡伦堡工业园。20 世纪 70 年代，卡伦堡的几家主要企业形成了资源循环利用和废料合作管理的"工业共生体"，其核心是燃煤发电厂、炼油厂、制药厂和石膏壁板厂。炼油厂的废气可以作为燃煤发电厂的燃料，燃煤电厂产生的石膏废料可以作为石膏壁板厂的生产原料，余热可为园区和城区居民住宅供暖等，每个工厂产生的废物或副产品都可以作为至少另一个工厂生产的原料或能源，不仅节约了资源和能源，也削减了生产成本，产生了经济效益，形成了经济发展与环境保护的良性循环。

## 五、本节总结

生态系统指的是生物及其周围环境相互作用形成的整体。城市生态系统则是指城市居民与其周围环境相互作用而形成的统一整体，也是人类通过适应、加工、改造自然环境而建设起来的特殊的人工生态系统。城市生态系统以人为中心，与自然、经济和社会等要素一同构成复合系统，其中包括自然、经济和社会生态的子系统，拥有生产、消费、还原再生、服务等四项基本功能。城市生态规划结合了生态学原理、城市总体规划和环境规划，与可持续发展概念相适应，同时又应用了经济学、社会学等多学科知识及多种技术手段。近二十年来，国外城市规划的理论研究转向了更宽阔的社会科学和自然科学领域，力图创造适合人类居住和工作的城市环境，以求得全面地、合理地解决现代城市面临的环境污染和生态破坏问题。

清洁生产模式与生态工业园是在对线性、环境影响大的传统工业生产方式的反思的基础上做出的创新，致力于提升生产过程中的物质资源和能源利用效率，从源头减少废弃物的产生并将废弃物作为原料投入再生产，以最大限度地降低对自然和人居环境的负面影响，是城市工业可持续发展的成功实践。

### 课后思考题

- 指出城市生态系统的突出问题。
- 描述城市生态系统保护与建设面临的困境。
- 阐述如何利用生态系统的高效功能原理和最优协调原理来协调城市生态系统，使得城市生态系统达到最优状态。
- 清洁生产与传统的工业污染末端治理有何不同？
- 政府和企业在清洁生产过程中分别需要做出哪些努力？
- 简述生态工业园如何实现环境效益与经济效益的统一。

# 拓展阅读：垃圾分类

## 一、背景阅读

### （一）价值意义

城市垃圾管理是实现城市现代化的关键环节，包括家庭垃圾分类、垃圾回收资本化和可回收垃圾再利用。随着经济的高速发展，居民的生活方式正在发生转变，居民产生的垃圾量也飞速增加。在我国推行垃圾分类政策之前，城市垃圾管理与城市发展存在明显脱节现象，大部分地区的垃圾通常采用混合堆放或填埋的方式来处理，其过程中极易产生有害物质，进而污染水体、土壤及空气。但是目前国际通行的垃圾分类标准并不完全适用于中国国情，因此中国还需要制定具体的政策、构建完善的管理体系，进而科学地分类、收集、存放、运输及处理垃圾，在开展资源回收再利用的同时减少对环境的负面影响。

垃圾分类是我国建设资源节约型、环境友好型社会的关键措施，有助于我国生态文明建设。其具体裨益体现为加快垃圾回收进程、防止其占用土地，减少混合垃圾中的有毒物质对环境的负面影响，以及通过加工再利用可回收垃圾减少自然资源的浪费。

### （二）分类原则

垃圾根据性质可分为以下几类：能够在收集后重新加工再利用的是可回收垃圾，剩菜剩饭、果皮等可以通过生物技术处理的食品类废物是厨余垃圾，含有对人体健康或环境有直接或潜在危害的是有害垃圾，大棒骨、卫生纸、果壳、尘土等难以回收但是可以填埋的是其他垃圾。

不同地区的经济发展水平、居民消费水平不同，回收垃圾的能力也不同，因此开展垃圾分类时要做到因地制宜。在施行政策的过程中要加强宣传，加强居民的环保意识，促进自觉的垃圾分类。在垃圾分类政策推行初期，还可以借助捆绑服务增强企业的参与感，从而推动垃圾分类资本化，在维护环境的同时也能增加合理盈利、保障经济发展。

### （三）相关政策

2019 年 7 月 1 日，《上海市生活垃圾管理条例》正式实施，居民生活垃圾按照"可回收物""有害垃圾""湿垃圾""干垃圾"的分类标准进行回收。2019 年 9 月，国家机关事务管理局印发通知，公布《公共机构生活垃圾分类工作评价参考标准》，并就有关工作进一步提出要求。2020 年，新版《北京市生活垃圾管理条例》于 5 月 1 日起实施；除北京和上海外，全国各地正陆续开展生活垃圾、建筑垃圾等分类回收措施。

### （四）现阶段存在的问题

尽管相关政策正在稳步推进，但是城市垃圾分类兼具复杂性、艰巨性和长期性的特点，现阶段我国的垃圾分类存在一定的问题：一是由于相关宣传、教育力度不足，部分地方和公众认知不够准确到位；二是垃圾分类工作本就难以取得立竿见影的效果，并不能够一蹴而就；三是部分地区受基础设施和治理能力限制，在垃圾分类运输、处理等方面存在明显短板。

## 二、前沿文献导读

1. 原文信息：Chen S, Huang J, Xiao T, et al. Carbon emissions under different domestic waste treatment modes induced by garbage classification: Case study in pilot communities in Shanghai, China[J]. Science of the Total Environment, 2020, 717: 137–193.

论文导读：随着人民生活水平的提高，中国生活垃圾产生量在2017年达到了2.13亿吨，并在2020年突破3亿吨。生活垃圾的处理过程中会释放大量二氧化碳、甲烷以及一氧化氮，不但给环境安全造成了威胁，也给全球气候变化带来了负面影响。上海垃圾分类政策实施后，垃圾处理问题及其相关效益引起了人们的关注。该研究调查了上海普陀区试点社区的2365个家庭，调查内容主要集中于生活餐厨垃圾处理过程中的温室气体排放，并结合情景分析、比较不同垃圾处理方式的碳排放量。该研究设置了三个不同情景，分别为：传统混合焚烧（情境一）、垃圾分类和现场减少餐厨垃圾（情境二）、垃圾分类和厌氧消化处理餐厨垃圾（情境三）。通过物质流生命周期评价以及清单分析，研究者计算了各情境下的碳排放量。结果显示，基准填埋场情景、情景一、情景二和情景三的每千克垃圾碳排放量分别为 $1.49 \times 10^2$ 千克标准煤、$4.94 \times 10^3$ 千克标准煤、$4.85 \times 10^3$ 千克标准煤和 $1.6 \times 10^3$ 千克标准煤。填埋场负荷在场景二和场景三下分别减少了17.3%和16.5%，送往焚烧的垃圾含水量也减少了13.6%，垃圾低热值增加了16.2%。研究者认为在三种餐厨垃圾的能源转化方法中，厌氧消化效率最高，但餐厨垃圾分隔率达到60%以上时并不能减少垃圾处理过程的净碳排放。

2. 原文信息：Hossain M U, Wu Z, Poon C S. Comparative environmental evaluation of construction waste management through different waste sorting systems in Hong Kong[J]. Waste Management, 2017, 69: 325–335.

论文导读：该研究应用生命周期分析并全面评估了香港建筑垃圾管理系统的环境绩效，同时根据建筑垃圾管理系统的组成和物质流，利用不同的废物回收率来计算该系统的环境性能。研究者采用替代生命周期评价方法来评估回收材料再利用的环境效益。结果表明，建筑垃圾管理系统采用了场外分拣和直接填埋的方式，并对环境系统产生了显著的影响。但研究发现，通过现场分拣，垃圾管理系统能观察到更可观的净环境效益。相比场外分拣后填埋，现场分拣和管理一吨建筑垃圾避免了多余的温室气体排放，具有较高的回收潜力。尽管环境效益主要体现在废物的组成和可分类性上，但是该研究的结论仍然可以为资源节约型建筑垃圾管理系统提供更有效的设计指导。

3. 原文信息：Miliute-Plepiene J , Plepys A . Does food sorting prevent and improve sorting of household waste? A case in Sweden[J]. Journal of Cleaner Production, 2015, 101(15):182-192.

论文导读：垃圾管理系统变化可能对家庭行为产生一定影响。该研究选取瑞典某城市作为研究对象，探究了该市单独引进的食物垃圾收集系统对减少家庭垃圾总量以及改进包装垃圾分类的影响。基于官方提供的垃圾统计数据以及 117 名城市居民的调查，该研究认为食物垃圾收集系统对家庭行为有正面作用。调查问卷重点收集了家庭对垃圾分类行为的看法、态度和自我评价的变化。受访者提到，环保意识加强和食物垃圾分类便利是个人垃圾分类程序发生变化的主要原因。除此之外，该研究还测试了其他变量的重要性，如收入、就业、经济活动、社会人口、基础设施、废物关税、非法倾销和提高认知。大多数变量是静态的，与废物收集改善并没有明显的相关性，主要动态变量为分析案例的收入较高，这表明该案例可呈现出经济增长与废物产生率脱钩的现象。

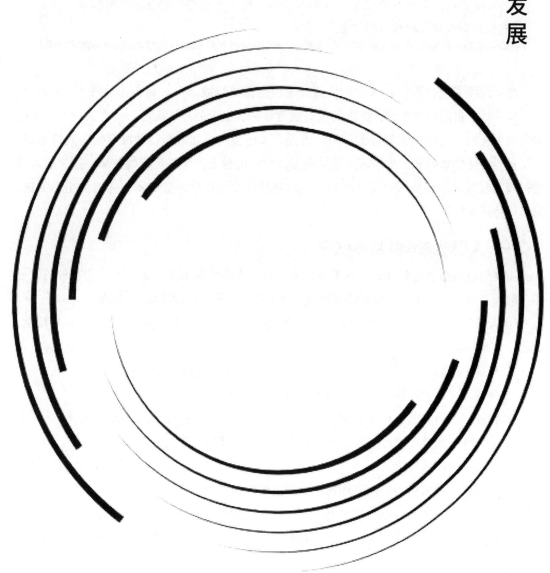

# 第一节 人口增长

**★学习目标**
- 了解全球人口数量的发展历史
- 了解人口生态学的基本概念
- 了解预测人类人口增长的两个模型，并理解模型假设的不足之处
- 理解年龄结构、人口转型以及寿命对人口增长的影响
- 理解地球的人类承载力概念、人类人口可持续发展的思想以及现实中能够有效控制人口过快增长的手段

在可持续发展过程中，人口的可持续发展是重要组成部分。目前，地球上大约有78亿人口。对于自然环境来说，庞大的人口数量意味着巨大的环境压力。一方面，人的生存与发展需要向生态环境索取资源；另一方面，人还会向自然环境排放废弃物。人口越多，人类社会消耗的资源和产生的污染就会越多，对环境也会产生更严重的破坏。过快的人口增长模式所带来的环境压力很可能超过地球自然恢复的速度，造成不可逆转的生态灾难，阻碍可持续发展。

## 一、人口动态学的基本概念

生物的数量会随着时间和空间的变化而变化，人类也是如此。地球上一切物种的数量都在时间与空间的双重维度中动态变化着。下面列举了一些与人口有关的概念。

① 人口学：对人类种群的统计研究。它研究人口的变动过程与规律，以及人口与社会、经济、生态环境的关系。

② 种群：指同一时间生活在一定自然区域内，同种生物的所有个体。

③ 种群动态：指种群数量在时间和空间中的变化情况。

④ 物种：指所有能够相互繁殖的个体。一个物种可以由一个或多个种群组成。

⑤ 五大种群属性：丰度、出生率、死亡率、增长率以及年龄结构。

⑥ 丰度：种群的规模。

⑦ 出生率：通常指一年内平均每千人中出生人数的比率。

⑧ 死亡率：通常指一年内平均每千人中死亡人数的比率。

⑨ 增长率：出生率减去死亡率。当出生率为正，人口实现正增长；当出生率为负，

则人口负增长，即人口总数减少。

　　⑩ 年龄结构：各个年龄组人口在总人口中所占的百分比。

　　⑪ 人口密度：单位土地面积上的人口数量。通常使用的单位为：人/平方千米，人/公顷。人口密度可以衡量一个国家或地区人口的分布状况。

　　⑫ 粗出生率：一定时期内（通常指一年内）平均每千人中出生人数所占的比率（通常以千分数表示）；由于没有考虑到人口年龄结构，所以称为"粗"。

　　⑬ 粗死亡率：每年每千人中死亡人数所占的比率。

　　⑭ 粗增长率：每千人每年净增加的人数所占的比率，也等于粗出生率减去粗死亡率。

　　⑮ 生育率：每年出生的活婴数与同期平均育龄妇女人数之比，通常用千分数表示。

　　⑯ 一般生育率：每年出生总人数与育龄妇女（所有 15～49 岁妇女）总人数之比，反映育龄妇女的生育水平。

　　⑰ 总和生育率：每个妇女在整个育龄期中预期平均生育的子女数。

　　⑱ 按年龄划分的出生率：人口中按生育率划分的妇女年龄组中每年预期出生的人数。

　　⑲ 特定原因死亡率：每 10 万例死亡中因同一种原因死亡的人数。

　　⑳ 发病率：指在一定期间内，一定人群中某病新发生的病例出现的频率。

　　㉑ 患病率：指在某一特定时间内总人口中某病新旧病例之和所占的比例。

　　㉒ 病例死亡率：指某种疾病的病例中死亡人数所占的百分比。

　　㉓ 自然增长率：出生率减去死亡率，指不包括移民在内的年人口增长率。

　　㉔ 倍增时间：假设自然增长率不变，人口翻番所需的年数。

　　㉕ 婴儿死亡率：每年每千名活产婴儿中 1 岁以下婴儿死亡人数的比率。

　　㉖ 出生时预期寿命：在现有死亡率下，新生婴儿平均可活的年数。

## 二、人口数量变化与人口转变理论

### （一）人口的出生率、死亡率和自然增长率

　　在不考虑移民的情况下，人口数量的变化是由人口自然增长率（人口变化除以人口总数）决定的，而人口自然增长率又是由人口出生率（出生人数除以人口总数）减去人口死亡率（死亡人数除以人口总数）得出的。也就是说，人口的出生率和死亡率之间的关系决定着人口数量的变化，当人口出生率高于人口死亡率，人口数量就会增加，二者之间的差值越大人口增长的速度也就越快。

　　例如，2002 年中澳大利亚有 1970 万人口，2002 年至 2003 年出生了 39.4 万人。按 2002 年中的人口计算，出生率为 39.4/1970，即 2%。同期有 13.79 万人死亡，死亡率为 13.79/1970 万，即 0.7%。增长率即可以用人口数量变化（出生人口与死亡人口的差值）除以人口总数计算：(39.4–13.79)/1970=1.3%；也可以通过将出生率减去死亡率得到：2% – 0.7%=1.3%。

在不同的历史时期，人类社会的出生率和死亡率显示出不同的特点，人口数量也随之产生变化。从整体上来看，人口出生率和死亡率随时间推移呈现下降趋势。

### （二）人口转变理论

人口转变理论是当代人口学的核心理论，重点研究了传统生育率和死亡率从传统模式转变为现代模式的过程，是现代社会以来人口变化过程的理论总结。人口转变理论的一项具体理论解释分支是"五阶段"论，具体将人口转变过程分为高位静止、早期扩张、后期扩张、低位静止和绝对衰减五个阶段。

在原始社会，人口转变阶段表现为高位静止。原始社会的生产力极低，人类生存条件恶劣，死亡率居高不下。人类社会通过提高出生率以克服高死亡率，从而维持总体数量保持平衡。在艰苦环境下，人类很难维持稳定的高出生率，出生率低于死亡率的情况时有发生，造成频繁的人口数量波动。从整体上看，高位静止阶段中的人口出生率水平略高于死亡率，且二者都维持在较高的水平，人口数量以极其缓慢的速度增长。

在农业社会，人口转变阶段表现为早期扩张。进入农业社会，生产力有了持续的发展，家庭制度得到普遍确立，出生率变得稳定。从整体上看，虽然早期扩张阶段的死亡率仍然很高，但稳定的高出生率能有效抵消其影响。高死亡率和高出生率的结合使人口数量维持缓慢的增长状态。

进入工业社会，人口转变阶段表现为后期扩张。科学技术的进步，特别是医疗卫生水平的提高使得人口死亡率快速持续下降，达到人类历史上的最低水平。而人口出生率具有惯性，仍维持着高位静止阶段的高出生率。在后期扩张阶段，人口死亡率远低于出生率，人口自然增长率大幅提升，人口数量快速增长。目前全球的人口增长仍处于这一阶段，从1830年至2020年的不到两百年的时间里，世界人口从10亿增长至78亿，且仍保持着每年1%左右的较快增长率。

随着生育理性的普及，人口转变阶段表现为低位静止。从后期扩张阶段的后半段开始，人们逐渐在节育技术的帮助下理性生育。人口出生率持续性减少，逼近仍保持低位的人口死亡率，同样达到人类历史上的最低值。人口自然增长率快速下降，甚至在人口出生率下降到与死亡率持平时达到人口的"零增长"，人口数量在总体上保持不变。

在人口老龄化的影响下，人口转变阶段表现为绝对衰减。随着时间推进，曾经在后期扩张阶段出生的人口步入老年，使得人口死亡率小幅度增加，低于已经触底的人口出生率，人口自然增长率变为负数，人口数量持续减少。目前只有极少数的发达国家进入了绝对衰减阶段，但按照目前人口增长的趋势分析，在未来所有国家和地区都将面临持续的人口负增长。

## 三、预测未来人口的增长

人口增长速度关乎人类未来，更影响着可持续发展的走向。实践中人们经常用计算人口倍增时间和构建人口对数增长曲线的方式预测未来人口情况。

## （一）马尔萨斯的人口理论

马尔萨斯是 18 世纪末 19 世纪初英国著名的人口和政治学家。他认为如果在没有外部限制的情况下，人口是呈指数增长的，即按照 2、4、8、16、32……的方式增长，单位时间内的人口增长量会随着人口基数的增大而越来越多。如果 100 人以每年 5% 的速度增长，他们将在不到 325 年的时间里增长到 10 亿人。但食物供给是呈线性增长的，即按照 1、2、3、4、5……的方式增长，增长速度不会随着时间积累以及人口增长而加快。人口的指数增长和食物的线性增长之间的矛盾将会随着人口不断增加，粮食需求量高于粮食供应量而爆发，直到战争、饥荒、瘟疫消灭大量人口，缓解粮食危机。

马尔萨斯的人口理论只是用数学模型对人口增长进行了简单预测，并不完全符合现实中的人口增长情况。事实上，科技为粮食产量提供了很大的增长空间，节育手段避免了无休止的生育，马尔萨斯所预言的人口灾难也并没有在全球规模上出现。不过，马尔萨斯的人口理论仍然具有现实意义。在过去的两个世纪里，全球人口数量翻了七倍，呈现出指数增长的趋势，如此快的人口增长在人类历史上也是首次出现。

## （二）倍增时间

倍增时间指的是人口在指数增长模式下规模翻倍所需的时间。倍增时间随着自然增长率的变化而变化，见公式（9-1）。

$$倍增时间 =70/ 年增长率 \tag{9-1}$$

例如，美国的人口增长率为 1%，用 70 除以 1 得到其人口倍增时间为 70 年，这意味着如果美国的人口增长率保持不变，70 年后美国的人口将是当前人口的两倍。相比之下，中国的人口增长率为 0.6%，人口翻倍时间为 117 年。尼加拉瓜的人口增长率为 2%，人口翻倍时间为 35 年；瑞典的人口增长率约为 0.2%，人口倍增时间为 350 年。世界人口增长率为 1%，人口倍增时间为 70 年。

通过倍增时间预计的人口增长有时会与现实情况产生偏差。倍增时间的计算是建立在人口自然增长率长时间保持稳定的假设之上的，而现实中人口自然增长率经常变化，造成预期与现实不符。例如，世界人口自然增长率在 20 世纪 60 年代达到顶峰，约为 2.2%，由此计算的人口倍增时间应为 32 年。1960 年世界人口数量为 30 亿，按照预测，世界人口将会在 1992 年达到 60 亿。而现实中，由于人口增长率总体上在 60 年代达峰后缓慢下降，世界人口直到 1999 年才真正达到 60 亿。

## （三）人类人口的对数增长曲线

在指数增长模式下，人口数量会无限扩张，直到超过地球所能承受的最大限度，耗尽地球上所有资源。但在现实中，人口并不会一直保持指数模式增长，而是在以类似对数的模式增长。

在对数增长模式中，人口在前期会暂时性地快速增长，之后增长率逐渐下降，人口增长速度逐渐放缓，直到人口数量达到上限并保持稳定。人口增长速度发生显著改变的点叫作拐点。直到真正达到这个拐点之前，人类最终的人口规模是不可预测的。自20世纪60年代以来，世界人口的增长率一直在下降，对于人类是否已经到达人口增长的拐点目前存在争议。联合国在假设世界人口已经超过拐点的情境下对人口上限作出了以下预测：首先，世界各地的死亡率将下降，并在女性预期寿命达到82岁时趋于平稳；至2060年前，世界各地的生育率将逐步达到更替水平；发达国家的人口将增长到19亿，发展中国家的人口将增加到96亿，如孟加拉国的人口总数将达到1.65亿，尼日利亚的人口总数达到4.53亿人，印度的人口总数达到18.6亿，95%的世界人口增长来自发展中国家。

## 四、年龄结构和老龄化

在描述人口情况时，人口的年龄结构是重要的指标。在实践中，塔状条形图能够清晰地描述人口年龄结构和性别比例。根据不同的人口结构，塔状条形图有四种常见类型，分别是：金字塔、柱状结构、倒金字塔和鼓状结构。金字塔年龄结构出现在年轻人占比较多的人群中，其特征是出生率较高，人口快速增长。柱状年龄结构出现在老年人占比较多的人群中，其特征是出生率和死亡率都较低，人口数量基本维持稳定。当出生率进一步下降，老年人数量超过年轻人时，柱状年龄结构就会转变为倒金字塔年龄结构（见下图）。受一些特殊事件影响，某个年龄段的人口的出生率或死亡率变得很高，而其他年龄段并没有出现太大变化，此时就会出现鼓状人口结构。

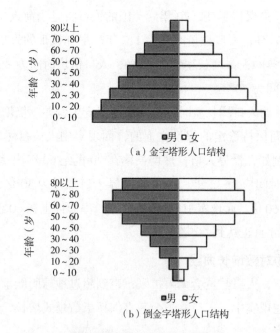

金字塔和倒金字塔形人口结构

一个国家的年龄结构影响着经济发展的方向。当年轻人占比较高时，国家经济发展就会有充分的劳动力供应，整体的消费能力也会更高，但同时也可能出现就业紧张的问题。当未成年人占比过高时，家庭抚养压力会提高，年轻劳动力的市场参与率会降低，而且政府需要提前布局更多的就业岗位。当老年人占比较高时，经济发展就会出现劳动力紧缺的问题，消费水平也可能陷入低迷，社会的养老和医疗服务负担也会加重。

## 五、人口危机

### （一）人口老龄化

人口老龄化是指在人口生育率降低和人均寿命延长的背景下，总人口中年轻人口数量减少、年长人口数量增加，从而导致的老年人口比例相应增长的现象。人口老龄化往往出现在人口转变"五阶段"论中的"低位静止"和"绝对衰减"阶段。此时社会人口已经完成了工业社会时代的快速扩张，出生率和死亡率都保持在很低的水平。联合国《人口老龄化及其社会经济后果》将一个国家或地区 65 岁及以上老年人口数量占总人口比例超过 7% 作为老龄化的标准；维也纳老龄问题世界大会将 60 岁及以上老年人口占总人口比例超过 10% 作为进入严重老龄化的标准。

自 20 世纪 90 年代以来，中国的老龄化进程逐渐加快。导致中国出现人口老龄化现象的主要原因是 20 世纪五六十年代的高生育率和低死亡率。为控制人口的急剧增长，我国推行了计划生育政策，人口出生率迅速下降，但同时也造成了年轻人占比下降，加快了中国人口老龄化的进程。根据第七次全国人口普查数据，我国 60 岁及以上人口占比达到 18.70%，65 岁及以上人口占比达到 13.50%。预计到 2030 年，我国 60 岁以上人数将约占总人数的 25%，65 岁以上老人比例将达到 16.2%。自 2040 年开始，我国老龄化的速度才会有所减缓，但 60 岁以上人口比例仍居高不下，将长期徘徊在 30% 左右。

### （二）少子化

少子化是指生育率下降，造成幼年人口逐渐减少的现象。普遍认为，人口出生率 21.0‰ 以上为超多子化；21.0‰ ~ 19.0‰ 为严重多子化；19.0‰ ~ 17.0‰ 为多子化；17.0‰ ~ 15.0‰ 为正常；15.0‰ ~ 13.0‰ 为少子化；13.0‰ ~ 11.0‰ 为严重少子化；11.0‰ 以下为超少子化。少子化意味着人口可能在未来逐渐变少，也意味着高龄人口比例将有所上升。

"少子化"一词源自于日本。日本是世界上经济发展最快速的国家之一，在快节奏的生活之下，面对紧张的工作环境，人们常常无暇顾及其他，因此错过生育机会；随着 20 世纪 90 年代初泡沫经济的破裂，日本的经济进入低谷，由于男性一方的收入不足以支撑家庭开销，女性便开始外出工作补贴家用，职场女性的增多，加上繁重的工作生活压力，使得许多家庭放弃了生育子女的念头；高昂的城市物价与育儿成本更加促进了少子化趋势的形成。

如今，世界上已有许多国家出现少子化或严重少子化的现象，如中国、韩国、德国、巴西等。少子化可以减轻环境的负担，降低人类活动对生态环境的污染与损害；可以缓解世界粮食短缺问题；可以使实体资源、教育、就业机会等资源以优质的型态普及于大众，降低阶级落差；可以使房价合理化；可以由于学生数量的减少，从而方便教师因材施教，提高教育质量，提高人们的文化水平。

然而，少子化也给社会带来了一些负面影响。高龄化是少子化的副作用，人口少子化将加速社会人口老龄化，使家庭模式发生改变，从而给养老带来巨大压力。例如在中国"一孩政策"的背景下，少子化对于家庭而言意味着独子化甚至无子化，这一趋势将导致家庭规模越来越小，使能够为养老提供的人力、物力、财力缺乏，甚至将造成严重的伦理危机，例如弃养潮、非法执行安乐死等。少子化还将给社会的经济增长带来压力，人口的减少导致总需求的减少，也将减少劳动力供给，供求双方的缩小将成为阻碍经济增长的重要因素。

### （三）案例：韩国的人口老龄化和少子化

韩国在 1970 年、1980 年、1990 年、2000 年和 2010 年 65 岁及以上的老年人口占总人口的比重分别为 3.1%、3.8%、5.1% 和 7.2% 和 11.3%。2017 年，韩国老年人口比例上升至 14%，这意味着韩国正式进入联合国标准下的"老龄社会"。2021 年，这一数字增长至 16.5%。在未来，韩国老年人口比例将继续增长，预计 2025 年老年人口比例将超过 20%，进入"超老龄社会"。

韩国人口老龄化问题的严重性一方面是因为老龄人口比例大，另一方面是因为老龄化速度快。将老年人口比例从 7% 上升到 14% 的时间与其他一些国家相比较，日本用了 24 年，英国用了 47 年，法国用了 115 年，而韩国仅用了 17 年。从这个意义上说，韩国是老龄化速度最快的国家。平均寿命延长导致的死亡率下降和生育意愿丧失导致的生育率下降共同作用导致了韩国的人口老龄化与少子化，其中，生育率下降更受人关注。

多种因素共同作用导致了韩国的生育率下降。在 20 世纪 60 年代，人口增长抑制政策将韩国的总和生育率（平均每对夫妻生育的子女数）从 4.53% 降到了 1.67%。20 世纪 90 年代以后，社会、经济和文化等因素则产生了更为重要的综合作用。自 21 世纪以来，韩国的总和生育率持续下降。一方面，年轻人婚姻价值观的改变、社会压力大、育儿成本高等因素减少了人们生育的意愿。另一方面，在教育和就业水平提升的影响下，更多的已婚妇女不再认为生育孩子是必要的。此外，长期低生育率引起的人口结构变化具有惯性，将会导致育龄妇女人数的持续下降，造成长期的人口负增长。

### （四）应对人口老龄化和少子化的对策

人口老龄化和少子化对于可持续发展具有负面影响，但也是人类社会发展过程中不可避免的趋势。因此，其应对策略更偏向于将人口老龄化和少子化对可持续发展的影响降到最小。

具体来说，就是从经济发展、社会体制和人的观念角度入手缓解人口老龄化和少子化带来的可持续发展压力。首先，人口老龄化和少子化带来的最直接的影响是劳动力的短缺。因此，通过提高劳动生产率来转变经济发展方式、提高经济发展质量是解决劳动力不足的根本方案。在老年人比例不断增长的情况下，提高劳动生产率能更充分地发挥年轻劳动力的潜能，缓解劳动力短缺所带来的经济负担。其次，人口老龄化和少子化还会加重养老压力。因此，政府需要建立健全科学合理的养老保障体系。目前，我国实行"居家为基础、社区为依托、机构为补充、医养相结合的养老服务体系"，以居家和社区为重点保障不断增长的养老需求。最后，转变人的观念在解决人口老龄化和少子化问题中也起到重要作用。一方面，应推广性别平等的价值观以促进生育。在发达国家中，越是性别平等的社会生育率越高；另一方面，应在平均寿命延长、老年群体健康状况改善的基础上适当采取弹性的退休政策，鼓励老年人将其丰富的经验、技能与智慧积累进一步应用于经济发展过程中，有机会、有组织地开发老年人力资源。也可以推进老年人养老观念的转变，充分发挥其自我管理的作用，鼓励老年协会发展，让老年人在集体生活的氛围中维持身心健康。

## 六、本节总结

人口增长是可持续发展的重要组成部分。人口既能为经济发展提供劳动力和消费动力，又会对环境造成压力，合适的人口增长速度有利于平衡经济发展与环境保护之间的关系。人口增长主要由人口的出生率、死亡率和自然增长率决定。随着历史的演进，人口的增长依次呈现出高位静止、早期扩张、后期扩张、低位静止和绝对衰减的人口转变阶段。在实践中，人口倍增时间和人口对数增长曲线能够计算未来人口增长情况，从而服务于可持续发展。塔状条形图能够清晰地展示人口的年龄结构，不均衡的人口年龄结构会引发人口危机。

---

### 课后思考题

● 根据人口转变理论，阐述随着人类社会发展人口如何变化。

● 结合社会实际，谈谈我国的人口现状、面临的挑战及可能的应对策略。

# 第二节　人口理论

## 一、马尔萨斯的人口理论

托马斯·马尔萨斯是英国 18 世纪末著名的人口学家和政治学家，是现代人口学的奠基人。他观察到英国进入工业革命后出现的大批工人失业和普遍的贫困问题，从而在 1798 年提出了《人口学原理》来解释这些社会问题。

### （一）人口增长与生产能力之间的矛盾

马尔萨斯的人口理论首先设置了两个假设前提：一是人几乎无法抑制自己的性本能，会无限制地繁衍；二是人的生存需要食物供应。在此基础上马尔萨斯进一步做出推论，人类的繁衍是呈指数增长的，而食物供应呈线性增长，随着时间推移，社会中的人口数量所带来的巨大食物需求将超过食物供给，导致人均占有食物的减少和普遍性的贫困。

具体来讲，马尔萨斯运用人口数量增长和生产能力之间的矛盾来解释人口增长的规律。有限的生存手段限制着人口数量，而当技术进步、生存手段增加后，人口数量也会相应增加，同时加重人口压力，刺激生产增长。反过来，生产增长又会刺激人口进一步增长，如此往复循环。但从长远来看，呈线性模式的生产增长不能与呈指数模式的人口增长保持同步，随着时间推移，生产将无法为数量巨大的人口提供足够的生存资料。此时，控制人口的方式就会起作用，减少人口数量并使之能够被现有的生产能力所供养。

马尔萨斯认为，控制人口的方式分为自然的和人为的两大类，自然方式又可以分为自然原因（事故、衰老）和灾难（瘟疫、战争、饥荒）；人为方式则是道德限制（晚婚、禁欲）和罪恶（杀婴、谋杀）。马尔萨斯倡导在人口增长超过食物供给之前就采取道德限制的方式预防性地控制生育率，从而控制人口过快增长，以避免人口规律诱发灾难后导致大量人口死亡来减少人口。同样是控制人口的措施，人类要么主动地从减少出生率入手未雨绸缪，要么放纵生育而承担自然对人类基于高死亡率的人口控制。

### （二）马尔萨斯人口理论对后世的贡献

马尔萨斯的人口理论开创了人口学的先河，深刻地影响了后世的经济学、生物学思想发展和政治实践。在过去，经济学界往往局限于将人口视作劳动力，把高出生率作为经济快速发展的重要因素，而马尔萨斯的人口理论则从人口过度增长减少人均占有生产量的视角解释了过高出生率的弊端，丰富了经济学界对于人口增长的看法。达尔文也深受马尔萨斯启发，将他的人口理论用于没有人类智力干预的生物界，发表了《物种起源》，提出了现代进化论，达尔文提出的同一物种内部不同个体之间的生存竞争就是马尔萨斯人口理论的发展和延伸。在政治界，马尔萨斯的人口理论推动了英国的人口普查和有关人口控制的立法。在 1964 年，于连·赫胥黎发表了《进化论的人道主义》，描述了"拥挤的世界"并呼吁制定"世界人口政策"。至今马尔萨斯的人口理论仍推动着联合国人口基金会关于地球能容纳多少人的辩论。

### （三）有关马尔萨斯人口理论的争议

马尔萨斯对人口增长和生产能力的简单数学模型描述受到了许多学者的批评。

首先，人口增长的变数很多，几乎没有以指数方式增长。马尔萨斯所生活的工业革命时代人口快速增长，而在此之前的古代社会和在此之后的现代社会人口增长都相对缓慢，马尔萨斯所预言的人口无限制增长在人类历史中并不是常态。生产能力的线性增长模型也并不符合实际，在《人口学理论》提出后的两百多年里，科技发展迅速，生产能力增长始终养活了快速增长的人口，没有出现大规模的人口灾难。

其次，受限于 18 世纪浓厚的宗教氛围，马尔萨斯所倡导的"预防性抑制"带有牧师说教的色彩。他寄希望于禁欲和遵守道德规范来抑制人类旺盛的生育意愿，倡导人们长时间地保持不婚状态，并在此期间严格遵守性行为的道德规范，即便在结婚后也要尽力减少性行为以减少生育，从而避免战争、饥荒、瘟疫、贫困等自然的控制人口方式带来的灾难。许多学者认为这一观点与人性相悖，是一种带有自我牺牲意味的理性幻想，与客观现实不符，很难普遍推行。

最后，马尔萨斯认为社会底层的劳动群众无节制地放任自己的生殖能力，需要承担人口过度增长的主要责任，在他的影响下，英国政府立法控制贫困人口的增长，却也加剧了社会底层的贫困。时至今日，学界对于马尔萨斯人口理论的观点始终褒贬不一，人口学者之间的争论仍在持续。

## 二、马克思主义中的人口经济思想

进入 19 世纪，在工业革命和资本主义快速发展的社会背景下，马克思主义将辩证唯物主义和历史唯物主义引入人口和经济的问题中，发展出马克思主义理论框架下的人口经济思想。

## （一）人是生产和消费的中介和载体

马克思认为，人类在经济活动中的生产和消费具有直接同一性，即"生产直接是消费，消费直接是生产"。一方面，人的生产决定着消费，人是社会物质财富的生产者，人的生产活动为消费创造着物质资料和服务；另一方面，消费也反过来刺激生产，人从出生就需要消费，人口充足的消费需求刺激着生产，推动经济发展。在生产与消费这一辩证统一关系中，人既是生产者也是消费者，是有机连接生产与消费的中介和载体。因此，人口状况的变化直接作用于生产和消费，从而影响着社会经济的发展。

## （二）人口增长是人自身的生产

马克思和恩格斯将生产的概念延伸到人自身的生产及人类的繁衍。马克思认为，人在消费生活资料的同时也在生产着自己的身体，例如在吃喝中恢复自身体力。恩格斯的解释将生产分为两种：一种是生活资料的生产，即食物、衣服、住房等物质资料；另一种是人自身的生产，即种的繁衍。人类在生产过程中制造出生活物资，并在消费过程中使用生活物资满足自身生存和繁衍的需要，实现人口增长。

## （三）人口与社会生产方式的关系

人既是物质资料的生产者，也是物质资料的消费者，在消费物质资料的过程中，人也实现了自身的繁衍，即人口增长。新一代的人口参与生产，创造出更多可供消费的物质资料。马克思主义认为，一方面，由于物质资料的生产方式制约着整个社会生活、政治生活和精神生活的过程，人口发展也会受到物质资料生产方式和经济条件的制约；另一方面，由于人是全部社会生产行为的基础和主体，人口的数量、质量、结构等状况对社会生产方式具有反作用，可以推动或阻碍社会发展。因此，为实现人类发展，需要合理把握人口状况与社会生产方式的关系。

# 三、马寅初的人口思想

20 世纪中叶，中国当代经济、教育、人口学家马寅初根据新中国人口增长过快的实际情况，发表了《新人口论》，为我国建立现代计划生育政策提供了理论依据。

## （一）人口增长与资金积累之间的矛盾

马寅初认为，20 世纪 50 年代的中国人口增长得太快而资金积累得太慢。在 1953 年至 1957 年间，中国人口快速增长，人口增值率超过 2%；相比而言，我国的资金积累速度太慢，难以改善人们生活。1956 年，我国总共 900 亿元的国民收入中消费部分的占比高达 79%，而积累下来的资金只有 21%。

快速增长的人口消费了绝大部分国民收入，从而减少了经济发展所带来的资金积累。农业上为了养活新增加的人口就必须将大量土地用来生产粮食作物，从而挤占了棉花、桑蚕、花生等经济作物的种植空间。同时国家为了解决大量人口所造成的失业问题，不得不安排农民在有限的土地上进行低效率农业劳动，这阻碍了高速工业化的发展进程。此外，资金积累的不足也限制了工业设备和原料的投资，进而阻碍了大工业的发展和劳动生产率的提高。

### （二）人口数量和人口质量的辩证关系

马寅初认为人口的数量和质量存在对立统一的辩证关系。首先，人口数量和质量往往是对立且相互制约的。20世纪50年代我国快速增长的人口数量消费了国民收入的主体，从而导致我国的教育和科研事业没有足够的资金积累进行发展，限制了人民科学文化素质和生活质量的提高。此外，人口数量和质量也具有统一性，彼此相互依存并在特定条件下相互转化。人口质量往往需要通过相当的人口数量才能表达出来，当人口数量不足时，增加人口通常是国家人口政策的主要目标；而当人口数量达到一定水平后，国家应注重提高人口质量，实现人口数量与质量相匹配。人口数量和质量的优势可以互相替代，在人口不足时，增加人口数量可以增强国家的人力资源优势，保证充足的劳动力参与物质资料的生产，即"人多力量大"。如果国家重视人口质量同时控制人口数量，劳动者就会拥有更高的素质，劳动生产率也会提高，即"人不在乎多，而在乎精"。根据人口数量和人口质量的辩证关系，如果我国重视人口质量，即便没有庞大的人口数量，社会生产上的高效率也可以弥补人力资源优势，同时人民生活质量也会显著改善。

#### 1. 针对人口增长过快问题的解决方案

面对中国的人口问题，马寅初认为要从四个方面着手进行解决，分别为大力发展生产、实现计划生育、控制人口数量和提高人口素质、加强人口管理。

人口过多导致资金积累不足的首要解决方案是大力发展生产。马寅初认为人口与生产的关系比任何其他因素都重要，我国需要进一步扩大生产和再生产，进行高速度的工业化、增加国民收入、扩大资金积累、改善人民生活水平，从而缓解和消除人口增长与资金积累之间的矛盾。

实现计划生育是控制人口最好也是最有效的办法。马寅初认为计划生育是我国社会主义计划经济体制必要的组成部分，我国需要将人口也列入计划的一部分。他主张生两个孩子有奖，生三个孩子要罚，通过"以奖代罚"的机制鼓励人们有计划地合理生育，维持人口再生产的平衡，同时又不加重国家和社会的经济负担。

控制人口数量提高人口素质的提议来自于马寅初对于人口数量和人口质量的辩证关系的理解。他认为20世纪50年代的中国人口数量和质量严重不相匹配，数量多而质量不足，所以倡导在控制人口数量过快增长的同时加强人口教育、提高人口知识水平和人口素质，使人口拥有健康的体魄，健全的心理，良好的教育，高尚的道德人格，丰富的科技知识、创造能力和劳动技能，从而适应科学技术日新月异的原子能时代的要求。

加强人口管理分为两个部分，一方面要定期进行人口普查，并在此基础上确定人口政策，把人口增长纳入五年计划内，提高计划生育的准确度；另一方面要加强运用经济和行政手段调控人口状况，推广晚婚晚育政策，鼓励避孕为主的节育手段，反对人工流产以保障妇女健康权和孩子出生权，宣传晚婚节育对于减轻家庭负担、改善子女教育、获得就业机会、提高生活质量的好处，破除"多子多孙"等旧思想的束缚。

### 2. 马寅初的人口思想对我国人口政策的指导作用

马寅初早在 1955 年就在全国人民代表大会上提出了控制人口的提案，并得到了毛泽东的重视。1957 年，毛泽东在最高国务会议上提出了人口问题。同年，《一九五六年到一九六七年全国农业发展纲要（修正草案）》发表，其中第二十九条第三项规定："除了少数民族的地区以外，在一切人口稠密的地方，宣传和推广节制生育，提倡有计划地生育子女，使家庭避免过重的生活负担，使子女受到较好的教育，并且得到充分的就业机会。"1974年，毛泽东在审阅《关于一九七五年国民经济计划的报告》时批示："人口非控制不行。"计划生育政策成为我国的一项基本国策，其中马寅初人口思想的理论指导作用功不可没。

马寅初的人口思想也曾遭受激烈的反对。批判者们把《新人口论》和《人口学原理》混为一谈，将马寅初视为"中国的马尔萨斯"。他们认为，在社会主义制度下，中国不可能出现人口问题。事实上，人口问题是人类社会发展所必然要面对的客观规律，并不因政治体制的变化而消减。马寅初正是在这种压力下坚持阐明真理，勇于发掘社会潜在的人口问题并积极寻求解决方案，开启了新中国具有中国特色的人口研究先河，推动了我国计划生育政策的实施，缓解了我国快速增长的人口，推动了人口质量的提升和人民生活水平的提高。

## 四、本节总结

人口理论是认识人口问题的窗口。在不同的历史时期，人口学家根据当时的时代背景和人口情况提出各自的人口理论。18 世纪，马尔萨斯的人口理论认为呈指数增长的人口数量将突破呈线性增长的食物供应能力，从而导致人口灾难。19 世纪，马克思从生产和消费的角度理解人类，将人类视为生产和消费的中介或载体，将人口增长视为人自身的生产，认为人口与社会生产能够相互作用，人口增长应该与社会发展相匹配。20 世纪，马寅初根据新中国人口增长过快的实际情况，提出了人口增长与资金积累之间的矛盾以及人口数量和人口质量之间的辩证关系，并从大力发展生产、实现计划生育、控制人口数量和提高人口素质、加强人口管理的四个方面提出了解决方案。

---

### 课后思考题

- 分别概括马尔萨斯、马克思、马寅初的人口理论。
- 请总结出三种人口理论之间的相似之处和差别。
- 在我国当前人口增长背景下，哪一种人口理论能更好地描述现实？

# 第三节　人口增长与环境可持续性

★**学习目标**
●认识人口增长与地球环境之间的关联
●了解控制人口增长的手段
●认识可持续人口管理的内容与方法

## 一、人类增长对地球环境的影响

人类活动需要自然资源的支撑，而获取资源的行为会对环境产生影响。即便在人类文明早期，不合理的自然资源就已经对环境产生了严重破坏。例如，古玛雅人使用焚烧的方式将雨林开垦为农田，利用原始植物的灰烬作为土壤肥力资源进行农业生产。在人口数量少、生产力低下时，人类对于自然环境的影响是有限且局部的。随着近两个世纪以来人口的爆发式增长与科学技术的快速发展，人类社会对环境产生了深远影响。公式（9-2）是人口—技术公式，描述了人类对地球环境产生的总影响、人口总数量与平均每个人对环境的影响之间的关系。

$$T = PI \tag{9-2}$$

其中，$T$ 表示人类对地球环境产生的总影响；$P$ 代表人口总数量；$I$ 代表平均每个人对环境的影响。该公式表示地球人口越多，每个人对环境的平均影响越大，人类总体对环境的影响就越大。然而，由于不同社会的科技水平差异，平均每个人对环境产生的影响也是不同的。例如，生活在中国一线城市的人比生活在一线以下城市的人对环境的平均影响更大；生活在美国等高度发达国家的人要比生活在贫穷的、技术相对落后的国家的人对环境产生的平均影响大。但是，在一些欠发达国家，虽然其平均每个人对环境的影响相对较小，但其庞大且快速增长的人口数也会对环境造成深远影响。

## 二、地球的人口承载力

地球的人口承载力指的是在环境的承受限度内地球上能容纳的人口数量。当人口增长超过地球的人口承载力时，自然资源就会陷入紧缺，人类社会将面临生态灾难。在此过程中，短期、中期和长期因素会限制人口增长。短期因素指可以在一年内影响人口增长的因素，例如国家粮食安全；中期因素指在 1~10 年之间对人口增长造成显著影响的因素，包括沙漠化，重金属、病原体等污染物造成的环境污染，不可再生资源供应的中断等；长期因素指在 10 年内未对人口增长产生显著影响的因素，包括土壤侵蚀、水资源短缺和气候变化等。

　　一般估算地球人口承载力的方法有三种。第一种是通过假设人口将遵循对数增长模式，先快速增长之后逐渐趋于平稳。它通过分析已有的人口数据计算人口增长拐点，从而推算出最终的人口数量。第二种方法可以称为装箱问题方法。这种方法仅仅考虑了地球上最多能容纳的人口数量，并没有充分考虑到陆地、海洋等生态系统是否能为人类提供足够的食物、水、能源、建筑材料等资源，以及是否可以使生物的多样性得以维持，因此导致了偏高的地球人口承载力估算值。第三种方法源于深层生态学，是一种较为激进的环境主义。它将生态学发展到哲学与伦理学的领域，并提出生态自我、生态平等与生态共生等重要生态哲学理念。深层生态学认为，人类是构成生物群体的一个组成部分，而并非处于自然界之上或之外。因此它强调不应以人类为中心，其他生物体的内在价值也应该被给予肯定。当过多的人口严重破坏了生态环境时，应适当减少人口总数量。因此，在这一理论下的地球人口承载力估算值可能与现实情况有较大出入。

　　人类对地球环境的影响一方面取决于人口数量，另一方面取决于平均每个人对环境的影响。由于人类个体对于生活方式和居住密度的要求不同，通过装箱问题法或深层生态学估算出的地球人口承载力也会存在差异。例如，在美国的新泽西州，平均每人可占有 0.22 公顷土地，而在怀俄明州，平均每人可占有 47.2 公顷土地。相比之下，在纽约市的曼哈顿岛，平均每人的占地面积约为 0.02 公顷。然而，曼哈顿人却能依靠先进的科技和管理手段高效利用土地，在高人口密度的情况下维持舒适的生活环境。

　　总而言之，地球的人口承载力是评价人口增长与环境可持续性的重要指标，尽管通过不同方法计算的地球人口承载力结果不尽相同，但它们都从各自的角度警示着人类社会不能放任人口无限制地增长。同时，环境友好型的生活习惯和科技的使用能提高资源的利用效率，进而降低平均每个人对环境的影响，提高地球的人口承载力。

## 三、控制人口增长

　　在实现可持续发展的过程中，科学的人口控制是重要一环。如今，许多国家正在采取积极措施以维持合理的人口数量和结构。

### （一）晚婚晚育

　　晚婚晚育具体来说指的是鼓励人们推迟结婚和首次生育的时间，从而达到缩短妇女生育期、拉长两代人之间年龄间隔的目的，是最简单也是最有效的减缓人口增长速率的方法。随着越来越多的女性步入职场，以及人们教育水平和生活水平的提高，女性首次生育的年龄将会被推迟。越来越沉重的生活和社会压力也会导致人们结婚和生育年龄的推迟。

一般来说，早婚现象普遍的国家的人口增长率较高。在南亚和撒哈拉以南的非洲，约50%的女性在15～19岁之间结婚；在孟加拉国，女性的平均结婚年龄为16岁；而斯里兰卡的平均结婚年龄为25岁。世界银行估计，如果孟加拉国采用斯里兰卡的婚姻模式，每个家庭可以平均减少2.2个孩子。

### （二）通过生物学与医学手段进行生育控制

随着科技发展，人们逐渐可以使用生物学和医学手段主动地控制生育。其中避孕技术、堕胎和母乳喂养是常见的生育控制措施。

如今，避孕技术多种多样，包括服用避孕药、佩戴安全套、手术避孕、行为避孕等。自20世纪70年代以来，我国积极为育龄夫妻创造条件，保障其自主选择安全、有效、适宜的避孕节育措施。由于避孕方法的全面普及及晚婚等因素的作用，我国妇女的生育率有了极其显著的下降。在欧洲地区，口服避孕药的避孕方式最为普遍，有30%～60%的育龄妇女使用口服避孕药以控制生育。

堕胎也是较为普遍的控制生育的方式。1990年至1994年之间，全世界平均每年发生5000万起堕胎行为。2010年至2014年期间，这一数据上升到了5600万。尽管堕胎可有效控制生育，但堕胎在许多国家备受争议，主要涉及道德、女性身体权、婴儿生命权等方面的问题。

母乳喂养可以推迟女性生育后的排卵，从而降低生育率。许多国家的女性已用这种方法控制生育率。工业革命之后，奶粉的出现让一部分欧洲妇女放弃了母乳喂养。但到了20世纪70年代初，母乳喂养对幼儿和母亲健康的优势得到重视，工业化国家的母乳喂养水平开始上升。在发展中国家，母乳喂养则更为普遍。

### （三）通过国家手段控制生育

目前，中国、印度、越南等国家实施了计划生育政策以控制人口增长。

印度在1951年就开始推行计划生育政策，是世界上最早实行计划生育的国家，但缺乏强制性措施，对于人口数量的控制只建立在民众的自觉和自愿上。1976年，印度的马特拉施特邦通过的《限制家庭规模法》规定，对已生育3个孩子以上的、55岁以下的男性和45岁以下的女性实施绝育手术，但这项法案没有得到总统批准。政府对于计划生育采取较温和的手段，例如对自觉实行计划生育的家庭予以补助，实际的生育控制效果并不理想。

在我国，计划生育政策于1982年9月被定为基本国策，同年12月写入宪法。国家通过提倡晚婚、晚育，少生、优生，有计划地对人口数量进行控制。统计显示，我国人口出生率由1970年的3.34‰下降到2012年的1.21‰，人口自然增长率由2.58‰下降到0.495‰，生育率由5.8%下降到1.5%～1.6%，已经达到了发达国家的水平。我国的计划生育政策，使世界人口达70亿人口日期推迟了5年，并为其他发展中国家解决人口与发展问题做出了表率, 树立了负责任人口大国的形象。

## 四、可持续的人口管理

人口管理是实现可持续发展的重要一环。国家需要根据社会的实际情况制定合理的人口管理政策, 从而达到可持续发展的目的。在我国, 人口管理所涉及的领域分别为人口数量、人口质量、人口结构和人口迁移四个方面。

### (一) 人口数量管理

人口数量管理的具体内容是管理社会人口的数量规模、增长速度与水平。人口数量管理从目的上可以分为两个类别, 一类是增加人口数量, 另一类是遏制人口快速增长。在不同的社会条件下, 人口管理政策的目的也不同。

在人口数量不足时, 政府往往会采用降低死亡率和提高生育率的政策来增加人口数量。改善医疗卫生条件是降低死亡率的有效方法。我国有一些边远地区少数民族的医疗水平比较落后, 长期处于高死亡率的状态, 人口规模较小。我国通过提供医疗卫生援助、推广疾病防治措施以及改善当地居民营养的方式大幅降低了特定少数民族的死亡率, 有效促进了其人口增长。鼓励生育政策依靠提高生育率来增加人口数量。在生产力水平低下的古代社会, 物质资料和环境资源的匮乏限制着人们的生育意愿, 因此古代统治者往往采取鼓励生育的政策。春秋战国时期, 管仲在改革齐国的过程中重视通过增加人口来提升国家实力, 强制男子 20 岁、女子 15 岁婚配。古罗马为弥补战争造成的人口损失, 通过奖惩机制鼓励生育。奖励结婚和生养子女多的家庭, 将罗马城郊土地分给生育 3 个孩子以上的市民; 在法律上制止逃婚和不婚行为, 对独身者征重税。

进入近现代, 死亡率大幅下降, 人口迅速增长。此时政府需要采取计划生育政策来遏制人口数量过快增长。计划生育是我国的一项基本国策。在实践中, 我国通过从中央到基层的垂直行政分级管理系统和各级行政机构属下各单位各部门的横向管理分工和协作体系建立起计划生育的管理矩阵, 从而高效地达成控制人口数量的目的。

### (二) 人口质量管理

人口质量管理指的是国家通过干预、引导、调控影响人口质量的相关因素的方式来提高人口的文化教育、身体以及思想道德素质。教育是提高人口质量的有效方法。我国目前实施九年制义务教育方略, 一些欧美发达国家已经实行了 12 年的义务教育政策。此外, 各国也从饮食入手改善人口的身体素质。我国提出中国居民膳食指南、中国居民平衡膳食宝塔、中国居民膳食营养素参考摄入量等饮食建议; 美国每五年修订一次膳食指南; 欧盟的欧洲食品安全局长期致力于为消费者提供健康饮食的营养决策教育方案。

### (三) 人口结构管理

人口结构分为人口的自然、经济以及社会结构三部分, 其中对于可持续发展影响最大的是人口的自然结构。人口的自然结构又可分为人口性别结构和人口年龄结构。为实现可持续发展，国家需要维持正常稳定的人口自然结构。

在人口性别结构管理方面，国家需要维持男女比例的自然平衡以作为和谐社会秩序的自然基础。受传统的男尊女卑思想影响，古代社会往往在人口结构管理过程中重视生育男孩而歧视女孩，一些国家甚至会出现故意杀害和抛弃女婴的现象。进入现代社会，随着女性社会地位的提高，男尊女卑思想逐渐弱化，但部分地区在生育过程中仍然存在着非法且非道德的人为性别选择现象，破坏着人口性别的自然平衡。现代人口性别结构管理严格立法约束这种行为，例如，我国法律严格禁止利用超声技术和其他技术手段进行非医学需要的胎儿性别鉴定以及人工终止妊娠。

在人口年龄结构管理方面，国家需要遵循年龄自然演化及平衡的规律，根据不同的人口目标采取差异性的人口年龄结构管理措施。在鼓励人口增长的背景下，国家会鼓励早婚早育以缩小两代人之间的年龄差异，延长妇女的生育期，增加同一时期共同生存的人口数量，推动人口增长。例如，春秋战国时期越王勾践为增强国力，规定"壮者不得娶老妇，老者不得娶壮妻"，鼓励年轻人早婚多生。而在限制人口增长的背景下，国家会提倡晚婚晚育，减少生育率。例如，1950 年的《中华人民共和国婚姻法》规定法定婚龄为男 20 岁，女 18 岁。而 1980 年的《中华人民共和国婚姻法》将婚龄延后两年，为男 22 岁，女 20 岁。这一措施有效地减少了人口增长率。

### （四）人口迁移管理

人口的分布具有特定的空间形态。人口迁移管理是指国家为达到特定的人口预期目标所采取的干预、引导、调控人口空间分布、区域结构、居住地等相关因素的措施。通过科学合理的人口迁移管理政策，国家能有效地匹配人口与劳动力需求，将劳动者与生产资料结合，推动经济发展。例如，商鞅在推进秦国变法时采取徕民政策，通过给予土地和免除徭役的方式吸引邻国人口迁入以开垦耕地，发展农业。然而，当土地上的人口过多时就会给生态环境造成更大的压力，此时就需要将人口迁移到其他地区。例如，在我国近年来的脱贫攻坚过程中，政府将大批生活在脆弱生态环境中的人口迁移至其他地区，既帮助了人们摆脱贫穷，又维护了生态环境，推进可持续发展。

## 五、本节总结

人口增长对环境的影响取决于人口总数量和平均每个人对环境的影响，人口越多，每个人对环境的平均影响越大，人类总体对环境的影响就越大。地球的人口承载力指的是在环境的承受限度内地球上能容纳的人口数量。当人口增长超过地球的人口承载力时，自然资源就会陷入紧缺，人类社会将面临生态灾难。科学的人口管理是实现可持续发展的重要一环，包括人口数量管理、人口质量管理、人口结构管理以及人口迁移管理。

## 课后思考题

●举例说明医疗、农业、工业的进步是如何帮助人类降低死亡率、提升出生率的。

●人口快速增长对环境有何影响？

●你认为我国的人口合理容量是多少？请说明理由。

●谈谈你对人口可持续发展这一概念的理解。

# 拓展阅读：马尔萨斯陷阱

## 一、背景阅读

### （一）马尔萨斯灾难的定义

马尔萨斯灾难是人口学家马尔萨斯在其著作《人口论》中提出的一个理论，指人类社会的粮食增长速度赶不上人口增长速度，最终会导致粮食供不应求，社会分配出现危机。

马尔萨斯认为，由于农业资源和技术条件限制，粮食产量的增长是线性的；而人口的增长则是几何级的。即使经济不断增长，新增的人口也会将社会财富瓜分，平均到每个人的生活质量并不会得到太大改善。而一旦人口增长带来的物质需求超过经济增长产生的物质供给，就意味着部分人的生存需求不能满足，进而导致严重的社会矛盾冲突。直到发生大规模的饥荒疾病或战争，大量人口死亡，维持人口生存所需的物质需求再次降到社会所能提供的物质供给以下，社会恢复正常，人口恢复增长，再开启下一个循环。中国历史上就一直经历着这样的循环，历代王朝统一全国时人口较少，随着时间推移人口不断增加，王朝进入极盛时期，之后往往盛极而衰爆发大规模内乱，人口大量死亡，直到下一个王朝建立开启新一轮循环。比如，汉朝极盛时有 6000 多万人，经历三国内乱之后就只剩下 2000 多万人；经过几百年的增长，唐朝最盛时人口达到了 5000 多万，经历了唐末乱世之后只剩下了 1000 多万人。

### （二）马尔萨斯灾难的影响

马尔萨斯灾难理论在 19 世纪早期造成了恐慌，即使当时世界经济处在工业革命的快速增长中，人们还是担心快速增长的人口终将有一天突破社会经济所能承受的极限，人类社会进入残酷的饥荒疾病和战争中。但事实上这一结果并没有出现，19 世纪时全球只有不到 10 亿人，而如今已经突破了 70 亿，这背后有两个原因。

一个原因是马尔萨斯自己提出的，在第二版《人口论》中，他加入了道德限制，希望通过限制人口出生率来在人口数量压垮经济体之前提前控制人口，以避免大规模人口死亡事件的出现。的确，在欧美国家经济水平提高的同时伴随着人口出生率的自然下降。节育技术的发展使得人们可以自由决定生育计划。在完善的医疗和养老保障体系的支持下，生育下一代并不是必要的选择。为了维持较高的生活水平，很多人选择少生育甚至不生育，如今，大部分发达国家的人口不但没有像马尔萨斯预期的那样成几何级增长，反而增长极其缓慢甚至呈现负增长。而且随着世界经济的发展，会有越来越多的国家进入发达国家的低增长生育模式，人口增长超过经济承受能力的可能性越来越小。

另一个原因是生产力水平的快速发展。马尔萨斯所处的时代第一次工业革命仍在进行，生产力发展速度远不及第二次工业革命和当前的第三次科技革命。经济增长不再是线性的，反而有着向几何级增长靠拢的趋势。其中限制人口数量最关键的粮食生产因素更是发展迅速。历史上限制农业生产的一个重要因素是土壤肥力，但在第二次工业革命之后，人类掌握了工业制造化肥的方法。有了化肥，原本因肥力丧失而休耕的土地可以快速恢复生产能力；因土地贫瘠而难以被开垦的土地也可以被利用。现存人类体内可能有超过一半的氮元素都是从人造氮肥中得到的。1961年印度的人口增长已出现逼近饥饿边缘，但印度政府提出了"绿色革命"，将高产粮食品种和先进的农业生产技术推广到全国各地，结果印度不但没有出现大规模饥荒，反而又增长了7亿人口。快速发展的经济和农业技术使得马尔萨斯理论中的经济负担能力大大提高，甚至超过了人口增长速度。

## 二、前沿文献导读

1. 原文信息：Lutz W, Cuaresma J C, Kebede E, et al. Education rather than age structure brings demographic dividend[J]. Proceedings of the National Academy of Sciences，2019，116(26):12798–12803.

论文导读：马尔萨斯陷阱提出后，人口变化与经济发展之间的关系一直处于激烈的讨论中。最初人们争议的焦点集中于人口数量增长与经济发展之间，但随着研究的深入，人们发现劳动力结构对经济增长的贡献更为核心。近几年的全球环境变化与国际人口流动使得人口增长与全球人口结构变化再次成为热门话题。该研究对人口结构与经济增长和可持续发展之间的关系进行了深入探讨。研究者主要针对两种理论进行了研究。人口红利理论认为，年龄结构是驱动经济增长的主要动力；与之相反，统一增长理论认为，教育投入所建立的人力资本在驱动人口结构转变的同时，也驱动了经济增长。研究者采用了165个国家1980年至2015年的面板数据，对年龄结构和人力资本对经济增长的重要性进行了评估。研究结果显示，人口红利并非由年龄结构驱使，而是由人力资本驱使，教育水平改善的影响明显大于其他因素。为了实现人口可持续发展，政府需要制定相关政策促进人力资源的产生与使用。

2. 原文信息：Kögel T, Prskawetz A. Agricultural productivity growth and escape from the Malthusian trap[J]. Journal of Economic Growth, 2001, 6(4): 337–357.

论文导读：工业革命使现代工业世界摆脱了经济和人口增长率低的马尔萨斯陷阱，转变为后马尔萨斯时代。该研究建立了一个包含农业和制造业商品、内生性生育率和制造业内生性技术进步的增长模型，将农业生产率设置为外生性增长，从而复制了英国革命的典型事实，以此来说明这种转变。研究结果显示，通过引入正的农业全要素生产率增长，固定工资率水平与正的人口增长相一致，经济可以摆脱马尔萨斯陷阱。研究者也提出了，现代增长机制是生育率下降同时经济增长加速，婴儿死亡率下降使得人们对生育的需求率下降，再加上人口数量与质量之间的权衡，人力资本开始积累。研究者认为，在后马尔萨斯时代，人口增长率下降，人力资本积累取代人口增长成为经济增长的引擎。

3. 原文信息：Lagerlöf, Nils-Petter. From Malthus to Modern Growth: Can Epidemics Explain the Three Regimes?[J]. International Economic Review, 2010, 44(2):755-777.

论文导读：该研究认为，人类起初处于马尔萨斯增长机制，人口增长率与人均收入水平都较低，但在后马尔萨斯时代，人口和人均收入都有较大提升，在今天，经济已经完全过渡到现代增长机制，人口增长率下降，但人均收入增长率加快。该研究模拟了这三种增长机制的变迁，捕捉到了死亡率水平与波动程度同时下降的经验规律，以及死亡率在出生率之前下降的事实。一直以来的经济研究显示，流行病以恒定速度冲击经济，但随着人力资本的增加，这种冲击得到了缓解。研究结果显示，一旦人力资本快速增长，流行病的冲击会更小；当父母开始少生孩子，转而在教育上投入更多，就会引发人力资本的迅速积累，经济便会进入现代增长机制。

## 第十章

生态文明建设

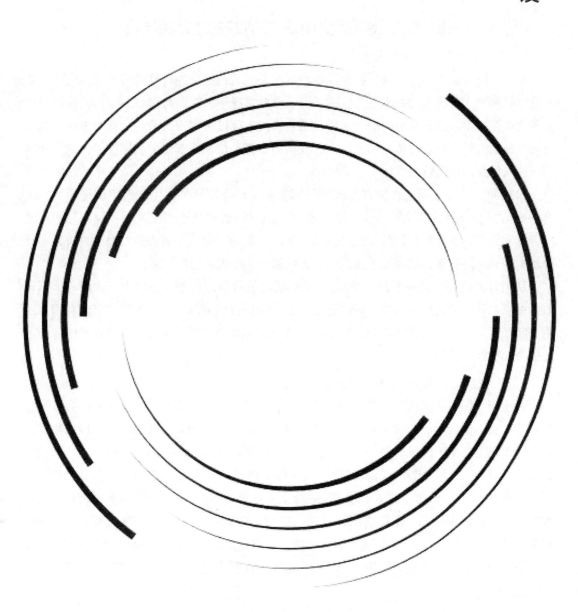

# 第一节  我国的生态文明建设历程

## 一、中华人民共和国成立到改革开放前的生态文明建设

### （一）"厉行节约、反对浪费"方针

中华人民共和国成立初期，我国经济发展水平落后，可用的自然资源稀缺，生产力低下且难以满足人民群众的基本生产生活需要。在此情况下，我国政府在制定相关政策时充分考虑资源稀缺与经济发展之间的矛盾，结合客观实际提出"厉行节约、反对浪费"的经济建设长期方针。在百废待兴的土地上，我国力争将一切现有资源的利用率最大化，物尽其用、人尽其能地高效发展社会主义经济。

1955年，毛泽东同志在《真如区李子园农业生产合作社节约生产费用的经验》的按语中提出："任何社会主义的经济事业，必须注意尽可能充分地利用人力和设备、尽可能改善劳动组织、改善经营管理和提高劳动生产率、节约一切可能节约的人力和物力，实行劳动竞赛和经济核算，借以逐年降低成本，增加个人收入和增加积累。"

从当时的经济背景上来看，"厉行节约、反对浪费"是迫于落后的生产力而不得不采取的一项方针。但从另一角度分析，这也是我国保护自然资源，致力于提高资源利用率的初步实践。这一方针的精神在我国后来的经济建设方针经常得到体现，促进我国维持经济发展与环境保护之间的平衡。

### （二）依靠人民群众的力量建设生态文明

在中华人民共和国成立初期，我国各方面建设仍处于起步阶段，生态文明社会体系建设处于夯实基础的时期。在艰苦的环境中，党和国家充分发动人民群众的决定性力量，将社会建设与生态文明建设结合，发动全社会进行植树运动、爱国卫生运动和农田水利建设，充分动员组织人民群众参与到资源环境工作中去，既造福了人民，又推动了生态文明建设。

1958年，毛泽东同志在《工作方法六十条（草案）》中提出：县级以上各级党委在抓社会主义工作时要注意"劳动组织、劳动保护和工资福利"，要进行一次普遍的、认真的反浪费斗争，大力开展以"除四害"为中心的爱国卫生运动。1972年，在中国环境保护"32字方针"中，明确提炼出"依靠群众、大家动手、造福人民"的主题，明确了人民群众既

是环境保护工作的参与者，又是生态环境改善的受益人。

人民群众是历史的创造者，生态文明建设需要党和国家牵头，更需要人民群众的力量将方针政策化为现实。从中华人民共和国建立初期，我国就充分发动人民群众参与环境保护工作，我国后来的生态文明建设政策也沿袭了这一传统。

## 二、改革开放后到党的十八大之前的生态文明建设

### （一）统筹兼顾经济发展与环境保护

十一届三中全会之后，我国经济的快速发展一方面极大地改善了人民群众的生活水平，另一方面也加剧了生态环境所承担的压力。在实践中，党和政府对于经济发展与环境保护这一对辩证统一关系的理解越发清晰，对于如何平衡二者关系、在发展经济的同时保护环境，总结出了更深刻的实践经验。

国务院于1981年2月下发的《关于在国民经济调整时期加强环境保护工作的决定》提出："管理好我国的环境，合理地开发和利用自然资源，是现代化建设的一项基本任务。"1982年，国务院把防止污染和保护生态平衡上升为国民经济发展的十条方针之一，并拟将环境保护的内容纳入第六个"五年计划"中。20世纪90年代是我国社会主义市场经济体制改革的重要历史时期。1992年里约全球环境首脑会议之后，我国发布的《中国环境与发展十大对策》明确指出要"运用经济手段保护环境"。进入21世纪之后，党的十六大把改善生态环境作为全面建设小康社会的四项目标之一。2004年的中央经济工作会议强调："要将节约能源和资源作为优化经济结构的重要目标。"2010年，胡锦涛同志全面系统地阐明了经济发展方式转变的问题，要求加快推进节能减排、污染防治、建立资源节约型技术体系和生产体系并实施生态工程。

### （二）在社会进步中建设生态文明

十一届三中全会后，党和政府更加重视环境问题治理与社会进步的结合。"八五"计划将环境保护列为"改善民生，健全社保"的核心组成部分。1991年颁布的《国家环境保护十年规划和"八五"计划》进一步强调了环保工作的社会意义。进入21世纪之后，我国提出了构建社会主义和谐社会的理论，并在该理论指导下进行社会主义建设。2007年，国家明确提出，建设生态文明就是要建设"两型社会"，即建设资源节约型社会和建设环境友好型社会，以"两型社会"作为生态文明建设的社会载体。

## 三、党的十八大之后的生态文明建设

### （一）"五位一体"总体布局中的生态文明建设

党的十八大之后，生态文明建设被纳入"五位一体"总体布局，重要性进一步提升。在党的十八大会议上，生态文明建设与经济建设、政治建设、文化建设、社会建设一道，共同组成中国特色社会主义的总体布局，这体现出党和国家对于生态文明建设的高度重视。

此外，党的十八大还立足社会主义本质，将社会主义生态文明纳入中国特色社会主义道路的重要组成部分，提出"社会主义生态文明"的科学理念。自此，生态文明建设不可

分割地与中国特色社会主义、中华民族伟大复兴紧密联系在了一切，成为我国大政方针制定过程中必须考虑的重要视角。

### （二）生态文明建设与经济建设融合发展

生态文明建设与经济建设的融合发展趋势也在党和国家的大力支持下快速推进，提出要将生态文明建设融入经济建设中。2016 年 12 月，习近平总书记指出，要"加快生态文明建设，加强资源节约和生态环境保护，做强做大绿色经济"，首次明确提出了"绿色经济"的政策方向。2018 年 5 月，习近平总书记提出要加快建立健全"以产业生态化和生态产业化为主体的生态经济体系"的目标，明确确立了"生态经济体"的政策概念。

经过中华人民共和国成立以来 70 余年的探索实践，"将生态文明充分融入经济建设中去，发展生态经济"成为社会主义生态文明与经济建设的科学选择。生态文明建设与经济建设的融合发展不仅能够为当前我国快速发展的经济提供增长点，也将以可持续发展的形式保障我国经济的持久活力。

### （三）构建生态文明社会体系

党的十八大以来，我党将生态文明建设工作升华，开启了构建生态文明社会体系的历史进程。2015 年 9 月公布的《生态文明体制改革总体方案》中提出：生态文明体制改革过程中要发挥社会组织和公众的参与、监督作用。

2018 年 3 月，第十三届全国人大一次会议上将推动"五大文明"协调发展的内容写入了《中华人民共和国宪法》，这样，实现"五大文明"协调发展就成为我国建设生态文明的重要目标和要求。

2020 年 3 月，中共中央办公厅、国务院办公厅联合印发了《关于构建现代环境治理体系的指导意见》，这标志着我国构建生态文明社会体系的工程进入了新的阶段。

## 四、本节总结

我国的生态文明建设在不同历史时期呈现出不同的时代特点。中华人民共和国成立初期，我国政府在经济落后、自然资源稀缺的情况下提出"厉行节约、反对浪费"的经济建设长期方针，并依靠人们群众的力量进行生态文明建设。改革开放后，党和政府基于经济与环境之间的辩证统一关系，统筹兼顾经济发展与环境保护，并将生态文明建设工作与社会建设相结合。党的十八大之后，生态文明建设被纳入"五位一体"总体布局，成为中国特色社会主义事业发展的重要组成部分。生态文明与经济建设相融合，生态经济、绿色经济以及生态文明社会体系快速发展。

---

### 课后思考题

● 中华人民共和国成立初期"厉行节约、反对浪费"的方针对今天生态文明的建设有何意义？

● 党的十八大后，我国生态文明建设较之前有了哪些方面的不同？

# 第二节　生态文明与经济转型

★**学习目标**
●了解我国生态文明建设与经济建设的历史进程
●了解绿色化发展方式的内涵及必要性

## 一、经济发展方式绿色化

我国改革开放后，产业发展始终贯穿着两条主线，一条是生产方式朝着集约化、现代化发展，另一条是发展方式不断朝着绿色化的方向推进，实现发展方式绿色化。

### （一）实现发展方式绿色化的必要性

可持续的发展方式是世界发展的潮流。1972年6月在瑞典斯德哥尔摩召开的联合国环境保护战略第一次国际会议通过了《斯德哥尔摩人类环境宣言》，其指出："人类只有一个地球，各国需采取共同行动，保护环境，为全体人民和子孙后代着想。"1992年的里约全球环境首脑会议把"可持续发展"列为全球发展战略。

高质量绿色发展是我国当前发展的必由之路。党的十九大报告指出："发展是解决我国一切问题的基础和关键，发展必须是科学发展。"要实现科学发展，必然要处理好人与自然的关系，遵从客观规律，以绿色发展、可持续发展的方式在自然环境可承受的范围内发展经济，而不是竭泽而渔，以透支自然资源与生态环境为代价换取短期的经济利益。要实现科学的、高质量的发展，就必须同时建立起绿色化发展的理念。习近平总书记曾指出："绿色发展，就其要意来讲，就是要解决好人与自然和谐共生问题。人类发展活动必须尊重自然，顺应自然，保护自然，否则就会遭到大自然的报复，这个规律谁也无法抗拒。"

高质量绿色发展是以尊重自然规律为基础和前提的，其关键是认识到生态环境在经济发展过程中的重要作用，并将对生态环境的保护上升到发展决策的制定上来。习近平总书记多次强调："保护生态环境就是保护生产力，改善生态环境就是发展生产力"，这一科学论断深刻阐述了生态环境与生产力之间的关系，继承并丰富了马克思关于"自然生产力也是生产力"的观点，是中国特色社会主义理论体系中关于平衡环境保护与经济发展的一项重要理论成果。

### （二）我国发展方式绿色化的实践和成就

要实现发展方式绿色化，关键在于转变发展模式，优化经济结构，推动粗放型经济向集约型经济转变，减少高污染、高能耗、高资源消耗型企业的比例，促进环境友好型企业发展壮大；根本目标在于提高发展的效率和效益，以更小的环境资源代价换取更多的经济收益。高质量的绿色发展方式，归根到底是提高劳动、资本、土地、资源、环境这些生产要素的投入产出比，不断增加企业的单位利润，改善人员收入，增厚国家税收，其最大特点是要实现发展速度"下台阶"，发展效益和质量"上台阶"。经济发展是受多项元素共同作用影响的复杂过程，衡量经济发展质量和效益的指标众多。对于绿色发展来说，衡量经济发展的两个核心指标是资源和环境：经济发展过程中自然资源是否得到了合理开发，是否得到了节约和保护；经济增长的同时生态环境是在逐渐恶化、保持不变还是在逐步改善。

1995 年党的十三届五中全会提出，要实现国民经济持续、快速、健康发展，关键是要实现两个具有全局意义的根本性转变，即经济体制从传统的计划经济体制向社会主义市场经济体制的转变，以及经济增长方式从粗放型向集约型的转变。由此，发展方式的转变第一次被上升到与经济体制转变同样的、作为根本性转变的高度。1996 年 8 月，国务院发布的《关于环境保护若干问题的决定》提出，要治理并关闭 15 类污染严重的小企业，限期实现"一控双达标"。国务院的这一具体决定充分体现了我国经济发展方式向集约型转变的态度和决心。2013 年的国务院政府工作报告指出，过去 5 年，我国单位国内生产总值能耗下降 17%。

2012 年党的十八大提出了"加快形成新的经济发展方式"的伟大战略，标志着我国通过发展理念的创新，深层次地推动发展方式朝绿色化转变。2015 年《中共中央国务院关于加快推进生态文明建设的意见》提出了生产方式绿色化的任务；同年 10 月，党的十八届五中全会提出要形成绿色的发展方式。2018 年的国务院政府工作报告指出，过去 5 年，我国高技术制造业年均增长 11.7%，标志着发展方式绿色化的深化。

党的十九大进一步提出，必须加快形成绿色发展方式，我国已逐渐认识到发展方式绿色化的必要性和紧迫性，并在推动该方式上取得了显著的成效。

## 二、产业结构绿色化

通过产业结构的优化提升，最终实现绿色化的产业结构，是发展生态经济的重要方面。自新中国成立以来，我国不断努力，逐步打造出了绿色化的产业结构。

### （一）实现产业结构绿色化的必要性

产业结构绿色化，发展绿色经济，是我国推动"两型社会"，即资源节约型社会、环境友好型社会的必由之路。为平衡经济增长与环境保护，我国必须从过去"高投入、高能耗、高污染、低产出"的不可持续型发展向"低投入、低能耗、低污染、高产出"的绿色发展模式转变。为实现这一目标，从产业结构优化入手能达到事半功倍的效果。产业结构的优化可以分成改造现有产业和扶持新兴产业两部分。一方面，我国要推动传统制造业的升级更新，优化生产过程，引导企业运用新科技改造自身、提高效率与竞争力，进而促使整个产业乃至全国制造业向更加节能、环保、清洁的方向发展；另一方面，我国要大力发展服务业、战略新兴产业、清洁能源产业等新产业。相对于传统制造业来说，新兴产业对能源、自然资源、污染物排放量的要求更低，同时也拥有强劲的发展动力和发展前景，是推动产业结构转型的重要动力。

科技是绿色发展的重要动力。为实现并保持产业结构长期的绿色化发展，我国要加大绿色科技创新，为实现产业机构的持续更新换代、高质量发展提供不竭的源动力。党的十九大报告指出，要构建市场导向的绿色技术创新体系，发展绿色金融，壮大节能环保产业，清洁生产产业与清洁能源产业。这为促进科技创新及产业结构绿色化之间的良性互动指明了方向。

### （二）我国产业结构绿色化的实践和成就

我国的产业结构绿色化实践已持续多年。改革开放以来，快速增长的经济让我国注意到现有产业结构的不足之处以及产业结构绿色化的重要性。在党和国家的大力推进下，我国绿色化产业蓬勃发展。1994年制定的《中国21世纪议程》中提出：在制定产业政策和进行产业结构调整时，严格限制能耗多、资源消耗大、污染重的企业发展；努力开发高产优质高效农业，大力发展可持续农业；推行清洁生产，支持环保产业发展；大力发展第三产业，促进中国的人口、经济、社会、资源与环境协调发展。

进入21世纪，我国开始对经济结构进行总体调整。在此进程中，新兴绿色化产业受到青睐，成为我国重点鼓励扶持的对象。同时，新型绿色化产业也反过来对我国的经济结构转型注入了新鲜动力，为我国经济长期高效健康发展增添色彩。"九五"期间，国家积极促进并支持高新技术产业和第三产业发展，大力压缩能耗大、投入高、污染重、技术落后产业的发展。关停取缔了8.4万家"十五小"企业，淘汰了一大批小煤窑、小水泥厂等企业，从根源上减轻了经济发展对于资源的压力和对于环境的污染。根据2013年的政府工作报告，此前5年间，我国高技术制造业增加值增长达到年均13.4%，服务业增加值占GDP比重提高2.7%。

党的十八大以来，我国坚决贯彻落实深化供给侧结构性改革，不断推进产业结构优化升级，绿色产业得到迅猛发展。2018年5月，习近平总书记在全国生态环保大会上提出，要培养壮大节能环保产业、清洁生产产业、清洁能源产业，发展高效农业、先进制造业、现代服务业。我国成功实现产业结构优化并向着绿色化方向转型升级，这使得绿色产业成为协调经济发展与资源环保的重要方式手段。

## 三、本节总结

生态文明建设与经济发展息息相关，良好的生态环境能够促进经济发展，可持续的经济发展方式能够保护环境。为实现绿色发展，我国积极转变发展方式，推动粗放型经济向集约型经济转变，引导产业结构优化升级，重点鼓励扶持新兴绿色产业，加大科技创新，为高质量发展提供动力。

## 课后思考题

● 中华人民共和国成立之初到现在，我国的生态经济政策出现多次调整的原因有哪些？

● 举例说明你所了解到的农业、工业、服务业生产方式绿色化的表现。

# 第三节　生态文明与政治体系

★**学习目标**
- 认识到坚持党对生态文明建设领导的重要性
- 了解生态文明建设的法治体系
- 了解生态文明建设的制度体系

## 一、加强党对生态文明建设的领导

新中国成立以来，我国坚持社会主义政治文明和社会主义生态文明的统一，努力构建生态文明政治体系，推动了社会主义生态政治的发展。1949 年以来的中国历史表明，中国共产党高度重视生态文明建设，大力推进生态文明建设，将社会主义生态文明的理念、原则和目标写入了党的政治报告和党章中，将生态文明建设看作是党领导社会主义现代化建设的政治问题和政治任务。坚持党对生态政治的领导，是中国特色社会主义生态文明建设的本质特征。

### （一）中国共产党是生态文明建设的领导核心

随着现代化建设事业的深入发展，我们党十分重视对生态文明建设的领导，科学性地提出了加强和改进党领导生态文明建设的顶层设计方案，并大力推动这些方案落地生效。

一方面，2012 年党的十八大在党章中新增加了"中国共产党领导人民建设社会主义生态文明"，明确中国共产党是我国社会主义生态文明建设的领导力量；2018 年，习近平总书记明确提出了加强党对生态文明建设的领导的政治要求；2018 年中共中央、国务院印发《关于全面加强生态环境保护　坚决打好污染防治攻坚战的意见》，其中明确提出，要全面加强党对生态环境保护的领导。由此，明确了中国共产党是我国社会主义生态文明建设的领导核心。

另一方面，努力改进和提升党领导生态文明建设的能力和水平。党内自觉地加强生态文明理论学习，将生态文明作为约束和规范党的执政行为的重要标准，作为考核和评价党政干部的重要标准。2015 年 8 月出台的《党政领导干部生态环境损害责任追究办法（试行）》提出，必须坚持依法依规、客观公正、科学认定、权责一致、终身追究的原则，对党政领导干部生态环境损害进行责任追究。习近平总书记提出，要强化地方各级党委和政府主要领导为本行政区域生态环境保护第一责任人的职责，要建立科学合理的干部考核评价体系。

这样，在强调先进典型正面引领的前提下，通过不断加大对负面事件的惩戒力度，形成了提高党领导生态文明建设的能力和水平的倒逼机制。

在我国现代化事业的建设进程中，通过持续不断地自我革命、自我创新，中国共产党领导生态文明建设的地位、能力和作用得到了不断提升，成为我国生态政治建设当之无愧的领导者。

### （二）党的领导是加强生态环境保护、打好污染防治攻坚战的根本政治保证

打好污染防治攻坚战时间紧、任务重、难度大，是一场大仗、硬仗、苦仗，必须加强党的领导。各地区各部门要增强"四个意识"，坚决维护党中央权威和集中统一领导，坚决担负起生态文明建设和生态环境保护的政治责任，全面贯彻落实党中央决策部署。切实担负起生态文明建设和生态环境保护的政治责任，加快构建生态文明体系，全面推动绿色发展，着力解决突出生态环境问题，坚决打好污染防治攻坚战。

地方各级党委和政府主要领导是本行政区域生态环境保护第一责任人，对本行政区域的生态环境质量负总责，要做到重要工作亲自部署、重大问题亲自过问、重要环节亲自协调、重要案件亲自督办，压实各级责任，层层抓落实。各相关部门要履行好生态环境保护职责，各司其责，管发展的、管生产的、管行业的部门必须按"一岗双责"的要求抓好工作。要抓紧出台中央和国家机关相关部门生态环境保护责任清单，使各部门守土有责、守土尽责、分工协作、共同发力。各级人大及其常委会要把生态文明建设作为重点工作领域，开展执法检查，定期听取并审议同级政府工作情况报告。

要建立科学合理的考核评价体系，考核结果作为各级领导班子和领导干部奖惩、提拔使用的重要依据。要实施最严格的考核问责制度，"刑赏之本，在乎劝善而惩恶"，要狠抓一批反面典型，特别是要抓住破坏生态环境的典型案例不放，严肃查处，以正视听，以儆效尤。

要建设一支生态环境保护铁军，政治强、本领高、作风硬、敢担当，特别能吃苦、特别能战斗、特别能奉献。打好污染防治攻坚战，是得罪人的事。各级党委和政府要关心、支持生态环境保护队伍建设，主动为敢干事、能干事的干部撑腰打气。

作为一个自主寻求生态改革、生态创新、生态革命的马克思主义执政党，中国共产党将生态文明作为政策话语和治国理政方略提出来，具有广阔的政治视野和深厚的人民情怀；具有现实的政策要求和强烈的实践指向。在创造性地将生态文明写入党的政治报告和党的章程的过程中，中国共产党旗帜鲜明地表明了带领人民建设社会主义生态文明的政治抱负，表达了将中国建设成为富强、民主、文明、和谐、美丽的社会主义现代化强国的雄心壮志。

## 二、建设生态文明的法治体系

习近平总书记强调："只有实行最严格的制度、最严密的法治，才能为生态文明建设提供可靠保障。"党的十八届三中全会进一步要求建立系统完整的生态文明制度体系、用

制度保护生态环境，这彰显了我们党用制度保障生态文明建设的决心。制度体系中最重要的就是法律法规，把生态文明建设融入政治建设首要的是建立和完善有关生态文明建设的法律制度。

### （一）完善生态文明立法体系

加强生态文明法律制度建设，首先要做到有法可依、有规可循。完善生态文明立法体系是生态文明制度建设有序推进的基础。

我国环境立法是遵循宪法中有关环境保护的基本内容而制定的各种法律制度，近几年陆续建立了三十多部关于环境保护的法律体系，环境立法不断完善。但审视我国环境立法体系，不论是综合性的环境保护法还是单行性立法，在立法的基本理念、具体内容和可操作性上仍存在不足，突出的问题是法律实施效果与最初的立法初衷不完全一致，中央立法对地区性的具体情况考虑不周、实践中难以推进。

因此，应进一步完善环境立法，把生态文明理念融入环境立法，突出生态文明建设的发展要求，加强环境立法制度创新设计，转变陈旧的环境立法理念，转变环境立法重心，由"经济优先"原则调整至"生态与经济可持续"发展原则，在推进经济社会发展的同时加强环境保护。

在具体实践中，实现由"污染治理"转向"污染承担"，严惩污染者，为生态文明建设提供法律保障。环境立法要与时俱进，反映客观现实。法律的制定源于现实的需要，鉴于我国环境形势的新发展，对于新产生的环境问题，如雾霾治理、环境安全等方面的立法，需要重新制定相关法律。所以，要加快建立符合中国国情的生态管理及保护的法制体系，从政治的高度、长远的视角创造性地开展我国的生态政治建设，积极推进生态文明立法，制定符合我国生态文明建设的环境法律制度。

### （二）推进严格的生态文明执法体系

执法机制是法律制度实施的关键环节。生态文明法律制度建设不仅要以完善的立法体系为前提，而且要提高环境法律制度的执行力，强化生态文明执法体系建设。如果环境法律制度成为摆设，没有落到实处，再完善的环境法律制度体系也发挥不了应有的效用。事实上，我国制定了不少关于保护环境的法律，然而破坏环境现象仍屡禁不止，环境污染仍日趋严峻，除去环境法律制度尚不完善的客观因素外，与环境法律制度执行得不彻底有着很大关系。

首先，要明确政府在保护环境中的责任，实施监督监管者的法律机制，以完善政府的环境责任职责。要建立高效运营的环境执法体制，强化政府责任意识，加强政府环境治理战略。

其次，改变环境执法方式，建立环境行政执法约谈模式。环境行政约谈模式是现行行政约谈的表现形式，是建设服务性政府的软性执法方式之一。增强环境执法能力不能运用单一执法方式，一方面要运用强硬规定，遵循"违者必究"原则；另一方面更要运用软执法，加强引导示范、劝告鼓励等方式。要加强环境执法普及，在群众中宣传环境执法理念，鼓励群众对环境执法进行监督。

最后，加强环保执法的部门配合，深化各执法部门责任。环境执法是在国家机关统一领导、各地方政府协调配合下完成的。认真履行生态保护责任，是各环保部门义不容辞的职责。要在执法过程中推进各级环保执法部门的密切配合，明确环保部门责任，保证各部门有机协调，杜绝消极推卸职责的现象，提升环保执法效率。在深化执法部门责任的同时，要强化执法的意识，规范执法行为，加大执法力度和对违法行为的追究。

总之，完善生态文明建设的环境执法机制，就是要深化执法责任，转变执法手段，加强执法配合。

## 三、建设生态文明的制度体系

建设生态文明，重在建章立制。党的十八大以来，我们坚持把制度建设作为重中之重，把生态文明建设纳入制度化轨道，制订实施了60多项改革方案。这些方案要求加强生态环境保护监测数据的质量，并设立国家公园体制试点等，制度出台频度之密前所未有，生态文明制度体系基本建立。党的十九届四中全会对坚持和完善生态文明体系进一步做出了系统安排，明确重点任务，强调要实行最严格的生态环境保护制度，全面建立资源高效利用制度，健全生态保护和修复制度，严明生态环境保护责任制度，推动生态文明制度体系更加成熟、更加定型。

### （一）人与自然和谐共生成为生态文明制度建设的价值取向

党的十八大提出"保护生态环境必须依靠制度"，党的十八届三中全会提出"建设生态文明，必须建立系统完整的生态文明制度体系"，党的十九大提出"加快生态文明体制改革，建设美丽中国"，党的十九届四中全会提出"坚持和完善生态文明制度体系，促进人与自然和谐共生"，生态文明制度体系建设的价值取向日益明确。

在人与自然和谐共生的价值取向引导下，我国生态文明制度建设取得重要进展，一系列生态文明制度相继建立、不断完善，生态环境恶化趋势初步得到遏制，人与自然关系得到极大改善。

### （二）人与自然和谐共生是生态文明制度建设的重要评价标准

生态文明制度是中国特色社会主义制度的重要组成部分。党的十八大以来，以习近平同志为核心的党中央大力推进生态文明制度建设，提出"生态兴则文明兴""保护生态环境就是保护生产力，改善生态环境就是发展生产力""良好生态环境是最公平的公共产品，是最普惠的民生福祉"等一系列重要论述，既彰显了我们党推进生态文明建设的政治智慧和坚定决心，也深刻阐释了人与自然和谐共生的重要意义。

促进人与自然和谐共生，是生态文明制度建设的内在要求和重要评价标准。我们要坚持运用好这一评价标准，进一步完善生态文明制度体系，着力补齐制度短板，促进人与自然和谐共生。

### （三）制度的生命力在于执行

党的十八大以来，我国逐步建立起由法律、行政法规、部门规章、地方法规和地方规章、环境标准、环保国际条约等组成的生态环境保护法律法规体系，人与自然和谐共生的制度建设取得明显进展，但现实中还存在制度落实不到位的问题。解决这些问题，需要我们在制度执行和落实上狠下功夫。要坚持严字当头，把制度的刚性和权威树立起来。

建立生态文明建设目标评价考核制度，强化环境保护、自然资源管控、节能减排等约束性指标管理，严格落实企业主体责任和政府监管责任，健全环保信用评价、信息强制性披露、严惩重罚等制度，大幅提高违法违规成本。强化生态文明制度的执行力，加强对生态文明制度执行的监督，切实把生态文明制度建设成果更好地转化为生态环境治理效能。推进生态环境保护综合行政执法，健全生态环境保护行政执法和刑事司法衔接机制，依法严惩和重罚生态环境违法犯罪行为。严格落实领导干部生态文明建设责任制，严格考核问责，牢固树立制度的权威，让完善的制度成为推进生态文明建设的有力保障。

## 四、本节总结

我国坚持社会主义政治文明和社会主义生态文明的统一。中国共产党作为中国特色社会主义的领导核心，一方面全面加强党对生态文明的领导，另一方面努力改进和提升党领导生态文明建设的能力和水平。我国的法治体系从完善环境立法和推进严格执法的两方面入手，为生态文明建设提供可靠保障。生态文明制度建设以人与自然和谐共生作为价值取向和评价标准，从严执行和落实，树立制度权威。

### 课后思考题

● 为什么要坚持中国共产党对生态文明建设的领导？

● 谈谈你对建设生态文明法治体系和制度体系重要性的理解。

# 第四节 生态文明与文化体系

★**学习目标**
- 了解生态文明与文化建设的关联性
- 打造生态文明文化体系的重要性

## 一、如何将生态文明融入文化建设

生态文化是生态文明建设的灵魂，也是我国文化建设工作中的重要组成部分。对此，应牢固树立尊重自然、顺应自然、保护自然的生态价值观，把生态文明建设融入社会主义核心价值观建设之中，逐渐把生态环境保护这一刚性要求变为公民的行为自觉。将生态文明理念融入文化建设工作中，推动人们思想观念、价值观念、消费观念的转变，从而发动人民群众的力量促进生态文明建设。

首先是思想观念的转变。人们首先要转变对环境与经济关系的认识。过去人们认为环境问题是经济发展带来的，把环境看作经济大系统的一部分。实际上，经济发展包括人类社会生存发展都应建立在环境与生态承载力之上，经济系统是环境大系统的一个子系统。应正确认识什么是高质量的生活，不能把物质消费的多寡看成衡量生活质量高低的最重要指标，甚至唯一指标，有利于健康、亲近自然、丰富的精神文化生活可能是更为重要的因素。

其次是价值观念的转变。价值观念的转变是根本性的。我们应把人类的道德关怀覆盖到大自然和生物界，正确认识人在自然界中的地位及价值体现，从中华传统文化中汲取尊重自然、善待自然的精华，形成新的生态文明价值观。按党的十八大的要求，要深入开展社会主义核心价值观体系的学习教育，从生态文化的角度，加强生态文明价值观建设，需要超越工业文明社会的"人类中心主义的价值观"，摈弃"自然界没有价值"的观点，确立"自然界有价值"的观点。确认自然价值，对于超越工业文明社会，确立社会全面转型的价值观，建设生态文明社会具有非常重要的意义。

最后是努力推进可持续的消费和生产。消费观念和生活方式的转变不仅是物质层面的问题，更是一种文化现象。我们既应完善基础设施，满足人民群众的生活需要，又应限制过度消费特别是奢侈消费。在产品生产方面，从设计一直到最后回收、循环再利用，都应严格衡量其对环境的影响。这应成为一种社会文化。

## 二、培育生态文化和价值观

生态文化是人类的文化积淀，是由特定的民族或地区的生活方式、生产方式、宗教信仰、风俗习惯、伦理道德等文化因素构成的具有独立特征的结构和功能的文化体系，是代代沿袭传承下来的针对生态资源进行合理摄取、利用和保护，使人和自然和谐相处，并实现可持续发展的知识和经验等文化积淀。

生态文化与人类社会的生产方式、生活方式密切相关，其核心是人类社会的可持续发展。它强调人与自然的和谐，这是人的价值观念根本的转变。这种转变是人类从"人类中心主义"的价值取向过渡到"人与自然和谐发展"的价值取向。这种认识推动了传统的价值观念和发展思路的转变，营造了人类社会越来越浓厚的保护生态环境的文化氛围。在人类社会保护生态自然环境的观念意识不断增强的今天，生态文化已逐渐成为社会的主流生态意识形态。

生态文化是生态文明建设的灵魂。对此，应牢固树立尊重自然、顺应自然、保护自然的生态价值观，把生态文明建设融入社会主义核心价值观建设之中，逐渐把生态环境保护这一刚性要求变为公民的行为自觉。在全社会大力倡导绿色生产生活方式，加强环保宣传和普及，倡导勤俭节约、绿色低碳的生产方式、生活方式和消费行为，广泛开展绿色行动，大力推广和使用新能源汽车，推进绿色出行。引导企业提高环境遵法守法意识，推进绿色生产。充分发挥媒体和社会监督作用，营造良好生态文化氛围，动员全社会力量共同保护生态环境。

生态文化决定着人们的思维方式，从而决定了对经济组织模式的选择、相应的制度安排、企业的生产行为以及人们对生活方式的选择。从宏观和微观两方面而言，它成为生态文明建设不可或缺的重要基石。

2015 年 4 月和 9 月，《中共中央国务院关于加快生态文明建设的意见》和《生态文明体制改革总体方案》，要求必须积极培养生态文化、生态道德，加强生态文明教育，必须使生态文明成为社会主流价值观，将生态文明纳入社会主义核心价值体系，成为社会主义核心价值观的重要内容。2017 年 10 月 18 日，党的十九大要求牢固树立社会主义生态文明观。这样，坚持社会主义核心价值体系和牢固树立社会主义生态文明观的统一，就明确了生态文明价值观念。培育生态文化和价值观，在全社会形成共同的生态意识、生态道德和生态责任感是生态文明建设的重要基础。也为推进形成人与自然和谐共生的现代化观念提供了价值导引和精神支撑。

## 三、加强生态文明的宣传教育

党的十八大报告明确指出："加强生态文明宣传教育，增强全民节约意识、环保意识、生态意识，形成合理消费的社会风尚，营造爱护生态环境的良好风气。"这是首次在党的政治报告中专门部署生态文明宣传教育工作。这一重要论述指出了生态文明宣传教育的重要意义、重点内容和目标要求，为加强生态文明宣传教育、推进生态文明建设指明了方向。

### （一）增强节约、环保、生态意识

一是节约意识。生态文明宣传教育让人们认识到很多资源是不可再生的，随着人口不断增长，加之存在浪费现象，石油紧张、矿物减少、淡水缺乏、粮食短缺等已经严重影响人们日常生产生活，直接威胁人类长远发展，应增强节约资源意识，自觉养成节约一滴水、一粒粮、一度电的良好习惯。

二是保护环境意识。通过生态文明宣传教育，让人们认识到片面追求经济增长、忽视环境保护必然导致环境灾难，如气候变暖、酸雨频发、土地荒漠化、海洋污染等，给人们生命和财产带来巨大损失；引导人们树立保护生态环境就是保护生产力、改善生态环境就是发展生产力的理念，坚持走可持续发展道路。

三是改善生态意识。通过生态文明宣传教育，让人们认识到掠夺式地向自然界索取和无节制地排放废弃物超过自然界能承受的范围，必然带来生态危机，最终危及人类生存发展；引导人们深刻理解人与自然相互影响、相互作用、相互制约的关系，自觉形成尊重自然、热爱自然、人与自然和谐相处的生态价值观。

### （二）党的十八大以来生态文明宣传教育的政策和实践

2013 年 4 月 2 日，习近平总书记在参加首都义务植树活动时指出，"要加强宣传教育、创新活动形式，引导广大人民群众积极参加义务植树，不断提高义务植树尽责率，依法严格保护森林，增强义务植树效果，把义务植树深入持久开展下去，为全面建成小康社会、实现中华民族伟大复兴的中国梦不断创造更好的生态条件"。长期以来，我国通过举行全民义务植树活动进行生态文明宣传教育，这一做法经过实践验证有效，已成为我国的一项优良传统。

2015 年中共中央国务院发文明确指出，"从娃娃和青少年抓起，从家庭、学校教育抓起，引导全社会树立生态文明意识。把生态文明教育作为素质教育的重要内容，纳入国民教育体系和干部教育培训体系"。

2017 年 5 月，习近平总书记指出，"要加强生态文明宣传教育，把珍惜生态、保护资源、爱护环境等内容纳入国民教育和培训体系，纳入群众性精神文明创建活动，在全社会牢固树立生态文明理念，形成全社会共同参与的良好风尚"。

2018 年 8 月，全国生态环境宣传工作会议召开，推动我国生态文明宣传工作进入新时代，社会主义生态文明观成为新时代生态文明宣传的核心内容，为我国生态文明教育注入了灵魂和核心。

通过多年持续努力，我们党将生态文明宣传教育上升到全面建成小康社会和实现中华民族伟大复兴的历史高度，不仅推动了生态文明建设，而且推动了人的全面发展，激发了人民群众参与生态文明建设的能动性、积极性和创造性。

## 四、本节总结

生态文化是生态文明建设的灵魂，将生态文明理念融入文化建设工作能够推动人们转变观念，从思想层面依靠人民群众的力量建设生态文明。我国积极培育生态文化和价值观，将生态文明纳入社会主义核心价值体系，加强生态文明的宣传教育，培育人们的节约、环保和生态意识，激发人民群众参与生态文明建设的能动性、积极性和创造性。

### 课后思考题

●如何理解生态文明的文化属性？

●结合生活实践，谈谈"增强全民节约意识、环保意识、生态意识"的必要性。

# 第五节　生态文明与社会发展

**★学习目标**
- 明确我国生态治理现代化的源动力和最终目标
- 了解我国生态文明建设与社会建设的历史进程
- 了解生活方式绿色化的必要性及举措

## 一、大力满足人民群众日益增长的生态环境要求

生态文明的发展是社会发展的重要因素之一，随着社会发展，人民群众对于良好生态环境的需要越来越强，而发展生态文明也会促进社会的发展。大力满足人民群众的生态环境需要始终是我国生态治理现代化的源动力和最终目标。

### （一）满足人民群众日益增长的生态环境要求的必要性

我国是社会主义国家，人民群众的利益是党和国家开展一切工作的根本出发点。随着时代的发展，人民群众的需求也在不断变化。在物资匮乏的年代，吃饱穿暖是人民群众最关心的问题。改革开放以来，我国的物质资料极大丰富，人民群众生活水平极大提高，吃饱穿暖不再是人们唯一的追求，殷实舒适的"小康"生活成为人民群众渴求的目标。而在全面建成小康社会的今天，物质需求以外的其他需求成为关乎人民群众利益的焦点。人们不只满足于物质上的富裕，也开始追求自身的生活环境质量，希望在清新的空气、洁净的水源、优美的环境中生活。相应地，生态文明建设也逐渐增添了满足人民日益增长的美好生活需要这一历史使命，生态文明建设成为解决民生问题的重要一环和社会建设中的关键因素。因此，通过生态文明建设满足人民群众日益增长的生态环境要求变得十分必要。我们必须顺应人民对于良好生态环境、优秀生活品质的要求，加快推动绿色低碳环保的发展模式。

### （二）我国满足人民群众日益增长的生态环境要求的实践和成就

进入 21 世纪后，党的十六大将"和谐社会"作为全面建设社会主义小康社会的重要目标。我党将环保为民的宗旨同社会建设紧密统一起来，成为构建社会主义和谐社会的主要途径和突出内容。党的十七大进一步将上述目标深化，提出了将"全面改善人民生活"和"建设生态文明"作为全面建设社会主义小康社会奋斗目标的要求。

党的十八大以来，我党将满足人民群众对于生态环境的需求确立为社会主义生态文明

建设的根本出发点。2017 年 10 月，党的十九大报告郑重指出，"我国社会主要矛盾已经转化为人民日益增长的美好生活需要和不平衡不充分的发展之间的矛盾。"而优美的生态环境则是人民追求美好生活的重要组成部分。

2018 年的全国生态环境保护大会上，习近平总书记指出，必须坚持生态惠民、生态利民、生态为民，重点解决损害群众健康的突出环境问题，加快改善生态环境质量，提供更多优质生态产品，不断满足人民日益增长的优美生态环境需要。

我国发动了大气、水、土壤三大污染攻坚治理，并取得了阶段性成果，为人民日益增长的优美生态环境要求提供了坚强保障。以环境部数据为例，2018 年前 10 个月，全国 338 个地级以上城市的环境优良天数比例为 81.5%，同比改善 0.9%。空气质量 PM2.5 浓度为 37 微克 / 立方米，同比下降 7.5%。

## 二、大力推动生活方式绿色化

生活方式是影响生态环境的重要核心因素，在生态文明社会体系建设中，我们大力倡导绿色的生活方式，为生态环境建设和优化打下扎实的基础。

### （一）生活方式绿色化的必要性

党的十九大明确指出，"形成绿色发展方式和生活方式，坚定走生产发展、生活富裕、生态良好的文明发展道路"。在全国生态环境保护大会上，习近平总书记明确了生活方式绿色化形成的时间表，即"到本世纪中叶，物质文明、政治文明、精神文明、社会文明、生态文明全面提升，绿色发展方式和生活方式全面形成"。

生活方式绿色化要求人们更新我们的生存观和幸福观，提倡绿色消费，充分尊重生态环境，重视环境卫生，树立可持续发展的环保型生活方式。

生活方式，从狭义上说包括人们的日常生活形式，即衣、食、住、行等日常消费活动；从广义上说，包括劳动方式、社交方式、精神文化生活方式；上述一切均离不开生态环境。所谓的绿色生活方式是指在满足人类自身生活需求的同时，最大程度上保护自然环境的一种生活方式，本质上是充分考虑自然环境、资源的承载力，来平衡人类自身的生活、发展需求，实现社会经济的可持续性发展的一种生活方式。

绿色生活方式是一种充分考虑永续发展的生活方式观，它从需求端入手，倡导当代消费者在进行消费时将消费会产生的环境成本纳入消费决策的考虑中，从而养成一种既满足当代人生活需求又不损害留给后代的自然资源，既追求当代人的高质量生活又不会对自然环境造成不可逆转的破坏。避免肆意增长的愚昧型消费和奢侈型消费刺激企业生产更多不必要的消费品，浪费更多资源，造成环境污染，阻碍生态文明建设目标的实现，损害后代发展的利益。

### （二）推动生活方式绿色化的实践和成就

在改革开放初期，我国仍处于供给相对紧张的历史阶段，因此国家提出了适度消费的主张。1988 年 3 月我国将"资源节约型消费"作为我国建设和改革的十项主要任务来重点提出。20 世纪 90 年代初，我国开始有意识地关注环境友好型消费，并将适度消费作为国民经济和社会发展的主张。

党的十八大之后，特别是在生态文明建设的理念、原则确立之后，我国提出了实现生活方式、消费方式绿色化的战略要求。2014 年修订的《中华人民共和国环境保护法》，从立法的层面系统性地梳理了对于生活方式绿色化的定义。

习近平总书记在全国生态环境保护大会上指出，"绿色生活方式涉及老百姓的衣食住行。要倡导简约适度、绿色低碳的生活方式，反对奢侈浪费和不合理消费。广泛开展节约型机关、绿色家庭、绿色学校、绿色社区创建活动，推广绿色出行，通过生活方式绿色革命，倒逼生产方式绿色转型"。在总书记精神的指引下，我国发布了《生活垃圾分类制度实施方案》《公民生态环境行为规范（试行）》《绿色出行行动计划 (2019—2022 年)》等制度和文件，以引导全社会生活方式向绿色化转型。

## 三、本节总结

满足人民群众的生态环境需要是我国生态治理现代化的源动力和最终目标。随着生活水平不断提高，人民对生态环境质量提出了更高要求，生态文明建设需要满足人民群众日益增长的生态环境要求。党的十八大以来，我国坚持生态惠民、生态利民、生态为民，发动了大气、水、土壤三大污染攻坚治理；倡导资源节约型消费和环境友好型消费，引导全社会生活方式向绿色化转变。

### 课后思考题

- 中华人民共和国成立到现在，我国生态文明社会体系的政策和实践有哪些变化？
- 人民群众的生态环境要求为何会日益增长？如何满足这种要求？
- 作为普通公民，如何践行生活方式绿色化？

# 参考文献

[1] 王文军. 人口、资源与环境经济学 [M]. 北京：清华大学出版社，2013.

[2] 钟水映，简新华. 人口、资源与环境经济学 [M]. 北京：北京大学出版社，2005.

[3] 任月明，刘婧媛. 环境保护与可持续发展 [M]. 北京：化学工业出版社，2021.

[4] 马中，刘学敏，白永秀. 人口、资源与环境经济学 [M]. 北京：高等教育出版社，2021.

[5] 孙晶，刘建国，杨新军，等. 人类世可持续发展背景下的远程耦合框架及其应用 [J]. 地理学报，2020,75(11):2408–2416.

[6] 方恺. 足迹家族：概念、类型、理论框架与整合模式 [J]. 生态学报，2015,35(6):1647–1659.

[7] 高天明，沈镭，刘立涛，等. 中国煤炭资源不均衡性及流动轨迹 [J]. 自然资源学报，2013, 28(1):92–103.

[8] 汪玲玲，赵媛. 中国石油进口运输通道安全态势分析及对策研究 [J]. 世界地理研究，2014, 23(3):33–43.

[9] 史丹. 中国能源安全结构研究（中国社会科学院财经战略研究院报告）[M]. 北京：社会科学文献出版社，2015.

[10] 施伟勇，王传崑，沈家法. 中国的海洋能资源及其开发前景展望 [J]. 太阳能学报，2011,32(6):913–923.

[11] 周丹丹，胡生荣. 内蒙古风能资源及其开发利用现状分析 [J]. 干旱区资源与环境，2018,32(5):177–182.

[12] 韦昌联，卢柳忠，黎贞崇. 我国木薯生物质能源产业发展现状与科技需求 [J]. 酿酒科技，2012(7):108–111.

[13] 劳秀荣，孙伟红，王真，等. 秸秆还田与化肥配合施用对土壤肥力的影响 [J]. 土壤学报，2003(4):618–623.

[14] 黄昌勇，徐建. 土壤学 [M] 第 3 版. 北京：中国农业出版社，2012.

[15] 李森，高尚玉，杨萍，等. 青藏高原冻融荒漠化的若干问题——以藏西—藏北荒漠化区为例 [J]. 冰川冻土，2005,4:476–485.

[16] 甄泉，方治国，王雅晴，等. 雾霾空气中细菌特征及对健康的潜在影响 [J]. 生态学

报 ,2019,39(6):2244–2254.

[17] 李盛 , 王金玉 , 李普 , 等 . 沙尘天气的呼吸系统健康效应及机制研究进展 [J]. 环境
与健康杂志 ,2019,36( 1 ):78–82.

[18] 米志付 . 气候变化综合评估建模方法及其应用研究 [D]. 北京：北京理工大学学
报 ,2015.

[19] 李祎君 , 王春乙 . 气候变化对我国农作物种植结构的影响 [J]. 气候变化研究进
展 ,2010,6(2):123–129.

[20] 张强 , 邓振镛 , 赵映东 , 等 . 全球气候变化对我国西北地区农业的影响 [J]. 生态学
报 ,2008,3:1210–1218.

[21] 朱晓禧 , 方修琦 , 王媛 . 基于遥感的黑龙江省西部水稻、玉米种植范围对温度变化
的响应 [J]. 地理科学 ,2008,1:66–71.

[22] 杨晓光 , 刘志娟 , 陈阜 . 全球气候变暖对中国种植制度可能影响：Ⅵ . 未来气候变
化对中国种植制度北界的可能影响 [J]. 中国农业科学 ,2011,44(8):1562–1570.

[23] 周曙东 , 周文魁 , 林光华 , 等 . 未来气候变化对我国粮食安全的影响 [J]. 南京农业
大学学报 ( 社会科学版 ),2013,13( 1 ):56–65.

[24] 赵荣 . 人文地理学 [M]. 第二版 . 北京 : 高等教育出版社 ,2006.

[25] 马先标 . 中国城镇化：稳健快速的发展之路 [M]. 北京：中国社会科学出版社 ,
2019.

[26] 张斌 . 生态城市水资源承载力研究 [J]. 中国水利 ,2010,23:37–38.

[27] 金度完 , 郑真真 . 韩国人口老龄化过程及其启示 [J]. 人口学刊 ,2007,5:44–49.

[28] 张云飞 , 任铃 . 新中国生态文明建设的历程和经验研究 [M]. 北京：人民出版社 ,
2020.